Kommunikation im Arbeitsteam

Campus Forschung
Band 863

Sabine Marx, Dr. rer. soc., Soziologin und Gestalttherapeutin, ist wissenschaftliche Mitarbeiterin am Kompetenzzentrum Hochschuldidaktik für Niedersachsen der TU Braunschweig.

Sabine Marx

Kommunikation im Arbeitsteam

Eine Fallstudie mit Ingenieurinnen und Ingenieuren

Campus Verlag
Frankfurt/New York

2. Auflage, unveränderter Nachdruck 2023
Druck und Bindung: Books on Demand

Bibliografische Information der Deutschen Bibliothek
Die Deutsche Bibliothek verzeichnet diese Publikation in der Deutschen Nationalbibliografie.
Detaillierte bibliografische Daten sind im Internet über http://dnb.ddb.de abrufbar.
ISBN 3-593-37349-1

Druck und Bindung: KM-Druck, Groß-Umstadt
Gedruckt auf säurefreiem und chlorfrei gebleichtem Papier.
Printed in Germany

Meinen Eltern

Vorwort

Viele Menschen haben zum Entstehen dieser Arbeit beigetragen, bei denen ich mich zunächst bedanken möchte.

Als Erstes bei meinen Doktormüttern Ursula Müller und Cornelia Giebeler. Ihre jeweilige Art intellektueller und persönlicher Förderung war ein großes Geschenk in meinem Prozess wissenschaftlicher Kreativität. Ursula Müller hat mich dabei durch das von ihr verkörperte Wissen noch einmal neu von der Analysekraft der Soziologie überzeugt. Cornelia Giebeler gab mir das Verfahren der Gruppendiskussionen mit auf meinen Forschungsweg und zeigte mir, wie inspirierend und bereichernd Betreuungsgespräche sein können. Bei beiden möchte ich mich für ihre Hilfe von ganzem Herzen bedanken.

Mein Dank gilt allen beteiligten Firmen, die mir ihre Türen öffneten sowie den TeilnehmerInnen der Gruppendiskussionen für ihre Bereitschaft, sich diesem Gesprächsabenteuer zu stellen. Sie veranlassten mich dazu, mich mit voller Intensität dem Studium ihrer Zusammenarbeit und der Bedeutung ihrer Konversationen zu widmen.

Diese Dissertation ist durch ein Stipendium der Heinrich-Böll-Stiftung gefördert worden, im Rahmen des Promotionskollegs „Geschlechterdemokratie und Organisationsreform im globalen Kontext“, unter Leitung von Ursula Müller und Ilse Lenz. Ohne diese materielle und ideelle Unterstützung wäre die Arbeit vielleicht nie, und sicher nicht mit der Möglichkeit hoher zeitlicher Konzentration entstanden. Daran hatten Jutta Helm und Gitti Hentschel besonderen Anteil. Ebenso hilfreich war der regelmäßige Austausch mit den anderen KollegiatInnen in diesem neu eingerichteten Promotionskolleg: Yin-Zu Chen, Karin Gabbert, Mihee Hong, Kristina Schulz, Helen Schwenken, Hiromi Tanaka, Susanne Schultz. Dafür allen Beteiligten meinen herzlichen Dank.

Bedanken möchte ich mich bei den zahlreichen TeilnehmerInnen meiner Kommunikationstrainings und Seminare in den letzten Jahren, die mir ebenso LehrerInnen waren wie ich – hoffentlich – ihnen.

Mein Dank gilt allen, die mir beim Erlernen und Anwenden der Methodik der Konversationsanalyse behilflich waren. Besondere Unterstützung bekam ich von Sylvia Dittrich, einer Schülerin Fritz Schützes sowie von den TeilnehmerInnen der „Forschungswerkstatt Qualitative Methoden“ an der Uni Bielefeld unter Leitung von Bettina Dausien und Paul Mecheril sowie Michael Meuser von der Uni Bremen. Ich danke Maria Brandstetter für die Transkription eines großen Teils des Bandmaterials, die bei Gruppendiskussionen eine besondere Herausforderung darstellt.

Vielen Dank allen weiteren ExpertInnen, die mir ihre Zeit zur Verfügung stellten. Sylvia Wilz gab mir einige Male Gelegenheit zu Gesprächen, die sehr hilfreich waren. Margery Resnick und Lotte Bailyn vom MIT in Boston zeigten mir, wie effektiv und ertragreich transatlantische Kommunikation sein kann. Barbara Schwarze als Expertin für Frauenförderung im Bereich Technik gab mir wertvolle Literaturhinweise und Ratschläge ebenso wie eine Reihe von ProfessorInnen, ManagerInnen und MitarbeiterInnen, die mir Kontakte zum Feld vermittelten und mich an ihrem Know-how aus dem Ingenieurbereich teilhaben ließen, darunter besonders Wilfried Jungkind.

Diese Dissertation, ebenso wie meine Tätigkeit als Kommunikationstrainerin, fußen zu einem wichtigen Teil auf dem, was ich während meiner Ausbildung zur Gestalttherapeutin gelernt habe. Dies verdanke ich neben vielen anderen meiner Lehrtherapeutin Renate Wilms-Klöckner, die mir ganz neue Lernwelten des Intellekts und des Herzens eröffnete. Dafür möchte ich mich bei ihr ebenso wie bei allen anderen LehrtherapeutInnen und den TeilnehmerInnen meiner Ausbildungsgruppe ganz besonders bedanken.

Der größte Dank gebührt Elisabeth Schulze. Sie bewegte sich mit mir im Steinbruch der Gedanken, las und kritisierte meine Texte von Beginn an bis zur Endfassung. Als Psychologin und Psychotherapeutin stellte sie mir wertvolles zusätzliches Wissen für die Analysen der Gruppendiskussionen zur Verfügung. Sie glaubte kontinuierlich daran, dass die Arbeit auf einem guten Weg war und zu meiner Zufriedenheit vollendet werden würde, eine unschätzbare Ermutigung. Gegen Ende der Fertigstellung der Dissertation lernte ich von ihr zusätzlich, den Nutzen unüberwindlicher Schwierigkeiten zu erkennen. Dafür meinen innigen Dank.

Gewidmet ist diese Arbeit meiner Mutter und meinem Vater, die mir ihre Liebe mit auf den Weg gaben.

Kalletal, im Juni 2002

1. Prozesse managen: Die Zukunft der Ingenieursarbeit

1.1 Einleitung, Fragestellung

Als ich vor vier Jahren die Forschungsreise dieser Dissertation begann, hätte ich nicht sagen können, wohin sie mich führen würde. Ich ließ mich auf das ein, was Gegenstand dieser Arbeit ist: das Abenteuer Kommunikation. Heute bin ich durch meine Reise um viele Erfahrungen, Gesprächsanalysen und Kenntnisse reicher geworden, an denen teilzuhaben ich Sie als LeserInnen einlade.

Die Idee zu dieser Dissertation wurde während meiner Tätigkeit für die Weiterbildung „Prozessmanagement" an der Fachhochschule Lippe geboren, die IngenieurInnen Schlüsselqualifikationen vermittelt. Dort leite ich die Trainingseinheiten für Kommunikation, Coaching, Lernende Organisation. In dieser Arbeit begegne ich vielen Menschen in intensiven beidseitigen Lernprozessen und erlebe das Feld berufliche Kommunikation als faszinierenden Weg des Austausches, der produktiven Organisation von Zusammenarbeit und der persönlichen Entwicklung. Meine Perspektive auf IngenieurInnenarbeit ist die aus dem Blickwinkel menschlicher Kommunikation, in der technisches Know-how und betriebliches Management Hintergrundfunktion haben. Zu den Hintergründen:

- Das *Berufsbild von IngenieurInnen* verändert sich derzeit stark. Dabei gewinnen Schlüsselqualifikationen an Bedeutung. IngenieurInnen von morgen sollen über ihre fachliche Qualifikation hinaus über kommunikative und soziale Kompetenzen verfügen, sich in anderen Sprachen und Kulturen zurechtfinden, offen sein für politische und ökologische Überlegungen.[1]

---

[1] Siehe zu den neuen Anforderungen zum Beispiel: Chancen im Ingenieurberuf. Das VDI-Bewerbungshandbuch (2000)

- IngenieurInnen werden zunehmend zu *„Change ManagerInnen"*, die mit der Umsetzung von technischen Innovationen und Reorganisationen befasst sind. Kommunikation kommt dabei eine Schlüsselrolle zu, wird als neue Produktivkraft entdeckt. *Wie* „Soft Skills“ und kommunikative Strukturen in organisatorischen Veränderungen erfolgreich umgesetzt werden können, ist bisher wenig untersucht worden. Dies scheint um so dringlicher, als Reorganisation in der Praxis häufig nicht hält, was sie verspricht.[2]
- Ein weiterer Hintergrund ist die *Zukunft der Arbeit*, die durch Globalisierung, technische Neuerungen, den Umbau des Sozialstaats vor tiefgreifende Veränderungen und Ungewissheiten gestellt ist. Visionen für eine Richtung dieser Veränderung, die Menschen – zumal im globalen Maßstab – Orientierung und Zuversicht vermitteln könnten, fehlen weitgehend. Prägend sind dagegen eher Zukunftsängste bei vielen der beteiligten AkteurInnen.
- Die Verhältnisse zwischen den *Geschlecht*ern ändern sich derzeit und machen auch vor der Männerdomäne Technik nicht halt. Zwar sind die Zahlen von berufstätigen Ingenieurinnen in Deutschland mit ca. 19 Prozent im Osten (fallende Tendenz) sowie 7,3 Prozent im Westen (ansteigend) nach wie vor niedrig, doch gibt es Anzeichen, dass Frauen am Beginn einer Eroberung dieses Arbeitsmarktes stehen.[3] Dabei kommt wiederum Kommunikation eine Schlüsselrolle zu, da die neuen Ingenieurarbeitsplätze ihr Gesicht verändern und nach Qualifikationen verlangen, die eher dem „weiblichen“ Fähigkeitsspektrum zugeordnet werden. Zudem wird argumentiert, dass die Einbeziehung von Frauen wie allgemein eine Orientierung an diversifizierten Fähigkeiten (Stichwort: *diversity*) der MitarbeiterInnen einen zusätzlichen Gewinn für die Unternehmen bringt.[4]

Diese avisierten Veränderungen stehen in engem Zusammenhang mit dem Entstehen neuer Organisationsformen und neuem Managementhandeln. Die Organisation der Zukunft, so heißt es, wird eine „lernende Organisation“ sein, die in der Lage ist, flexibel in zunehmend turbulenten Umwelten zu agieren und fortzubestehen. Flache Hierarchien, dezentrale Organisationsstrukturen, vernetzte

---

2 Schon Kirsch et al. (1979) weisen in einer Untersuchung im Zeitraum von 1964-1973 auf die niedrige Erfolgsrate von Reorganisationsprozessen hin; neuere Untersuchungen bestätigen diese Ergebnisse (s. zusammenfassend Mohr 1997, S. 11ff).

3 Wieneke-Toutaoui (2000); Schwarze (2000).

4 Siehe hierzu exemplarisch Hesselt (2000) zur Implementierung des Diversity-Ansatzes in der Ford Company.

Kommunikation und Kundenorientierung geben die Richtung der Entwicklung an. ManagerInnen werden aufgefordert, neu zu denken und lebenslang zu lernen.

Vor diesen Hintergründen habe ich die Fragestellung meiner Arbeit entwickelt, die zunächst sehr allgemein gehalten war. Mich interessierten die kommunikativen Anforderungen, vor die sich IngenieurInnen in ihrem betrieblichen Arbeitsfeld gestellt sehen, ich wollte herausfinden, wie sie selbst die Bedeutung von Kommunikation in ihrer Praxis sehen und welche kommunikativen Kompetenzen sich darin abbilden. Die Teams, die ich zu Gruppendiskussionen gebeten habe, arbeiten auch im Alltag miteinander; hierdurch sind praxisnahe Aussagen zum Wirken kommunikativer Kompetenz im betrieblichen Kontext möglich. Auf diesem Wege können zudem wichtige Impulse gewonnen werden für die Vermittlung von Schlüsselqualifikationen in der (betrieblichen) Aus- und Weiterbildung (nicht nur) von IngenieurInnen.

Die Methode meiner Wahl sind Gruppendiskussionen in der Tradition der Konversationsanalyse. Die Teams wurden gebeten, sich reflektierend mit ihren eigenen Kommunikationsgewohnheiten zu befassen und diese miteinander zu erörtern. Die transkribierten Texte lassen sich dabei auch als aktuelle Arbeitsproben betrieblicher Teamarbeit im Untersuchungsfeld auffassen. Sie als LeserInnen dieser Arbeit werden ausführlich Gelegenheit haben, diese Life-Sequenzen zum Thema berufliche Kommunikation sowie ihre Analysen an meiner Seite zu verfolgen.

Neben meinem soziologischen Wissen und Forschen flossen in diese Arbeit wesentliche Quellen von Erfahrung und Lernen ein, die ich außerhalb der Hochschule gewonnen habe. Besondere Bedeutung hat hierfür meine Ausbildung in Gestalttherapie, die mir neue Lernwelten eröffnete und die eine der Grundlagen für meine praktische Arbeit als Trainerin ist. Auch für die Methodenwahl narrativer Gruppendiskussionen sowie deren Auswertung war meine gestalttherapeutische Fortbildung von unschätzbarem Nutzen. Als Trainerin für Kommunikation habe ich das große Glück, die Universität neu als einen Ort zu erleben und mit zu gestalten, in der Erfahrungen von Organisationslernen in einem vielseitigen kommunikativen Prozess möglich werden, die Studierenden, sei es der Ingenieur- oder Sozialwissenschaften, bis heute in ihrer normalen Ausbildung weitgehend versperrt sind. Durch die Teilnahme vieler Berufstätiger an diesen Trainings öffnete sich die Hochschule zugleich als Forschungs- und Entwicklungsort zur Erprobung neuer kommunikativer Arbeitsweisen, als Werkstatt für Organisationsentwicklung.

Ich habe während der Entstehung und Bearbeitung dieser Dissertation mit sehr vielen Menschen gesprochen und dabei immer wieder das Thema „Kommunikation am Arbeitsplatz“ ins Gespräch gebracht. Die Reaktionen, die dies hervorrief, haben mich vielleicht am meisten bestärkt, dass dieses ein „heißes“, aktuelles Thema ist, denn ich traf praktisch niemanden, den es unberührt gelassen hätte. Im Gegenteil sprudelten viele Menschen geradezu über vor Mitteilungsdrang, erzählten Geschichten von geglückter oder misslungener Kommunikation, suchten Rat oder bloß ein offenes Ohr, legten mir Forschungsfragen ans Herz und waren schon im Vorfeld neugierig auf die Ergebnisse, die ich produzieren würde. Offenbar ranken sich um das Thema „Kommunikation im beruflichen Feld“ große Bedürfnisse, Geschichten, Interessen und Handlungsbedarfe. Die Neugier der Beteiligten verweist noch auf etwas anderes: So wesentlich Kommunikation und entsprechende Kompetenzen für die erfolgreiche Organisation von Arbeit sein mögen, so wenig erfahren sie offiziell an Bedeutung in betrieblich-technischen Zusammenhängen; sie stehen, wenn überhaupt, am Rande der Aufmerksamkeit, werden „nebenbei“ verausgabt, wenig wertgeschätzt in Form von (ökonomischer) Beachtung. Das ist um so erstaunlicher, als bekanntlich im Unternehmensalltag die „soften“ Faktoren wesentlich zum Erfolg beitragen. Die Variablen für diesen Erfolg scheinen ungewiss, sind nicht quantifizierbar wie Umsatz, Rendite, Mitarbeiterzahl, so mehrdeutig diese „objektiven“ Zahlen auch sein mögen. Kommunikation macht sich dagegen eher an emotionalen Faktoren fest, an unbestimmten, veränderlichen Zuständen. Die Güte eines Gesprächs oder eines gelungenen Projekts, die Qualität der Zusammenarbeit im Team lassen sich eher beschreiben als messen. Das macht den Umgang mit dem „Stoff“ für viele Menschen reizvoll, weckt jedoch ebenso Ängste, lockt Geschichten hervor, wie es die Gruppendiskussionen und ihre strukturellen Beschreibungen zeigen werden.

Die gemeinsame Überschrift der verschiedenen Rahmungen meiner Untersuchung sind *Wandel, Veränderung* bis hin zu *Auflösung*serscheinungen auf verschiedenen Ebenen sowie umgekehrt Zwänge und Wünsche zur Neuordnung und -konzeption, mit der alle AkteurInnen – auf verschiedene Weise und aus unterschiedlicher Perspektive – befasst sind: sei es während andauernder Prozesse von Reorganisation, der Konfrontation mit ungewisser Unternehmensentwicklung, der Trennung von Arbeitszeiten und Arbeitsorten bis hinein in Identitätsbestimmung und -entwicklung. Dass Auflösung das zentrale Thema ist, mit dem alle AkteurInnen sich auseinandersetzen, wurde mir erst im Verlauf der Untersuchung klar und ich kann es als ein zentrales Ergebnis hier vorwegnehmen. Wie die AkteurInnen umgekehrt Orientierung (wieder) aufbauen, welche Markierungen sie dafür wählen und welche Bedeutungszuschreibungen dabei Kommunikation, Teamentwicklung, Geschlecht erhalten, das wird Gegenstand der Ausführungen sein.

Veränderung, permanenter Wandel können als *das* Paradigma heutiger gesellschaftlicher Neukonstitution gelten, in der Flexibilität, das Neue zum Kennwort „an und für sich" gerät. Veränderung als Paradigma gegenwärtiger Entwicklung hat dabei – mindestens – drei Facetten:

- Sie begegnet uns als *empirische Realität.* Die Zyklen technischer Entwicklung werden kürzer, Umorganisation ist für viele an der Tagesordnung. Dies erfordert eine Umorientierung auf die *Prozess*haftigkeit des Organisierens, die ebenso Herausforderung wie Überforderung sein kann.[5]
- Wandel erhält eine *Leitbild*funktion für moderne Gesellschaft: Flexibilität und maximale Geschwindigkeit werden zu Orientierungsmarken, zum Maßstab wünschenswerter Entwicklung.
- Als gegenläufiger, unberechenbarer Trend existieren *eigensinnige Orte* der Verhandlung von Fortschritt fort oder entstehen neu.

Vor diesem aktuellen Szenario hat sich die zentrale Fragestellung meiner Arbeit herauskristallisiert:

Wie managen die AkteurInnen (gesellschaftlich-organisatorische) Umstrukturierungsprozesse in ihren betrieblichen Arbeitsfeldern?

Für alle AkteurInnen – und in besonderer Weise für die im Management der Unternehmen Beteiligten – spielt die Organisation von Veränderungsprozessen eine große Rolle. Dabei habe ich die ursprüngliche Fragestellung, die sich auf den Betrieb als Kontext versuchte zu beschränken dahingehend modifiziert, diese Veränderungen in größerem gesellschaftlichen Rahmen zu betrachten, denn es erwies sich frühzeitig als zu kurz gedacht, Reorganisation nur als internes Unternehmensthema zu betrachten; dazu sind die begleitenden Veränderungen zu weitgehend und vielschichtig, wie die Gruppendiskussionen zeigen werden. nter dieser Leitfrage behandele ich in der Arbeit drei Unterkomplexe: *Kommunikation, Teamarbeit, Geschlecht.*

Die weiteren Fragestellungen im Überblick:

[5] Hammer (1997) nennt zu Recht die Orientierung auf den Prozess als neues Paradigma von Reorganisationen; seiner Ansicht nach sind hierfür jedoch nicht alle Menschen befähigt, viele bleiben auf der Strecke. Er inszeniert „Prozessorientierung" als Ausleseverfahren.

Welche Bedeutungszuschreibungen nehmen die AkteurInnen in Bezug auf Kommunikation vor? Wie entfaltet sich kommunikative Kompetenz?

Wenn Kommunikation, insbesondere auch in Form des Gesprächs, ins Zentrum der Aufmerksamkeit betrieblicher Organisation gerät, als neu zu entdeckende Ressource und Produktivkraft, wie es derzeit der Fall ist, ist zu erwarten, dass die AkteurInnen sich darin positionieren, Kompetenz (neu) verhandeln, Kommunikation selbst neu konstruieren und kontextualisieren. Wie dies geschieht, wird mittels Konversationsanalyse am Beispiel der beteiligten Arbeitsteams untersucht.

Welche Bedeutungszuschreibungen nehmen die AkteurInnen in Bezug auf Teamarbeit vor? Welche Formen der Zusammenarbeit und Lösung von Leitungsaufgaben lassen sich identifizieren? Wie konstruieren die AkteurInnen Macht im Teamkontext? Woran orientiert sich die Teamentwicklung?

Als Bühne der Betrachtung habe ich Teamarbeit gewählt. Dies hat zum einen den Grund, dass Teamarbeit eine notwendige und/oder erwünschte Form von Zusammenarbeit in Unternehmen ist. Sie kommt in unterschiedlichster Form zum Einsatz, in Projekten, in Profit Centern, im Management, in der Produktion und erfordert hohe kommunikative Kompetenzen. Zum andern lassen sich auf der Bühne Teamarbeit „life" die Arten, miteinander zu kooperieren und zu kommunizieren beobachten und analysieren, so dass eine hohe Praxisrelevanz gegeben ist. Leitung tauchte bereits in der Anfangsphase des Dissertationsprojekts immer wieder als Thema der beteiligten Führungskräfte auf, so dass hierzu Beobachtungen gesammelt wurden. Das Thema der Macht hingegen wurde offen nicht angesprochen, war zunächst auch nicht Untersuchungsgegenstand, kristallisierte sich jedoch bald nach Beginn der Analyse der Gruppendiskussionen als weiteres relevantes Thema heraus, das die AkteurInnen (mehr oder minder bewusst und in unterschiedlichen Formen) beschäftigt. Das Thema Teamentwicklung schließlich ist besonders auch aus Trainingssicht interessant für professionell mit der Beratung im Feld Beschäftigte.

Wie kontextualisieren die AkteurInnen Geschlecht?

Zu den neueren interessanten Themen der Organisationssoziologie gehört das Thema Geschlecht. Dies in zweierlei Hinsichten: Wie eingangs schon erwähnt, ändert sich das Berufsbild heute und bietet so neue Chancen auch für Ingenieurinnen. Daher ist es interessant, diesen Veränderungen im Feld nachzuspüren.

Zum andern fordert Geschlecht als soziale Kategorie die Theoriekonstruktionen der Organisationssoziologie selbst heraus, stellt sich ihnen quer und bietet neue Formen von Fragen im Hinblick auf Organisationslernen, für eine an Partizipation und Demokratie orientierte wünschenswerte Entwicklung von Gesellschaft, von der Organisationen Teil sind.

1.2 Methodenwahl, Aufbau der Untersuchung

Bereits zu Beginn meiner konzeptionellen Überlegungen entschied ich mich dafür, narrative Gruppendiskussionen als Untersuchungsmethode zu wählen. Die Auswertung erfolgte mittels Konversationsanalyse, die theoretisch im Symbolischen Interaktionismus verankert ist (Kallmeyer/Schütze 1976). Der Grund für die Wahl lag darin, dass die Methode aus meiner Sicht besonders geeignet ist, Untersuchungen zu einer Fragestellung durchzuführen, die auf sehr neue, im Wandel begriffene Verhältnisse abzielt, wo die „Würfel noch nicht gefallen" sind. In Bezug auf neue IngenieurInnenarbeit, die Zukunft der Arbeit in einer globalisierten Welt und die in Unordnung geratenen Geschlechterverhältnisse machen die AkteurInnen heute Bedeutungszuschreibungen, die sich in ihrer strukturellen Relevanz erst morgen erweisen werden. So sind Trends festzustellen, die als Handlungsrahmen im Feld fungieren. Auch Tendenzen des Gegensteuerns sind skizzierbar. Die Entscheidung für Gruppendiskussionen hat sich aus meiner Sicht als überaus fruchtbar erwiesen. Ich musste mir die Methodik der Textauswertung hierzu neu aneignen, was einige Zeit beanspruchte. Seitdem bin ich fasziniert von den Möglichkeiten, die die Konversationsanalyse zur Textinterpretation bietet. Ich hoffe, dass die eine oder der andere LeserIn sich von dieser Faszination anstecken lässt und mir in die Tiefen und Verästelungen der Teamgespräche folgen wird, wo hinter mancher Wortecke eine Überraschung wartet.

Die Konversationsanalyse: Gespräch als Methode

Kallmeyer/Schütze verstehen unter Konversationsanalyse „eine empirische Erforschung von sprachlichen Texten, die in natürlichen Kommunikationssituationen hervorgebracht, mit elektronischen Mitteln aufgezeichnet und gespeichert sowie unter dem Gesichtspunkt der Strukturen des Kommunikationsablaufs, der Aktivitäten der beteiligten Interaktionspartner und/oder von diesen getätigten Bedeutungsvoraussetzungen und -zuschreibungen transkribiert und analysiert werden." (S. 4)[6] In dieser Methode werden unterschiedliche Forschungsansätze zur Analyse von Interaktion zusammengefasst: die „klassische" Konversationsanalyse (Sacks, Schlegloff, Jefferson, Turner); die ethnolinguistisch-anthropologische Forschungstradition, deren Schwerpunkt auf den Zusammenhängen zwischen sprachlichen Abläufen und sozialen Situationen liegt (Gumperz, Hymes, Ervin-Tripp, Sherzer); die interpretative ethnomethodologische Soziologie in der Tradition von Schütz und Garfinkel, die sich mit den Bedeutungszuschreibungen der AkteurInnen in sprachlichen Interaktionen befasst. Dementsprechend nimmt die Forscherin, der Forscher zwei verschiedene Standpunkte bei der Analyse ein: den der Betrachterin, des Betrachters von außen bei der Untersuchung des formalen Ablaufs des Gesprächs, den Standpunkt einer Teilnehmerin, eines Teilnehmers am Gespräch, um die Bedeutungszuschreibungen zu erfassen. Dieser Wechsel der Perspektiven trägt zur Reichhaltigkeit und Tiefe der Interpretation bei.

Mittels des Verfahrens Gruppendiskussion in der von mir gewählten Form können die Bedeutungsschöpfungen der AkteurInnen im Feld rekonstruiert werden. Es können gültige Aussagen über die zentralen Themen und Fragen der Beteiligten formuliert werden. Nicht nur inhaltliche Fokussierungen werden nachgezeichnet, an denen sich die AkteurInnen handelnd orientieren, auch die Beziehungskonstellationen und strukturellen Ebenen von Handeln werden sichtbar. Ähnlich narrativen Interviews mit Einzelpersonen, wie sie beispielsweise für die Biographieanalyse genutzt werden, setzt die Forscherin bei Gruppendiskussionen einen Stimulus, der die Eigendynamik im Feld mobilisiert und die Selbststeuerungskräfte der Gruppe in Gang setzt. Das Nachzeichnen dieser Steuerungen im Umgang mit dem Thema sowie dem *Handlungsschema*[7] Gruppendiskussion ergibt wesentliche Aufschlüsse über die Zusammenarbeit, Rollenzuschreibungen und Positionierungen im Team. Damit sind weit über die inhaltliche Verortung (etwa in Form der Reproduktion von Meinungen der AkteurInnen) hinausgehende Analysen und Aussagen zum Geschehen möglich.[8]

---

6 Da während meiner Arbeit die neue Rechtschreibung eingeführt wurde, ist ihre Handhabung im Text nicht einheitlich. Ich zitiere nach der alten Rechtschreibung. Auch die Transkriptionen der Gruppendiskussionen folgen der alten Rechtschreibung. Alle Texte von mir nach der neuen Schreibweise.

7 Dieser Fachbegriff aus der Konversationsanalyse wird wie weitere zentrale Begriffe unter „Stichworte zur Auswertung der Gruppendiskussionen" erläutert.

8 Siehe zum Verfahren der Gruppendiskussion: Arbeitsgruppe Bielefelder Soziologen (1976), Kallmeyer/Schütze (1976), Bohnsack (2000), Loos/Schäffer (2001). Zu erkennt-

Beeinflusst wurde meine Methodenwahl nicht zuletzt durch ihre Relevanz für die Organisationsentwicklung und die Beratung von Einzelpersonen. Gruppendiskussionen sind ein exzellentes praxisnahes Verfahren, um – relativ schnell – eine große Menge an Daten zu erfassen und im Anschluss wissenschaftlich analysieren zu können, wobei das Feedback eine wichtige Rolle spielt, als unmittelbarer Gewinn für die Beteiligten ebenso wie zur Überprüfung der Relevanz und Aussagekraft der Ergebnisse. Die *strukturellen Beschreibungen* der Gruppendiskussionen demonstrieren das Analyseverfahren, als wissenschaftlich fundiertes diagnostisches Instrumentarium von Team- und Organisationsentwicklung. Mittlerweile habe ich das Verfahren fortentwickelt und nutze es in Kommunikationstrainings, Trainings zu Gesprächsführung, in Beratung und Coaching.

Art und Aufbau der Untersuchung

Die vorliegende Untersuchung ist hoch selektiv und konzentriert sich auf die konversationsanalytische „strukturelle" Beschreibung der vier ausgewählten Teams, ihr Interaktionsgeschehen und die Bedeutungsschöpfungen der AkteurInnen. Bezogen auf die untersuchten Teams liefert die Analyse objektivierte Daten, die das interaktionelle Geschehen abzubilden vermögen. Auf diesem Wege ist zwar keine Verallgemeinerung über „die" Teamarbeit im Arbeitsfeld Technik möglich, die getroffenen Aussagen zielen jedoch auf Sinngebung und Prägnanz derart, dass sie einen Ausschnitt beruflicher Zusammenarbeit liefern, in dem sich viele MitarbeiterInnen aus diesem Feld wiederfinden dürften, sei es in Übereinstimmung oder Abgrenzung. Ich würde mich freuen, wenn die Ergebnisse über den Rahmen der Dissertation hinaus eine solche „Spiegelfunktion" für MitarbeiterInnen in organisatorisch-gesellschaftlichen Veränderungsprozessen haben könnten und bin gespannt auf Reaktionen der LeserInnen.

Zu Beginn habe ich eine Reihe von ExpertInnengesprächen durchgeführt, um den Rahmen meiner Fragestellung abzustecken. Ich sprach mit IngenieurInnen aller Fachrichtungen, mit Betriebsleitern, Studierenden und ProfessorInnen der Ingenieurwissenschaft, FreiberuflerInnen und Angestellten. Daraufhin wählte ich eine Reihe von Unternehmen für die Befragung aus. Die Vorgabe war, dass es sich um Unternehmen handeln sollte, die mit Umstrukturierung in Richtung neues Management zu tun haben und die Kommunikation als bedeutsamen Faktor in diesem betrieblichen Veränderungsgeschehen ansehen. Insgesamt habe ich

---

nistheoretischen Hintergründen aus gestalttheoretischer Sicht Gurwitsch (1974), zusammenfassend Rosenthal (1995, S. 27 ff.).

sechs Gruppendiskussionen durchgeführt, wovon eine Probediskussion dem Test des Stimulus diente. Dieser wurde daraufhin modifiziert.[9] Eine weitere Diskussion führte ich in Englisch durch, da dies in dem international tätigen Unternehmen der übliche Stil ist, wenn eineR der aus verschiedenen Nationen stammenden MitarbeiterInnen dies wünscht. Das führte zu der Situation, dass schließlich dreizehn Menschen aus vier Herkunftsländern (Finnland, Argentinien, Spanien, Deutschland) miteinander Englisch parlierten, keineR mehr in der Muttersprache beheimatet war. Mit einigem Bedauern habe ich später entschieden, dieses Gespräch nicht näher zu berücksichtigen, da die Vergleichbarkeit aufgrund der unterschiedlichen Sprachen Englisch und Deutsch für die Analyse im nachhinein zu gering erschien. Schon in kurzer Zeit könnte eine solche Entscheidung anders aussehen, wenn es immer üblicher wird, dass MitarbeiterInnen unterschiedlicher Sprachherkunft miteinander Englisch (mehr oder minder) radebrechen[10]. Intensiv analysiert wurden vier Gruppendiskussionen.

Folgende Kriterien bestimmten die Auswahl der Teams:

- Es sollten *verschiedene Fachrichtungen der Ingenieurwissenschaft* beteiligt sein, um eine gewisse Breite des Untersuchungsfeldes zu gewährleisten. Es treten eine Innenarchitektin, drei ElektroingenieurInnen, zwei LogistikerInnen, ein Maschinenbauingenieur in Aktion.
- Die Teams sollten *interdisziplinär* zusammengesetzt sein. Dies entspricht zum einen der Realität von Teamarbeit in weitem Umfang; zum andern erfordert es spezifische Kommunikationsleistungen an „Schnittstellen", die vor allem für den Alltag betrieblicher Reorganisation als relevant gelten.
- Die Teams sollten *(geschlechter)gemischt* zusammengesetzt sein. Das entspricht zwar nicht allgemeiner Realität im Arbeitsfeld Technik, wo es bis heute weitgehend geschlechterhomogene Arbeitszusammenhänge gibt. Diese sind jedoch im Wandel begriffen und meine Herangehensweise betont das Potenzial geschlechterdemokratischer Veränderungen im Untersuchungsfeld.

---

9 Hauptthema in dieser Diskussion war die mangelnde Berücksichtigung des Qualitätsmanagements in dem entsprechenden Unternehmen, das sich aus Sicht der Diskutanden gegen eine Modernisierung sperrt. Hier gibt es eine gewisse Parallele zur Gruppendiskussion D.

10 Die TeilnehmerInnen dieses großen Telekommunikationsunternehmens befassten sich hauptsächlich mit der Bedeutung des persönlichen Gesprächs im betrieblichen Miteinander. Auch hier scheint es eine Parallele zu meinen Gruppendiskussionen zu geben, wo das Team C einen ähnlichen Themenfokus wählt.

Dabei interessierte unter anderem, ob die vermeintliche kommunikative Stärke von Frauen einen Einfluss auf das Gesprächsgeschehen hat.

So konnten 27 Personen intensiv an der Untersuchung beteiligt werden, darunter acht IngenieurInnen sowie eine Wirtschaftsmathematikerin. Die weiteren Beteiligten kamen aus dem kaufmännischen Bereich, dem Marketing sowie aus der Produktion, wo sie überwiegend die Funktion von GruppenbetreuerInnen haben. Der Akzent der Analyse lag sowohl auf den Themensetzungen und -entfaltungen als auch auf den Interaktionen im Gesprächsgeschehen. Große Teile der Diskussionen werden nachgezeichnet und analysiert. So konnte ein doppelter Erkenntnisgewinn erzielt werden: Kommunikation wird sichtbar als Ressource im Feld sowie in ihrer unmittelbaren Bedeutung für die Qualität der Zusammenarbeit im Team. Dadurch wird es möglich, die Teams „ganz" zu präsentieren. Auf diese Weise sind *soziologische Porträts* gelebter Teamarbeit im Heute betrieblicher Organisation entstanden, die sich als ausgesprochen facettenreich und unterschiedlich erwiesen hat.

1.3 Zur Übersicht der Kapitel

Die Arbeit gliedert sich in einen theoretischen sowie einen empirischen Teil, im anschließenden Ergebnisteil fließen Theorie und Empirie zusammen. Der theoretische Teil hat zum einen die Darstellung des Forschungsstandes zum Gebiet Kommunikation und Teamarbeit im betrieblichen Kontext zum Inhalt; zugleich dient er dazu, das theoretisch-methodische Rüstzeug zu versammeln, das danach der Analyse der Gruppendiskussionen zugrunde liegt.

Theoretische Überlegungen

In der Diskussion um die Möglichkeiten, in Betrieben organisatorischen Wandel herbeizuführen, hat der Blick auf Kommunikation als Produktivkraft, auszuschöpfende Ressource in den letzten Jahren an Bedeutung gewonnen – trotz seiner weiterhin eher marginalen Bedeutung in den meisten Unternehmen. Dem steht ein neueres Verständnis gegenüber, das Organisationen selbst als Produkt von Kommunikation versteht und davon ausgeht, dass Organisation und Organisieren Prozesse sind, die sich vor allem „in den Köpfen" der MitarbeiterInnen abspielen (Kieser/Hegele/Klimmer 1998). Organisatorischer Wandel wird entsprechend vor allem als ein Wandel von Metaphern, Leitbildern und Vorstellungen über Organisation verstanden.

Um diese komplexen Prozesse in und um Kommunikation im organisatorischen Kontext darlegen zu können, gliedert sich der Theorieteil in drei Abschnitte: *Kommunikation, Teamarbeit, Organisation.*

Im ersten Teil lege ich kommunikationstheoretische Überlegungen dar, ausgehend von Watzlawick et. al.'s „Axiomen" menschlicher Kommunikation als prominentes Beispiel einer verhaltensorientierten Theorie von Kommunikation. Aufgrund ihres Werkzeugcharakters können sie in der Weiterbildung produktiv eingesetzt werden. Zugleich sind diesen verhaltensorientierten Ansätzen deutliche Grenzen gesetzt, wenn es um Persönlichkeitsentwicklung und Vorstellungen von Identitätsbildung geht. Daher werde ich anschließend mit dem Symbolischen Interaktionismus eine soziologische Kommunikationstheorie vorstellen, die hier ihre Stärken hat. Eine Erweiterung findet dieser Ansatz durch konzeptionelle Elemente aus der Gestalttheorie und -psychotherapie („Gestalt" und „Kontakt"). Diese schon länger verwurzelten Diskussionsrichtungen konfrontiere ich mit Neukonzeptualisierungen einer Soziologie von Differenz und Identität. Es schließt sich die Frage an, ob es angesichts neuer technologischer Entwicklungen im informationellen Zeitalter möglicherweise zu qualitativen Sprüngen in punkto menschliche Kommunikation kommt. Mit diesen theoretischen Skizzierungen ist eine normative Vorstellung „guter" Kommunikation verbunden, wie sie dem Menschenbild der humanistischen Therapie zugrunde liegt.

In der Praxis stößt dieses Wissen bekanntlich immer wieder an Grenzen. Ein Grund hierfür wird im veränderten Kontext von Betrieb, im Unterschied etwa zu einem selbsterfahrungsorientierten Kommunikationstraining gesehen. In der Organisation scheinen häufig andere Faktoren am Werk als die Grundorientierung am produktiven Miteinander. Eine Erklärung für dieses Phänomen scheint sich bei der Betrachtung von Kommunikation als *Spiel um Macht* zu finden. Daher schließe ich an die allgemeineren Überlegungen zum Bereich Kommunikation die Frage nach Macht und Machtformen an, aus soziologischer und sozialpsychologischer Sicht. Spätestens hier wird auch das Thema Geschlecht relevant, so dass ein Abschnitt zu Machttheorie aus feministischer Sicht folgt.

Verschränkt werden die Überlegungen in einem praxisorientierteren Abschnitt zum Thema „Schlüsselqualifikationen". Die von den neuen ManagerInnen geforderten „Soft Skills" (Teamfähigkeit, Sozialkompetenz, Dialogbereitschaft) überschreiten oft nicht die Ebene des Plakativen. Was genau aber ist Sozialkompetenz? Und wie wirkt sie sich im Alltag des Ingenieurhandelns aus? Zu dieser Frage stelle ich u.a. die Studie „Disappearing Acts" von Joyce K. Fletcher (2000) vor, die sich mit der Definition, den Wirkungen und Bewertungen sozialer Kompetenzen im Projektalltag von Ingenieurinnen befasst hat. Den Abschluss bilden zusammenfassende „Leitsätze zur Entfaltung produktiver Kommunikation".

Teamarbeit hat für die neuen Unternehmen zentrale Bedeutung, steht im Mittelpunkt der Verwirklichung „lernender" Organisationen. In der Organisation der Arbeitsbeziehungen sind täglich soziale Kompetenzen, also Schlüsselqualifikationen gefragt, so dass sich auf dieser Bühne Chancen und Hindernisse von Reorganisation besonders gut beobachten lassen. Ich werde zunächst Teamarbeit vor dem Hintergrund betriebsorganisatorischer Veränderungen beleuchten, wodurch ihre neue Relevanz sichtbar wird. Die Themen Macht im Team und Führung in Gruppen schließen sich an. Parallel dazu hat sich auch die Gruppendynamik weiter entwickelt: der Akzent liegt häufiger auf der Arbeit mit gesellschaftlichen Majoritäten als mit Minoritäten, gearbeitet wird zunehmend innerhalb organisatorischer und damit auch hierarchisch definierter Milieus. Verbunden damit ist ein teilweiser Abschied von emanzipatorischen Programmen, wie sie die sozialwissenschaftliche Diskussion der siebziger Jahre prägte. Dies geht mit einer Selbstreflexion der Profession einher. Den Abschluss bilden meine zusammenfassenden „Leitsätze zur Zukunft der Teamentwicklung", die im Zusammenhang mit der von mir gewählten und weiterentwickelten Methode der Gruppendiskussionen stehen und entfaltet werden.

Weitergehend zum Kontext *Organisation* beleuchte ich die Rolle, die Kommunikation in der Organisationstheorie spielt. Dabei gehe ich von „klassischen" Ansätzen aus (Weber, Taylor), auf die psychologisch orientierte Modelle folgen (Mayo), danach konstruktivistische Ansätze, in denen Kommunikation eine zentralere Rolle spielt. Im Anschluss wird die Dialektik von Organisation und Gesellschaft zur Diskussion gestellt, ausgehend von Giddens' Theorie der Strukturierung, Netzwerkorganisation sowie Überlegungen zum Organisationslernen. Es folgt eine Übersicht zum Forschungsstand Geschlecht und Organisation bis hin zu poststrukturalistisch-feministischen Ansätzen. Den Abschluss bilden zusammenfassend Leitsätze für eine zukunftsfähige Organisationsentwicklung.

Der folgende *empirische Teil* ist das Herzstück meiner Arbeit und nimmt entsprechend viel Raum ein. Dargelegt sind Prozess und Ergebnis der von mir durchgeführten Untersuchung. Zu Beginn finden sich die „Stichworte zur Auswertung der Gruppendiskussionen", wo ich zentrale Fachbegriffe aus der Konversationsanalyse erläutere, die den LeserInnen das Verständnis der Interpretationen erleichtern sollen, so wie die „Schritte der Auswertung" anschließend den Prozess der Analyse beschreiben.

Jedem der ausgewählten Teams widmet sich in diesem Kapitel ein eigener ausführlicher Abschnitt. Ich habe den Gruppen Namen gegeben, um sie anhand ihres Kernthemas identifizierbar zu machen, ihnen „Gestalt" zu geben. Das Team „Kindergarten" ist in einem großen Telekommunikationsunternehmen tätig; die Gruppe „Schwarzer Peter" arbeitet in einem größeren Unternehmen der Elektrobranche, ebenso wie das Team „Sinnsuche". Die Gruppe „Das offene Haus" kommt aus einem mittelständischen Softwareunternehmen. Die „strukturellen Beschreibungen" der Gruppendiskussionen den Hauptteil der empirischen Arbeit. Den Extrakt der Textanalyse bilden in der „Gesamtformung": Handlungen der AkteurInnen über die Dauer der Diskussion hinweg, verknüpft mit der Handhabung der Themensetzungen, Beobachtungen im Setting, Umgang mit dem Handlungsschema, Übertragungsphänomene bei der Bearbeitung. Hier werden Handlungs- und Bedeutungshorizonte aufgespannt, wie sie sich im Text entfalten und über ihn hinausreichen. Den Abschluss bildet eine Zusammenfassung des Feedbacks an die Gruppen.

Im *Ergebnisteil* reflektiere ich zu Beginn den Forschungsprozess und die Veränderungen, die die Fragestellung und Forschungsperspektive dabei erfuhren. Hiermit verbunden ist eine methodische Reflexion. Im Anschluss fasse ich die Ergebnisse der strukturellen Beschreibungen entlang des Oberthemas „Auflösungen" zusammen und skizziere, wie die AkteurInnen umgekehrt Orientierung wieder herstellen. Dazu zeige ich zunächst auf, wie basale Elemente von Kommunikation den Prozess bestimmen, und entfalte darauf aufbauend komplexe Interaktionen um Selbstwertproduktion, Identität, Zukunft. Die Ergebnisse sind entlang der Fragekomplexe Kommunikation, Teamarbeit, Geschlecht zusammengefasst. Den Abschluss bildet ein kurzes Resümee unter der Überschrift „Selbstwert, Identität, Zukunft verhandeln – neues Managementhandeln in der Praxis."

2. Theoretische Grundlagen, Forschungsstand

„Kommunikation ist der Maßstab, mit dem zwei Menschen gegenseitig den Grad ihres Selbstwertes messen, und sie ist auch das Werkzeug, mit dem dieser Grad für beide geändert werden kann."

Virginia Satir

2.1 Kommunikation: Der Stoff, aus dem Beziehung entsteht

Kommunikation ist das Material, aus dem (soziales) Leben gewebt wird, offensichtliche Bedingung aller Existenz, mit der wir dauernd befasst sind: Wir reden mit anderen, drücken uns mit und ohne Worte aus, lesen in den Gesichtern unseres Gegenübers, fühlen uns wohl oder unwohl dabei, verstanden und missverstanden. Wir erleben Gespräche als Orte von Miteinander, als Möglichkeit von Mit-Teilung, als Orte strategischer Handlung und als alltägliche Kunst sozialer Balancen. Menschen schreiben Briefe, lesen Bücher und verfassen Dissertationen, sie schauen fern, chatten, empfangen E-Mails und surfen im Internet. Menschen gestalten in komplexen kommunikativen Prozessen Kultur, Organisation, Gesellschaft.

Diese Geschehnisse sind uns so selbstverständlich eigen, so unter die Haut gegangen, dass wir nur selten einen bewussteren Blick auf die Kunstfertigkeit und Kompetenz der Beteiligten werfen können, die Kommunikation wirksam und lebendig macht. Um mit und über Kommunikation wissenschaftlich forschen zu können, ist es jedoch notwendig, auch eine distanzierte Perspektive auf das Geschehen zu werfen. Diese wird immer doppelseitig sein: geprägt vom eigenen Innen der unmittelbaren Beteiligung im Kommunikationsprozess wie vom Blick einer außen stehenden Beobachterin. Diese Fähigkeit zum Perspektivenwechsel gehört zur Reichhaltigkeit menschlicher Kommunikation. Einen solchen Blick mehrseitiger Perspektiven eröffnete mir die intensive Beschäftigung mit Gruppendiskussionen, das Eintauchen in die Tiefen und Verästelungen ganz normaler, auf den ersten Blick vielleicht sogar banal wirkender Gespräche, einen Blick auf die Poesie des Selbstausdrucks, den Facettenreichtum von Austausch, komplexe Kooperation, die Vielschichtigkeit von Bedeutungen und das Sich-In-Beziehung-Setzen mit anderen. Dies alles zu erfassen, daran scheitert jede Definition menschlichen Kommunizierens. Als elastischer Begriff, endloses

Spielfeld für Bedeutungen, erlaubt Kommunikation andererseits auch Begrenzung, Einengungen und Verkürzungen, um beispielsweise der wissenschaftlichen Bearbeitung zugänglich zu werden.

Während ich diese Zeilen schreibe, imaginiere ich eine Leserin, einen Leser. Ich will Ihnen meine Gedanken mitteilen und wenn Sie diesen Text lesen, treten Sie in Austausch damit, Ihre Gedanken werden angeregt, vielleicht möchten Sie mir widersprechen, etwas hinzufügen, eigene Ideen anknüpfen. In gewisser Weise hören Sie mir in diesem Moment zu, sprechen mit mir, ein eigener Raum an Interaktion entsteht, hier vermittelt über Sprache und Schrift. Dieser Prozess der Mit-Teilung liegt dem etymologischen Ursprung des Begriffs Kommunikation zugrunde, der vom lateinischen Wort „communis" bzw. „communicare" abstammt, was bedeutet: etwas gemeinsam machen, gemeinsam beraten, einander mitteilen. Wissenschaftlich wird der Begriff Kommunikation aufgrund seiner Omnipräsenz uneinheitlich und inkonsistent verwendet. Merten (1977) zählt allein 160 verschiedene Definitionen auf. Gemeinsam ist den im Folgenden dargelegten Ansätzen, dass sie *Kommunikation als soziales Geschehen* begreifen, nicht als reinen Austausch von Informationen.

Die vorliegende Dissertation hat berufliche Kommunikation im Kontext von Organisation zum Gegenstand. Für die Begrifflichkeit hat diese Kontextualisierung in der wissenschaftlichen Literatur häufig grundlegende Folgen, die den Erkenntnisprozess beeinflussen. So definiert beispielsweise Wahren (1987): „Die Kommunikation in Unternehmen kann sich (...) nicht frei entfalten wie die Kommunikation im privaten Bereich: sie wird geprägt durch den organisatorischen Kontext." (S. 45) Mohr (1998) schließt sich diesem Gedanken an und führt ihn aus: „Unter Kommunikation wird deshalb im Folgenden jegliches soziale Verhalten im Zusammenhang mit der Mitteilung von Informationen über eine geplante, organisatorische Änderung verstanden, welches im Rahmen einer Organisation darauf abzielt, bei den Betroffenen eine Verhaltensänderung herbeizuführen." Mohrs Definition enthält wesentliche weit verbreitete Elemente eines Verständnisses von Kommunizieren in Organisationen: a) das Element organisatorischen Wandels (Kommunikation als Vehikel zur Durchführung von Reorganisation); b) das strategische Element (Kommunikation als gezielte Intervention); c) eine top-down-Achse kommunikativen Wirkens in Organisationen (Kommunikation als Mittel der Beeinflussung „Betroffener" durch Führungskräfte und andere überlegene „Change Manager").

Meines Erachtens werden durch obige Definitionen Gegenstand und Rahmen des Themas „Kommunikation in Organisationen" zu stark vorgeprägt und in eine bestimmte Richtung gelenkt, die allenfalls einem Teil der AkteurInnen und einem Ausschnitt des Handelns gerecht wird, jedoch nicht allen Beteiligten und ihren Sichtweisen. Daher werde ich einen offeneren Begriff von Kommunikation zugrunde legen und auch nicht dem Gegensatzpaar private = freie(re) versus berufliche = unfreie(re) Kommunikation folgen. Vielmehr gehe ich davon aus, dass zum Charakteristikum der Omnipräsenz kommunikativen Handelns[11] die Bedeutungsschöpfung des Kommunizierens selber gehört: Das heißt, während wir miteinander sprechen, verleihen wir dieser Handlung gleichzeitig immer auch Sinn, sind in symbolische Interaktion miteinander verstrickt. Ob dieser Sinn in der Weitergabe von Information zu einer geplanten Organsisations- und Verhaltensänderung besteht, darüber müsste nach meinem Konzept erst noch verhandelt werden. So wird es weitergehend empirisch möglich, das Kommunizieren selbst zum Gegenstand der Forschung zu machen und die Beteiligten im Gespräch (miteinander) daran zu beteiligen, wie ich es in dieser Arbeit tue. Zugleich eröffnen sich Potenziale beruflicher Kommunikation, die abseits vorgegebener Pfade von Informationsweitergabe zu finden sind.

2.1.1 Watzlawick neu gelesen

Verschiedene Überlegungen haben dazu geführt, Watzlawick et al. an den Beginn meiner theoretischen Erörterungen zum Thema zu setzen. Hauptsächlich ist es ihre enorme Popularität. Der größte Teil der Literatur nimmt darauf Bezug und systemische Sichten auf kommunizierendes Miteinander in Alltag und Beruf haben Konjunktur. Der Grund ist nicht, dass ich mit den zugrunde liegenden Theoriekonzepten übereinstimme – im Gegenteil werde ich im Anschluss den Symbolischen Interaktionismus, erweitert um Elemente aus Gestalttheorie und neuere soziologische Überlegungen zu Identitätsentwicklung, als theoretische Grundlagen meines methodischen Vorgehens entwickeln. Trotz aller berechtigten Kritik an Watzlawick sind die entsprechenden Überlegungen mindestens für EinsteigerInnen ins Thema jedoch sehr nützliche Werkzeuge, an denen sich wesentliche Elemente von Kommunikationstheorie und weiterführende Überlegungen erörtern lassen. Zudem möchte ich auf einige eher versteckte Horizonte der Betrachtung hinweisen, die sich in diesem „Standardwerk" zu menschlicher Kommunikation finden lassen. Ich werde im Folgenden die sogenannten „Axio-

[11] Nicht im Habermas'schen Sinne, für den das „kommunikative Handeln" ein zwar sehr alltäglicher, jedoch trotzdem ein Sonderfall des Handelns und Kommunizierens war.

me“[12] beleuchten, die Watzlawick et al. zum Komplex menschliche Kommunikation formuliert haben. Diese sehen sie eng verbunden mit mathematisch-logischen Operationen und bieten sie an für einen störungsfreieren Verlauf von Kommunikation.

- „Man kann nicht nicht kommunizieren.“

Dieses erste Axiom der Watzlawick'schen Kommunikationstheorie verweist darauf, dass für ihn Kommunikation identisch mit Verhalten ist. Gemeint ist, dass wir mit unserem Verhalten stets etwas mitteilen, gewollt oder ungewollt. Diese „Mitteilungen“ werden von anderen (miss-)gedeutet. Diese Definition umfasst alle paralinguistischen Phänomene, Körperhaltung, Mimik usw. als Bestandteil von Kommunikation, gibt also dem *Körper* Raum als Ort der Kommunikation, was zumindest im Kontext Organisation nicht selbstverständlich ist. Innere Dialoge wie interne Kommunikationsabläufe überhaupt sind dagegen per Definition aus diesem Kommunikationsbegriff ausgeschlossen, da sie „objektiv unbeobachtbar“ sind. Hier ist die explizite Abgrenzung zu psychodynamischen Modellen, insbesondere der Psychoanalyse, hervorzuheben. Watzlawicks systemischer Ansatz unterscheidet sich jedoch auch vom Symbolischen Interaktionismus, für den die Inszenierung innerer Repräsentanzen wesentlich für Identitätsgewinn ist. Sonderlich aussagekräftig ist der Satz bei näherer Betrachtung nicht, denn ohne die doppelte Verneinung bleibt zunächst eine Banalität übrig: „Man kommuniziert“. Das sagt etwa soviel aus wie „Es gibt Wetter“, wie Girgensohn-Marchand (1992) treffend anmerkt und nichts darüber, wie denn nun das Wetter wird, was uns vermutlich mehr interessiert. Goffman (1971) hat das Phänomen, das Watzlawick et al. als oberste Prämisse über Kommunikation stellen (*„Wir müssen kommunizieren“*), mit anderen Worten formuliert:

„Ein Mensch kann aufhören zu sprechen, er kann aber nicht aufhören mit seinem Körper zu kommunizieren, er muss entweder das Richtige oder das Falsche sagen, aber er kann nicht gar nichts sagen.“ (S. 43)

Hier wird deutlich, dass es im menschlichen Miteinander eine *Spanne* gibt, ein gegenseitiges Ausloten von Kommunizieren-Wollen und -Müssen und eben auch die Möglichkeit, sich Kommunikation zu entziehen, also *nicht* zu kommunizie-

[12] Erste kritische Regungen können schon angesichts der Formulierung von „Axiomen“ auftreten, denn Watzlawick et al. lassen im Unklaren, was genau damit gemeint ist: Regeln? Unhinterfragbare allgemeine Prinzipien? Richtlinien? Für mich sind sie hier lediglich Diskussionsrohstoff und ich werde gleichbedeutend auch von „Sätzen“ sprechen.

ren. Watzlawick et al. sprechen hier also keine grundlegende Qualität menschlicher Kommunikation an, sondern ein spezifisches Phänomen: Die Möglichkeit sich aus Kommunikationssituationen zu entfernen, kann erschwert oder behindert sein. Solche Situationen kennen alle Menschen (Sie sitzen im Flugzeug neben einem unsympathischen Zeitgenossen...) und sie können in Gefangenschaft oder im Verhör extreme Formen annehmen. Auch das Setting Gruppendiskussion ist eine solche Situation: Wer einmal sich in der Runde zusammengefunden hat, kann das Spielfeld nicht einfach verlassen, er ist gezwungen zu kommunizieren und tut dies auch, wenn er den Raum verlässt oder nichts sagt. Im Kontext des entsprechenden Teams werde ich ein solches Verhalten mehrerer Gruppenmitglieder später analysieren, die sich nicht verbal äußern. Diese relative Zwanghaftigkeit des Kontextes gilt für MitarbeiterInnen in Organisationen ebenso wie unter anderen sozialen Gegebenheiten, etwa Familien und Gruppen. Watzlawick wie Goffman legen allerdings den Akzent dieses Phänomens auf den *Zwang* des Miteinanders, auf die peinlichen, unangenehmen Begleiterscheinungen, das Sich-Zeigen-*Müssen*. Dabei vernachlässigen sie den parallelen Aspekt, den Kommunikation immer auch hat: die Freude des Selbstausdrucks, das Sich-Zeigen-*Wollen*, diese ursprüngliche Qualität von Kommunikation, mit der wir das Licht der Welt erblicken und die dem Satz *„Wir müssen kommunizieren."* auch an seinem entgegengesetzten Pol Sinn verleiht: *„Wir können kommunizieren."*[13]

- „Jede Kommunikation hat einen Inhalts- und einen Beziehungsaspekt, derart, daß letzterer den ersteren bestimmt und daher eine Metakommunikation ist."

Mit diesem Axiom weisen Watzlawick et al. darauf hin, dass es in zwischenmenschlicher Kommunikation keinen reinen Austausch von (Sach-)Informationen gibt. Für Watzlawick enthält der Beziehungsaspekt die „Verstehensanweisung" (gleichbedeutend mit Metakommunikation) der Aussage, ohne die sie unverständlich ist. Die Zwei-Ebenen-Betrachtung taucht in wissenschaftlicher Betrachtung menschlicher Kommunikation immer wieder auf und kann als Schlüssel zur Analyse an sich sehr komplizierter Vorgänge dienen. Dazu ein

---

[13] Ein gutes Kommunikationstraining beispielsweise berücksichtigt diese beiden Bestrebungen: Es bietet sowohl – gelegentlich mit sanftem Zwang gepaart – Raum sich zu zeigen, jedoch ebenso Raum sich zu „verstecken", mit sich allein und privat zu bleiben. In Organisationen gibt es zahlreiche Beispiele von (Selbst-)Darstellungen (Präsentationen, Vorstellungsgespräche, Betriebsausflüge), denen ähnliche Funktionen zukommen. Auch das „Verstecken" – etwa hinter dem Bildschirm – sucht sich in Organisationen Platz.

Beispiel. Ein „ausländisch" aussehender Teilnehmer eines meiner Kommunikationstrainings an der Fachhochschule in Bottrop, wurde einmal von einem anderen Teilnehmer in der Kennenlernphase gefragt: „Kommst du auch aus Bottrop?" Unruhe entstand, als er einfach mit „Ja" antwortete. Bei näherer Untersuchung der kurzen Frage-Antwort-Sequenz konnte die entsprechende Beziehungsbotschaft sichtbar gemacht werden („Du bist Ausländer", „Du bist irgendwie anders, exotischer als wir") samt den emotionalen Reaktionen aus dem Publikum („Die Frage fand ich echt ausländerfeindlich"). Das Beispiel illustriert Watzlawicks Ansicht, dass der Beziehungsaspekt den Sachaspekt von Mitteilungen determiniert[14], der „Sachgehalt" des Begriffs „Ausländer" ist zumindest schwer zu fassen und lässt sich viel eher als gegenseitige Beziehungsdefinition plausibilisieren. Einen solchen Denkschritt zu vollziehen, ist für Menschen, die gerade erst anfangen, sich professionell mit beruflicher Kommunikation zu befassen, immer wieder verblüffend und wegweisend.

Zweierlei ist an dem Axiom dennoch problematisch: Die Sequenz *an sich* ist nicht ohne weitere Klärung verständlich, wie wir auch an dem Beispiel sehen: Erst das Gespräch mit den GruppenteilnehmerInnen förderte Verstehensvoraussetzungen und mögliche Bedeutungen zutage. Eine einzelne Verstehensanweisung wird bei Watzlawick also völlig überbetont gegenüber dem eigentlichen Gehalt von Beziehung als historisch gewordenem affektiv geprägten Miteinander, das auf (wortlosem) Verstehen basiert und nicht regelmäßig eine Aneinanderkettung von Missverständnissen produziert[15]. Falsch ist sicher auch, eine Dominanz des Beziehungs- über den Sachgehalt von Kommunikation zu behaupten. Vielmehr bestimmt der Inhalt ebenso die Beziehung, wie wir beispielsweise beim Unterschied zwischen privaten und beruflichen Themen im Gespräch feststellen können: Mit einem Wechsel des Themas wird auch ein Wechsel in der Beziehung markiert. Ein solches Beispiel findet sich in der Gruppendiskussion C, wo eine Teilnehmerin das Reden über Hausarbeit als Markierung für eine neue Qualität in der Arbeitsbeziehung anführt. Halten wir dennoch fest, dass *Beziehung*, nicht als Aspekt, sondern *als kontinuierliches Handeln* wesentlich für menschliche Kommunikation ist und dass „Metakommunikation", also ein

---

[14] Watzlawick et al. weisen selbst darauf hin, dass es rein formal-logisch betrachtet, auch umgekehrt sein könnte. Ihre Schwerpunktsetzung betont das Interesse an metakommunikativen, also auf Beziehungsaussagen fußenden Aspekten von Kommunikation.

[15] Wenn TeilnehmerInnen in Kommunikationstrainings solche kurzen Vignetten analysieren sollen, reagieren sie daher auch regelmäßig mit Äußerungen wie „Dazu müsste ich erst einmal die Geschichte kennen."

Wechsel von der Inhalts- auf die Beziehungsebene von Handlung, wie wir sie in dem obigen Beispiel des „ausländischen“ Teilnehmers nachvollziehen konnten, nützlich sein kann als Klärungshilfe in Gesprächen. In den Gruppendiskussionen werde ich auf solche Wechsel hinweisen und sie als Zeichen kommunikativer Kompetenz werten.

- „Die Natur einer Beziehung ist durch die Interpunktion der Kommunikationsabläufe seitens der Partner bedingt.“

Mit diesem Axiom benennen Watzlawick et al. die Strukturen von Interaktion als Element von Kommunikation. Durch Interpunktion werde Verhalten organisiert, Handlungen würden strukturiert. Zwei Handlungsebenen von Interpunktion führen Watzlawick et al. an: die a) zeitliche Ebene (Ursachenzuschreibungen) sowie b) die Ebene von Beziehungen (Rollenzuschreibungen). Auf der zeitlichen Ebene wenden sich Watzlawick et al. gegen die Annahme kausaler (linearer) Verknüpfungen in kommunikativen Abläufen, die lediglich eine Form der Interpunktion sei („Ich meide dich, weil du nörgelst“ bzw. „Ich nörgele, weil du mich meidest“ führen sie als Beispiel an für diskrepante Interpunktion). Stattdessen gehen Watzlawick et al. von der Kreisförmigkeit von Interaktionen aus. Fraglich ist natürlich, ob „misslungene“ Kommunikation die Ursache in diskrepanter Interpunktion hat oder ob diese Art der Interpunktion Folge der schlechten Beziehung ist. Watzlawick et al. haben hier sozusagen selbst willkürlich interpunktiert. Noch problematischer erscheint jedoch die verallgemeinernde Annahme kreisförmiger Kommunikation, die zumindest als Spirale gedacht werden sollte, da in jedem Moment – wenn auch graduell – Modifikationen möglich sind und die Beteiligten sich verändern. Ebenso hat jedoch die Vorstellung linearer Verknüpfung ihre Berechtigung, also die Sicht auf Ursache und Wirkung, die die Dimensionen von Schuld und Unschuld, Verantwortung und Lernen aus Historie enthalten.

Gleiches gilt für Watzlawick et al.'s Sicht von Interpunktion auf der Ebene von Beziehungen. Sie sehen nämlich auch Rollenzuschreibungen als Ergebnis von Interpunktionen, ein Beispiel sind „Führung“ und „Gefolgschaft“, beide Typen von Verhalten entstünden erst durch spezifische Interpunktion, also eine Zuordnung von Merkmalen und existierten nur in Abhängigkeit voneinander. Rollenzuschreibungen als wechselseitigen Prozess zu beschreiben gehört zum erhellenden Repertoire moderner gesellschaftstheoretischer Ansätze und kann über die vereinfachende Opfer-Täter-Sicht hinausführen, die auch häufig in beruflicher Kommunikation anzutreffen ist („Kollege B ist schuld, dass wir die

Terminvorgabe nicht einhalten konnten"; „Mein Chef pflegt einen unmöglichen Führungsstil" usw.). Ausgeblendet werden dabei jedoch die *diskrepanten Machtverhältnisse* zwischen den AkteurInnen und das *ungleich verteilte Maß an Verantwortung*. Ins Extreme weitergedacht – und dies ist leider nicht unüblich in systemischen Sichtweisen – wird damit Opfern von Verfolgung und Gewalt (beispielsweise im Fall von sexuellem Missbrauch) eine Mitbeteiligung an den Geschehnissen zugeschrieben, die völlig an der Realität vorbeigeht und es erlaubt, Verantwortung für die eigenen Taten abzuschieben. Interpunktionen sind also keine willkürlichen Ordnungsfunktionen menschlichen Verhaltens, die „gestört" sein können wie defekte Regelkreise, sondern Ausdruck von Geschichte, Machtverhältnissen, biographischem Entwurf. Dennoch erweitert die Sicht auf Interpunktion als Form der Zuschreibung und Strukturierung von Handlung das Feld des Austauschs und der (Neu-)Verhandlung scheinbar unveränderlicher Beziehungsmuster und Kausalitätsvermutungen. In den Gruppendiskussionen werde ich solche Rollenzuschreibungen analysieren.

- „Zwischenmenschliche Kommunikationsabläufe sind entweder symmetrisch oder komplementär, je nachdem, ob die Beziehung zwischen den Partnern auf Gleichheit oder Unterschiedlichkeit beruht."[16]

Mit diesem Axiom streifen Watzlawick et al. die Frage nach der Machtstrukturiertheit von Kommunikation. Sie knüpfen damit an eine Beobachtung Batesons an, der in seinen Feldforschungen in Neuguinea zwei unterschiedliche Beziehungsformen beschrieb, die durch eine verstärkende Progression gekennzeichnet waren. Er unterschied die „komplementäre Schismogenese" (beispielsweise die gegenseitige Bedingtheit und Verstärkung von Dominanz und Unterordnung) sowie die „symmetrische Schismogenese" (z.B. die Reaktion auf ein prahlerisches Verhalten mit eigenem Prahlen). Wie Bateson legen auch Watzlawick et al. Wert auf die Feststellung, dass die Herstellung solcher Asymmetrien nicht auf der einseitigen Ausübung von Zwang beruht. Kritisiert worden ist an dieser Sichtweise, dass sich komplementäre und symmetrische Beziehungsdefinitionen

---

[16] Das vierte Axiom zu analoger und digitaler Kommunikation behandele ich hier nicht, da es in seinen Kernaussagen eng verknüpft ist mit den Ausführungen zur Sach- und Beziehungsebene und nur zu einer zunehmenden begrifflichen Verwirrung führt. Neuberger ergänzt ein sechstes Axiom, den Aspekt umfassend, dass wir nicht nur anderen etwas mitteilen, wenn wir reden/schweigen, sondern auch uns selbst: „Jede Aussage ist auch eine Einsage." (vgl. Wahren 1987, S. 42) Dieses Axiom sprengt den von Watzlawick et al. gesetzten Rahmen, da es auf interne Kommunikation abzielt.

nicht durchgängig im Interaktionsverhalten wiederfinden lassen. Hier sind vielmehr stets Mischformen anzutreffen, die die Gültigkeit des Axioms infrage stellen. Dennoch verweist es auf einen grundsätzlichen Aspekt von Kommunikation: die Aushandlung von Gleichheit und Verschiedenheit.

Watzlawick et al.'s Sätze halten nur bedingt einem kritischen Abgleich mit komplexer Realität stand. Das ist ihre Stärke und Schwäche zugleich. Die Betrachtung von menschlicher Kommunikation als stets zweigeteilte, also als Ausdruck von Sachinhalten und Beziehungsaussagen, ist grundlegend für die Analyse von Sprache und Handlung auch im Symbolischen Interaktionismus. In den strukturellen Beschreibungen der Gruppendiskussionen gehe ich allerdings von einer stärkeren Differenzierung aus aufgrund der Methodologie aus der Konversationsanalyse. Watzlawick et al.'s Axiome sind simplifizierend und technisch konnotiert, womit erklärbar werden mag, dass sie weite Verbreitung als Grundlage einer „allgemeinen Kommunikationstheorie" gefunden haben. Sie treten meta-kompetent, „allwissend", interventionsorientiert in Erscheinung, ohne – in Beziehung – das eigene Wirken zu relativieren und reflektieren. Menschliche Kommunikation wäre demnach etwas, das, ähnlich einer Maschine, mit den passenden Interventionen und Operationen wieder störungsfrei gemacht werden kann. Im Subtext – also jenseits ihrer schlichten „Lösungen" – enthalten die Axiome auch das Potenzial einer sehr viel umfassenderen Sicht auf menschliche Kommunikation, denn sie sprechen die Bereiche *Körper, Beziehung, Schuld* und *Macht* an. Und sie können praktischen Nutzen haben. Das Axiom von Sach- und Beziehungsaspekt beispielsweise, das sich ob seiner Schlichtheit infrage stellen lässt, ist gut geeignet, ein erstes Verständnis für die Komplexität menschlicher Kommunikation zu wecken. Das ist sozusagen die paradoxe Wirkung dieser Simplifizierung: dass sie nicht vereinfachend, sondern komplexitätserhöhend wirkt.

Weitere systemische Ansätze zum Verständnis von Kommunikation

Watzlawick et al. besitzen bekanntlich keine exklusiven Vertretungsrechte für systemische Theorie. Hier soll noch kurz auf weitere VertreterInnen hingewiesen werden, die sich in ihren Ansätzen beträchtlich unterscheiden. Ein großer Zweig systemischer Ansätze stammt aus der Erörterung familiärer Ordnungen, der Familientherapie (Virginia Satir, Gregory Bateson, Jay Haley)[17]. Je nach Fassung der systemischen Begrifflichkeit lassen sich auch psychoanalytische und psycho-

---

[17] Anfänge der Familientherapie sind in dieser „Palo-Alto-Schule" zu suchen. In Europa begann man ebenfalls ab den 50er Jahren, familientherapeutisch zu arbeiten.

somatische Theorien bereits zu Beginn des 20. Jhdts. hier einordnen.[18] Auch Luhmanns Autopoiese-Konzept gehört hierher, für den Kommunikation zwar Gegenstand, aber nicht Methode der Forschung ist. Luhmanns Kommunikationsbegriff grenzt sich explizit vom Alltagsverständnis ab. Für Luhmann ist *Gesellschaft das System aller Kommunikationen*, das den beiden *Systemen Leben* (als Gesamtheit aller biologischen Vorgänge) und *Bewusstsein* (als Gesamtheit aller intrapsychischen kognitiven Vorgänge) gegenübersteht. Alle drei Systeme sind operational geschlossen, füreinander nur Umwelt, erzeugen füreinander nur Rauschen: „Kommunikationen lassen sich nur durch Kommunikationen reproduzieren; bewußte Gedanken nur durch bewußte Gedanken: nur das Leben lebt sein Leben, ohne daß ihm Bewußtsein oder Kommunikation hinzugefügt werden könnte. Die im geschlossenen Netzwerk reproduzierten Elementarteilchen sind anschlußfähig nur an Elementarteilchen des gleichen Netzwerkes“, heißt es beispielsweise (Luhmann 1988, S. 48). Interdependenzen, die ja geradezu als Grundmerkmal kommunikativer Prozesse angesehen werden können, sind dementsprechend komplizierte Vorgänge und Kommunikation kommt erst durch die Synthese der drei Selektionen aus Information, Mitteilung und Verstehen zustande.[19]

2.1.2 Kommunikationstheorie im Symbolischen Interaktionismus

Im Unterschied zur Systemtheorie Luhmann'scher Prägung steht in einem anderen Zweig soziologischer Kommunikationstheorie die *Interaktion* als Ort der Betrachtung im Mittelpunkt. Alltag und praktisches Wissen gelten als Quelle von wissenschaftlicher Erkenntnis. Die AutorInnen streben die Integration unterschiedlicher Ebenen sozialen Handelns an.[20] Zu nennen sind hier der Symbolische Interaktionismus (Thomas, Mead, Blumer, Goffman), die phänomenologisch-wissenssoziologische Theorie (Schütz, Gurwitsch, Berger/Luckmann), Ethnomethodologie (Garfinkel, Cicourel), Wissens- und Kultursoziologie (Mannheim)

---

[18] Beispielsweise deutet die Psychoanalytikerin die Äußerungen des Klienten nicht „objektiv“ sachlich, sondern nimmt den Prozess zwischen sich und dem Klienten als Gegenstand der Analyse. Auch Adler, Reich und Rogers können in diesem Sinne als „Systemiker“ aufgefasst werden (vgl. Kriz 1999, S. 93f.)

[19] Auf eine ausführlichere Würdigung wird hier verzichtet. Zu einer möglichen Übertragung auf face-to-face-Kommunikation: Kieserling 1999.

[20] Unterschieden werden können hiervon die Handlungstheorie (Parsons), der Interaktion als letztlich normengesteuert begreift; Verhaltenstheorie (Homanns 1968, Opp 1972) hält die Frage nach dem (verborgenen) Sinn für methodisch nicht lösbar und fokussiert daher auf das beobachtbare Verhalten.

sowie die sprachphilosophisch und kompetenztheoretisch beeinflusste Handlungstheorie (Habermas).

Zwischen Interaktion und Kommunikation wird in diesen Ansätzen nicht systematisch unterschieden, jedoch wird unter Interaktion eher die face-to-face-Situation verstanden, während der Kommunikationsbegriff breitere Verwendung findet. Kommunikation ist auch eher auf den Inhaltsaspekt des Austauschs bezogen, während Interaktion eher auf den Beziehungsaspekt Bezug nimmt. Bohnsack (1992) unterscheidet drei Anforderungen bzw. Sinnebenen in täglicher Kommunikation: die (1) objektiven Gegebenheiten der Situation (Normen, Rollen, institutionalisierte Verhaltensanforderungen), die (2) subjektiven Vorgegebenheiten (biographische Faktoren, Persönlichkeit, die (3) auf der Grundlage wechselseitiger Interpretation der Beteiligten in eine gemeinsame *Definition der Situation* einfließen. In dieser Sinngebung und -findung besteht demnach die eigentliche *kommunikative Leistung* der Beteiligten. Grundlegend für das theoretische Verständnis dieser Ansätze ist der symbolische Interaktionismus, den ich zunächst am Beispiel seines Gründervaters darlege.

George H. Mead: Grundlagen konstruktivistischer Ansätze in der Soziologie

Als Begründer des symbolischen Interaktionismus gilt George H. Mead, der von 1900 an in seinen berühmt gewordenen Vorlesungen über Sozialpsychologie an der Universität von Chicago die Grundlagen für konstruktivistische Ansätze in der Soziologie legte[21]. Mead zeichnet die interaktiven Besonderheiten in der menschlichen Kommunikation als Sozialisationsprozess nach. Die Lernenden, also zunächst Kinder, werden in Handlungen eingebunden, deren Sinn sie anfangs nicht verstehen. Sozialisation besteht dann gerade darin, diesen Sinn allmählich zu erfahren und zu verinnerlichen, und zwar indem die Reaktionen anderer in sich selbst inszeniert werden. So ahmt das Kind beispielsweise die Kaufhandlungen der Erwachsenen zuerst nur nach, ohne diese als solche zu verstehen. Der „signifikante andere" des nachahmenden Spiels wird erst allmählich zum „generalisierten anderen", ein Set von Normenerwartungen und Orien-

---

[21] Den Begriff prägte mit Herbert Blumer einer seiner Schüler. Zentral sind seine drei Prämissen des symbolischen Interaktionismus: 1. Menschen handeln „Dingen" gegenüber aufgrund der Bedeutungen, die diese Dinge für sie besitzen; dabei sind „Dinge" auch Menschen, Situationen und Institutionen. 2. Die Bedeutung solcher Dinge ist aus der sozialen Interaktion, die man mit seinen Mitmenschen eingeht, abgeleitet, oder entsteht aus ihr. 3. Diese Bedeutungen werden in einem interpretativen Prozess, den die Person in ihrer Auseinandersetzung mit den ihr begegnenden Dingen benutzt, gehandhabt und geändert. (Blumer 1973, S. 81)

tierung bildet sich aus für kommende *Spiel*situationen: aus dem *play* des Kindes wird mit der Zeit das *game* des Erwachsenen auf einem von Regeln und Erwartungen kontrollierten Spielfeld. Mead hält die Entwicklung hier noch nicht für abgeschlossen, sondern beschreibt die Weiterentwicklung hin zu einem „universalisierten anderen", der über die Möglichkeit der kritischen Reflexion von Normen und Verhaltenserwartungen verfügt.

Mead baut seine Vorstellung von Identitätsentwicklung auf diesen Prozessen der durch Inszenierung und Antizipation im Selbst verankerten Interaktionen mit „Innen" und „Außen" auf: Handlungen werden durch Interaktionen mit Bedeutung aufgeladen und so zum „signifikanten Symbol". Nach Mead ist Interaktion sprachlich vermittelt. Auch (nonverbale) Gesten und Handlungen werden als sprachliche Äußerungen verstanden. Sprache ist selbst Handlung. Diese Sichtweise ist zentral für die Analyse von (transkribierten) Texten auf Grundlage des symbolischen Interaktionismus. Für Mead kennzeichnen Selbstwahrnehmung und Verhaltensantizipation menschliche Kommunikation. Menschen können die Perspektive wechseln, Verhalten und Reaktionen anderer antizipieren durch interne Inszenierungen und Rollenübernahme (*role-taking*). *Selbst*-Erfahrung und *Selbst*-Konstitution entstehen in der Erfahrung der Reaktionen anderer auf mein Handeln. So wird eine besonders fleißige Mitarbeiterin von ihren Kolleginnen möglicherweise als „Streberin" oder gar „Workaholic" qualifiziert. Erfährt sie davon, beginnt sie selbst, ihr Verhalten aus der Perspektive von Strebertum und Arbeitssucht zu betrachten. Aus dem „Ich" wird ein „mich", aus dem unreflektierten „I" ein „Me" und aus dem internen Dialog zwischen „I" und „Me" entsteht das Self, die *Identität*[22]. Das Neue dieser Erfahrung besteht häufig in der Abweichung des eigenen Verhaltens von der Identifizierung durch die anderen, also in unserem Beispiel in (zu) großem Fleiß. So entsteht nach Goffman *soziale Identität*, die s. E. sogar immer erst erfahrbar wird, wenn wir von ihr abgewichen sind.

Identitätsbildung wie zugleich Bewältigung von Kommunikation besteht demnach im Umgang mit unterschiedlichen sozialen Identitäten: Frau ist zugleich Kollegin und Angestellte. Im Umgang mit Arbeitsmengen gilt es möglicherweise, sowohl den Vorgesetzten als auch den KollegInnen gerecht zu werden. Das Mittel, das die AkteurInnen zur Bewältigung solcher sozialer Anforderungen zur Verfügung haben, nennt Goffman „Rollendistanz". In unserem Beispiel wäre es denkbar, dass sich die Mitarbeiterin weiterhin um die Erfüllung

[22] Im Deutschen wurde Meads *Self* mit Identität übersetzt. Dies muss nicht als Gewinn betrachtet werden im Vergleich zu der wörtlicheren Übersetzung mit *Selbst*.

eines hohen Arbeitspensums bemüht, durch die Art, *wie* sie dies tut den KollegInnen jedoch signalisiert, dass sie auch Wert darauf legt, weiterhin mit ihnen zu kooperieren. Im Verlauf der Biographie entsteht aus der eigentümlichen Art der Kombination und Gestaltung den verschiedenen Anforderungen gegenüber *persönliche Identität* (Goffman 1967). Diese muss immer wieder neu mit den aktuellen Erfordernissen ausbalanciert werden. Damit hat Kommunikation stets eine Doppelstruktur, wie wir schon bei Watzlawick et al. gesehen haben, die sich zum einen im Inhalt (*Was*) des Gesagten, zum anderen in der Art des Sich-in-Beziehung-Setzens (*Wie*) ausdrückt. Hier ist die Schnittstelle zwischen Individuum und Organisation. Auch beginnt sich aus dem dyadischen Modell ein Gruppenmodell zu entwickeln, insofern Gruppenbezüge als relevant für Identitätsentwicklung gesehen werden.

Zur Bedeutung der Kontexte für Kommunikation

Kontext von Kommunikation ist nicht nur der von außen gesetzte Rahmen etwa der Institution sowie der situative Kontext durch den Verlauf der Interaktion, Kontexte sind immer auch selbsterzeugt, beinhalten also einen Selbstkommentar und eine Beziehungsaussage in Richtung des Gegenübers, wie wir gesehen haben. Die Selbsterzeugung von Kontexten wird weitergehend betrachtet in der Feldtheorie, die sich mit den Wechselwirkungen personaler und sozialer Systeme befasst.[23] Die Ethnomethodologie hat besonders auf die Bedeutung der Kontexte für das Verständnis von Kommunikation hingewiesen und sie methodisch fruchtbar gemacht. "Die Äußerung ,ich komme morgen' kann je nach Kontext als Prognose, Drohung, Trost oder zum Beispiel auch als ,Abschlussmarkierer' einer Kommunikation verstanden werden. Sie ist ,indexikal', wie es in der Ethnomethodologie heisst, d.h. sie hat den Stellenwert eines Indikators für einen nicht explizierten Bedeutungshintergrund. Dieser Bedeutungshintergrund kann durch den normativen Kontext, den Kontext der jeweiligen Institution oder Rollenbeziehung (z.B. Arzt-Patient-Verhältnis) und/oder aufgrund des Kontextes biographischer Gemeinsamkeiten, d.h. der Zugehörigkeit zum selben Milieu, zur selben Gruppe (...) gegeben sein." (Bohnsack 1992, S. 6f.) Wir sehen hier, dass über den Beziehungsgehalt der Aussagen hinausgehend, wie er für Watzlawick so zentral ist, der Kontext von Institution und sozialem Raum entscheidend ist. Diese sind ebenso zentral für soziologische Kommunikationstheorie.

---

23 Als Begründer der Feldtheorie gilt Kurt Lewin, s. *Field Theory in Social Science* (1952). Neuere Ansätze: Wheeler (1993), Parlett (1991), Yontef (1993), Zinker (1994)

Bohnsack (1992) kritisiert individualistische Tendenzen dieser Ansätze, denen er Modelle gesellschaftlicher bzw. gemeinschaftlicher Kommunikation gegenüberstellt. Demnach wurzelt Kommunikation auch in Gemeinsamkeiten des Schicksals und des biographischen Erlebens im Sinne eines „konjunktiven" Erfahrungsraums (Mannheim 1980). Dieser unterscheidet zwischen konjunktivem (gemeinschaftlichen) und kommunikativem (gesellschaftlichen) Erfahrungsmodus. Konjunktive Erfahrungsräume sind für Außenstehende (z.B. ForscherInnen) nicht ohne weitere Kommunikationsleistungen und Übersetzungsarbeiten verständlich. Konjunktive Erfahrungsräume sind beispielsweise Ehe und Familie, aber auch die Clique, Milieus, Subkulturen ebenso wie innerbetriebliche Erfahrungsräume im formalisierten Milieu Organisation. Hieran schließt sich die Forderung einer kommunikativ organisierten empirischen Sozialforschung an. Bohnsacks (1997) Untersuchungen mittels Gruppendiskussionen zielen daher auch auf die Erhebung gruppenspezifischer Milieus und Handlungshorizonte ab. In meinen Analysen spielen gelegentlich ebenfalls Milieufaktoren eine Rolle, wenn es etwa um verschiedene hierarchisch definierte und sprachlich abgegrenzte innerbetriebliche „Kulturen" geht, sie stehen jedoch nicht im Mittelpunkt, da die jeweiligen Gruppen in ihren Homo- wie Heterogenitäten dargelegt werden sollen, wie sie für Teamentwicklung entscheidend sind, also auch in Bezug auf heterogene Kontexte.

Womit ich mich dagegen in der Analyse befasse, sind die verschiedenen Gestaltbildungsprozesse, die sich in den Diskussionen nachvollziehen lassen. Diese dienen mir sowohl zu einem erweiterten Verständnis des Handlungsgeschehens als auch zum Verständnis menschlicher Kommunikation „an sich". Gestalttheorie tritt neuerdings stärker in Erscheinung im Zusammenhang mit narrativen Verfahren, so zum Beispiel bei Rosenthal (1995), die sie zur erkenntnistheoretischen Begründung und methodischen Weiterentwicklung nutzt. Daher werde ich nachfolgend das Kommunikationsmodell der Gestalttherapie skizzieren, zur Anreicherung des Verständnisses menschlicher Kommunikation und dabei die Anwendung im Zusammenhang mit der Analyse der Gruppendiskussionen darlegen.

2.1.3 Das Kommunikationsmodell der Gestalttherapie

Zwar hat die Gestalttherapie den Begriff Kommunikation – anders als beispielsweise die Systemtheorie – nicht systematisch benutzt, sondern ihn rein alltagssprachlich verwandt. Gleichzeitig hat sie sich jedoch umfassend und intensiv mit menschlicher Kommunikation befasst. Der systematisch entfaltete Begriff in diesem Zusammenhang ist der „Kontakt", weitergehend das „Kontaktmodell".[24] Fritz Perls, neben seiner Frau Laura und Paul Goodman Begründer der Gestalttherapie, wählte den Begriff nicht zuletzt aus seinem Bedürfnis heraus, kontaktfähiger zu werden, das ihn Zeit seines Lebens begleitete. Kommunikation ist danach ein reflexiver Prozess, der im Kontakt mit anderen Menschen und Umwelten – immer wieder neu – entsteht. „Guter" Kontakt ist Ziel wie Mittel gelingender Kommunikation. Näher beschrieben wird Kontakt anhand von Kontaktfunktionen, mit denen Personen sich im Austausch mit Umwelt[25] gegenseitig differenzieren.

„Gestalt" meint zunächst nichts anderes als eine dynamische Einheit, eine sich kreativ wandelnde Form. Die Gestalttheorie geht davon aus, dass wir Wirklichkeit in organisierten Ganzheiten wahrnehmen, nicht in Fragmenten („Das Ganze ist mehr als die Summe seiner Teile"). So wird versucht, elementare Prozesse der Wahrnehmung, später auch der Konstruktion von Sozialem zu beschreiben. Dieser Ansatz ist interaktiv, denn Gestalten existieren nie unabhängig von Umwelt/Kontext, vielmehr erzeugen diese sich wechselseitig. Der Gestaltbegriff hat einen erkenntnistheoretischen sowie einen anthropologisch-evolutionstheoretischen Gehalt. Er steht für die *erkenntnistheoretische* Position, nach der wir unsere Wirklichkeiten konstruieren – oder besser: inszenieren –, indem wir sie in Form von Ganzheiten bzw. Gestalten wahrnehmen und erleben. Am Prozess des Wahr*nehmens* sind wir aktiv beteiligt; Subjekt und Objekt/Kontext sind nicht *per se* getrennt, sondern schaffen sich wechselseitig immer wieder selbst.[26] Zum andern steht „Gestalt" für eine *evolutionstheoretische* und *anthropologische*

---

24 Gestalttheorie und Gestalttherapie fußen nicht auf identischen Theoriegebäuden. Die Gestalttherapie bedient sich gestalttheoretischer Elemente und hat hier auch einen ihrer Ursprünge. Hinzu kamen andere theoretische Elemente, wobei der Anwendungsbezug im Vordergrund stand. Ich erkläre hier den Begriff „Gestalt" auf gestalt*theoretischer* Grundlage, den Begriff „Kontakt" auf gestalt*therapeutischer* Grundlage.

25 Ich benutze den Begriff „Umwelt" als Hilfskonstruktion. Denn Ziel von Gestalttheorie ist es gerade, den Dualismus zwischen „subjektiver" Weltsicht und „objektiven" Bedingungen zu überwinden. Gemeint ist mit Umwelt hier die Gesamtheit aller Erscheinungsweisen, mit denen Menschen samt ihren Selbstbildern und -konstruktionen untrennbar verbunden sind.

26 In dieser Definition wird der Schwerpunkt auf die Wechselseitigkeit und das Eingebundensein von Wahrnehmung in komplexe Umweltzusammenhänge gelegt. Andererseits besitzen Organismen jedoch auch die Fähigkeit, zwischen sich und der Umgebung, zwischen Objektivität und Subjektivität zu unterscheiden. Dies ist nicht zuletzt eine elementare Voraussetzung für geistige Gesundheit. Dieser Aspekt wird meines Erachtens im geradezu inflationären Gebrauch der Konstruktionshypothese in allen möglichen Anwendungsfeldern viel zu wenig beachtet.

Position und damit für ein Verständnis vom menschlichen Lernen und Wachsen, wonach sich lebendige Ganzheiten selbst regulieren, entfalten und transformieren können. Solche Sichtweisen werden neuerdings verstärkt auch auf Organisationen angewandt, die mittels quasi-menschlicher Eigenschaften und Dynamiken beschrieben werden.[27]

Die Gestalttheorie nimmt eine Tendenz zur „guten Gestalt" an, das heißt, dass wir dazu neigen, unvollendete Muster zu vervollständigen und „ganz" zu machen (drei entsprechend angeordnete Punkte sehen wir als Dreieck, nicht als amorphe Versammlung von Punkten). Damit lässt sich die Reduktion von Komplexität als Notwendigkeit, Orientierung und stabile Lebenswelten zu erzeugen beschreiben und wir sehen die enge Verknüpfung zwischen der Komplettierungsdynamik und Sinnproduktion. Gestalttheorie ist eine frühe Selbstorganisationstheorie mit konstruktivistischer Ausrichtung. In therapeutischen Kontexten wird beispielsweise von unabgeschlossenen Gestalten gesprochen, „unerledigten Geschäften" aus der Vergangenheit (kindliche Kränkungen etc.), die der befriedigenden Gestaltung von aktuellem Leben im Weg stehen und therapeutisch bearbeitet werden können. Die Tendenz zur Schließung von Gestalten lässt sich besonders eindrucksvoll an Narrationen beobachten: Geschichten wollen weiter- und zuende erzählt werden, wir empfinden sie sonst als unfertig, sind unzufrieden.[28] Biographieforschung in gestalttheoretischer Richtung als weiteres Beispiel fasst den Lebenslauf selbst als Gestalt auf, wodurch es möglich wird, Verläufe und Brüche in Erzählungen vor dem Hintergrund der Gesamtheit der biographischen Selbstpräsentation zu deuten und zu erklären und so zu einem erweiterten Verständnis erzählter Lebensgeschichte zu gelangen, die über die hermeneutische Interpretation von narrativen Sequenzen hinausgeht.[29] Diese geht allerdings einer Deutung im Gesamtzusammenhang voraus, indem zunächst Sequenzen beschrieben und interpretiert werden. In den Gruppendiskussionen finden sich zahlreiche Beispiele für die Wirkung des Gestaltbildungsprinzips, sowohl auf thematischer Ebene (s. z.B. Diskussion C: das „persönliche Ge-

---

27 Ein Beispiel hierfür ist die Vorstellung, eine Organisation könne „lernen", ebenso evolutionäres Managament sowie die Sicht auf Reorganisation als Suche nach einer neuen „Gestalt" (Kieser 1998, S. 5)

28 Auch in postmoderner Theorie finden diese „altmodischen" Prinzipien wieder Anklang, wenn auch in Form eines endlosen Puzzles, mit dem die Beteiligten befasst sind, nicht mit der Vorstellung eines festgefügten Rahmens und gesicherten Fundus' an Geschichten. (s. Epstein 1996)

29 Siehe hierzu Rosenthal (1995). Zu Beginn findet sich ein faszinierendes Beispiel für die Anwendung der Gestalttheorie in der Biographieforschung (S. 23ff.).

spräch“ als inhaltlich unvollendete Gestalt); auf struktureller Ebene (häufig gegen Ende der Diskussionen Tendenzen zu einem „guten Schluss“ zu gelangen); ebenso narrative Passagen mit der ihnen eigenen Dynamik. Hier ist es besonders interessant, die Wechselwirkungen und Homologien zu betrachten zwischen (selbsterzeugtem) Kontext und Handlung.

Zur Kritik: Das Fragment tritt an die Stelle von Ganzheit

Es lassen sich Einwände anführen gegen die normative Vorstellung von „Ganzheit“ als Ziel sozialer und psychischer Organisation und auch die Verlängerung biologisch-physikalischer Vorstellungen ins Soziale ist sicher nicht unumstritten. Als gegenwärtiges soziologisches Paradigma tritt dagegen eher das *Fragment* auf: Identitäten und Gesellschaften werden als dezentriert, widersprüchlich, fragmentiert beschrieben, Ichs erscheinen als zusammengesetzt aus unterschiedlichen Erfahrungsquellen, Selbstbeschreibungen und Zuschreibungen. Dies begründet eine neue, politisch verortete Sicht von Identitätsentwicklung: „Ich halte die Neukonzeptionen von Identität, die oft mit gängigen Schlagwörtern wie fragmentiert, dezentriert und widersprüchlich beschrieben sind (...) für außerordentlich wichtig.“ (Kossek 1997, S. 189). Wie Kossek u.a. einleuchtend darlegen, gibt es gute Gründe, die Disparitäten globalisierter Gegenwart in ihren diversen Ausdrucksformen auf verschiedenen Ebenen als fragmentarisch zu kennzeichnen und dies als gültige Figur in politischen Prozessen zu nutzen. Das Fragment und der Widerspruch sind treffende Beschreibung für die Lebenswirklichkeit von Menschen in „globalen ethnischen Räumen“ (Appadurai 1998); und sie bergen das politische Potenzial, Unterschiedlichkeit adäquat einzubeziehen. Dennoch erscheinen mir mit dem heute verbreiteten Paradigma des Fragments gestalttheoretische Grundüberlegungen nicht außer Kraft gesetzt. Auch das Fragment bezieht sich semantisch auf ein Ganzes – unabhängig davon, ob sich diese Ganzheit jemals vollziehen wird oder nicht. Das Fragment ist zudem selbst Gestalt, Wort geworden, ein gültiger, vorläufiger, in Veränderung begriffener Ausdruck von Gedanken, Wir-Konzepten, Selbst-Konstruktionen, Organisationsstrukturen, Gesellschaftsformationen, die sich vor dem Hintergrund globaler Auflösungen und Neuordnungen bilden. Poetischer drückt dies Audre Lorde aus, die Identität beschreibt als „houses of difference“ und „many selves“: Es gibt zwar kein konsistentes Selbst, dieses wäre eine Sicht der Beschränkung eigenen Potenzials, sondern viele verschiedene *Selves,* diese sind jedoch zugleich in einem Ich be*haus*t, von Körper und Person *begrenzt*, in die Geschichte und Erfahrungen eingeschrieben sind. Hier könnte ein Bild enthalten sein, das die Dualität zwischen Fragment und Ganzheit in der Vorstellung von Identitätsbildung und -politik in der Lage wäre aufzulösen. (Lorde nach Kossek 1997, S. 189)

„Kontakt" und Dialog als Elemente von Kommunikation

In engem Zusammenhang mit dem Gestaltbegriff steht der Begriff von *Kontakt* sowie das *Kontaktmodell*, das als eigentliches Kommunikationsmodell der Gestalttherapie gelten kann. Gremmler-Fuhr (1999): „Kontakt ist jede Art von lebendiger Wechselbeziehung im Organismus-Umweltfeld, bei der eine Kontaktgrenze zwischen Organismus und Umweltfeld entsteht, über die ein Austausch stattfindet." Und weiter: „Kontakt ist der Prozeß, der folgende drei unterscheidbaren, aber miteinander verknüpften Vorgänge beschreibt: 1. Gestaltbildung, 2. die Differenzierung zwischen Organismus und Umweltfeld durch Grenzbildung, 3. den Austausch zwischen Organismus und Umweltfeld an dieser Grenze." (S. 360) Diese auf frühen Vorstellungen der Gestalttherapie fußende Definition betont die *organismische* Qualität des Kontaktprozesses. Wir erkennen – ähnlich wie beim älteren Begriff von Gestalt – das Bestreben, normative Aussagen über „natürliche" Prozesse zu machen. Dies kann als biologistische Sichtweise kritisiert werden (Petzold 1986). Laura Perls, die sich besonders intensiv mit Kontakt als Mittel therapeutischer Prozesse beschäftigt hat, fasst den Begriff auch anders, indem sie den Fokus auf die *Begegnung* von Menschen (vor allem in der therapeutischen Beziehung) legt, also den Ursprung im Sozialen setzt.

Laura Perls Sichtweise ist eng verwandt mit Martin Bubers Vorstellung einer dialogischen Beziehung, die auf dem Ich-Du basiert. Nach Buber (1983) existiert kein isoliertes Ich, sondern dieses entsteht erst aus den „Grundworten" Ich-Du und Ich-Es: „Die Welt als Erfahrung gehört dem Grundwort Ich-Es zu. Das Grundwort Ich-Du stiftet die Welt der Beziehung." (S. 12). Während die Ich-Es-Beziehung eine Beziehung zwischen Subjekt und Objekt beschreibt, die einer Gegenseitigkeit entbehrt, ist die Ich-Du-Beziehung durch Unmittelbarkeit und „vollständige Gegenseitigkeit" gekennzeichnet (S. 14).[30] Für Buber ist das *Zwischen* die Dimension, die Beziehung ausmacht: „(...) das ‚Ich' ist das ‚Dazwischen'; das ‚Ich' erscheint und wird geformt im Kontext irgendeiner Beziehung. Das ‚Ich' wird also tiefgreifend von der Beziehung zum ‚Du' beeinflusst." (Yalom, S. 432). Buber unterscheidet weiter zwischen drei Formen von Dialog: 1.

---

[30] Nicht im Sinne einer Subjekt-Subjekt-Beziehung, denn Buber sieht Ich-Du-Beziehungen auch in außermenschlichen Sphären. Er unterscheidet dabei 1. das Leben mit der Natur; 2. das Leben mit den Menschen; 3. das Leben mit geistigen Wesenheiten (ebenda).

der echte Dialog; 2. der technische Dialog; 3. der dialogisch verkleidete Monolog. Buber fasst also seinen Begriff von Dialog sowohl deskriptiv als auch normativ, er beschreibt eine besondere Qualität der Begegnung zwischen Menschen. Es ist diese Sphäre, die TherapeutInnen interessiert, wenn sie von der „Heilung der Begegnung“ sprechen oder wenn Polster & Polster schreiben: „Kontakt ist nicht einfach Zusammenkommen oder Zusammensein (...) Er kann sich nur zwischen zwei getrennten Geschöpfen ereignen, setzt immer Unabhängigkeit voraus und riskiert immer den Verlust der Freiheit.“ (nach Friedman 1987)

Ebenso gewinnt der Dialog in beruflichen Kontexten an Beachtung, beispielsweise steht er bei Senge im Zentrum der lernenden Organisation.[31] Auch nach meiner Kenntnis aus der Arbeit mit Führungskräften, die sehr häufig Zweiergespräche führen, aber auch vor der Aufgabe stehen, Teamsitzungen produktiv zu gestalten oder in größeren Gruppen zu moderieren, hat die beschriebene Dimension des *Zwischen* einen wesentlichen Anteil an Gesprächen, ist immer auch Ziel und Mittel gelingender Kommunikation. Das muss nicht die Bedeutung anderer, funktionalerer Kommunikationsformen schmälern, wie etwa die Weitergabe von Information, kann jedoch als Gradmesser für die Qualität und Entwicklung von Gesprächskultur dienen. Berücksichtigt werden sollte dabei die eingangs erwähnte Balance zwischen Kommunikation und Nicht-Kommunikation, die in der Gestalttherapie als Pendeln zwischen Zugehörigkeit und Autonomie, Kontakt und Rückzug beschrieben wird. Es scheinen diese eher „zufälligen“ Formen im „Nebenbei“ von Kommunikation zu sein, die allmählich mehr in den Fokus der Betrachtung geraten, auch im zielorientierten Managementbereich.

So wird mit dem Begriff des Kontakts über die Beschreibung der Gestaltbildung hinaus also das Geschehen an der *Grenze* in Kommunikationsprozessen bedeutsam. Gemeint ist damit zwischen Personen die Betonung und Anerkennung von Unterschieden, durch die erst Kontakt entstehen kann. Ausdifferenziert wurden von Perls und anderen verschiedene Typen der Kontaktvermeidung (Konfluenz, Introjektion, Deflektion, Projektion, Retroflektion, Egotismus, Reaktivität)[32], die verwandt mit psychoanalytischen „Abwehrmechanismen“ sind, jedoch den Fokus auf die Gestaltung der Kontaktgrenze in Beziehung legen, während psychodynamische Modelle stärker auf das intrapsychische Erleben fokussieren. In der neueren Gestalttherapie wird weniger von Kontakt*vermeidung* als vielmehr von Kontakt*funktionen* gesprochen. Damit soll der positive,

---

[31] Siehe hierzu ausführlich: Hartkemeyer/Dhority (2001)

[32] Siehe zu einer näheren Beschreibung: Gremmler-Fuhr (1999, S. 366ff.)

produktive Gehalt entsprechender Organisation von Kontakt hervorgehoben werden, statt des pathologischen. Für die professionelle Arbeit mit menschlicher Kommunikation ist das Modell der Kontaktfunktionen sehr hilfreich. Hervorzuheben ist ihr Werkzeugcharakter für Diagnose und Intervention in der Organisationsberatung. Wer hätte nicht schon mit einem Gegenüber zu kämpfen gehabt, das vorbeiantwortet an dem, was man/frau sagt (*Deflektion*)? Oder an sich selbst die Tendenz beobachtet, mit den Ansichten des Gegenübers zu verschmelzen (*Konfluenz*)? Oder dem anderen Ansichten unterstellt, die eigentlich die eigenen sind (*Projektion*)? Wie häufig haben wir auch schon Überzeugungen „geschluckt", ohne sie infrage zu stellen (*Introjektion*)? Genutzt wird das Modell auch in Gruppenprozessen (Gremmler-Fuhr 1999 S. 374f) ebenso wie in der Organisationsberatung (Nevis 1988, Looss 1999).

2.1.4 Kommunikation im informationellen Zeitalter

Die bisher vorgestellten kommunikationstheoretischen Ansätze behandelten in erster Linie die Face-to-Face-Beziehung und -Interaktion. Dies entspricht auch der Anlage meiner Untersuchung und dem hohen Anteil, den direkte Kommunikation im beruflichen Alltag hat. Angesichts der offensichtlich wachsenden Bedeutung elektronischer Kommunikation möchte ich jedoch auch die Frage anreißen, ob und wie sich menschliche Kommunikation im informationellen Zeitalter möglicherweise verändert. Ich beziehe mich dabei exemplarisch auf Manuel Castells Überlegungen im Rahmen seiner Soziologie des „Netzwerkzeitalters".

Castells (2001) stellt die These auf, dass sich durch die neuen Multimedien Kommunikation *grundlegend* verändert. Er vergleicht diesen qualitativen Sprung mit der Einführung der Schrift und versucht ihn zu konturieren. Dabei stellt er fest, dass nicht die Virtualität das grundlegend Neue der Kommunikation sei, denn diese zeichne alle Formen menschlicher Kommunikation aus, da alle Gesellschaften in einer symbolischen Umwelt existiert und durch sie gehandelt hätten. Das entspricht den Überlegungen, wie ich sie bisher am Beispiel von Mead, Goffman und anderen dargelegt habe. „Das historisch Spezifische an dem neuen Kommunikationssystem (...) ist daher nicht die Einführung einer virtuellen Realität, sondern die Konstruktion realer Virtualität." (S. 425) Castells meint damit den *stofflichen* Charakter virtueller Kommunikation, vermittelt in Text, Tönen, Bildern. Diese bemächtige sich jeglicher kultureller Ausdrucksformen und werde zu einem eigenen Bezugskosmos, der schließlich Kultur definiere:

> „Wegen seiner Existenz funktionieren alle Arten von Botschaften in dem neuen Gesellschaftstyp nach einem binären Code: Präsenz/Absenz im Multimedia-Kommunikationssystem. Nur

die Präsenz in diesem integrierten System erlaubt die Kommunizierbarkeit und die Sozialisierung der Botschaft. Alle anderen Botschaften werden auf die individuelle Vorstellung oder auf zunehmend marginalisierte, auf persönlichen Kontakten beruhende Subkulturen reduziert. Aus der Perspektive der Gesellschaft *ist* die *Kommunikation auf elektronischer Grundlage* (...) gleichbedeutend mit *Kommunikation.*" (S. 427, H.i.O.)

Castells nimmt also an, dass es in der Netzwerkgesellschaft zu einer Ineinssetzung von elektronischer Kommunikation und gesellschaftlicher Kommunikation kommt, während persönliche Kontakte und Gespräche in Subkulturen marginalisiert werden. Die neue Grenze von Herrschaft entsteht demzufolge zwischen den (über das Netz) Interagierenden und Interagierten, den Angeschlossenen und Ausgeschlossenen.

Wir sehen, dass Castells den neuen Medien als Paradigma gesellschaftlicher Ordnung sehr viel Macht zuspricht. Die Frage, wie er diese Neuordnung der Machtverhältnisse im Zusammenhang mit neuen Kommunikationsformen fasst, halte ich für die wesentliche Frage an sein Werk. Die weit umspannende Macht jedenfalls, die er diesen neuen Entwicklungen beimisst, macht die Hoffnungen plausibel, die er in die horizontale Ordnung und Unkontrollierbarkeit elektronischer Netzwerke setzt, auch im Hinblick auf neue demokratische Organisationsformen. Castells führt u.a. ein Beispiel aus dem politischen Bereich an, um die Macht der Virtualität zu illustrieren, das ich hier ausführlich zitieren möchte, um einen Einblick in seine Vorstellung von RealVirtualität zu geben:

„Im amerikanischen Präsidentschaftswahlkampf 1992 wollte sich der damalige Vizepräsident Dan Quayle auf dem Feld der traditionellen Familienwerte profilieren. Bewaffnet mit seinen moralischen Überzeugungen begann er eine ungewöhnliche Auseinandersetzung mit Murphy Brown. Murphy Brown wird von einer hervorragenden Schauspielerin, Candice Bergen, gespielt und ist die Protagonistin einer populären Fernseh-Seifenoper, welche die Werte und Probleme eines neuen Frauentyps (re)präsentierte: die unverheiratete, beruflich engagierte Frau mit eigenen Vorstellungen vom Leben. Um die Zeit des Präsidentschaftswahlkampfes beschloss Murphy Brown (nicht Candice Bergen), ein uneheliches Kind zu bekommen. Vizepräsident Quayle verurteilte ihr Verhalten sofort als ungehörig und erregte dadurch nationale Empörung vor allem seitens arbeitender Frauen. Murphy Brown (nicht einfach Candice Bergen) schlug zurück: In der nächsten Folge trat sie auf, wie sie das Fernsehinterview anschaute, in dem Vizepräsident Quayle sie kritisierte, und sie sagte ihre Meinung. Sie kritisierte in scharfer Form die Einmischung von Politikern in das Leben von Frauen und verteidigte ihre Rechte auf eine neue Moral. Am Ende steigerte Murphy Brown ihre Quote und Dan Quayles abgestandener Konservatismus trug zur Wahlniederlage von Präsident Bush bei. (...) So hatte sich im Verlauf des Dialogs ein neuer Text aus Realem und Imaginären zusammengefügt. (...) In diesem Fall war die Virtualität (...) in dem Sinne real geworden, dass sie tatsächlich – und mit erheblicher Wirkung – mit dem Wahlvorgang für das mächtigste Amt der Welt interagiert hatte." (S.426f.)

Castells beschreibt hier, was er mit der neuen stofflichen Realität der Virtualität meint: Murphy Brown als virtuelle Figur interagiert mit dem wirklichen Vizepräsidenten und beeinflusst politische Entscheidungen. Diese Mischung aus Imaginärem und Realem stellt vermutlich in der Tat eine neue Qualität der Kultur dar, deren Wirkungen noch nicht absehbar sind. Wie steht es aber um die Machtfrage in Bezug auf Virtualität und Realität? Die Figur der Murphy Brown als ideelle Verkörperung eines modernen Frauentypus verdankt ihre Existenz und Popularität gesellschaftlicher *Wirklichkeit* und Einflussnahme real existierender berufstätiger Frauen. Diese Realität ist es, die mit am Text schreibt und sogar eine Art revolutionärer Rede über das Fernsehen verbreiten lässt und so mittels des Mediums Fernsehen die eigene Realität und Wirksamkeit möglicherweise verstärkt. Es handelt sich also um einen Diskurs zwischen Realität und Virtualität, in dem die Machtverhältnisse noch ungeklärt sind. Diese Diskurse organisieren sich weiterhin in privaten wie gesellschaftlichen Zusammenhängen und direkten Gesprächen und prägen auf Wegen, die wenig linear und multikausal verknüpft sind, Virtualität.[33] Beachtenswert ist der Subtext des Beispiels: Indem Castells die Macht der Virtualität beschwört am Exempel moderner Frauenemanzipation, die über die Konservativen (Männer) siegt, gibt er dem Medium einen revolutionär-feministischen Anstrich, betont seine Subversivität. Trotz aller Interaktivität und symbolischen Bedeutungserzeugungen darf bezweifelt werden, ob Fernsehen und neue Medien Vorkämpfer für Frauenrechte sind oder sein werden und ebenso, ob sie adäquate Abbilder körperlicher, fühlbarer, realer Frauenleben sind.[34]

---

[33] Diese komplexen Interaktionen in einer multimedialen Gesellschaft sind Forschungsgebiet der Cultural Studies, die an zahlreichen Beispielen zeigen konnten, wie Subkulturen Einfluss auf die Definition von Wirklichkeit und Meinung nehmen. S. allgemein zu Cultural Studies: Lutter/Reisenleitner (1998), Turner (1996). Aus feministischer Sicht Klaus (1998), die das Beispiel der Soap-Operas ausführlich beschreibt, um diese komplexen Zusammenhänge zu beleuchten und gängige soziologische Vorurteile über die Nutzerinnen aus dem Weg räumt, darunter das hier wichtige, dass die Nutzerinnen nicht zwischen Schein und Realität unterscheiden könnten. Wie sich herausstellte, können sie das nämlich sehr wohl und üben sich ausgesprochen virtuos darin, mit der Grenze zu jonglieren.

[34] Castells (2001) nimmt unter dem Eindruck der Ereignisse vom 11. September eine Relativierung seiner eigenen Thesen und der wachsenden Macht der Virtualität vor, die ich für übertragbar halte auf den Kontext u.a. von direkter Gewalt geprägten Frauenalltags: „Der 11. September zeigt mir, wie dringend es ist, die Trägheit der Regierungen noch tiefer zu analysieren. Diese Trägheit habe ich vermutlich unterschätzt. Regierungen fallen gern in alte Muster zurück, anstatt neue Gesellschaftsformen aufzubauen. Falsch war auch die Annahme, der Militarismus sei tot, weil moderne Kriegsführung nicht auf Hardware und sei-

Veränderungen in Richtung Person im informationellen Zeitalter

Mit den Veränderungen in Richtung Person hat sich aus psychodynamischer Sicht Sherry Turkle befasst in Untersuchungen mit intensiven Netz-Usern und sie kommt zu dem Schluss, dass „der Begriff der Wirklichkeit zurückschlägt. Die Menschen, die auf dem Bildschirm ein Parallelleben führen, sind dennoch durch die Wünsche, den Schmerz und die Sterblichkeit ihres physischen Ich gebunden. Die virtuellen Gemeinschaften stellen einen einschneidend neuen Kontext dar, in dem man über die menschliche Identität im Internet-Zeitalter nachdenken kann." (Turkle nach Castells, S. 407). Ich neige auch dazu, Kommunikation im informationellen Zeitalter weniger als neue stoffliche Qualität zu betrachten, sondern eher als einen neuen Kontext für Kommunikationen, die eine veränderte Virtuosität innerhalb und außerhalb des Virtuellen erfordern. Auf jeden Fall ist es so, dass das Thema viele Menschen stark beschäftigt, wie ich auch in einer meiner Gruppendiskussionen feststellen konnte, die zu großen Teilen um elektronische Kommunikation kreist. Auf der Grundlage der Analyse dieses Gesprächs möchte ich eine These formulieren, die auch auf neue Herrschaftskonzepte hindeutet, jedoch etwas abweichend von der Sichtweise Castells, der die entscheidende Linie zwischen Interagierenden und Interagierten sieht. Mir scheint es eher so, dass das direkte persönliche Gespräch zum neuen Medium der Herrschenden konstruiert werden soll, während die Beherrschten mit den elektronischen Multimedien „abgespeist" und beschäftigt werden.[35] Dies lässt sich durchaus auch als eine Form der Enteignung betrachten, indem die Orte für persönliche Gespräche und Begegnung der Mehrheiten marginalisiert werden, während die Eliten sich neue abgegrenzte Treffpunkte schaffen. Hier wäre es interessant, mögliche Neukonstruktionen entlang der Geschlechterlinie zu beleuchten. Denn das persönliche Gespräch, Klatsch und Tratsch, „natürlich" verausgabte Kommunikation und Kompetenz galten bis dato eher als „weibliche" Domäne. Was geschieht mit diesen „weiblich" definierten Räumen, wenn sie herrschaftsrelevant und zunehmend „männlich" besetzt werden? Welche neuen Bedeutungen erhält dann das Gespräch? Welche Enteignungen sind skizzierbar? Und welche symbolische Funktion kommt dabei Virtualität zu?

---

ner Kontrolle beruht. Deshalb werden auch im Zeitalter der *net-wars* B52-Bomber neu gebaut. Die Tendenz der Gesellschaften, auf alte Muster zurückzugreifen, muss ich stärker betonen." (in: DIE ZEIT Nr. 56, Literaturbeilage, H.i.O.)

35 Natürlich verfügen die Eliten *auch* über den Netzzugang; dieser ist aber m.E. nicht fundamental für die Absicherung von Herrschaft, er erscheint eher notwendig als hinreichend.

Eine Frage ist auch, ob sich die (Sub)Kulturen mit dieser Entwicklung abfinden werden und ob es nicht auch zu eigensinnigen Kommunikationsweisen kommt, die zwar im Zusammenhang mit dem elektronischen Paradigma gedeutet werden können, sich aber dennoch widerständig dazu verhalten, wie beispielsweise Verweigerung, die Pflege von Treffpunkten und traditioneller Gemeinschaftskultur, Entschleunigung, Medienabstinenz. Denkbar ist, dass diese Linie nicht „einfach" zwischen den Angeschlossenen und Ausgeschlossenen verläuft, sondern dass Verständigung, das Ausloten von Nutzen und Schaden, dem ausreichenden Maß an elektronisch vermittelter Kommunikation auch Allianzen bildet, die über diese Grenze hinweggehen im Sinne eines neuen gesellschaftlichen Konsenses. Anzeichen hierfür könnte die Sättigungsgrenze sein, die der Fernsehkonsum zumindest in der westlichen Welt mittlerweile erreicht hat ebenso wie der „ausgereizte Telekommunikationsmarkt", von dem in einer der Gruppendiskussionen noch die Rede sein wird.

Von Räumen und Orten im Netzwerkzeitalter

Castells spricht im Zusammenhang virtueller Kommunikation eine weitere neue *stoffliche* Qualität im Netzwerkzeitalter an: „(...) das neue Kommunikationssystem (transformiert) Raum und Zeit, die fundamentalen Dimensionen des menschlichen Lebens radikal. Örtlichkeiten werden entkörperlicht und verlieren ihre kulturelle, historische und geografische Bedeutung. Sie werden in funktionale Netzwerke integriert, oder auch in Collagen von Bildern. Dadurch entsteht ein Raum der Ströme anstelle eines Raums der Orte. (...) Der *Raum der Ströme* und die *zeitlose Zeit* sind die materiellen Grundlagen einer neuen Kultur, welche die Verschiedenheit der historisch überkommenen Systeme der Repräsentation überschreitet und in sich einschließt: die Kultur der realen Virtualität, wo Glaubenmachen Glauben an das Machen ist." (S. 429, H.i.O.) Castells beschreibt hier eine Entwicklung, die sich mit der Verschiebung von analoger hin zu digitaler Kommunikation fassen lässt: Demnach sind die Orte, an denen wir leben, immer seltener identisch mit den Räumen, in denen wir kommunizieren. Die digitale Information überlagert und überformt analogen Austausch. Die Form, in der diese Virtualität sich präsentiert, ist ein Strömen und Rauschen, eine körperlose, endlose Menge von *digits*, Informationen. Diese definieren und formen die Orte und die Körper neu. Die Orte und Körper verschwinden dabei nicht einfach und behalten auch ihre normative Kraft. Castells knüpft zur Illustration hierfür an seine eigenen Erfahrungen mit den *guten Orten* an. Ein solcher sei beispielsweise Belleville, für ihn als zwanzigjährigen Exilanten zu Beginn der sechziger

Jahre „das Eingangstor zu Paris“ und bis heute ein lebenswerter Ort, was nicht gleichbedeutend mit Gemeinschaft sei:

„Aber das Leben der Bewohner ist durch die Charakteristika der Orte gekennzeichnet, weshalb es wirklich gute und schlechte Orte gibt, je nach dem Werturteil darüber, was gutes Leben sei. In Belleville haben die Bewohnerinnen und Bewohner, ohne dass sie sich nun gegenseitig lieben und sicherlich ungeliebt von der Polizei, in der Geschichte von Belleville einen bedeutungsvollen, interagierenden Raum mit einer Vielfalt an Nutzungen und einem breiten Spektrum an Funktionen und Ausdrucksformen geschaffen. Sie interagieren aktiv mit ihrer alltäglichen physischen Umwelt. Mittendrin zwischen zuhause und der Welt gibt es einen Ort namens Belleville.“ (S. 480f.)

Mir gefällt an diesem Beispiel für einen guten Ort besonders, dass er ihn beim *Namen* nennt und sinnliche persönliche Aspekte dabei angedeutet werden. Damit entreißt er ihn – mindestens für die Augenblicke des Lesens – dem Raum der Ströme, in dem die *guten Orte* als Bedingung und Ausdruck lebendiger Kommunikation zu verschwinden drohen. Auf der Ebene von Person hat die Entkörperlichung der Orte vermutlich ebenfalls weitreichende Folgen. Wir werden dazu Beispiele in den Gruppendiskussionen „hören“, wo die Menschen sich neu „verorten“ in virtuellen Welten.[36]

Zusammenfassung: Zurück zum Symbolischen Interaktionismus

Nachdem wir einleitend Watzlawicks systemische Sicht auf menschliche Kommunikation als nützliches Werkzeug kennen gelernt haben, habe ich darauf komplexere Vorstellungen aufgebaut im Hinblick auf soziologische Kommunikationstheorien. Dazu habe ich den Symbolischen Interaktionismus vorgestellt, dessen Kernelemente *Kooperation, Kommunikation, Selbstreflexivität* als Grundlagen individueller wie gesellschaftlicher Organisation sind. Wie schon in der Wortschöpfung ausgedrückt, legt Symbolischer Interaktionismus den Schwerpunkt der Bildung des Sozialen in den symbolischen Bereich. Damit handelt es sich um einen „körperlosen“ Ansatz, Körper und Wahrnehmung werden nicht als gegeben, sondern als konstruiert und symbolisch vermittelt verstanden. Das gilt

[36] Mir kommen als Beispiel für den Raum der Ströme, der sich der guten Orte bemächtigt, die zahlreichen essgestörten Frauen in der globalisierten Welt in den Sinn, die ihr (Selbst-)Bild umformen aufgrund von digitalisierter Information (sei es aus den Medien oder dem Anzeiger der Waage) und nicht mehr nach Maßgabe des eigenen Körpers („ich habe Hunger“) handeln. Damit werden die Körper „angeschlossen“ an die digitale Informationswelt und „ausgeschlossen“ aus dem realen Empfinden.

ebenso für die Gefühle, die eher marginalen Stellenwert haben. Alles Stoffliche gerinnt zu Sprache. Zum exklusiven Transportmittel des Sozialen wird der Geist („Mind").

Aus Gestalttheorie und gestalttherapeutischer Praxis möchte ich daher folgende Elemente ergänzend zum Symbolischen Interaktionismus betonen: die Körperbezogenheit in Form von *Wahrnehmung*, den Akzent auf die *Grenze*, die *Zwischenräume* von Interaktions-/Kommunikationsprozessen („Kontakt") sowie *Gestaltbildung* als Interaktion vorausgehender und vollziehender Vorgang, der zugleich symbolbildend ist, als Einheit zwischen Handlung, Wahrnehmung, Deutung. In der Begegnung zwischen Menschen existiert die eigene Gestalt eines *Zwischen*, dessen Wirkung und Bedeutung nicht vorhersagbar ist. Damit verbunden sind funktionalere Varianten menschlicher Kommunikation, die für eine Vorhersehbarkeit und Verlässlichkeit des Austauschs von Mitteilungen und Symbolen sorgen. Kommunikationstheorie sollte meines Erachtens die Dimension von *Qualität* umfassen, die auch normativ zu verstehen ist. Dabei gilt es, biologistische Verkürzungen und Vereinheitlichungen zu vermeiden unter Bezugnahme auf die Relationalität von Identitätsbildung, differenter Subjekte und multipler Machtfaktoren. Die Leistungen, die menschliche Kommunikation darüber hinaus im informationellen Zeitalter zu erbringen hat, die Virtuosität in der Virtualität, habe ich als ergänzenden Aspekt hinzugefügt, da elektronische Kommunikation an Bedeutung gewinnt, während zugleich das persönliche Gespräch neu inszeniert wird, vor allem in beruflicher Kommunikation.

Kerntheorie meiner Arbeit bleibt der Symbolische Interaktionismus. Der große Vorzug dieses Ansatzes liegt m.E. darin, dass wir durch seine Brille die Vielfalt und Dynamik menschlicher Kommunikation betrachten können: Die AkteurInnen erscheinen stets als aktiv und dynamisch, nie als determiniert und passiv. Soziales Geschehen wird sichtbar als ein Stück mit sehr unterschiedlichen Rollen, das auf der Bühne des Lebens aufgeführt wird. Dieser theatralische Gehalt macht für mich den Symbolischen Interaktionismus faszinierend, der die Poesie menschlicher Gemeinschaft in einem universalen Code (Sprache) allerorten immer wieder zur Aufführung bringt. Welche Formen dieses Spiel menschlicher Kommunikation unter dem Vorzeichen betrieblicher Teamarbeit annehmen kann, werde ich später in den Analysen der Gruppendiskussionen vorführen.

2.1.5 Kommunikation als Mittel zur Machtentfaltung

Viele Phänomene von Organisationshandeln – angefangen bei der Frage, warum es überhaupt Organisationen gibt und was sie von anderen sozialen Gebilden unterscheidet, über die Frage nach Hierarchie und Gefolgschaft bis hin zu Überlegungen zu produktiven kommunikativen Organisationsstrukturen – lassen sich nur mit einer Perspektive auf Machtproduktionen näher erklären. Daher werde ich im Folgenden Überlegungen zum Thema Macht darlegen, aus soziologischer und sozialpsychologischer Sicht, und deren Relevanz für meine Untersuchung zusammenfassen.

Zum soziologischen Machtbegriff

Das soziologische Machtverständnis und die damit verbundene Diskussion unterscheiden sich stark vom Alltagsverständnis. Das mag die heftige Reaktion erklären, mit der an meiner Untersuchung Beteiligte auf das Wort „Macht" reagierten, als ich es einmal aussprach. Sie verwehrten sich dagegen, dass es in ihrer Zusammenarbeit um Fragen der Macht gehen könnte. Vermutlich verbinden sie mit dem Begriff die Vorstellung „Macht-über"[37] jemanden zu haben und das Ausüben von Zwang[38], wenn nicht gar (weitergehend) Gewalt. Dies entspricht dem klassischen soziologischen Verständnis von Macht bei Weber, das bis heute dem Alltagsverständnis nahe kommt. Heutige sozialwissenschaftliche Vorstellungen von Macht gehen dagegen von einer *Relationalität von Machtproduktion* aus, an der alle AkteurInnen beteiligt sind. Weitergehend erscheint die Analyse struktureller wie handlungsorientierter Ebenen und Verknüpfungen interessant, wie wir sie bei Foucault, Elias, Bourdieu und Giddens finden. Macht entfaltet sich also immer im sozialen Miteinander, wobei in meiner Arbeit das Team und die Organisation den Bezugsrahmen bilden.

Verknüpfung von Struktur- und Handlungstheorie

Hier stellt sich also die Frage nach dem Verhältnis von Struktur und Handlung bzw. Struktur und Prozess, die die neuere Soziologie prägt und die Dualität von Struktur- und Handlungstheorie zu überwinden sucht (Elias, Bourdieu, Foucault, Giddens). Diese hat auch den soziologischen Machtbegriff modifiziert. Der Blick richtet sich zunehmend auf die *Prozesse* von Handeln, die Struktur hervorbringen – und auch wieder zerstören. So benutzt Elias den Ausdruck Machtbalance, um das Wesen sozialer Beziehungen und gegenseitiger Abhängigkeiten zu

---

37 Diese Formulierung prägte Starhawk (1987), „Macht-über" grenzt sie ab von der „Kraft-von-Innen" (S. 17ff). Diese Vorstellung erscheint eng verwandt mit Konzepten zu *empowerment*.

38 Es ist ja auch einfach so: Man/Frau kann gefeuert werden, abgemahnt, gemobbt – von offen gewalttätigen Arbeitsverhältnissen in globalisierten Zeiten einmal abgesehen.

charakterisieren. Durch den Akzent auf die gegenseitige Abhängigkeit modifiziert er das klassische „Macht-über"-Modell der Alltagssoziologie. Sein Begriff vom „Figurationsstrom"[39] nicht vorhersagbarer gesellschaftlicher Entwicklungen drückt sein prozessuales Gesellschaftsverständnis aus. Bourdieus Machtbegriff wurzelt in marxistischer Theorie, die Macht an Kapitalbesitz festmacht. Allerdings spricht Bourdieu nicht von Klassen, sondern „Machtfeldern", um zu verdeutlichen, dass Kapitalbesitz nicht mit der Zugehörigkeit zu einer existierenden Gruppe identisch sein muss. Zudem weitet er den ökonomischen Kapitalbegriff aus und spricht von kulturellem, sozialem und symbolischen Kapital, das erst in Verbindung mit materiellem Besitz Machtpositionen begründet und sichert. Damit hat auch er sich vom schlichten „Macht-über"-Verständnis gelöst und wir sehen Bourdieus Machtbegriff als einen, der das Spielfeld deutlich erweitert und ebenso auf den immateriellen Gewinn von Machtproduktion und -inszenierungen verweist. Bei Bourdieu finden sowohl symbolische wie soziale, kulturelle und ökonomische Mittel von Machtausübung und -erhalt Beachtung und Macht erscheint weniger als dyadisches Phänomen, sondern insbesondere auch als Ausdruck von Gruppenhandeln. Damit öffnet sich die Bühne für vielfältige Machtspiele, auf der auch betriebliche Kontexte als politisch-soziale Arena zu verorten sind. Die emotionalen Seiten von Machtentfaltung sind bei Bourdieu im Konzept vom Habitus geronnen. Der Eigensinn der Gefühle bis hinein in Geschmack und Intimität entpuppt sich dabei als heimliche Ordnung der Verhältnisse. Seine Analysen fokussieren auf die Logik und Rationalität kapitalistischen Handelns und seine Funktion als Distinktionsmittel der herrschenden Eliten, die sich „nach unten" abgrenzen. Das ermöglicht ihm, Muster in chaotisch und widersprüchlich erscheinenden Mikrostrukturen von Gesellschaft herauszuarbeiten. Im Zusammenhang mit meiner Untersuchung erscheint besonders die Frage interessant, inwiefern Kommunikation zum kulturellen Kapital der AkteurInnen gerinnt (in Form von Weiterbildungsveranstaltungen und entsprechenden Zertifikaten), damit auch Distinktionsmittel wird und kommunikative Kompetenzen der Beteiligten konterkariert. Im Ergebnisteil werde ich Beispiele für dieses Phänomen analysieren.

Foucault hat sich der Verortung und stofflichen Beschreibung von Machtproduktionen stets widersetzt („Die Macht funktioniert und wird ausgeübt über eine netzförmige Organisation. Und die Individuen zirkulieren nicht nur in ihren Maschen, sondern sind auch stets in einer Position, in der sie diese Macht

39 Seine Vorstellung von Ordnungsbildungen menschlicher Gesellschaft gleichen gestalttheoretischen Konzepten

zugleich erfahren und ausüben; sie sind niemals die unbewegliche Zielscheibe dieser Macht, sie sind stets ihre Verbindungselemente" (Foucault nach Müller 2000, S. 109). Man könnte sagen: Für Foucault ist Macht der Stoff des Lebens selbst, allgegenwärtig, immanent, vielgestaltig. Dies dürfte einer der Gründe sein, dass soziale Bewegungen sich theoretisch immer wieder auf Foucault beziehen, um ihre Politiken zu begründen, nicht nur um Macht zu „gewinnen", sondern auch, um der Ohnmacht Raum und Bedeutung zu verleihen.

Bei der Analyse von Politik und Machtstrategien in Organisationen haben seine Ansätze neuerdings verstärkt Beachtung gefunden (s. dazu auch später im Abschnitt *Organisation*). In Übereinstimmung mit Foucault hält Giddens Macht als typisch für jegliches Handeln, nicht nur für bestimmte Handlungsformen. Handeln und Handlungsmächtigkeit (*agency*) stehen so im Zentrum seiner Analyse der Theorie der Strukturierung. Giddens' Bild von handelnden Subjekten in Gesellschaft erinnert stark an den Symbolischen Interaktionismus. Struktur ist dem Handeln nicht entgegengesetzt, sondern ermöglicht Handeln und begrenzt es gleichzeitig. Strukturen setzen sich demnach aus Regeln und Ressourcen zusammen. Giddens' Machtbegriff umfasst auch ökonomische und politische Dimensionen. Er trifft eine Unterscheidung zwischen Macht und Zwang. Während alle AkteurInnen über Macht verfügten, ist Zwang durch strukturbedingte Einschränkung gekennzeichnet. Dabei unterscheidet er zwischen materiellem Zwang, (negativen) Sanktionen und strukturellem Zwang. Nach Giddens kann Zwang jedoch nicht die grundlegende Dualität von Struktur und Handlung außer Kraft setzen.

Im Anschluss an Giddens begreifen Ortmann et al. (1997) Macht als Grunddimension jeder Interaktion, wobei sie sich neben Giddens auf den an Foucault orientierten Machtbegriff Crozier/Friedbergs (1979) beziehen. Damit wird Handeln stets als mikropolitisch begriffen und geht mit Machtausübung einher. Unterschieden werden: Kommunikatives Handeln – sanktionierendes Handeln – autoritativ-administratives Handeln – wirtschaftliches und technisches Handeln. Wilz (2002) fasst das dem Modell zugrundeliegende Machtverständnis zusammen: „Das grundsätzlich mikropolitische Verständnis von Macht als ressourcengestützte Beziehung zwischen Akteuren, die sich in der Kontrolle relevanter Unsicherheitszonen, in der Begrenzung und Erweiterung fremder und eigener Handlungsspielräume, in Prozessen von Aushandlungen ausdrückt (und daraus entsteht), wird hier durch eine strukturtheoretische Verankerung von Macht unterfüttert. Macht ist Beziehung, Ressource – und Dimension der rekursiven Strukturation des Sozialen." (S. 27).

Ortmann et al. 's Ansatz hat den Vorteil, Gesellschaft auf Makro- wie Mikroebene ebenso wie in verschiedenen Dimensionen von Handeln zu beschreiben. Damit werden Struktur- und Handlungsebene miteinander verknüpft und es ergeben sich eine Vielzahl an Ansatzpunkten für Veränderung. Theoretisch lässt sich an jedem Punkt in die Produktion von Gesellschaft/Struktur eingreifen und dies hat Folgen auf allen Ebenen und in verschiedenen Dimensionen. So ist denkbar – und ja auch praktiziert – dass über die Ebene von Legitimation Einfluss genommen wird auf wirtschaftlich-technisches Handeln und dass Machtressourcen verschiedener Ebenen miteinander kombiniert werden. Damit wird es möglich, aus der Position von Mangel und Ohnmacht mächtig zu werden und Einfluss auf Verteilungsprozesse zu nehmen. Das Problem des Ortmann'schen Ansatzes ist – ähnlich wie bei Giddens – zum einen die Ausblendung sozioemotionaler Dimensionen. Die „Verwaltung" (Befriedigung, Aufschiebung, Frustration) emotionaler Bedürfnisse aufgrund vielfältiger Machtspiele wird zugunsten eines rein rational erscheinenden Konzepts von Macht, Handlung und Gesellschaft ausgeblendet. „Giddens' ‚menschliche Wesen' sind sich ihrer selbst bewußt, sind wach, aktiv und (selbst-)reflexiv" (Treibel 2000, S. 243). Das heißt mit anderen Worten: sie sind nicht sichtbar neurotisch, pathologisch, triebhaft, mit Sexualität ausgestattet, liebend, empfindsam und somit in der Praxis von Organisations- und Teamentwicklung nur begrenzt tauglich – daher fällt es auch schwer, Geschlecht innerhalb des Modells „mitzudenken", es bedarf hierzu eines äußeren, „quer" liegenden Bezugsrahmens – und das erinnert dann doch wieder an Weber und seine impliziten Grundannahmen zum Verhältnis von „Männlichem" und „Weiblichem".

Zudem vernachlässigen Giddens und im Anschluss Ortmann et al. Kooperation als Quelle von Machtentfaltung, wofür Hanna Arendt theoretische Grundlagen legte. Arendt setzt Macht und Gewalt konträr und holt die kooperativen Aspekte von Macht auf die Bühne zurück. Ihrer Meinung nach sind es eben auch Zwang und Gewalt, die das politische Handeln unter dem Vorzeichen von Macht wesentlich prägen. Für Arendt existiert Macht dagegen in Gemeinschaft, gemeinsamem Handeln und ist auf die Gründung der Gruppe zurückzuführen, nicht auf ihre Ziele und Zwecke. Diese „rückwärtsgewandte" Sicht auf den *Ursprung von Macht*, der mit der *Gründung der Gruppe* zusammenfällt, verändert in der Tat nicht nur die Begrifflichkeit, sondern auch die Dimensionen des (politischen) Handelns. Orientierung liefern Erinnerung und Geschichte als Rahmen für Handeln in Gemeinschaft. Interessanterweise lässt sich diese Zeitachse auch in den Gruppendiskussionen beobachten: Mehrfach ist es nicht der „Blick nach vorne", der zur Ressource für Teamentwicklung wird, sondern der „Blick zurück" auf die

Entwicklung und Entstehung des Teams. Während ich dies später unter der Perspektive von Auflösung und Phänomenen existenzieller Verunsicherung interpretiere, eröffnet Arendts Machtbegriff eine weitere Deutungsmöglichkeit: Die AkteurInnen vergewissern sich womöglich ihrer Gruppe als Ort von Gemeinschaft und ihrer Existenzberechtigung, Identität. Sie verfügen damit über das praktische Wissen (*practical consciousness* bei Giddens) dieser Machtressource und ihrer Nutzung. Der Handlungshorizont Kooperation dürfte für betriebliche Zusammenhänge ein Feld sein, das verstärkte Beachtung verdient.

„Frauenmacht": zum feministischen Diskurs

Die „Machtfrage" ist verständlicherweise zentral für Theorie und Praxis der Neuen Frauenbewegung. Anders als dem Mainstream der soziologischen Betrachtung lässt sich frühen Texten zum Thema jedenfalls nicht vorwerfen, sie hätten die emotionalen Seiten von Machtentfaltung ausgeblendet. Im Gegenteil wurden besonders Gefühle und Erotik als Quellen „weiblicher" Macht und als Ressource für gesellschaftliche Veränderung hervorgehoben (s. beispielsweise Lorde 1983). Wenn auch mit einer idealisierenden Note (etwa im „Affidamento"-Konzept aus der italienischen Frauenbewegung, s. Libreria delle donne di Milano 1989) werden damit die Potenziale von Beziehungen für den Machtbegriff fruchtbar gemacht, die in der offiziellen Schreibweise nicht vorkommen, sondern den untergründig wirken. Ans Licht gerieten dabei nicht nur die positiven Seiten beziehungsorientierter Organisationsformen („Wenn Frauen sich auf Frauen beziehen, verändern sie die Welt"), die (weiblichen) Körper als Orte und Mittel von Machtausübung (s. die Betonung der Gebärfähigkeit, Mies 1988), es veränderte sich auch der Blick auf „männliche" Machtausübung, die neurotisch-destruktiven und männerbündlerischen Aspekte von Vergesellschaftung und Herrschaft wurden hervorgehoben.

Müller (2000) zeichnet die Entwicklungslinien der Machtdebatte innerhalb der Frauenbewegung und des feministischen Diskurses nach. Sie beschreibt vier Phasen dieser Entwicklung, denen sie spezifische Konzeptionen von „Frauen" und „Männern" zuordnet:

Das *erste Stadium* setzt die Polarisierung und Ordnung von Oben und Unten qua Geschlecht als natürlich voraus. Die Perspektive der Auseinandersetzung ist die der *Ohnmacht* („Frauen erscheinen demzufolge als Machtlose und Unterworfene, Männer hingegen als kollektive und individuelle Patriarchen.", S. 86) Die Motive der Machtausübung werden nicht hinterfragt, auch Männer sind sich ihrer selbst als Machtinhaber nur teilweise bewusst. Diese Sichtweise prägt die Debatte bis zur Mitte der siebziger Jahre.

Das *zweite Stadium* nimmt die Perspektive einer „weiblichen *Gegenmacht*" und „Gegenkultur" von Frauen ein. Hierunter fallen Auseinandersetzungen mit „männlicher Dominanzkultur", Frauen begreifen sich als ein kollektives „Wir" bzw. proklamieren ein solches, männliche Macht wird mit Institutionen identifiziert und von außen infrage gestellt und bekämpft, Frauen erscheinen dabei vermehrt als „Grenzgängerinnen" „zwischen den Welten". Auch Männer haben eine Entwicklung durchgemacht, wenn sie auch noch als „recht monolithisch aufgefasster Interessenblock" erscheinen, „so sind sie (sich) im zweiten Stadium immerhin der Tatsache gewahr geworden, dass sie in Frauen Gegnerinnen gefunden haben", (S. 92).

Das *dritte Stadium* ist gekennzeichnet von *Interventionsmacht.* Hierher gehören Forderungen nach Quotierung, sich differenzierende und auflösende Weiblichkeitsvorstellungen („In diesem Stadium haben Frauen gelernt, mit den vorhandenen Regeln umzugehen und maßen sich eine Um- und Neuinterpretation dieser Regeln an", S. 93). Die Verhältnisse zwischen den Geschlechtern sind dabei sich zu demokratisieren, ausnahmsweise gelten Männer als in diesem Stadium „fähig und bereit, Frauenforderungen ernst zu nehmen und ihnen entgegen zu kommen.", S. 94).

Das *vierte Stadium* schließlich kennzeichnet sie mit dem Begriff der *Verhandlungsmacht.* Dabei tritt die Prozessualität von Machtproduktion in den Fokus, deutlicher als vorher wird, dass es immer nur „zeitweilige Sieger" gibt, alle Arten von Machtkonstruktion erscheinen als brüchig, umgekehrt werden Machtressourcen aller Art mobilisiert, „Geschlecht" ist in Institutionen als grundlegende Kategorie eingeführt, Organisationen integrieren das Thema auf die ihnen spezifische Art. Auch Männer erscheinen nun als „differenzierte Gruppierung". Allerdings: „Dabei verändern sich die aus einer ‚Gegenkultur' stammenden Forderungen teils bis zur Unkenntlichkeit." (S. 96)

Diese Entwicklungslinien des feministischen Machtdiskurses sind mit einem Wechsel der Bezugstheorien verknüpft, wie ich sie zuvor aufgezeigt habe: Nicht mehr Max Weber und marxistische Theorie bilden die Grundlage für Erklärung und Kritik von Gesellschaft, sondern Michel Foucault und Anthony Giddens. So wird das strukturelle Merkmal Geschlecht auf die Ebene von Handlung „hinunter" dekliniert und kann zum Gegenstand der Debatte und Veränderung unter Gleichen werden. Zweitens wird der Blick auf die Machtressourcen gerichtet und diese werden in ihrer Vielfalt sichtbar: von der Ohnmacht über die Gegenmacht, Interventionsmacht bis zur Verhandlungsmacht und darüber hinaus. Dass mit dieser Entwicklung noch nicht das „Ende“ in Sicht ist, zeigt der Mainstream-Machtdiskurs selbst: Einflussreiche Machttheoretiker beschäftigen sich entweder gar nicht mit dem Thema Geschlecht (Foucault) oder marginal außerhalb ihrer zentralen Theoriebildung (Giddens). So bleibt – entsprechend einer bekannt anmutenden Arbeitsteilung – die Akzentuierung von Körper, Emotion und Geschlecht als Quellen von Machtentfaltung bisher fast ausschließlich dem feministischen Blick überlassen.

Eine Gemeinsamkeit im feministischen wie im Mainstreamdiskurs soziologischer Betrachtungen zum Thema Macht scheint mir zu sein, dass beide das Potenzial der Akzentuierung sozialer Beziehungen als Quelle von Machtproduktion noch nicht ausgeschöpft haben. Bei Giddens, Weber und Foucault kommt diese Seite völlig zu kurz. Anders bei Bourdieu, der das Feld durch seine Darlegung verschiedener ineinander wirkender Kapitalsorten und Machtfelder prägnant erweitert hat. Als verständliche Reaktion auf Benachteiligung haben Feministinnen das „Streben nach Macht“ zum Ausgangspunkt ihrer Politik gemacht. Wie Müller (2000) aufgezeigt hat, lassen sich unter dieser Überschrift sehr unterschiedliche Vorstellungen von Macht auffinden. Interessant ist es dabei, „Wir-Bildungen“ genauer zu untersuchen – entlang von Geschlecht, entlang von Produktion, entlang von Hausarbeit. Wie ich anhand eines kurzen Abstechers zu Hannah Arendts Machtbegriff gezeigt habe, ist hierbei der „Blick zurück“ auf den Ursprung von Gruppenbildungen fruchtbar.

Für berufliche Kommunikation hieße eine Akzentverschiebung in Richtung der Produktivität von Beziehungen als Quelle von Machtentfaltung, neben der Sichtweise auf Interaktion als mikropolitische Strategie zur Durchsetzung individueller Interessen, Kooperation als ebenbürtigen Bereich zu betonen und sichtbar zu machen. Gerade wenn es um den gewünschten Wandel von Organisationen und die wachsende Bedeutung von „Soft Skills“ für unternehmerischen Erfolg geht, wird es erforderlich sein, die neuen Ressourcen zu benennen, zu würdigen und angemessen zu bewerten. Hier dürfte ein noch weitgehend brach liegendes Feld für die Zukunft von Organisation und Gesellschaft zu beackern sein. Welche Rolle „Schlüsselqualifikationen“ hierbei für die Entwicklung von Persönlichkeit wie Organisationshandeln spielen können, werde ich im folgenden Abschnitt behandeln.

2.1.6 „Schlüsselqualifikationen“ in der Diskussion

Die Wortschöpfung „Schlüsselqualifikationen“ geht auf Dieter Mertens zurück, der 1974, als damaliger Leiter des Instituts für Arbeitsmarkt und Berufsforschung, „Thesen zur Schulung für eine moderne Gesellschaft" formulierte. Er fand damit eine griffige Formel für die flexible Koppelung von Bildungs- und Beschäftigungssystem, die die Berufstätigen in die Lage versetzen sollten, mit den sich ständig wandelnden Anforderungen kompetent umzugehen (Stichwort „Lernen lernen").[40]

Die wissenschaftliche Diskussion um Schlüsselqualifikationen ist heterogen. Aufgrund seiner Vieldeutigkeit bezeichnet Wildt (1998) den Begriff treffend als „Projektionsfläche unterschiedlicher Interessen" (S. 199). Unterschieden werden können anthropologisch-pädagogische Modelle (Bunk, Reetz, Laur-Ernst, Freundlinger), psychologische (Didi, Fay, Kloft und Vogt, Weinert) sowie soziologische (Geißler/Orthey, Landwehr, Negt).[41]

Anthropologisch-pädagogische Modelle

Ausgangspunkt pädagogischer Ansätze zur Entwicklung von Schlüsselqualifikationen ist die Person. Begriffe wie Persönlichkeitsentwicklung und handlungsorientiertes Lernen gehören hierher sowie die Idee umfassender Persönlichkeitsentwicklung durch Erziehung und (Weiter-)Bildung. Dabei geht es weniger um die Idee, ganz neue Sichten von Lehren und Lernen zu schaffen, als darum, traditionelle Formen von Lernen wiederzubeleben, im Kontrast etwa zum fragmentierten Lernen der tayloristisch geprägten Industriegesellschaft. So integriert Bunk das „Menschliche" in sein Konzept von Schlüsselqualifikationen, verknüpft mit dem Ideal einer humaneren Welt. Ähnlich an Ganzheitlichkeit orientiert ist Reetz' Systematisierung unter Berücksichtigung aller „psychisch relevanten Systeme der Persönlichkeit, nämlich des Wollens, Fühlens, Denkens, Lernens und Handelns" (1990, S. 22). Ebenso orientiert sich Laur-Ernst explizit am Subjekt und fordert, dass „die Persönlichkeit des Lernenden in ihrer Gesamt-

---

40 Zwei grundsätzliche Positionen können in diesem Zusammenhang unterschieden werden: Die eine geht von einer relativen Autonomie des Bildungssystems aus, die Bildung als Grundrecht und Bedürfnis freier BürgerInnen begreift, der Entfaltung der Persönlichkeit und Chancengleichheit dient. Dieser angebotsorientierte Ansatz ("Social Demand Approach") geht davon aus, dass die von den potenziellen Arbeitskräften angebotenen Qualifikationen auf dem Arbeitsmarkt von selbst eine Nachfrage schaffen. Dem steht der nachfrageorientierte Ansatz („Manpower Requirement Approach") gegenüber, nach dem es Aufgabe des Bildungssystems ist, möglichst passgenau den Qualifikationsbedarf des Beschäftigungssystems bereitzustellen.

41 Siehe Orth 1999: Schlüsselqualifikationen an deutschen Hochschulen, S. 13ff. Im Unterschied zu Orth ordne ich Negts Modell den soziologischen Ansätzen zu, da es auf gesellschaftlichen Wandel fokussiert.

heit" berücksichtigt wird, auch unabhängig von aktuellen Anforderungen des Arbeitsmarktes.

Anthropologisch-pädagogische Konzepte von Schlüsselqualifikationen sind überwiegend an der Identität schaffenden Aufgabe Kommunikation interessiert und wir erkennen leicht die verkürzende Perspektive einer rein auf betriebliche Erfordernisse ausgerichteter Kompetenzentwicklung.

Für Oskar Negt (1997) ist die Frage nach neuen Kompetenzen Ausdruck einer gesellschaftlichen Strukturkrise, die sich auch als Kritik an gängigen Konzepten zu Schlüsselqualifikationen lesen lässt: „So offen wie heute ist noch nie die Misere des Bildungs- und Ausbildungssystems als Ruf nach technischen Lösungen verstanden worden (...) Von den technischen Analphabeten ist die Rede, so als wäre die Bildungsmisere Resultat des Mangels an Qualifikationen und nicht des Überschusses. Dem Umgang mit dem Computer wird gleicher Rang wie dem Lesen, Schreiben und Rechnen gegeben, als einer Art vierter Kulturtechnik. Es ist offensichtlich, daß es bei diesen Lösungsversuchen der Bildungsmisere nicht in erster Linie um die Sorge für das Lebensschicksal der Jugendlichen geht, sondern um die ökonomische Verwertbarkeit ihres Phantasierohstoffs, der der Faszination Technik entspringt." (S. 26f.) Eine „befriedigende Lebensorientierung" ist für ihn Ziel einer inhaltlichen Bestimmung notwendiger Schlüsselqualifikationen, die er in sechs Punkten zusammenfasst:

1. *Zusammenhänge herstellen* (die Basis der anderen Schlüsselqualifikationen, „gemeint ist die Fähigkeit, in einer fragmentierten Welt Beziehungen herzustellen zwischen Dingen, Verhältnissen und eigenen Lebenszusammenhängen"),
2. *Identitätskompetenz* (Arbeit und Eigentum bildeten für größer werdende Gruppen nicht mehr die Grundlage für Identitätsentwicklung, damit erhält Bildung die Funktion, Identitätsbalance zu ermöglichen);
3. *Technologische Kompetenz* (nicht im Sinne reiner Fortschrittsgläubigkeit, sondern als Kompetenz, Technologien im Hinblick auf ihren Nutzen bzw. ihre Schädlichkeit für Gesellschaft zu bewerten);
4. *Gerechtigkeitskompetenz* („ein geschärftes Bewusstsein für alltägliche Enteignungen", die Wiederherstellung eines natürlichen Rechtsbewusstseins, das die Rechte aller respektiert und Menschen(-gruppen) nicht zu Bittstellern degradiert, als Prinzip einer demokratischen Ordnung);
5. *Ökologische Kompetenz*; (das Wissen um die Eingebundenheit menschlichen Handelns in natürliche Zusammenhänge und das Bewusstsein über das

zerstörerische bzw. erhaltende Potenzial gesellschaftlicher Organisation im Verhältnis zu ,Natur').

6. *Historische Kompetenz* (ein Bewusstsein von Zeitlichkeit, das sich auf Vergangenheit wie Zukunft bezieht, zudem auf die Gegenwart als sinnstiftendem Umgang mit der Zeit). (S. 227ff.)

Für Negt bestimmt der politische Rahmen die Zielsetzung von Bildung und Kompetenzentwicklung. Kompetenz ist damit eingebettet in normative Vorstellungen gesellschaftlicher Entwicklung und nicht reiner Reflex auf äußere Anforderungen. Negts Vorstellungen haben visionären Charakter, praktisch-didaktische Umsetzungsideen sind darin zunächst nicht enthalten. Die inhaltliche Bestimmung von Bildungsinhalten gibt jedoch noch nicht Auskunft über die Organisation der Vermittlungsprozesse von Bildung.

Psychologische Modelle

Psychologische Ansätze befassen sich besonders mit der Operationalisierung besagter Schlüsselqualifikationen. Kritisiert wird dabei die wenig präzise Definition des Begriffs, die besonders die Operationalisierung erschwert. Hiermit haben sich ausführlicher Didi, Fay, Kloft und Vogt befasst. Sie wählten Schlüsselqualifikationen aus (neben den bekannteren wie Kommunikations- und Lernfähigkeit nennen sie Konzentrationsfähigkeit, sensomotorische Fähigkeiten, Raumvorstellung, Kooperationsfähigkeit, logisches Denken, Transferfähigkeit, Kreativität, Kontrollüberzeugung, vernetztes Denken), die sie präziser definieren, um sodann Möglichkeiten zur Messung darzulegen.

Soziologische Modelle

Soziologische Modelle von Schlüsselqualifikationen nehmen die Perspektive gesellschaftlichen Wandels ein, um daraus Erfordernisse für personenorientierte Kompetenzentwicklung herzuleiten. Kritisch beteiligt an der Diskussion haben sich u.a. Geißler und Orthey. Sie kritisierten zunächst (1993) die Beliebigkeit und vermeintliche Problemlösefähigkeit des „Suchbegriffs" und präsentierten später ein eigenes Modell, das konsequenterweise auf den Begriff der „Schlüsselqualifikationen" verzichtet (1998). Sie sprechen vielmehr von „Meta-Kompetenzen". Ihr Ausgangsszenario ist die „Entberuflichung" der Gesellschaft aufgrund permanenten Wandels und vielfältiger Möglichkeiten, Leben und Arbeit zu organisieren. Dem geben sie die Überschrift „Flüchtigkeit statt Tüchtigkeit", die der wichtigste Beschäftigungstrend der Zukunft sei. Dabei verflüchtige sich besonders die identitätsstiftende Funktion von Beruf[42]; an seine Stelle trete das Lernen als neue Quelle für Identitätsbildung und werde zum Stabilitätsfaktor angesichts zunehmender Verunsicherungen. Dies erfordere das Einüben sogenannter Meta-Kompetenzen (Pluralitätskompetenz, Übergangskompetenz, prozessuale Kompetenzen) ergänzend zu „fachlichen Spezialkompetenzen".[43] Meta-Kompetenzen dienen danach vor allem dazu, Diskontinuitäten im biographischen und beruflichen Kontext auszugleichen, daraus neu Identität zu schöpfen und relative Kontinuitäten immer wieder herzustellen. In soziologischen Ansätzen zum Thema sind Person bzw. Persönlichkeit weitgehend „verschwunden", um deren Entwicklung anthropologisch-pädagogische Ansätze bis heute bemüht sind.

Schlüsselqualifikationen in der Praxis von Ingenieurhandeln

Die Bedeutung von Schlüsselqualifikationen in der betrieblichen Praxis ist bisher kaum untersucht worden. Es fehlen auch weitgehend Operationalisierungen und inhaltliche Beschreibungen der gewünschten Fertigkeiten. Eine Ausnahme bildet die Arbeit von Joyce K. Fletcher (2000), die sich in ihrer Studie „Disappearing Acts" damit befasst, wie im Alltag von IngenieurInnen „Soft Skills" wirken und bewertet werden. Ihre Hauptthese ist, dass Schlüsselqualifikationen im Arbeitsalltag häufig zum „Verschwinden gebracht" werden, nicht weil sie ineffektiv wären – im Gegenteil trügen sie im Allgemeinen wesentlich zum Gelingen der Projekte bei –, sondern weil sie mit den „weiblichen", „soften" Seiten von Arbeit in Zusammenhang gebracht werden. Das heißt, auch wenn das entsprechende Verhalten mit den Unternehmenszielen übereinstimmt, wird es als unpassend empfunden, da es mit mächtigen geschlechterkonnotierten Vorstellungen von idealem Management und erfolgreicher Organisation kollidiert.

Fletcher fasst Schlüsselqualifikationen unter dem Oberbegriff *relational practice,* fokussiert also auf die Arbeits*beziehungen*, die zum Tragen kommen. Diese Begrifflichkeit hat den Vorteil, konkretes Verhalten beschreibbar und damit überhaupt erst einmal sichtbar zu machen. Das unterscheidet den Terminus von den oben zusammengefassten Definitionen von Schlüsselqualifikationen, die alle auf *individuelle* Fähigkeiten fokussieren und so Gelingen bzw. Scheitern von Arbeitsaufgaben an persönlichen erworbenen Merkmalen festmachen. Fletchers

[42] Ein eindrucksvolles Beispiel für einen solchen möglichen Trend findet sich zu Beginn einer meiner Gruppendiskussionen (A), wo die „harmlose" Frage nach dem Beruf ein Identitätsdilemma offen legt.

[43] Siehe ausführlicher Orth 1999, S. 34ff.

Sichtweise ist so insbesondere auch geeignet, den *Prozess* der Entfaltung von „Soft Skills“ zu beleuchten. Sie unterscheidet vier Bereiche von *Relational Practice* (Beziehungshandeln): *Preserving, Mutual Empowering, Self-Achieving, Creating Team.* Diese alltäglich wirksamen Verhaltensbereiche hat sie aufgrund von Arbeitsplatzbeobachtungen, Gruppengesprächen und Einzelinterviews herausgearbeitet:[44]

- *Preserving* umfasst im Management alle Arten von Tätigkeiten, die zum Gelingen des Projekts beitragen und in der Lage sind, Schaden abzuwenden, („*Shouldering responsibility for the whole in order to preserve the life and well-being of the project*", S. 85). Der Fokus liegt hierbei auf der Aufgabe. Dazu gehört beispielsweise die Bereitschaft, wenn notwendig, alle Arten von Tätigkeiten zu übernehmen, unabhängig von ihrer Bedeutung für Status und persönliche Vorlieben. Sie betont bei dieser Schlüsselqualifikation die Fähigkeit, Probleme gar nicht erst auftauchen zu lassen, sie präventiv abzuwenden im Unterschied zum Lösen von Problemen, das eher dem Image von Ingenieurhandeln entspricht.
- *Mutual Empowerment* beschreibt die Bereitschaft, anderen zu helfen, um das Projektziel zu erreichen, in emotionaler, beziehungsorientierter und intellektueller Hinsicht („*Enacting an expanded definition of ‚outcome' to include outcomes embedded in others such as increased knowledge or competence*", ebenda). Der Fokus liegt auf den anderen. Die Idee dieser Schlüsselqualifikation ist, dass Hilfe für andere auch zum eigenen Wohl und persönlichen Wachstum beiträgt. Als Beispiel führt sie die Art und Weise der Unterrichtung an, die eine Ingenieurin wählt, um zwei ihr unterstellten Ingenieuren etwas beizubringen, wobei sie auf deren „männliche“ Empfindlichkeit Rücksicht nimmt („*I wanted Frank to feel comfortable*").
- *Self-Achievement* meint die Fähigkeit, eine eigene Meisterschaft im Umgang mit Arbeitsbeziehungen zu entwickeln, die die Eigenarten der Beteiligten, den Kontext und die Orientierung auf die Langfristigkeit von Beziehungen enthält („*Using relational skills to enhance one's ability to achieve goals*", ebenda). Der Fokus liegt auf dem Selbst. Zu dieser Schlüsselqualifikation gehören beispielsweise die Bereitschaft, eigene Fehler schnell einzugestehen, um Hilfe zu bitten und Konflikte möglichst umgehend zu bereinigen, wie auch eine reflexive Sicht auf eigenes Verhalten und Emotionen, die zur Effektivität der Arbeit beitragen („*self-achieving behavior requires emotio-*

[44] Ihr Praxisfeld waren IngenieurInnen aus dem Designbereich.

nal competence: an ability to access emotional data and the skill in understanding the implications and complexity of these data. ", S. 73)

– *Creating Team* betont die Gruppenbeziehungen, die unerlässlich für Effektivität und Erfolg sind. Dabei akzentuiert sie im Unterschied zu Ideen von Teamentwicklung, die hauptsächlich darin besteht, Grenzen zu setzen, Autorität zu definieren, Ziele vorzugeben, Aufgaben festzulegen, eine Form der Leitung, die noch „unterhalb" dieses Katalogs wirksam ist: Teamerfahrung überhaupt möglich zu machen und Bedingungen herzustellen, in der die Gruppe gedeihen kann. („*Creating background conditions in which group life can flourish and the feeling of team can be experienced*", ebenda). Der Fokus liegt auf dem Team. Die Schlüsselqualifikation liegt zum einen darin, anderen zuzuhören und sie in ihrer Individualität zu respektieren; zum anderen darin, Bedingungen zu fördern, die Stress vermindern, Konflikte reduzieren und Interdependenz fördern.

Im zweiten Teil ihrer Studie beschreibt Fletcher, wie diese zentralen Qualifikationen, ohne die die Projekte nicht durchgeführt werden könnten, „zum Verschwinden gebracht werden". Sie würden häufig nicht benannt, nicht positiv herausgestrichen und nicht entsprechend bewertet, sei es in ökonomischer oder symbolischer Form. Die Probleme, vor die sich Ingenieurinnen in diesem Zusammenhang gestellt sehen können, illustriert Fletcher an ihrer eigenen Forschungshaltung. Ich möchte die Passage beispielhaft für die Wirkungsweise von „Disappearing Acts" zitieren:

„When I observed the event (...) of an engineer who took a back seat in a meeting and let her boss talk about her data, I first coded this as evidence of her fear of power and sucess. I wrote the word ‚meek' in the margins of my notes. I made sense of her behavior as a type of personal inadequacy and assumed that she was uncomfortable with self-promotion or with being seen as an expert. It was not until later, when she spoke of the incident with pride and explained it was an intentional strategy on her part to give the problem increased visibility and make sure it was taken seriously. Only then did I realize that I had ‚disappeared' her work by labeling the behavior as inappropriate to the workplace and as evidence of her personal inadequacy." (S. 94)

Wie das Beispiel zeigt, sind verschiedene Deutungsmöglichkeiten denkbar, die dem Ereignis Sinn verleihen: die „strukturelle" Sichtweise auf Hierarchie, die bestimmte Aufgaben an festgelegte Funktionen und Geschlecht gekoppelt sieht, durch die Macht und Status definiert werden. Damit wird betriebliches Handeln auch zuerst als Spiel um hierarchische Macht betrachtet. Die „interaktionelle" Sichtweise zeigt einen komplizierteren Vorgang, bei dem die Ingenieurin als Handelnde erscheint, indem sie ihren Chef die Daten präsentieren lässt, im Wissen um die Statusbedingungen des Geschehens; hiermit ist auch die Sichtweise der Forscherin interaktionell verbunden, insofern sie Bedeutungszuschreibungen macht, die sie auch wieder ändert. Macht erscheint hier als flüssiger Stoff, der soziale Beziehungen durchströmt und sich in ihnen wechselhaft, wechselseitig manifestiert. Eine dritte Perspektive ist die „aufgabenorientierte", durch deren Brille entsprechende Schlüsselqualifikationen sichtbar werden: Die Mitarbeiterin dient ihrem Projekt und dem Unternehmen, erfüllt also das offiziell geforderte Verhalten, wobei sie virtuos die betriebliche Bühne nutzt. Schlüsselqualifikationen erscheinen damit als ein Handlungsfeld, das neuartige Sichtweisen auf Organisationsgeschehen wirft und eine Auflösung enger Statusgrenzen und Geschlechterkonnotationen befördern könnte. Dabei darf jedoch die Trägheit der AkteurInnen und das Festhalten an „liebgewonnenen" Gewohnheiten, die nicht nur Status festschreiben, sondern auch Effizienzbarrieren darstellen, nicht unterschätzt werden, wie auch Fletcher's Studie eindrucksvoll belegt.

Kommunikation: Präsenz, Interaktion, Qualität, Qualifikation

In diesem ersten Kapitel habe ich mich mit sehr grundlegenden Prinzipien menschlicher Kommunikation befasst, ausgehend von der Präsenz der AkteurInnen, ihrer „puren" Anwesenheit über Interaktion, in der Selbstwert und Identität konstituiert werden, Gestalt, Dialog und Kontakt als Gradmesser für die Qualität von Kommunikation und ihre möglichen Modifikationen im informationellen Zeitalter. Schlüsselqualifikationen wurden abschließend sichtbar als Beziehungshandeln im Kontext von Organisation.

Die bisherigen Überlegungen möchte ich zusammenfassen als

2.1.7 Zusammenfassung: Leitsätze zur Entfaltung produktiver Kommunikation

- Kommunikation ist das Mittel, soziale *Beziehungen* zu gestalten, Identität herzustellen, Macht zu entfalten, Gegenwart, Vergangenheit und Zukunft zu verhandeln. Das Organisationsprinzip von Kommunikation ist der *Prozess.*
- Es gibt Qualitätsmerkmale „guter" Kommunikation: echten Dialog, das Herstellen von Kontakt und Grenzen in Beziehungen, die Würdigung der anderen in ihrem Selbstwert, die Achtung von Körper und Verschiedenheit, der Respekt vor den Gefühlen und Interessen der Beteiligten, die Orientierung am Prozess, die Betonung von Interdependenz.

- Der Kontext Organisation ist Begrenzung wie Ermöglichung produktiver Kommunikation. Berufliche Kommunikation erzeugt zugleich den Kontext Organisation, in dem sie wirksam ist.
- Schlüsselqualifikationen entfalten sich als Beziehungshandeln auf den Ebenen von Aufgabe, Person, Gruppe (Team), Organisation, Gesellschaft.

Diese Leitsätze liegen meiner Untersuchung zugrunde. Ich analysiere das Handeln der AkteurInnen als Prozess der Gestaltung von Beziehungen, die identitätsstiftend sind und Macht konstruieren. Besonderes Augenmerk lege ich auf die Zeitachse Gegenwart – Vergangenheit – Zukunft. Dabei orientiere ich mich normativ an Erfahrungen und Visionen gelingender Kommunikation. Als Schlüsselqualifikation wird Beziehungshandeln in unterschiedlichen Kontexten sichtbar.

2.2 Teamarbeit: Das Management von Veränderung

> Was ich nicht verstehe, ist, dass die Leute am Wochenende zu Hause ganz von alleine das machen, was wir hier auch gerne von ihnen hätten, sie bauen Häuser, engagieren sich, stellen alles Mögliche auf die Beine. Hier im Unternehmen ist das eigentlich bei vielen nicht so.[45]

Während es bisher darum ging – ausgehend von allgemeinen Überlegungen zu einer soziologischen Kommunikationstheorie – ein Verständnis für Kommunikation im Kontext von Organisation zu gewinnen, möchte ich mich nun der Bühne zuwenden, auf der sich Kommunikation im betrieblichen Miteinander täglich entfaltet: der Teamarbeit. Teamarbeit erhält in der Modernisierung von Organisationen eine Schlüsselrolle. Das hat verschiedene Hintergründe. Technische Komplexität und Innovation erfordern heute in vielen Fällen die Zusammenarbeit von MitarbeiterInnen in Teams, auch über traditionelle Bereichsgrenzen hinweg. Zudem werden die entsprechenden Grenzen häufig aufgelöst durch Reorganisationen, die zu neuen Gruppenzusammensetzungen, flacheren Hierarchien und einer stärkeren Kundenorientierung führen. Aufgrund der beschleunigten Veränderungen wird IngenieurInnenarbeit auch zunehmend in Projektform

---

45 Sinngemäße Wiedergabe eines Gesprächsabschnitts mit einem der befragten Experten, Mitglied des gehobenen Managements eines großen Automobilkonzerns.

organisiert, die hohe Anforderungen an die Teamfähigkeit der MitarbeiterInnen stellt. Und: Teamarbeit als Arbeitsform, die zu einer höheren Zufriedenheit führen kann, Ansporn bietet und Synergieeffekte auslösen kann, gilt als Arbeitsmodell der Zukunft.

Für die Sozialwissenschaften lässt sich dagegen in den letzten zwanzig Jahren eher ein vermindertes Interesse am „Phänomen Gruppe" konstatieren – ein Untersuchungsfeld, das noch in den siebziger Jahren enorme Aufmerksamkeit fand, verbunden mit der Hoffnung, von Gruppen könnten emanzipatorische Effekte für Gesellschaft ausgehen (s. exemplarisch H. E. Richter „Die Gruppe: Hoffnung auf einen neuen Weg, sich selbst und andere zu befreien", 1972). Die Gruppen, denen diese Effekte zugetraut wurden, unterschieden sich wesentlich von Teams, in die Unternehmen ihre Hoffnungen setzen: sie befanden sich außerhalb organisatorischer Kontexte, grenzten sich häufig bewusst von diesen ab. Die „Gruppendynamik" entstand, auch in Opposition zu erstarrten gesellschaftlichen Formen, wie sie sinnbildhaft in Bürokratie und Fabrikorganisation geronnen schienen. Zu Lernzielen solcher Gruppen wurden Autonomie und Wachstum des Individuums. Der sozialreformerische Anspruch früher Gruppendynamik drückte sich häufig in einer Arbeit mit Minderheiten und ausgegrenzten Personenkreisen aus. Heute hat sich gruppendynamisches Wirken dagegen weit in die Organisationen hinein verlagert. Hoffnungsträger ist nun nicht mehr „die Gruppe", sondern „das Team", wobei ähnliche Idealisierungen stattfinden.

In diesem Kapitel befasse ich mich daher mit dem Bereich Teamarbeit aus verschiedenen Blickwinkeln: Nach kurzen begrifflichen Anmerkungen lege ich den veränderten organisatorischen Rahmen dar, der Teamarbeit heute für Organisationshandeln relevant erscheinen lässt. Im Anschluss erörtere ich gruppendynamische Aspekte von Teamarbeit. Die beiden Linien der Überlegungen fließen zusammen in einem Abschnitt zu Freiheit und Zwang als gesellschaftlichem Rahmen für Team- und Organisationsentwicklung. Den Abschluss bilden Leitsätze für die Zukunft von Teamentwicklung.

Bemerkungen zu den Begriffen „Gruppe" und „Team"

Es gibt Definitionen von Gruppe[46], auch wird häufiger zwischen Team und Gruppe unterschieden, beispielsweise verwenden TeamentwicklerInnen gerne

46 Diese erscheinen weitgehend hilflos angesichts der Vielgestaltigkeit und vielleicht auch Unhinterfragbarkeit eines solch allgegenwärtigen Phänomens (s. zur Diskussion um verschiedene Definitionen Sader 1991, S. 37ff). König (1998): eine Gruppe sei definiert durch eine relative Kleinheit der Zahl der Mitglieder, eine relative Dauer ihres Zusammentreffens

den Slogan „Von der Gruppe zum Team“, um Synergieeffekte zu betonen. Diese Definitionen und Unterscheidungen sind für mein Thema insofern nicht relevant, als hier die Gruppe in der Form des jeweiligen Teams als phänomenologische Kategorie fungiert. In anderen Zusammenhängen kann es durchaus sinnvoll sein, sich mit den Unterscheidungen zu befassen, etwa wenn es darum geht, Gruppen- bzw. Teamarbeit in Unternehmen einzuführen und weiter zu entwickeln und es dabei nicht nur um die Einführung neuer Schlagworte gehen soll.[47] Beispielsweise nennt Senge (1998) Teamarbeit als einen der fünf tragenden „Bausteine zur lernenden Organisation“ und beschränkt sich dabei überwiegend auf den Wir-Aspekt, der zu Phasen von Euphorie und Höchstleistung führt.[48] Ich verstehe „Gruppe“ als allgegenwärtiges soziales Phänomen, das auch in Betrieben in vielgestaltiger Form existiert im Doppelsinn von Aufgabenorientierung und eigensinniger Organisation. So war es für mich ausreichend, von einem *Arbeitsteam* zu sprechen, wenn die AkteurInnen sich selbst als solches verstehen. In einem Fall lehnten die Befragten eine solche Selbstbeschreibung sogar ab, was zu einer besonders interessanten Gesprächsentwicklung beitrug, auch im Hinblick auf die Entwicklung dieses „Nicht-Teams“ (s. Gruppe C „Das offene Haus“).

2.2.1 Organisatorische Aspekte

Da der Organisationsrahmen erhebliche Konsequenzen für Bedeutung und Gestaltung von Teamarbeit in Unternehmen hat, möchte ich im Überblick darauf eingehen. Im Allgemeinen ist die Einführung von Gruppen- und Teamarbeit in Unternehmen an eine bereits vorhandene hierarchische Struktur gekoppelt. Teamarbeit trifft damit als „modernes“ Element auf die eher „traditionelle“ Hierarchie. Teamarbeit ist auch längst noch keine allgemein verbreitete Organisationsform in Unternehmen, die häufig an zentralistischen Strukturen festhalten.

---

und die Möglichkeit der Interaktion. Diese begreift er als Primärmerkmale von Gruppen. Alle anderen Merkmale (Aufgaben, Werte, Ziele, Funktionen, Rollen) sind dann sekundär, auch wenn sie wesentlich für ein Verständnis von Gruppen bleiben. „Eine Gruppe ist nach diesem Verständnis eine sich selbst hervorbringende soziale Struktur, d.h. sie hat nicht eine Ordnung, sie ist eine Ordnung. Diese bildet sich nicht unabhängig von den jeweiligen gesellschaftlichen Rahmenbedingungen heraus, sondern ist von diesen mitbestimmt. Darin liegt das Einzigartige einer jeden Gruppe.“ (S. 95)

47 Siehe zum Beispiel Schneider (1995)

48 Diese Verkürzung geht nicht nur an der Realität von Teamarbeit in den meisten Phasen vorbei und blendet Konflikte aus, sondern vereinseitigt auch die Vorstellung vom „Wir“, das in seiner starken Ausprägung auch zum unproduktiven Rückzugsraum werden kann.

Umfragen zeigen auch, dass nach wie vor eine erhebliche Lücke zwischen der Proklamation von Teamarbeit als wettbewerbssteigerndem Faktor und ihrer Umsetzung besteht.[49] Wie ich später noch ausführen werde, besitzt Teamarbeit für alle von mir untersuchten betrieblichen Kontexte eine relativ hohe Relevanz, doch verweisen die Diskussionen auch sämtlich auf einen organisationellen Rahmen, in dem teamorientierte Zusammenarbeit zumindest widersprüchliche Tendenzen sichtbar macht. Als Orientierung für den Hintergrund entfalte ich drei idealtypische Formen von Organisation im Zusammenspiel mit Team- und Gruppenarbeit.

Hierarchische Organisationsformen

Dieser „Klassiker" unter den Organisationsformen dient der Steuerung größerer sozialer Gebilde entlang von oben vorgegebener Ziele, die nach unten über eine Vielzahl von Vorschriften, Sanktionen und Kontrollorganen das normengerechte Verhalten der Mitglieder sicherstellen soll (s. dazu auch später *Scientific Management*). Hierarchische Organisationsformen sind bis heute in betrieblichen Kontexten weit verbreitet.

Gruppen mit ihren eigensinnigen autonomen Ansprüchen stehen dieser Organisationsform als Fremdkörper gegenüber, werden allenfalls als informelles Element geduldet und gefördert, soweit sie das Klima im Hause verbessern helfen, Teamarbeit wird mit Misstrauen begegnet. Hierarchische Organisation schafft Ordnung, Vorhersagbarkeit, eine gewisse Transparenz. Sie ist jedoch nur äußerst unzureichend vorbereitet auf Turbulenzen, Anforderungen und Änderungszwänge, die sich aus gewandelten Umweltbedingungen ergeben, also entsprechend unflexibel und träge. Zudem gilt eine rein hierarchische Organisationsform heute als Hemmnis für Innovation.

Integrationsstrategien von Team- und Gruppenarbeit

Um die Vorteile horizontaler Kommunikationsformen zu nutzen, die in einer rein funktional ausgerichteten Organisation geschwächt werden, sind im Laufe der Zeit verschiedene Modelle entwickelt worden, um kollegiale und teamorientierte Organisationsformen in Unternehmen zu integrieren, wie Matrix-Gebilde, Pro-

[49] Groothuis (1993) über die Befragung von 800 Unternehmen: „74 Prozent stimmen für flexible, teamorientierte Strukturen, doch nur vier Prozent haben dieses Managementkonzept bereits umgesetzt; 76 Prozent (...) wollen weg vom reinen Ressortdenken, doch nur vier Prozent trennten sich bislang von ihren funktionalen Strukturen" (nach Wahren 1994, S. 78)

duktmanagement, Qualitätszirkel. Gemeinsam ist diesen Ansätzen, dass sie Teamarbeit in eine hierarchische Organisationsform integrieren bzw. sie an die Hierarchie anhängen. Praktiziert wird auch die Bildung einer Parallelhierarchie von gleichartigen Gruppen.

In einem solchen Modell mischen sich hierarchische und gruppenorientierte Strukturierungsansätze. Die Hierarchie ist insgesamt flacher geworden. Probleme sind vor allem an den Schnittstellen zu erwarten, die Gruppenleiter sind dem Widerspruch zwischen ihrer Rolle als Moderatoren einerseits, sowie als Mitglieder eines hierarchischen Gefüges andererseits ausgesetzt. Zudem können sich vormals ranghöhere Mitarbeiter oft nur schwer mit flacheren Hierarchien anfreunden und sträuben sich gegen die Integration in Teams.

Teambasierte Strukturierungsformen

Unabhängig von der verschiedenen theoretischen Unterfütterung von Organisationsformen, die sich an dezentralen autonomen Handlungseinheiten orientieren (wie der Sichtweise, Organisationen seien „lebendige Kreaturen“; kybernetische Modelle; sich selbst organisierende Systeme; „Mülleimer-Modell“; fraktale Organisation etc.), weisen die entsprechenden Ansätze Gemeinsamkeiten auf, die praktischen Niederschlag finden: Gruppen werden erweiterte, prozessual zusammenhängende Aufgaben zugeordnet; Arbeitsteilungen innerhalb der Gruppen werden zugunsten einer Mehrfachqualifikation der MitarbeiterInnen reduziert; zentralseitige kontrollierende Organisationseinheiten werden weitgehend aufgelöst, deren Aufgaben zu den Basisgruppen verlagert. Gruppen erster Ordnung werden durch Gruppen zweiter Ordnung lose gekoppelt zusammengefasst.

Die kommunikativen Anforderungen eines solchen Organisationsmodells an die MitarbeiterInnen sind hoch. Planungs-, Steuerungs-, Koordinations-, Problemlösungs- und Konfliktbearbeitungskompetenzen treten in den Mittelpunkt des Aufgabenspektrums vieler MitarbeiterInnen. Die Undurchsichtigkeit hierarchischer Zuordnung erschwert möglicherweise die Orientierung, eröffnet gleichzeitig erweiterte Spielräume für Eigenverantwortung.

In der betrieblichen Praxis finden sich in den meisten Fällen Mischformen zwischen hierarchischen und gruppen- bzw. teamorientierten Organisationsformen. Reorganisationen nehmen häufig auch einen sehr viel chaotischeren Verlauf als übersichtliche Organigramme vermuten lassen. Dennoch lassen sich an ihnen Entwicklungslinien moderner Organisation nachzeichnen, die Teamarbeit relevant erscheinen lassen: die Entwicklung hin zu autonomeren Einheiten, sei es auf der Ebene der Einzelnen oder der von Gruppen. Zugleich ist Hierarchie als wesentliche Orientierungsfigur weiterhin zentral, tritt in veränderten Formen in Erscheinung. Vor diesen Hintergründen lassen sich auch die Gruppendiskussionen mit ihren spezifischen Ausprägungen von Teamidentität einordnen.

2.2.2 Teamarbeit: Gruppendynamische Perspektiven

König (2000) definiert Gruppendynamik wie folgt: „Idealtypisch läßt sich Gruppendynamik verstehen als eine methodische Umsetzung sozialpsychologischer, soziologischer und psychologischer Theorien und Konzepte zu Lernzwecken, als ein Versuch, z.B. in der experimentellen Umgebung eines gruppendynamischen Trainings Erfahrungen über grundlegende psychosoziale bzw. sozialpsychologische Prozesse zu ermöglichen, d.h. sich nicht auf kognitive Erkenntnis zu beschränken, sondern ein inneres Nachvollziehen dieser Prozesse und der eigenen Eingebundenheit in ihnen zu ermöglichen. Sozio- und Psychodynamik, so würde ich das Ziel der Arbeit benennen, sollen in ihrer wechselseitigen Bestimmtheit erfahrbar und verstehbar werden, um daraus erweiterte Handlungsmöglichkeiten zu entwickeln, oder auch die Einsicht in ihre Beschränkung zu gewinnen." (S. 14) Dieser Definition schließe ich mich an, wobei mein Akzent auf Prozessen der *Team*entwicklung liegt, also der Kontext Organisation stärkere Beachtung findet, im Gegensatz zu gruppendynamischen Trainings mit der Betonung auf *Selbsterfahrung*. Methodisch schöpft Teamentwicklung aus gruppendynamischen Quellen in unterschiedlicher Kombination sozialpsychologischer, soziologischer und psychologischer Ansätze.

Die Relevanz gruppendynamischer Ansätze für Teamarbeit werde ich anhand folgender Bereiche darlegen: *Identität (zwischen Wir- und Ich-Bildung); Kooperation – Konkurrenz; Macht in Gruppen; Leitung; Gruppenprozess.*

2.2.2.1 *Identitätsbildungen*

Claessens (1977) geht davon aus, dass eine Gruppe bzw. deren Mitglieder im Prozess ihrer Bildung vier notwendige Aufgaben zu erfüllen hat:

1. Den Zwang zur *Selbstdarstellung* – für jedes einzelne Mitglied;
2. den Zwang, *den anderen registrieren* zu müssen;
3. den Zwang zur Bildung eines *Binnenselbstverständnisses* der gesamten Gruppe: und
4. den Zwang zur *Außendarstellung* der Gruppe gegenüber ‚Umwelt'." (S. 10)

Die ersten beiden Zwänge, die als notwendige Aufgaben zur Gruppenbildung erscheinen, entsprechen dem erörterten ersten Axiom der Watzlawick'schen

Kommunikationstheorie („Man kann nicht nicht kommunizieren."). Auch bei Claessens überwiegt der Akzent auf dem *Zwang*scharakter dieser Vorgänge, wogegen die Freiwilligkeit von Selbstdarstellung und Fremdwahrnehmung in den Hintergrund tritt. Die angeführten „Zwänge" sind treffender mit der Dialektik von *Ermöglichung* und *Einschränkung* zu beschreiben, wie sie kennzeichnend für menschliche Kommunikation und Identitätsbildung sind. Goffman (1969) hat besonders den theatralischen Gehalt herausgestrichen, der diesen Prozessen innewohnt, von dessen „Wirklichkeitsgehalt" die DarstellerInnen in unterschiedlichem Ausmaß überzeugt sein können. Zur „persönlichen Fassade", die interaktioneller Ausdruck von Identität ist, gehören Rangmerkmale, Geschlecht, Alter, Ethnizität, Größe, Haltung, Gesichtsausdruck, Sprechweise. „Einige dieser Ausdrucksträger, zum Beispiel die rassischen Merkmale, sind in starkem Maße fixiert und verändern sich bei dem einzelnen nicht von Situation zu Situation. Andere Ausdrucksträger, wie etwa die Mimik, sind dagegen verhältnismäßig flüchtig (...)" (S. 25) Kleidung ist ein wichtiges Mittel für Selbstdarstellung, die zugleich auch immer einen Selbstkommentar enthält. Gruppen und Teams bieten vielfältige Möglichkeiten/Einschränkungen für die *Selbstpräsentation.*

In engem Zusammenhang hiermit steht die *Wahrnehmung der Selbstdarstellung der anderen.* Die zahlreichen Merkmale, die wir an anderen wahrnehmen, bündeln wir in Form von Phantasien über die Person, ordnen sie spontan beispielsweise nach den Kriterien Anziehung und Abstoßung. Im Verlauf der Zusammenarbeit können sich Sympathien und Antipathien ebenso wie ihre Verknüpfung mit „feststehenden" Merkmalen ändern. Dabei können sich auch die Merkmale selbst verändern. Die Notwendigkeit der Selbstdarstellung ist also eng verbunden mit der Notwendigkeit, andere in ihrer Selbstdarstellung zu registrieren, die Darstellung des Selbst orientiert sich dabei auch immer am vermuteten Bild der anderen von uns selbst.

Von einer Gruppe kann erst gesprochen werden, wenn diese ein *Binnenselbstverständnis* ausgebildet hat. Dieses ist das Bild der Gruppenmitglieder über die Gruppe als Ganzes, das sich allmählich entwickelt, die Bildung eines *Wirs*, das die Form einer Identitätsklärung hat. In organisationellen Zusammenhängen wird diese Wir-Bildung häufig über Aufgaben und gemeinsame Ziele hergestellt. Die von außen herangetragene Aufgabe begünstigt Entdifferenzierung in der Gruppe. Diese ist notwendig zur Herstellung einer Vertrauensbasis. Differenzierung wird umgekehrt wieder hergestellt über Rollen, Kompetenzen und Strategien in Bezug auf die Aufgabe. Die Polarität zwischen der Auflösung von Ich-Grenzen auf der einen, sowie der Herstellung solcher Grenzen in Form von Ich-

Identifikation und Differenzierung auf der anderen Seite, kann als Grunddynamik von Gruppenprozessen verstanden werden (fassbar auch mit den Begriffen *Autonomie* versus *Konfluenz* in der Gestalttherapie). Hier ist auch eine Quelle für Störungen von Teamarbeit zu suchen, soweit Gruppen einseitige Tendenzen entwickeln, in Form von Konformitätsdruck bzw. Unverbindlichkeit im Miteinander, mit Akzent auf einer starken Ich-Betonung.

Ebenso wie auf der personalen Ebene ein Ich nicht ohne andere entstehen kann, benötigt die Gruppe zur Ausbildung einer Wir-Identität das Außen eines wahrnehmenden Gegenübers. Auf der Verhaltensebene äußert sich dies als Zwang zur *Außendarstellung*. Das Team präsentiert sich beispielsweise auf Infotafeln oder Mitarbeiterversammlungen, stellt Erfolge dar, liefert Ergebnisse ab. Dies ist die offizielle Selbstdarstellung, auf die andere Unternehmensakteure vorwiegend Bezug nehmen. Hinter der offiziellen Fassade der Außendarstellung von Teamarbeit verbergen sich im Allgemeinen inoffizielle Motive und Interessen der Gruppenmitglieder. Dazu zählen auch emotionale Faktoren wie Nähe und Geborgenheit, Gelegenheit zu kommunikativem Austausch oder die Suche nach intimeren Bindungen. Besonders bei einer längeren Zusammenarbeit können die inoffiziellen Motive an Gewicht gewinnen gegenüber offiziellen Aufträgen. Der Zwang zur Außendarstellung bleibt jedoch bestehen.

2.2.2.2 *Kooperation und Konkurrenz*

Zu den grundlegenden Erfahrungen, die Menschen in Teamarbeitszusammenhängen machen können, gehört das Erlebnis von Kooperation. Die meisten Menschen erinnern Phasen von Hochleistung, Ideenproduktion, gegenseitigem Antrieb aus Gruppen, sei es im privaten oder beruflichen Bereich. Die moderne Ökonomie hat uns weitgehend vergessen gemacht, dass produktives Wirtschaften auf gemeinschaftlichem Tun basiert, das den Einzelnen ebenso wie der größeren Gruppe das Auskommen sichert. Der *homo oeconomicus* der Moderne ist ein egoistisches Wesen, stetig bemüht, den eigenen Vorteil zu suchen, individuellen Reichtum zu mehren in einer von konkurrenten Wesen bevölkerten feindlichen Umwelt. Die skizzierte Spannung zwischen Kooperation und Konkurrenz ist auch kennzeichnend für Teamarbeit. Gerade in betrieblichen Kontexten mit ihren auf Hierarchie und Leistung fußenden Grundorientierungen sind kooperative Arbeitsweisen nicht widerspruchsfrei zu implementieren. Was zählt, sind immer auch Einzelleistungen und persönliche Ambitionen. Teamarbeit erfordert dagegen die Orientierung an einer Gruppe, die (phasenweise) Unterordnung von Individualität. Meist werden in übergeordneten Systemen Kooperations- und

Konkurrenzorientierungen miteinander verkoppelt, beispielsweise indem Teams in Konkurrenz zu anderen Teams gesetzt werden, wodurch die interne Kooperationsbereitschaft erhöht, oder überhaupt erst geschaffen wird. Das gilt auch für sozial orientierte Kontexte, die sich über einen Altruismus definieren, der in Gegensatz zur konkurrenten Orientierung der Gesellschaft „draußen" gesetzt wird, so dass der eigene Zusammenhalt gestärkt wird. Kooperation und Konkurrenz sind also auf individueller, Gruppen- wie gesellschaftlicher Ebene ineinander verschachtelt, eng verbunden mit Prozessen der Identitätsbildung.

Kooperation als Grunderfahrung zur Bewältigung von (Lebens-)Aufgaben ist noch aus einer anderen Perspektive interessant für Teamarbeit. Kooperation erfordert nämlich die Aufhebung hierarchischer Zuschreibungen, zumindest in Teilaspekten und in Phasen der Zusammenarbeit. Kooperation erfordert relative Freiwilligkeit auf beiden Seiten und sie erfordert, dass dem Gegenüber ein Wert bzw. eine spezifische Kompetenz zugebilligt wird. Damit können neue Machtbalancen auch in Verhältnissen auftauchen, die ansonsten von starker Unterordnung gekennzeichnet sind. Teamarbeit wird so zur Bühne von Machtproduktion, die den AkteurInnen vermehrte Chancen der Entfaltung von Können und Anerkennung bietet, und wo die soziale Kompetenz eingeübt werden kann, sich „auf gleicher Augenhöhe" zu begegnen. Dieser Aspekt ist besonders von Bedeutung, wenn Verschiedenheit zum Programm von Teamentwicklung wird, insofern sich AkteurInnen in Kooperation begegnen, die aufgrund gesellschaftlicher Machtzuschreibungen unter- bzw. übergeordnet sind. Teamarbeit kann hier ein Begegnungsort produktiver Unordnungen sein.

2.2.2.3. *Macht in Gruppen*

Für König (1998) dient Macht in Gruppen der Herstellung von Ordnung und Reduktion von Komplexität. Er legt dabei einen soziologischen Machtbegriff zugrunde, ähnlich wie ich ihn oben beschrieben habe, orientiert sich an Elias und Bourdieu, derer beider relationalem Verständnis von Macht in sozialen Beziehungen, sowie der Betonung von Prozessen der Verinnerlichung: Machtstrukturen sind demnach den Körpern eingeschrieben, nicht ständig dem bewussten Zugriff zugänglich (Bourdieus Konzept vom *Habitus*). Damit stellt er sich gegen Abspaltungsmechanismen der sozialen Praxis, die Macht entweder personalisieren oder in Strukturen auflösen: „Ziel ist vielmehr *eine dichte Beschreibung* von Machtphänomenen, die *intentionale und strukturelle* Momente vereint." (S. 17, Hervorh. i. O.) König schlägt vor, diese beiden Sichtweisen miteinander zu verbinden und von einem Kontinuum der Macht auszugehen, angesiedelt zwischen

Freiwilligkeit und Zwang. Dabei bleibt die Frage nach der Überführung von Zwang in Freiwilligkeit und die Ambivalenz zwischen der „Verinnerlichung von Zwang einerseits, Freiwilligkeit andererseits." (ebenda) Mit dieser Fragestellung steht er in der Tradition Lewins.

Königs zentrale These ist, dass Gruppen das „Machtproblem" in zwei idealtypischen Grundformen „lösen", der *Hierarchisierung* bzw. *Normierung*: „Bildet sich in einer Gruppe die Macht einer einzelnen Person heraus, so sprechen wir von Führung oder Autorität. Bildet sich hingegen Macht der Gruppenmehrheit über einzelne heraus, so sprechen wir von Konformität. Sowohl der Hierarchisierung als auch der Normierung gegenüber anzusiedeln wäre die Autonomie des Individuums, die immer nur eine relative sein kann, sonst würde jeder soziale Zusammenhang auseinanderbrechen. Ein Mindestmaß an Hierarchie und Normierung ist aufgrund der geschilderten Komplexität als Voraussetzung jeder dauerhaften sozialen Gruppe anzunehmen." (S. 21)

In dem Dreieck Hierarchie – Normierung – Autonomie ergeben sich eine Vielzahl möglicher Machtspiele, die König anhand gruppendynamischer Trainings illustriert. Die Strategie des Moralisierens in Gruppen sei hier als Beispiel für die Normierung angeführt (S. 139ff), mit der Leitungsfunktion ist von Beginn an ein Eckpunkt zu Hierarchisierung gesetzt. Die Besonderheit dabei ist dennoch der relativ hierarchiefreie Kontext solcher Gruppen, die – scheinbar paradox – gerade darum den offenen Umgang mit Macht und Hierarchie ermöglichen und, ihrer Zielsetzung entsprechend, hierdurch Selbsterkenntnis und Reife fördern können. Die LeiterInnen stellen dabei reflexives Wissen zur Verfügung, ihre Professionalität in sozialen Beziehungen. Im Unterschied dazu begrenzen Institutionen Veränderungsmöglichkeiten sehr viel stärker, weil es sich bei ihnen um Ergebnisse bereits erfolgter Prozesse der Aushandlung von Macht handelt. Regelungen, Aufgaben, Verhaltensanforderungen und Rollenerwartungen prägen also stärker das Geschehen. Darum wirkt Macht hier auch weniger spielerisch, und taucht eher in Form von Kämpfen auf.

Anmerkungen zum Thema Führung in Gruppen

In der betrieblichen Praxis spiegeln sich die theoretischen Diskussionen um Macht in Gruppen und Organisationen vielleicht am deutlichsten beim Thema „Führung" wider. So ist der autoritäre Führungstyp – jedenfalls in offiziellen Sprachregelungen – weitgehend abgelöst von demokratischeren Varianten, Gruppen werden nicht mehr geleitet, sondern „moderiert", MitarbeiterInnen sind angehalten, sich „selbst zu führen" und das Angebot der „Polyzentrik der Macht", zurückgehend auf Foucault, findet sich auch in betriebswirtschaftlichen Lehrbüchern zum Thema[50]. Hier kann auch die Debatte um „weibliche“ versus „männliche“ Führungsstile verortet werden, die als Diskurs um Geschlechterstereotype, aber auch als Ergebnis und Fortsetzung von Geschlechterkämpfen zu lesen ist.[51] In der Literatur finden wir alle nur denkbaren Typen von Führungskräften, denen gemeinsam allenfalls das vielleicht doch etwas deutsch anmutende Bedürfnis zu sein scheint, irgendjemanden zu „führen“ – und das gilt dann natürlich auch umgekehrt für die „Geführten“ und das ihnen unterstellte Bedürfnis angeleitet zu werden.[52] Ähnlich vielgestaltig begegnet uns das Phänomen auch in den Gruppendiskussionen, wo ich es ausführlich illustriere. Hervorheben möchte ich kurz die Sichtweise von Weick (1985), da sie für die von mir gewählte Untersuchungsmethode anschlussfähig ist. Weick betont nämlich die situative Dimension von Führung und verdeutlicht dies bildhaft-symbolisch, indem er anregt, sich durch „Spielen“ und „Stolzieren“ in der Beherrschung unterschiedlichster Führungsformen zu üben (S. 353).

2.2.2.4 *Phasenmodelle*

Das bekannteste Modell zur Gruppenentwicklung ist das von Tuckmann (1965) beschriebene Vier-Phasen-Modell. Demnach beginnt die Gruppe mit einer Phase des *Forming* (die Mitglieder lernen sich kennen, tasten sich ab, definieren erste Aufgaben und Ziele). Die zweite Phase ist das *Storming* (erste Konflikte werden sichtbar, Meinungen polarisieren sich, Macht- und Statusfragen tauchen auf, Aufgabenanforderungen werden infrage gestellt). In Phase drei (*Norming*) kehrt wieder Ruhe ein, die Mitglieder beginnen, ihre Verschiedenheit zu akzeptieren, unterstützen sich und tragen Meinungsunterschiede offen aus. In Phase vier schließlich (*Performing*) kann die Gruppe zu einer geordneten Arbeitsweise übergehen, Rollen haben sich ausdifferenziert, die Gruppe konzentriert sich auf die Sachaufgabe.

Bion, einer der Begründer von Gruppendynamik[53], übertrug die psychoanalytische Methode auf Gruppen und entwickelte auf der Grundlage seiner Beobachtungen und Erfahrungen in Therapiegruppen ein eigenes Phasenmodell von Ent-

---

50 zum Beispiel Wahren (1994, S. 167)

51 Siehe allgemein zum Thema Frauen in Führungspositionen Müller (1999a), speziell zur Problematik des angeblichen Vorzugs „weiblicher“ Führungsstile Krell (1997)

52 Siehe zur Vielfalt und Widersprüchlichkeit unterschiedlicher Vorstellungen von Führung Neuberger (1984); Divergenztheorie der Führung: Bales (1972), dieser unterscheidet aufgabenorientierte und sozial-emotionale Führungsfunktionen; Kontingenzmodell von Fiedler (Sader 1991, S. 259ff), um nur einige Ansätze zu nennen.

53 Siehe zu Geschichte und Entwicklung von Gruppendynamik z.B. Rechtien (1992)

wicklung, in dessen Zentrum die Auseinandersetzung mit dem Leiter steht. In der ersten Phase suche die Gruppe Schutz und Fürsorge (*dependence*), gefolgt von einer Phase der Auseinandersetzung (*fight – flight*), dem sich die Phase des Bündnisses (*pairing*) anschließt, etwas Neues kann entstehen. Grundkonzept ist die Auseinandersetzung mit Autorität, die jede Gruppe für ihren Reifungsprozess braucht. Die im Vordergrund stehenden Gefühle in den jeweiligen Phasen sind zunächst Hilflosigkeit und Abhängigkeit, gefolgt von Aggression, Beherrschung und Kontrolle, der schließlich eine Phase von Kreativität und Produktivität folgt. Die Tauglichkeit von Phasenmodellen für Teamentwicklung sind begrenzt, da sie sich in der Praxis kaum einmal in der beschriebenen Art und Weise wiederfinden lassen. Gruppenprozesse sind sehr viel chaotischer, widersprüchlicher und zeitlich sprunghafter als die Modelle nahe legen. Dennoch sind sie insofern nützlich, als sie deutlich machen, dass Gruppenprozesse von einem komplexen sozioemotionalen Geschehen beeinflusst sind, das sich häufig hinter der Fassade von Aufgabenbewältigung und Zielorientierungen verbirgt. Zudem bieten sie idealtypische, normative Leitvorstellungen für Teamarbeit, die richtungsweisend sein können, um „tiefere Schichten" des Zusammenwirkens zu erreichen.

2.2.2.5 *Freiheit und Zwang als gesellschaftliche Rahmung*

Eine weitere Dimension von Gruppendynamik lässt sich besonders im Werk Kurt Lewins verfolgen: der gesellschaftliche Rahmen. Beispielhaft ist hierfür sein Experiment zu Führungsstilen, das gelegentlich als das einflussreichste aller sozialpsychologischen Experimente bezeichnet wird (Sader 1991: „Zwanzig Schulkinder verändern die experimentelle Sozialpsychologie", S. 271ff). Lewin und sein Forscherteam entwarfen einen Versuchsaufbau, bei dem über 21 Wochen vier Gruppen von je fünf Schulkindern mit unterschiedlichen Lehrmethoden konfrontiert wurden. Das Experiment wurde im Jahr 1938 durchgeführt. Die instruierten Lehrer führten mit den Kindern Bastelarbeiten durch, wobei sie angewiesen waren, als Leiter die Gruppe nach dem „autokratischen", „demokratischen" bzw. „laissez-faire"-Stil anzuleiten.[54] Im Hauptergebnis des Experiments erwies sich der „demokratische" Führungsstil als den anderen weit überlegen,

[54] Die Anweisungen hierzu lauteten wie folgt: *autokratisch*: Anweisungen geben, unterbrechende Befehle, destruktive Kritik, Lob und Tadel; *demokratisch*: aktive Bereitschaft zu lenkenden Angeboten und Vorschlägen, wenn erwünscht; *laissez-faire*: nur auf Befragen Auskunft erteilen, die Gruppe weitgehend sich selbst überlassen. Vier Jungen verließen übrigens die Gruppen während des Experiments, alle in der autokratischen Phase (Sader 1991, S. 273)

insbesondere gegenüber dem „autokratischen". Diese Ergebnisse gelten heute zwar als überholt, da sich die Überlegenheit eines einzigen Führungsstils verallgemeinernd nicht feststellen ließ, die Hintergründe des Experiments – zum einen Lewins Wirken im Exil unter dem Eindruck des nationalsozialistischen Regimes, zum andern der neuartige Versuchsaufbau –, werfen jedoch bis heute wichtige Fragen auf im Hinblick auf Gruppendynamik und Organisationsentwicklung: Welche Rolle spielt die traditionell an persönlicher Autonomie und Entwicklung von Wachstum orientierte Gruppendynamik in Kontexten, die über Abhängigkeit und Hierarchie definiert sind? Welche Rolle spielen umgekehrt Zwang und Begrenzung als produktive Faktoren für die Entwicklung von Freiheit und Verantwortung?

Lewin stellte sein Wirken in einen politischen Kontext. Für ihn war Gruppendynamik ein Weg, Menschen innerhalb eines Zwangssystems für neue Wege des Miteinanders in Gesellschaft und Politik zu öffnen. Das Paradox dabei war (und ist), dass Veränderung in Richtung Selbstverwirklichung, Selbstverantwortung und Selbstkontrolle nicht ohne jegliche Kontrolle und Fremdbestimmung entstehen kann. Diese Denkfigur war ja auch bereits in der Anlage des oben beschriebenen Experiments vorhanden. Lewin sprach von „kulturellem Wandel" als Programm für die Entwicklung von Individuen und Gruppen. Denn persönliche Veränderung umfasst nicht einfach äußere Anpassung, sondern auch innere Zustimmung. Seines Erachtens reichten weder direkte Erfahrung noch Wissen aus, um Verhalten und Werthaltungen von Menschen zu verändern. Damit erteilte er dem klassischen Einsichtslernen ebenso eine Absage wie dem einfachen Erfahrungslernen. In der Tradition der Gestalttheorie als früher Systemtheorie ging er von einem komplexeren gesellschaftsorientierten Modell von Veränderung aus. Im Mittelpunkt praktischen Wirkens – um den Bogen zur Gruppendynamik zurückzuschlagen – stand für ihn die „In-Group" (Wir-Gruppe), der er zentrale Bedeutung für die Veränderung von Werten gab. Gruppen ermöglichen sowohl Gefühle von Zugehörigkeit als auch Individualität. „Das dadurch geschaffene Gefühl der Freiheit steigert wiederum die Zugehörigkeitsgefühle zu den anderen, wodurch genau die beiden Grundbedingungen geschaffen werden, (...) die Voraussetzung einer Veränderung aus eigenem Antrieb sind." (König 2000, S. 18) Dies kann bis heute als Grundmodell gruppendynamischen Wirkens betrachtet werden, wobei Lewin sich der Tatsache bewusst war, dass die beschriebene Dynamik in *allen* Gruppen wirksam ist, also auch beispielsweise in nationalsozialistischer Gruppenkultur. Damit schließt sich der Kreis wieder zu den Kontextbedingungen und von außen gesetzten Zwängen/Bedingungen, die Freiheit und Entwicklung erst ermöglichen. Dies war auch im Versuchsaufbau des Experiments angelegt, der für die damalige Sozialpsychologie revolutionär war: Lewin fokussierte seine Untersuchung auf die „alltägliche" Gesamtsituation (die Kinder wussten nicht, dass sie an einem Experiment teilnahmen), anstelle der Reduktion der Variablen unter Laborbedingungen. Verhalten und Kontext erschienen so erstmals als unauflösliche Einheit. So sind bei Lewin bereits Grundzüge und Herausforderungen moderner Gruppendynamik umschrieben.

2.2.2.6 *Bewegung in Richtung Systemtheorie*

In den letzten Jahren haben systemtheoretische Ansätze in der Gruppendynamik verstärkt Verbreitung gefunden, nicht zuletzt um den veränderten Anforderungen an das berufliche Feld Rechnung zu tragen. Am Beispiel von Supervision als neuer sich entfaltender Profession legen Giesecke/Rappe-Giesecke (1997) diese Entwicklung dar. Ihre Basis sind über viele Jahre erstellte Protokolle von Lehrsupervisionen an der GHK Kassel. Auf dieser Grundlage entwickeln sie Supervision als vermittelnde Institution[55] zwischen Wissen vermittelnden Institutionstypen wie Schule und Hochschule bzw. an persönlicher Weiterentwicklung orientierten Institutionen wie Balintgruppen und Therapiegruppen. Die Spezifik von Supervisionsgruppen scheine gerade im „Oszillieren" zwischen diesen beiden Institutionstypen zu bestehen. Damit treffen sie eine Unterscheidung zwischen Supervision in der älteren psychoanalytischen bzw. neueren kommunikationswissenschaftlichen Tradition, die sie für „zeitgemäßer" halten (S. 65ff).

Grundsätzlich sind demnach in Gruppen stets zwei Ebenen wirksam: *elementare soziale Kooperation* sowie die *Regulation von Interaktionsbeziehungen.* Während die Perspektive sozialer Kooperation eher mit der formalen Sichtweise von Arbeitsaufträgen und Zielen verbunden ist, lassen sich auf der Interaktionsebene Phänomene beobachten, die tiefer in menschliches Sein und Miteinander hineinreichen und nicht einmal auf menschliche Sozialsysteme beschränkt, sondern verwandt mit anderen ökologischen Kommunikationsformen sind. Gruppendynamik befasst sich auch mit diesen unbewussten „tierischen" Aspekten von Zusammensein. Unter Hinzunahme systemtheoretischer Überlegungen gelangt Rappe-Giesecke, in Anlehnung an Luhmann, zu einer dreidimensionalen Betrachtungsweise von Gruppe als a) Ansammlung psychischer Systeme, b) soziales System, c) biogenes System (Giesecke/Rappe-Giesecke, S. 97). Als „bioge-

[55] Giesecke/Rappe-Giesecke benutzen den Begriff „Institution" in Anlehnung an Berger/Luckmann (1970) und A. Schütz (1971), wonach nicht nur die Handlungen, sondern auch die AkteurInnen und ihre interaktiven Beziehungen in Institutionen „typisiert" werden.

ne" Systeme sind menschliche Gruppen mit tierischen verwandt.[56] So lässt sich eine Aufsichtsratsitzung ähnlich beschreiben wie das Geschehen in einem Hühnerstall (Stichwort: „Hackordnung").

Dies kann auch als Versuch gelesen werden, orthodoxe Vorstellungen in Psychologie wie Soziologie zu überwinden und, aus der psychoanalytischen Tradition kommend, zu einem Brückenschlage zwischen Struktur- und Handlungstheorie zu gelangen. Wesentlich hieran hervorzuheben ist zum einen, dass die verschiedenen Ebenen miteinander verknüpft sind, nicht unabhängig voneinander existieren, wodurch ein tiefgreifendes Verständnis von Kommunikation in Gruppen möglich wird. Entsprechend einem systemtheoretischen Ansatz handelt es sich aber eben auch tatsächlich um verschiedene Sorten von Kommunikation, die nicht direkt *miteinander* kommunizieren können. Nach diesem Ansatz führt in der Praxis der Wechsel zwischen den Ebenen zu produktiven Veränderungsprozessen. Die Grenzen systemtheoretischer Betrachtung von Gruppengeschehen zeigen sich meines Erachtens zum einen auf der Ebene von Sprache: Wie sinnvoll ist es, anstatt von Individuen, Menschen, Personen, Persönlichkeiten, Frauen, Männern von „psychischen Systemen" zu sprechen? Zum andern sind Fragen nach (personaler) Macht (in Gruppen), wie sie für Alltagshandeln relevant sind, in Systemtheorie faktisch aufgelöst in "Institutionen" und „Systemen".

2.2.3 Zusammenfassung: Leitsätze für die Zukunft von Teamentwicklung

Meine theoretischen Überlegungen in diesem Kapitel möchte ich in folgenden Grundsätzen für Teamentwicklung zusammenfassen:

- Teamentwicklung erfordert nicht (mehr) die Anwendung von Modellen auf die Gruppenrealität, sondern *die Entwicklung von Modellen aufgrund der Teamrealität.* Das Vorgehen hierbei ist reflexiv und prozessorientiert. Zutreffend ist das Bild einer gemeinsamen Forschungsreise in das (unbekannte) Gebiet der eigenen Zusammenarbeit.
- Als *Zeitachse der Teamentwicklung* ist die Perspektive auf den Ursprung der Gruppe ebenso Ressource wie die gemeinsame Entwicklung von Zielen und die Gestaltung von Zusammenarbeit in der Gegenwart.

[56] Dies ist kein allgemeingültiges Verständnis von Gruppen. Ein umgekehrtes Verständnis liefert König (1998): „Die Gruppeneingebundenheit des Menschen als anthropologische Grundgegebenheit stellt sich als Gegenstück zur Instinktgebundenheit der Tierwelt dar." (S. 93) Ich bevorzuge jedoch die Sichtweise „biogener" Ebenen von Gruppengeschehen, da sie ein bildhafteres Verständnis ermöglichen und so auch für Praktiker der Gruppenarbeit nutzbar sind, die unbewusste und analoge Ebenen in ihre Arbeit mit einbeziehen.

- Element von Teamentwicklung ist ein polyzentrisches Verständnis von Führung: *Leitung ist vielgestaltig*, jedeR ist potenziell und situativ Führungskraft, jedeR führt sich dabei auch selbst. Im Teamentwicklungsprozess fungierende BeraterInnen stellen in erster Linie reflexives Wissen und Methodik bereit.
- Teams sind eine Bühne für individuelle Entwicklung, soziale Kooperation, Verhandlung von Gesellschaft. Die Auseinandersetzung mit und Thematisierung von *Machtproduktion*, Struktur, Ressourcenverteilung gerät in den Fokus einer an Emanzipation und Selbstentfaltung („empowerment") orientierten Arbeitsweise.
- Teamentwicklung ist Handeln an der Schnittstelle von Privatheit und Öffentlichkeit, Bewusstheit und Unbewusstheit der Organisation. Teamarbeit ist geprägt von einer Vielzahl *sozioemotionaler Faktoren*. Das Gefühlsgeschehen steuert ebenso Handlung und Ergebnis wie die Rationalität von Entscheidung. Teamentwicklung beinhaltet daher auch die (halb)öffentliche Verhandlung von Emotionen.

Diese Kriterien für Teamentwicklung liegen auch meiner Empirie und der Entscheidung für das Verfahren der Gruppendiskussion zugrunde: Entsprechend der Verknüpfung von organisatorischen mit interaktionellen Faktoren und Ebenen ist die vorliegende Untersuchung so angelegt, dass sie gruppendynamische und betriebsrelevante Aspekte miteinander verklammert. Untersucht wurden reale Arbeitsteams in einem eher gruppendynamisch definierten Kontext: Gruppendiskussionen geben explizit keine Normen vor und legen zunächst auch keine Rollen fest, bis auf die der Moderatorin, die bewusst passiv bleibt, zugleich jedoch eine erklärte Leitungsrolle hat. Durch das Prinzip der Selbstorganisation des Gesprächs wird es möglich, Macht- und Rollenkonstruktionen im Team herauszuarbeiten – gleichzeitig kann davon ausgegangen werden, dass Reinszenierungen alltäglicher (Macht)Spiele stattfinden. Die Textanalyse ermöglicht zudem eine weitgehende Rekonstruktion sozioemotionaler Faktoren im Handlungsgeschehen.

2.3 Organisation: Kommunikation, Interaktion, Geschlecht

Während ich die bisherigen Ausführungen zu Kommunikation und Teamarbeit in den Kontext Organisation gestellt habe, möchte ich nun Organisation in den Kontext von Kommunikation stellen. Dazu werde ich zunächst die Rolle von

Kommunikation in ausgewählten Ansätzen der Organisationstheorie näher beschreiben. Im Anschluss folgt ein Abschnitt über Geschlecht und Organisation unter kommunikativen Gesichtspunkten.

2.3.1 Kommunikation in der Organisationstheorie

Theorien von Organisation beschäftigen sich erst neuerdings stärker mit dem Thema Kommunikation (Mohr 1998, Kieser et al. 1998). Meist gilt dagegen Kommunikation allenfalls als *ein* Faktor unter vielen wichtigeren, die als relevantes Organisationshandeln gelten wie Controlling, Bilanzierung, Börsennotierungen. Das heißt, Kommunikation wird eher instrumentell begriffen, als Vehikel zum Transport von Informationen. Dem steht ein Verständnis von Organisation gegenüber, das die Gesamtheit der Organisation als zusammengesetzt aus Kommunikationen begreift, wie wir sie in konstruktivistischen Organisationstheorien antreffen. Beleuchten werde ich unter dem Aspekt der Kommunikation zunächst Webers Bürokratiemodell und Scientific Management, die eine Erweiterung im Human-Relations-Ansatz erfahren. Dem werde ich konstruktivistische Organisationstheorien gegenüberstellen, es folgen Überlegungen zur Dialektik von Organisation und Gesellschaft, Giddens' Theorie der Strukturierung sowie Netzwerke als Form der Organisation. Die Idee der „lernenden Organisation" schließt hier an. Danach stelle ich den feministischen Diskurs zum Thema Organisation dar, der an diese Bezugstheorien anknüpft und sich ihnen quer stellt.

2.3.1.1 *Das Bürokratiemodell*

Klassische Vorstellungen von Organisation greifen meist auf Max Webers Bürokratiemodell zurück. Demnach sind bestimmte Merkmale bürokratischer Organisation (*Rationalität, Formalität, Unpersönlichkeit*) Ausdruck der kapitalistischen Produktionsweise und ihres „übergeordneten Prinzips der Gewinnmaximierung". Kernelemente organisationellen Handelns sind *Sachlichkeit, Effizienz, Rechenhaftigkeit, Kalkulierbarkeit, Regelhaftigkeit.* Die Effizienz der Bürokratie beruht auf ihrer Maschinenartigkeit, Durchführender ist idealtypischerweise ein Beamter. Mit diesem Modell lassen sich nicht nur staatliche Organisationen, sondern auch privatwirtschaftliche Unternehmen beschreiben, soweit sie sich ebenfalls am Primat von Rationalität ausrichten sowie behördenähnliche Funktionen und Ämter ausgebildet haben. Belohnung ist in dieser Vorstellung die Mitgliedschaft in der Organisation und die Anerkennung, die qua Mitgliedschaft entsteht. Weber beschreibt diese Organisationsprinzipien als Ausdruck einer allgemeinen Rationalisierung der Lebensführung, eingebettet in Gesellschaft, die vom Primat der Rationalität mehr und mehr durchdrungen wird. Hier ist für Weber der zentrale Konflikt angelegt: Der moderne Mensch, entledigt der Fesseln von Tradition und Religion, einzig verpflichtet dem eigenen Tun und sich darüber Rechenschaft ablegend, ist ein planender, gestaltender, berechnender Mensch geworden. Aus den Institutionen werden „stahlharte Gehäuse", deren Tun sich verselbständigt und die ihre Entpersönlichung nach innen und außen vorantreiben. Weber sah diesen Prozess der Rationalisierung kritisch: „ohne Ansehen der Person ... ist auch die Parole des Marktes und aller nackt ökonomischen Interessenvertretungen überhaupt" (Weber 1972, S. 562)

Im Denkhorizont von Weber hat Kommunikation in Organisationen als *schriftliche Form* eine hohe Bedeutung, als Anweisung, Verfahrensvorschrift, Regelwerk. Die formale Abwärts-Kommunikation enthält primär unpersönliche, arbeitsbezogene Botschaften. Der Idee nach handeln die Mitglieder dabei ohne Ansehen der Person, auf rein sachlicher Grundlage, orientiert am Primat der Rationalität, dem optimalen Output.[57] Weber kritisierte vor allem die Tendenz bürokratischer Organisation zur Verselbständigung, die das Handeln entpersönlicht. Die Personen kommunizieren betont sachlich, während ihr Handeln intern längst irrational und zwanghaft geworden sein mag. Die emotionale Seite dieser Vorgänge hat Kafka aus Sicht der von Bürokratiehandeln betroffenen und in die Welt der Moderne geworfenen Menschen beschrieben. Weber vertritt keine rein rationale Vorstellung von Kommunikation, er sieht die Rationalisierung kommunikativer Prozesse eher als ein Problem denn als Ziel von Organisation an. Als Weg aus diesem Dilemma proklamiert er charismatische Führung an der Spitze der Bürokratie wie der Industrieunternehmen. Das heißt: er greift auf die *Person* und die Idee der an *Persönlichkeit* (nicht: formale Qualifikation) gebundenen Herrschaft zurück.

„Führung" ist ein Thema von erstaunlicher Allgemeinheit geworden und wird als Notwendigkeit kaum infrage gestellt. Auch Webers These, dass Bürokratien und Unternehmen Verselbständigungstendenzen aufweisen, die sich hinter der Fassade von Rationalität entwickeln, ist teilweise immer noch aktuell, soweit beispielsweise Organisationen eine Existenzberechtigung an sich unterstellt wird ohne Hinterfragen der mit ihr verknüpften Aufträge und verborgenen Interessen.

[57] Ähnlich Luhmann: „Die Verwaltung neutralisiert die Person als Entscheidungsfaktor. Es soll im Prinzip nicht darauf ankommen, wer entscheidet, sondern es kommt darauf an, daß nach bestimmten allgemeinen Regeln richtig entschieden wird. Das ist ein sehr tiefgreifendes Merkmal des ganzen neuzeitlichen Zivilisationsprozesses. Sowohl die Wissenschaft als auch die Technik sind planmäßig indifferent dagegen, wer forscht, wer konstruiert." (nach Müller 1999a)

Computer und elektronische Kommunikation haben heute die Form des selbstverständlich Rationalen eingenommen, ohne die Organisation und Innovation nicht mehr denkbar scheinen. Dennoch hat die Moderne nicht Webers bürokratischen Albtraum wahr gemacht, im Gegenteil ist (post)moderne gesellschaftliche Entwicklung vielfach von antibürokratischen Tendenzen geprägt und bringt andere Leitakteure als den Beamten ins Spiel, beispielsweise den Experten. Auch werden Emotionen nicht allgemein im Sinne Webers verhandelt, sind nicht nur Selbstdisziplinierung und Kontrolle bestimmend für Gesellschaft und Organisationshandeln, sondern auch eine facettenhaft ausgeprägte „Demokratie der Gefühle“ (Giddens 1996).

2.3.1.2 *Scientific Management*

In engem Zusammenhang mit Webers Bürokratiemodell kann Taylors „Verwissenschaftlichung“ der Managementlehre gesehen werden („Weber hat den Prozeß der Rationalisierung beschrieben, den Taylor im Bereich der Arbeitsorganisation vorangetrieben hat.“ Kieser 1999, S. 75). Taylor gilt als Begründer der modernen Arbeitswissenschaft sowie des modernen Fertigungsingenieurwesens. Auch wenn seine Ideen in der Praxis von Industrieentwicklung weniger von Bedeutung waren, bilden sie doch die Überschrift einer bis heute anhaltenden Bewegung zur Verbreitung von *Effizienz*. Taylor entwickelte seine Konzepte aufgrund umfangreicher Studien am eigenen und an fremden Leibern, in die neben den ArbeiterInnen der Fabriken, in denen er tätig war, auch seine Familie eingebunden war. Er untersuchte an sich selbst, wie viel bzw. wie wenig Schlaf er brauchte, um möglichst leistungsfähig zu sein und welche Körperertüchtigung ihm hierbei hilfreich war (er spielte ausgiebig Golf). Für seine Familie hatte er exakte Zeitpläne entwickelt, die von der Allgegenwart mehrerer Uhren im Hause überwacht wurden[58].

Als eigentliche innovative Leistung Taylors kann gesehen werden, dass er universelle Organisations*prinzipien* zum Teil durch die Vorgabe einer *Methode* ersetzte. Den Managern steht damit ein effektiveres Instrument zur Verfügung als die reine Berücksichtigung von Prinzipien. Taylors Methode war die des *Experiments*. Wir dürfen hinzufügen: des *Menschen*experiments, denn seine angewandte Forschung betrieb er an den Arbeitern seiner Fabriken, wobei die Frage der *Auslese* zentral war:

[58] Nachzulesen bei Kanigel (1997).

„Was die methodisch richtige Auslese der Arbeiter betrifft, so war unter 75 Roheisenarbeitern tatsächlich nur ein Mann von acht fähig, 47 ½ t pro Tag zu verladen. Mit dem besten Willen konnten die anderen sieben nicht Schritt halten. ... Der achte ... war mehr vom Schlag eines Stieres, ... so einfältig, daß er für die meisten Arbeiten unbrauchbar war. (Taylor 1913, S. 64)

Assessment-Center sind neuere Formen solcher Ausleseprozesse, übrigens auch in Form des Experiments. Die von Taylor entwickelten Ideen der Betriebsführung besitzen durchaus noch Aktualität, Effizienz ist bis heute Leitlinie (nicht nur) von Fabrikorganisation. Vermutlich könnte man Taylor auch als Vater von Zeitmanagement und Selbstmanagement bezeichnen. Interessant ist noch ein anderer Aspekt, nämlich dass Taylor seine Erkenntnisse in *Legenden* verpackte, die weniger mit der Wirklichkeit zu tun hatten, als dass sie durch ihren illustrativen Charakter in den Köpfen hängen blieben, eine bis heute übliche Form in der Managementliteratur, um Wirksamkeit und Verbreitung der eigenen Ideen zu fördern.

Wie bei Weber sehen wir auch die „wissenschaftliche" Methode des Managements als eine, die in hohem Maße direkte Kommunikation, hier in Form von *Beobachtung, Versuch* und *Kontrolle* erfordert[59]. Wurde das Pensum nicht erreicht, waren *Bestrafungen* fällig: Er sprach in diesem Zusammenhang davon, dass „milde Behandlung" als „Furchtsamkeit und Schwäche der Leitung" ausgelegt würde und „Strenge in Wort und Tat solange gesteigert werden" müsse, „bis der erwünschte Erfolg erzielt" sei (Taylor nach Kieser 1999, S. 81). Wir sehen hier auf der kommunikativen Ebene auch ein Kontinuum zwischen (autoritärer) Erziehung, also der Behandlung der Arbeiter wie Kinder oder – in Taylors eigener Analogie – wie Tiere.

Der Rationalitätsgedanke bei Weber und Taylor

Mag es auch Parallelen geben in Bezug auf die Idee von Rationalisierung als zentralem Element von Organisationshandeln zwischen Weber und Taylor, so unterscheiden sie sich doch grundlegend: Weber beschrieb eindringlich das Leiden des Menschen am universellen Paradigma von Rationalität und sinnentleertem Gewinnstreben und nannte Taylor hierfür als abschreckendes Beispiel. Taylor dagegen betrieb dieses Geschäft pedantisch und leidenschaftlich. Sein Wirken traf auf fruchtbaren gesellschaftlichen Boden; offenbar gab und gibt es ein gro-

---

59 Ein Nebeneffekt bei der Einführung tayloristischer Konzepte war die Aufblähung des mittleren Managements. Diese können als Kommunikatoren der Konzepte betrachtet werden, wobei fraglich bleibt, inwieweit sie insgesamt zur angestrebten Effizienz beitrugen. Heute jedenfalls gelten sie eher als Hemmschuh derselben.

ßes Interesse an der Verbreitung von Effizienz im organisationellen Handeln und weit verbreitete Versuche, die eigene Person hieran anzupassen. Man kann dies neutral konstatieren, Effizienz als nützliches Instrument von Wirtschaften betrachten, was ja durchaus berechtigt ist. Als alleiniger Fokus und betriebswirtschaftliche Verengung erscheint Effizienz dagegen eher als neurotisches Prinzip, wie die Taylor'schen (Selbst-)Experimente zeigen. Taylor hat, so ließe sich dann etwas boshaft sagen, die (persönliche) Neurose als Maßstab „rationaler" Betriebsführung wissenschaftlich salonfähig gemacht.

2.3.1.3 *Human-Relations-Ansatz*

Zwischen 1924 und 1932 begründeten die bekannten Hawthorne-Experimente unter Leitung von Elton Mayo die wissenschaftliche Legitimation der Einbeziehung psychischer Faktoren in die Betriebsführung. Sie können als Ausgangspunkt der Organisationspsychologie gesehen werden. Damit wurde die soziale Seite, also die menschlichen Beziehungen, Bestandteil der Betrachtung und Intervention in der Organisationstheorie. Bei Experimenten zum Zusammenhang von Beleuchtungsstärke und Arbeitsleistung hatte man – auch dieser Ansatz schmückt sich mit einer Legende – mehr oder minder zufällig entdeckt, dass psychische Faktoren einen starken Einfluss auf die Arbeitsleistung hatten. Daraufhin versuchte man, mit Hilfe einer Testgruppe von Arbeiterinnen, denen eine Reihe von Vergünstigungen eingeräumt worden waren, diesen Zusammenhang näher zu erforschen. Das Resultat war, dass man glaubte feststellen zu können, dass ein *mitarbeiterorientierter* Führungsstil *motivationssteigernd* wirke. Diese Erkenntnisse hatten weitreichende Folgen vor allem in größeren Unternehmen, die nun verstärkt Psychologen engagierten und Manager in Human-Relations-Techniken schulten. Die Experimente sind methodisch kritisiert worden, wir erkennen auch deutlich die rein funktional ausgerichtete Form der „Mitarbeiterorientierung", die zudem ausgesprochen hierarchisch organisiert war.[60] Ein kurzer Blick ins Innere des Experiments beleuchtet dies näher. Nach Ansicht der Betriebsleiter war vor allem das „Ausmaß des Schwätzens" der Arbeiterinnen ein Problem, von dem sie annahmen, dass es die Konzentration auf die Arbeit störe. Darauf reagierten sie mit Maßnahmen:

„Zwölf Monate nach Beginn des Experiments wurden vier Arbeiterinnen zum Abteilungsleiter zitiert und ermahnt, das Schwätzen einzustellen. Weitere Ermahnungen folgten. Zwei Arbeiterinnen zeigten sich von diesen Ermahnungen besonders unbeeindruckt. ‚Jeder Versuch, sie zu

---

[60] Siehe zusammenfassend Kieser (1999, S. 113 ff.)

ermahnen, löste die Antwort aus: ,Wir dachten, Sie möchten, daß wir so arbeiten, wie es uns gefällt.', denn dies war es, was ihre Vorgesetzten zu Beginn der Studie gesagt hatten' (...) Als das Schwätzen noch nicht nachließ, griff man zu disziplinarischen Maßnahmen (...)." Dieser Kampf wurde noch eine Weile fortgesetzt, die „renitenten" zwei Frauen schließlich aus der Testgruppe entfernt. Einer von ihnen wurde nachgesagt, sie sei Kommunistin gewesen, Mayo ferndiagnostizierte bei ihr eine „Anämie", wie er überhaupt annahm, dass klassenkämpferische Einstellungen der ArbeiterInnen pathologisch und damit therapierbar seien. (s. Kieser 1999, S. 114f.)

Offensichtlich war es nicht das freie Kommunizieren der Arbeiterinnen, das die Fabrik- und Versuchsherren fördern wollten, ihr Bedürfnis „zu schwätzen", wie ihr Miteinander-Reden abwertend bezeichnet wurde. Auf der Ebene des Kommunizierens werden Konflikte deutlich, in denen die Arbeiterinnen rhetorische Geschicklichkeit erkennen lassen, die Fabrikherren mit strukturell orientierten Sanktionen operieren. Wir erkennen in den Human Relations darum auch die Verlängerung des Taylor'schen Scientific Management in den psychischen Bereich hinein, wie es bis heute auf mehr oder minder subtile Art versucht wird: die „weiche Art" als Verlängerung der „harten Hand". Wir sehen aber umgekehrt auch die relative Ohnmacht der „Psychotechniker", das „Schwätzen" als Kraft der Arbeiterinnen, eine soziale Sphäre, die sie verteidigen, nicht bereit, sie einfach unter betriebswirtschaftliches Kalkül zu stellen. Das „Schwätzen" wird so zur Überschrift eigensinniger kommunikativer Räume.

In moderneren Termini kann man das Kommunikationsgeschehen in den Hawthorne-Experimenten unter den Begriffen formale vs. informale Kommunikation fassen. Unter formaler Kommunikation werden dabei alle Kommunikationsformen bezeichnet, die in irgendeiner Weise intendiert oder institutionalisiert sind und dem hierarchischen Gefüge entsprechen. Hier lassen sich vertikale (top-down – bottom-up), horizontale sowie diagonale Kommunikationen unterscheiden. Daneben tritt das nicht planbare und nicht kontrollierbare Geflecht an Kommunikationsbeziehungen, das diese formalen Strukturen ergänzt, flexibler und elastischer macht. Die Wirkungen von informeller Kommunikation sind häufig nicht intendiert, jedoch wesentlich für den Erfolg von Organisation, liefern oft auch exaktere und effektivere Informationen als die formalen Wege. Statt in Pyramidenform wird dieses Geflecht von Beziehungen eher als Netzwerk oder ,grapevine' dargestellt (vgl. Mohr 1998, S. 176ff). Informelle Kommunikation wird – auch in Folge der beschriebenen Experimente – also heute entspannter betrachtet und erscheint auch in weniger diskriminiertem Licht. Der Kampf um die Befriedigung des „Grundbedürfnisses Kommunikation", auch entlang von Hierarchien und unterschiedlichen Bewertungen, setzt sich jedoch fort, wie auch meine Gruppendiskussionen illustrieren.

2.3.1.4 *Konstruktivistische Ansätze*

Während die bisher vorgestellten Ansätze Kommunikation als Geschehen in Organisationen und entlang vorgegebener Strukturen beschreiben, die rational begründet sind, betonen konstruktivistische Ansätze, dass Organisationen Strukturen nicht aufgrund ihrer Zweckmäßigkeit herausbilden, sondern aufgrund der *Vorstellungen*, die die Mitglieder von der Organisation haben. Drei Richtungen konstruktivistischer Ansätze in der Organisationstheorie lassen sich grob unterscheiden: die *sozial-konstruktivistische, kognitiver Konstruktivismus, systemtheoretischer oder radikaler Konstruktivismus* (vgl. Knorr-Cetina 1989).

Mittels konstruktivistischer Ansätze können alle Arten von Selbstverständlichkeiten organisationeller Abläufe hinterfragt werden. Kommunikation als schöpferischer interaktiver Ressource kommt dabei zentrale Bedeutung zu. Diese Ansätze schließen mehr oder minder lose an den Symbolischen Interaktionismus an. Aufgrund ihrer starken Betonung alles Symbolischen in den Handlungen, die Organisation hervorbringen, sind es besonders *Metaphern, Visionen, Leitbilder*, die hier in den Mittelpunkt gerückt werden. Leitbilder sind in der Tat mächtig: Denken wir nur an die *Uhr* als Metapher und Orientierungsfigur der beginnenden Industrialisierung, das *Effizienzbestreben* eines William Taylor, das zur sich ausbreitenden Idee einer ganzen Epoche wurde, oder an Formulierungen wie das *schlanke* Unternehmen, die *atmende* Fabrik, die *lernende* Organisation. Leitbilder sprechen eher *emotionale* als rationale Faktoren an und sind wirkmächtig weniger aufgrund ihrer objektiven Vorteile als ihrer subjektiven Überzeugungen und ihrer Bildhaftigkeit. Konstruktivistische Ansätze bieten damit auch einen Ansatzpunkt, alles Selbstverständliche infrage zu stellen: Wofür brauchen wir überhaupt Organisationen? Wem nutzen sie? Was wäre, wenn es gar keine gäbe? Wie würden Organisationen aussehen, wenn ausschließlich Frauen darin arbeiten würden? Welche Folgen hätte das für die parallele Organisation von reproduktiver (Familien)Arbeit?

Wir erleben derzeit eine Reihe solcher eher mental verorteter Neuprogrammierungen organisationeller Vorstellungen: da ist die Kundenorientierung, die Entbürokratisierung sowie Globalisierung als legitimierende Metapher umfangreicher Veränderungen und Kostenverlagerungen.

2.3.1.5 *Gesellschaft als Handlungshorizont von Organisation*

In neuerer Zeit ist Anthony Giddens' Theorie der Strukturierung auch für die Organisationstheorie herangezogen worden. Giddens wendet sich sowohl gegen rein strukturorientierte wie rein handlungsorientierte Erklärungsansätze von Gesellschaft und legt mit seinem Modell der reflexiven Strukturation eine Verbindung vor. Zentral hierfür ist seine Vorstellung von *practical consciousness* der Akteure: „Was die Handelnden über ihr Handeln und die entsprechenden Handlungsgründe wissen – ihre Bewußtheit (*knowledgeability*) als Handelnde – ist ihnen weitgehend in der Form des praktischen Bewußtseins präsent. Dieses praktische Bewußtsein (*practical consciousness*) umfaßt all das, was Handelnde stillschweigend darüber wissen, wie in den Kontexten des gesellschaftlichen Lebens zu verfahren ist, ohne daß sie in der Lage sein müßten, all dem einen direkten diskursiven Ausdruck zu verleihen." (Giddens 1995, S. 36 H. S. M.) Für Giddens ist Handeln immer reflexiv und nicht von Körper und Zeitverlauf getrennt. Indem er das Interaktive bei der Produktion von gesellschaftlicher Struktur betont, ist sein Ansatz durchaus anschlussfähig an Grundsätze des Symbolischen Interaktionismus, wie er auch in seinen eigenen Bezügen zu Goffman betont. Bei Giddens spielt jedoch der Akzent auf die Routinen, mit denen die AkteuerInnen Handlung steuern, eine stärkere Rolle als der situative Charakter von Handlung. In Rückkopplungsprozessen können dabei auch unerkannte und nichteingestandene Bedingungen Bestandteil von Handeln werden und in die Strukturation einfließen. Die Handlungen sind rekursiv organisiert und strukturieren das soziale Leben. Giddens geht von *Intentionalität, Reflexionsmächtigkeit und (handlungs)praktischer Bewusstheit* der Akteure aus. Dennoch ist die Struktur, die durch Handlung reflexiv erzeugt wird, für die Akteure weitgehend undurchschaubar, als solche nicht intendiert. Für Giddens realisiert sich Struktur in Handlung. *Kommunikation* ist für ihn untrennbar verbunden mit *Macht* und *Sanktion*, damit ist kommunikatives Handeln auch nur ein Aspekt der interaktiven Produktion von Gesellschaft, nicht grundlegender Faktor. In Giddens' Vorstellung ist menschliche Kommunikation einbezogen in die Produktion gesellschaftlicher Strukturierung; sie umfasst auch (unbewusste) Handlungsroutinen als wesentliches Element für Orientierung und Sicherheit; sie beschreibt Reflexivität als zentral für soziale Steuerungsprozesse und sieht die Körper in Bezug auf die sie umgebenden Räume und gebunden an Zeit als relevante Orte von Handlung.

Giddens' Ansatz ist für Organisationstheorie interessant, weil er aus einem verbreiteten Dilemma der Betrachtung herausführen könnte: Viele organisationstheoretische Ansätze sehen entweder vom institutionellen Kontext ab (das Handeln der AkteurInnen erscheint damit voluntaristisch) oder sehen das Handeln als von strukturellen Zwängen des Rahmens bestimmt an. Dadurch erscheinen Organisationen als mehr oder weniger statisch. Dagegen verstehen Ortmann/Sydow/Windeler (1997) unter Bezug auf Giddens *Organisation als reflexive Strukturation.* Sie nehmen damit eine Abkehr der Vorstellung von Organisation als bürokratischem Gebilde vor, das gekennzeichnet ist von strukturellem Determinismus, ‚one-best-way'-Denken, vorgegebenen Zielen, die ‚top-down" umgesetzt werden. Als Rahmenmerkmale, die Organisationen definieren, behalten sie jedoch die formale Verfasstheit bei, in Wirtschaftsorganisationen die Profitorientierung; die Maximen des Handelns sind weiterhin von Rationalität bestimmt, Reflexion auf das Organisieren geschieht unter dem Primat der Zweckmäßigkeit, auch wenn Mikropolitik das Geschehen untergründig bestimmt. Organisation wird durch die Perspektive auf das Handeln der Akteure sichtbar als Prozess:

„Dieser Prozeß ist gekennzeichnet durch Kontingenzen, breite Möglichkeitsspielräume der Entwicklung, durch kontinuierlichen Wandel einerseits und relative Stabilität, ein mehr oder weniger großes Beharrungsvermögen der Strukturen, andererseits. Das Handeln in Organisationen ist dementsprechend einerseits ‚offen' und ‚frei', andererseits ‚eingespurt' in ‚Entscheidungskorridore', die durch vorgängiges Handeln und Entscheiden, durch die strukturellen Bindungen in der jeweiligen Handlungssituation entstehen." (Wilz 2002, S. 25)

Damit sind wir bei den *Subjekten*, die Strukturen herstellen. Nach Giddens sowie Ortmann et al. geschieht dies auf der Ebene der Modalitäten. Diese können als übersubjektive Muster verstanden werden, in die das Individuelle, vermittelt über Interaktion, eingeht. Damit sind Subjekte konstituierende Elemente von Organisation. Festzuhalten ist jedoch, dass *Handlungen*, nicht Personen, Organisation herstellen. Für die Subjekte bedeutet das: Sie werden von der Organisation niemals als „ganze Person" wahrgenommen, sind immer Akteure, also zweckgerichtet Handelnde.

So sind die Grenzen kommunikativen Handelns sowohl auf der Subjektseite als auch auf der Objektseite von Organisation festgelegt: Aus subjektiver Sicht kann die Organisation die Bedürfnisse niemals „ganz" befriedigen, allenfalls selektieren, ins Unbewusste der Organisation verschieben oder externalisieren, aus objektiver Sicht sind die Personen mit ihren irrational anmutenden Handlungen und widersprüchlichen Interessen potenzielle Störfaktoren, die die Wirkmächtigkeit und Fortdauer von Organisation zugleich sichern müssen und gefährden können. Ortmanns et al. folgen damit letztlich dem Rationalitätsparadigma. Ihre Sicht auf Organisation ist im Kern durchaus „klassisch" im Sinne Webers zu nennen. Ortmann et al. haben Giddens' Modell reflexiver Strukturation für Organisationstheorie fruchtbar gemacht, gehen jedoch weiter von einer festen Rahmung der Handlungen in Organisationen aus, in die Kommunikation „eingespurt“ ist. Ihre im Ansatz vorhandene konstruktivistische Herangehensweise haben sie nicht systematisch verfolgt, die Verknüpfung von Struktur- und Handlungstheorie bedarf an dieser Stelle vielleicht noch einer Weiterführung. Betont wird bei ihnen allerdings die Flexibilität von Organisationshandeln und die relative Konstruktionsmacht der AkteurInnen im Unterschied zum „stahlharten Gehäuse“ bei Weber.

Giddens' Blick auf Organisation: Gesellschaft als Ressource

Der Vorzug, den es hat, Giddens' Modell für eine Theorie von Organisation zu nutzen, liegt meines Erachtens nicht nur darin, Organisationen als reflexiv strukturierte Gebilde zu beschreiben. Giddens' Ideen entfalten sich auch sehr fruchtbar, wenn wir sie als Einbeziehung von Gesellschaft in das Bild des Organisierens sichtbar werden lassen. Zahlreiche Veränderungen in und um Organisationen lassen sich ja gerade nicht aus organisationsinternen Erfordernissen und Widersprüchen ableiten, sondern nur vor dem Hintergrund gesellschaftlichen Wandels verstehen. Veränderte Anforderungen an Führung beispielsweise können gesehen werden als neue Strategie von Effizienz und Machtausübung, die auch unbewusstere Motivationslagen umfasst. Darüber hinaus erscheinen diese neuen Leitlinien vor dem Hintergrund gesellschaftlichen Wandels, der autokratisches Handeln infrage stellte im Zuge der neuen sozialen Bewegungen, die weit in Organisationshandeln hineingewirkt haben. Dies beinhaltete auch eine weit gehende Debatte um die Verhandlung von Gefühlen, worunter auch die Diskussion um „weibliche“ und „männliche“ Führungsstile fällt. Die neuen Chefs, Chefinnen und MitarbeiterInnen sind ja auch physisch andere als die alten, in einer anderen Zeit erwachsen und beeinflusst worden. Diese Prozesse erklärt Giddens mit seiner Theorie der Strukturation und wir sehen die Ablagerungen sozialer Kämpfe in veränderten Strukturen und Leitbildern von Organisation.

Netzwerke vermitteln Struktur und Handlung

Ähnlich wie mit Giddens' Sicht auf Organisation als reflexive Strukturation Gesellschaft als Handlungshorizont sichtbar wird, der weit in Organisationshandeln hineinwirkt, kann mit der Sicht von Netzwerken als Handlungshorizont der AkteurInnen der Begriff von Organisation prägnant erweitert werden. Damit werden (strategische) Kooperationen zwischen Unternehmen in den Blick genommen, aber auch allgemeiner die Frage aufgeworfen, inwieweit Netzwerke (ökonomisches) Handeln bestimmen im Unterschied zu und in Verbindung mit (hierarchischer) Organisation. Castells (2001) nimmt an, dass Netzwerke das neue Paradigma gesellschaftlicher Organisation werden und betont die Zwangsläufigkeit, die dieser Entwicklung innewohnt. Das gilt besonders für interorganisationelles Handeln. Die Institutionenökonomie sieht Netzwerke als drittes Element in einer Trias mit Markt und Organisation. Ich habe zuvor schon mit der Beschreibung von Kommunikation innerhalb von Organisationen als informellem Netzwerk einen Akzent gegen die rein hierarchisch konzipierte Vorstellung von Organisationshandeln gesetzt. Soziale Netzwerke, als soziologische Kategorie und jenseits sozialutopischer Idealisierungen, können jedenfalls als wesentliches „Scharnier" auf der Mesoebene zur Vermittlung von Handlungs- und Strukturebene betrachtet werden und begreifen dabei auch die AkteurInnen auf der individuellen Ebene als gegenseitigen Interessen verpflichtet und betonen Vertrauen als Quelle von langfristigem Beziehungsaufbau. In welchem Wechselverhältnis solche Netze mit kapitalistischen Kalkülen von Organisation und darin geronnen egoistischen Interessen stehen, ist eine der vielen ungeklärten Fragen in diesem Zusammenhang.[61]

2.3.1.6 *Organisationslernen*

Im Anschluss an diese Überlegungen zum Wechselspiel von Gesellschaft und Organisation können Ansätze gesehen werden, wie sie in neuerer Zeit unter Überschriften wie der „lernenden Organisation" populär geworden sind. Es findet hier eine Relativierung rein deterministisch gefasster Vorstellungen von Organisation statt. Diese stehen im Zusammenhang mit Programmen der Organisationsentwicklung, für die demokratische Potenziale in Organisationen zentrales Mittel der Veränderung ist. Ihre Wurzeln liegen in der Gruppendynamik (Lewin, Moreno, Bion, wie zuvor im Abschnitt „Teamarbeit" dargelegt) und sie orientieren sich am Menschenbild der humanistischen Psychologie. Diese apostrophiert, dass Menschen von sich aus zu Wachstum und Veränderung in der Lage sind und betonen die soziale Fähigkeit zur Gestaltung einer guten Gesellschaft und eines produktiven Miteinanders. Dies unterscheidet Organisationsentwicklung von traditioneller Unternehmensberatung, die sich auf technisch-wirtschaftliche Veränderungen der Organisation konzentriert. Auch in eher klassischen Unternehmensberatungen fehlen heute jedoch selten Elemente aus dem Spektrum von Organisationsentwicklung, wie beispielsweise die Entwicklung von Leitbildern,

[61] Siehe zur Netzwerkdebatte aus soziologischer Sicht: Weyer (2000)

was sich auch in Adjektiven wie der „systemischen“ Organisationsberatung niederschlägt.

Die Merkmale der zugrundeliegenden Auffassung von Organisation können wie folgt zusammengefasst werden:

- Eine deterministische Sicht von Organisationshandeln, das sich an von oben vorgegebenen *Zielen* orientiert, weicht einer Auffassung, die weite Bereiche innerhalb der Organisation an der Setzung von Zielen beteiligt.
- Der Akzent liegt auf den *AkteurInnen* in der Organisation. Diese gelten als wertvollstes „Kapital“ der Organisation. Der Organisation werden diffuse Ähnlichkeiten mit menschlichen Eigenschaften zugeschrieben (wie zum Beispiel die Fähigkeit zu lernen), gelegentlich werden sie auch als eigener lebendiger Organismus verstanden.
- Technisch-wirtschaftliche Sachzwänge werden durch „Soft“-Faktoren ergänzt und erscheinen in neuem Licht. *Kommunikation erhält eine Schlüsselfunktion* in der Gestaltung von Organisationen im Zusammenspiel mit technischer Innovation.
- Organisationen werden als dynamisch und wandelbar gedacht, sie verfügen über ein ihnen *eigenes Veränderungspotenzial*, das angeregt werden kann. Apostrophiert wird meist, dass dieses Potenzial noch viel zu wenig genutzt wird. Die Entwicklung dieses Potenzials kann mit dem Begriff Organisationslernen gefasst werden.
- Die Grenzen zwischen Organisation und *Umwelt* werden dynamisch beschrieben. Organisation reagiert nicht mehr nur auf Umweltbedingungen, sondern gestaltet diese auch. Damit sind auch weiter gespannte Dimensionen von Organisationshandeln wie ökologische Fragen und globale Austauschprozesse als relevante Themen erfassbar.

Organisationslernen ist erst ansatzweise theoretisch erfasst worden. Als Pioniere gelten Argyris (1978), Senge (1998). Pawlowsky (1992) definiert:

> „Organisationales Lernen ist ein Prozeß der Veränderung (oder auch Erweiterung) der Wissensbasis von Organisationen in einem Wechselspiel zwischen Individuum und Organisation (...) Organisationales Lernen bewegt sich demgemäß im Kontext von Handlung (in Form von Interaktionen) und Struktur (in Form von vorhandener und zu verändernder Wissensbasen)“ (nach Riegraf 2000, S. 164)

Argyris unterscheidet zwischen *Ebenen* und *Typen* des Organisationslernens. Er nimmt drei Ebenen von Lernen in Organisationen an: die individuelle, kollektive sowie institutionelle Ebene, die als eng miteinander verknüpft gedacht werden.

Das individuelle Lernen wird gemeinhin als Basis für Organisationslernen verstanden.

Argyris/Schön (1978) legen in ihrem bis heute grundlegenden Werk zum Thema *Organizational Learning. A Theory of Action Perspective* einen handlungstheoretischen Ansatz zugrunde. Sie unterscheiden zwischen der *theory-in-use* sowie der *espoused theory* der AkteurInnen. Erstere meint die handlungsleitende praktisch orientierte Theorie, die die Organisationsmitglieder im Alltag anwenden (ähnlich dem *practical consciousness* bei Giddens); letztere nimmt auf die geäußerte Handlungstheorie der AkteurInnen Bezug, die stärker an institutionellen Vorgaben orientiert ist, jedoch häufig nicht mit den praktischen Leitlinien übereinstimmt. In wissenschaftlicher Untersuchung beispielsweise wird meist nur die *espoused theory* der AkteurInnen erfasst, die im Sinne erwünschter Theorie auf Fragen antworten. Mit der Konversationsanalyse lässt sich dagegen auch die *theory-in-use* der AkteurInnen erfassen, „unbewusstere" Handlungsmaximen werden sichtbar gemacht. Diese gestalten die Handlungstheorie der Organisation selbst und fließen in die individuellen Vorstellungen, die *private images* der Mitglieder zurück. Der Prozess wird reflexiv gedacht.

Wie aber können Organisationen lernen? Argyris/Schön antworten hierauf mit der Entfaltung dreier Lerntypen in Organisationen: dem *single-loop-learning, double-loop* sowie *triple-loop learning.* Das „einfache Lernen" zielt auf die Befolgung von Vorgaben und Regeln innerhalb der Organisation sowie dem Streben nach erhöhter Effizienz. Der Lernprozess wird dabei zum Rationalisierungsprozess im Sinne Webers. Die Möglichkeiten, auf veränderte Umweltbedingungen zu reagieren, sind hierbei begrenzt. Beim double-loop-learning, dem komplexen Lernen, befolgen die AkteurInnen nicht mehr strikte Verhaltensvorgaben, sondern reagieren situationsspezifisch, nutzen in hohem Maß Verhaltensspielräume. Regeln können außer Kraft gesetzt werden, De-Institutionalisierung wird verhandelbar. Das *triple-loop-learning* schließlich meint reflexives Organisationslernen und findet auf der „Meta-Ebene" statt. Frühere Lernprozesse werden reflektiert und fließen in zukünftige modifizierte Handlungsmuster ein. *Kreativität, Change Management und Innovation* sind schlagwortartig kennzeichnend für diesen Lerntypus.

Riegraf (2000) fasst die Kritik an Überlegungen zum Lernen von Organisationen zusammen:

- Organisationslernen werde immer als positiv und unparteiisch konzipiert. Wissen sei jedoch kein neutrales Gut, das allen Menschen gleichermaßen Vorteil bringe.

- Organisationslernen gelte als steuerbar, implizit werde nach dem *one best way of learning* gesucht, wodurch deterministische Vorstellungen hinterrücks wieder Einzug in die Theorie halten.
- Und aus feministischer Sicht: „Aus Perspektive der Frauen- und Geschlechterforschung ist zunächst zentral, daß die Zusammenhänge von Macht, Emotionen, Sexualität und Geschlecht in den Debatten über Organisationslernen bislang nicht aufgegriffen werden." (S. 172)

Der letzte Punkt lohnt eine nähere Untersuchung, wozu ich Ansätze zu Organisation und Geschlecht vorstellen möchte.

2.3.1.7 *Geschlecht und Organisation*

Folgende Fragen werden von der „allgemeinen" Organisationstheorie weder gestellt noch beantwortet: Wie kommt es, dass Organisationen bis heute strukturell vergeschlechtlicht sind, jedoch zugleich Geschlecht gegenüber neutral erscheinen? (Männer[62] besetzen die Führungsetagen, Frauen sind unten angesiedelt, zudem sexualisierten Formen der Belästigung und Gewalt ausgesetzt; die selbsterzeugten Mythen über Organisation können diese Phänomene nicht erklären) In welchem Verhältnis stehen öffentliche Produktion und private Reproduktion? (Während Männer mittels Organisation über enorme gesellschaftliche Reichtümer und Einflussmöglichkeiten verfügen, sind Frauen in privaten Zusammenhängen eher gesellschaftlich marginalisiert und vergleichsweise schlecht materiell ausgestattet) Wie verhält sich währenddessen die private Seite der Organisation zu ihrer öffentlichen? (Organisationshandeln und -entscheidungen gelten als rational, geknüpft an „männliche" Vernunft – zugleich ist diese Rationalität vielfältig irrational bestimmt und von den egoistischen Interessen der AkteurInnen gesteuert; diese emotionalen Seiten von Organisation bleiben meist unsichtbar) Welche Folgen hat die offensichtliche Vergeschlechtlichung für den Körper von Organisation: Wie *äußert* sich hier Geschlecht? (Organisationen prägen auch Orte und Räume von Gesellschaft in Form von Häusern, Fabriken, Supermärkten, architektonischen Konzepten, der Gestaltung von Innenräumen sowie der räumlichen Organisation von Kommunikation) Diese Fragen mögen schlaglichtartig die Relevanz feministischer Organisationsforschung beleuchten.

---

62 Sofern ich im Folgenden von Männern bzw. Frauen spreche, meine ich die soziale und nicht die biologische Kategorie. Das heißt: selbstverständlich gibt es auch arme Männer und reiche Frauen, zumal im Weltmaßstab; zum Strukturprinzip kapitalistischer Gesellschaften gehört jedoch die Hierarchisierung qua Geschlecht auf unterschiedlichen Ebenen und das Prinzip hegemonialer Männlichkeit.

Es lassen sich drei Ansätze feministischer Forschung zum Thema Geschlecht und Organisation unterscheiden. Dabei erscheint a) Organisation als rationales, neutrales und damit auch geschlechtsneutrales soziales Gebilde. Organisation behandelt demnach Menschen nicht als Personen, sondern in ihren Funktionen und tritt somit auch Geschlecht gegenüber neutral auf. Diese Sichtweise von Organisation geht auf Max Webers Bürokratiebegriff zurück. Menschen zählen demnach für Organisationen nicht als Personen, sondern in ihrer Funktion. Dies gilt als spezifisches herausragendes Merkmal von Organisation im Unterschied zu früheren Regierungsformen. Damit erscheinen moderne Organisationen auch als besonders geeignet, um mit der Zeit Frauendiskriminierung abzubauen. In der Frauenforschung wird dieser Ansatz herausragend von Rosabeth Moss Kanter (1977) repräsentiert, deren Werk den Beginn der neueren feministischen Organisationsdebatte markiert. Sie führt die – offensichtliche – Unterrepräsentanz von Frauen und hierarchische Verteilung nach Geschlecht in Organisationen nicht auf prinzipiell frauendiskriminierende Strukturen zurück, sondern auf eine ungleiche Machtverteilung zwischen Männern und Frauen, die innerhalb der Organisation und mit den ihr eigenen Mitteln abbaubar ist (Gleichstellungsprogramme, Qualifizierungsmaßnahmen etc.).

Position b) betont vor allem die Parallelität zwischen gesellschaftlichen (zum Beispiel patriarchalischen) Strukturen und Organisationsmustern. Organisationen gelten in ihren Grundvoraussetzungen und Strukturen als männlich geprägt und dominiert, mit entsprechenden Ausschlussmechanismen, informellen Steuerungsinstrumenten, um Frauen in untergeordneten Positionen zu halten. Organisation erscheint damit als Fortsetzung gesellschaftlicher Strukturen und wird im Zusammenhang mit Produktions- und Reproduktionsverhältnissen gesehen. In der feministischen Organisationsdebatte ist hier Ferguson (1984) als Vertreterin zu nennen. Hierhin gehören auch Patriarchatskonzepte in Fortführung marxistischer Analysen (Mies 1989).

In der dritten, heute überwiegend vertretenen Position c) erscheint Organisation weder als Geschlecht gegenüber neutral, noch tritt Geschlecht als allgegenwärtiges Strukturmerkmal auf, sondern vielmehr wird Organisation als *Prozess* handelnder Akteurinnen und Akteure sichtbar gemacht, auch in ihrer Ambivalenz und Widersprüchlichkeit. Geschlecht *(gender)* erscheint damit als sozial konstruiert und konstruierend, nicht definitorisch gekoppelt an Biologie *(sex)* und auch nicht automatisch verknüpft mit Geschlechterkategorien *(sex category)* (West/Zimmermann 1976). Entsprechende Ansätze bieten gegenüber rein strukturtheoretisch argumentierenden Sichtweisen den Vorteil, auch „verwirrende" (Geschlechter)Verhältnisse in den Blick nehmen zu können und sie gestehen den

AkteurInnen letztlich mehr Autonomie über ihr Handeln zu. Organisationen werden definiert als *Prozess* handelnder AkteurInnen, der Zusammenhang zwischen Geschlecht und Organisation erscheint als *doing gender while doing organization.* (s. zusammenfassend Müller 1999b; Gottschall 1998; Riegraf 1996; speziell zur „Geschlechtersprachforschung" Baron 2001).

Die Anwendung der *doing gender*-Perspektive auf arbeits- und organisationssoziologische Fragen ist relativ neu und prägt erst seit Mitte der achtziger Jahre die breiter werdende deutsche Diskussion (Müller 1993). Die *doing gender*-Perspektive hat jedoch nichts an der grundsätzlich hierarchischen Positionierung von Frauen- und Männerarbeit ändern können, die im Verlauf der Industrialisierung erhalten geblieben ist (Gottschall 1998). Die Flexibilität der Vergeschlechtlichung von Berufsarbeit unabhängig von Inhalt und Form der Tätigkeit scheint geradezu ein Wesensmerkmal dieser historischen Prozesse zu sein: „Denn offenbar ist es gerade diese Gleichzeitigkeit von Konstanz der hierarchisch-bipolaren Struktur und fortwährender ‚Umschrift der Differenz' auf der inhaltlichen Ebene, die dem ganzen Verfahren jene Flexibilität und Omnipräsenz verleiht, die es so überaus ‚funktionstüchtig' macht, wenn es darum geht, die Hierarchie zwischen den Geschlechtern durch jede Form und Phase sozialen Wandels hindurch aufrechtzuerhalten." (Wetterer 1995)[63] Damit sind auch die Grenzen rein handlungstheoretisch argumentierender Ansätze dargelegt und es findet zunehmend eine Zusammenschau von Handlungs- und Strukturtheorie, wie sie in der aktuellen feministischen Forschung beginnt sich zu entwickeln (Riegraf 1996, Wilz 2002).[64]

Poststrukturalistische feministische Organisationstheorie

Bisher habe ich verschiedentlich kritisiert, dass Körper und Sexualität nicht sichtbarer und systematischer Bestandteil der meisten organisationstheoretischen Ansätze sind. Anders sieht es in feministischen poststrukturalistischen Ansätzen aus, die nach Antworten suchen auf die Frage, wie Körper und Sexualität ihren Ausdruck finden in den Bildern und Realitäten von Organisationshandeln. Leo-

63 Vgl. speziell zu IngenieurInnen und Geschlechterverhältnissen Cockburn (1985).

64 Wie Mikro- und Makrosoziologie sowohl analytisch getrennt betrachtet, als auch miteinander verknüpft verstanden werden können, verdeutlicht Gottschall 1997: „Gesellschaft, Kultur und Institutionen werden hier aus der Perspektive des Handelns rekonstruiert, wobei mikro-soziologisch die Ebene der Interaktion und makro-soziologisch die Ebene der kulturellen Repräsentation gesellschaftlicher Verhältnisse im Vordergrund stehen." (S. 70). Parallelen lassen sich im Mainstream der Organisationssoziologie ausmachen, der sich in Richtung Handlungstheorie bewegt hat oder auch vermittelnd zwischen Struktur- und Handlungsebene, in Anlehnung an Giddens und Bourdieu.

nard (2002) skizziert eine solche Herangehensweise auf der Ebene der Metaphern von Organisationstheorie, die sie in einen historischen Kontext stellt. Die veränderten Sichtweisen, die ein solcher Blick eröffnet, zeichnet sie anhand der Metaphern Raum, Zeit, Körper/Sexualität nach.

Das Projekt der Moderne: Metaphern von Organisation

Das Projekt der Moderne kann beschrieben werden als Neuordnung von Raum, Zeit und Sexualität. Diese wird von der Produktion neuer Metaphern begleitet und vorangetrieben. Die Eroberungen des Kolonialismus beispielsweise fußten auf einer neuen *Raum*ordnung, die natürliche Umwelt in Form von Landkarten abbildete und einen visuellen abstrakten Zugang zur Umgebung favorisierte. Für die Ordnung der Geschlechter war hierfür die Trennung in „öffentliche" und „private" Räume kennzeichnend. Frauen konnten auf diesem Wege aus der Teilhabe an großen Bereichen von Gesellschaft ausgeschlossen werden. Auf der Ebene von *Zeit* schlug sich diese Neuordnung in Form linearer, objektiver, gleichmäßiger Vorstellungen nieder, wie sie beispielsweise für Fabrikproduktion kennzeichnend und erforderlich waren. Die *Körper* selbst bekamen eine neue Bedeutung, der ‚Kopf' wurde Leitorgan, Männern ‚Geist' zugesprochen, Frauen über ‚Körper/Sexualität' definiert.

Die Theorien von Organisation orientieren sich bis heute weitgehend an diesen (unbewussten) Leitvorstellungen: Organisationen gelten als öffentlicher, planbarer, hierarchischer Raum, der häufig in Form von Diagrammen und architektonischen Plänen dargestellt wird (Pyramide, Eiffelturm). Dies gilt auch für die entsprechende feministische Organisationstheorie, die Frauen auf diesen Plänen ortet und ihre untergeordnete Stellung sichtbar macht. Auf der Zeitebene werden Männer mit zielorientierten, effektiven, berechenbaren Aspekten assoziiert, die zugleich als überlegene Managementtechnik institutionalisiert wird. Frauen dagegen werden in die Nähe ‚organischer' Zeitvorstellungen gerückt, die mit ihnen assoziierten Tätigkeiten wie Kindererziehung und familienähnliche Berufstätigkeiten gelten als weniger plan- und berechenbar, gleiches gilt für Frauen als Arbeits-, insbesondere Führungskräfte, wo sie mit ihrer eher ‚zyklischen' Verfügbarkeit und Herangehensweise ein Fremdkörper bleiben, womit mangelnde Aufstiegschancen erklärt werden. Auch die Ordnung der Sexualitäten ist eine spezifische, soweit Frauen tendenziell als Opfer sexualisierter Formen von Belästigung und Gewalt in Organisationen auftauchen, Männer als heterosexuelle Potenzträger, die zum Merkmal von überlegener Managementkultur stilisiert werden.

Neuere feministische Organisationstheorie kritisiert diese Stereotypisierungen und dualistischen Einordnungen. Thematisiert werden differente Männlich- und Weiblichkeiten, unterschiedliche sexuelle Orientierungen sowie Ethnizitäten. Infrage gestellt wird zugleich die Überlegenheit des am weißen heterosexuellen Mann orientierten Managementstils, der beispielsweise die Teilhabe an familiären Aufgaben weitgehend ausschließt und marginalisiert. Frauen gelten auch nicht mehr in erster Linie als passive Opfer sexualisierter Organisationskulturen, sondern treten auch als sexuell aktive und umfassend fordernde Individuen in Erscheinung. Zuspitzen lässt sich diese Sichtweise auf der Ebene von Körper dahingehend, dass das *Individuum* wieder als Ort der Betrachtung und ProduzentIn von Struktur in Erscheinung tritt. Zeitmetaphern verändern sich von linearen Bildern wie der regelmäßig tickenden Uhr weg hin zu *Flüssen, Strömen, Gleichzeitigkeiten*. Die Räume schließlich tauchen beispielsweise als *,meeting place'* der AkteurInnen auf, als Bühne, auf der Unterschiede und Macht körperlich prozessual inszeniert werden, nicht mehr in Form abstrakter Karten. (Leonard 2002)

Der Vorteil einer solchen Sicht auf Organisationen ist, dass die Verschiedenheiten der Beteiligten beobachtet sowie unterschiedliche Ebenen von Handeln zusammengeführt werden können. Dies ergibt ein realistischeres Bild vom Organisationsgeschehen und enthält zugleich visionäre Elemente. Macht und Hierarchie in Organisationen im Zusammenspiel mit einer zweigeschlechtlichen Ordnung lösen sich jedoch nicht einfach auf, wenn wir neue Metaphern als Folie auf das Handlungsgeschehen legen. Hierzu sind weiterhin Kämpfe und Bündnisse vonnöten. Problematisch erscheint mir auch die Abkehr von Ordnungsvorstellungen, wie sie beispielsweise auch Hierarchie enthält. Denn so kann weder geklärt werden, ob und wie (hierarchische) Ordnung möglicherweise erwünscht ist und befriedigend organisiert werden kann; zudem werden Wir-Bildungen aufgelöst, mittels derer strukturelle Ordnungen erfolgreich infrage gestellt werden können.

2.3.2 Zusammenfassung: Leitsätze zukunftsfähiger Organisationsentwicklung

Dieses Kapitel handelte von Kommunikation im Kontext von Organisation. Ausgehend vom Bürokratiemodell Max Webers, einer geordneten Welt von Organisation, die zugleich in dieser Ordnung verhärtet, habe ich differenziertere Sichten auf Organisationshandeln aufgefächert, die den AkteurInnen zunehmend Körper, Sexualitäten, Emotionen und Verantwortung für den Prozess Organisation zusprechen. Ein solches prozessuales Organisationsverständnis basiert auf sozialen Beziehungen und Kommunikation als Mittel von Verständigung und Austausch. Die in diesem Kapitel dargelegten Überlegungen möchte ich in folgenden Leitsätzen für Organisationsentwicklung zusammenfassen:

- *Embededdness*: Organisationen sind Gestalt gewordene Macht im Kontext von Gesellschaft. Gesellschaft bedingt, begrenzt und erzeugt den Rahmen, in dem sich Organisationshandeln dienend und nachhaltig entfalten kann.
- *Kommunikation* ist das Mittel, diese Macht zu kreieren und zu verändern.
- *Gruppen und Teams* sind die Bühne, auf der die AkteurInnen (ihre) Macht alltäglich neu verhandeln und inszenieren.
- *Diversity:* Eine globalisierte Welt bringt Verschiedenheiten auf neuartige Weise zum Ausdruck. Diese bilden sich auch im Organisationshandeln ab und erfordern eine Debatte um die gerechte Verteilung von Ressourcen. Bestandteil dieser Debatte ist Geschlechterdemokratie.
- *Prozess:* Organisation ist immer Beziehungshandeln und damit veränderliches Geschehen. Das Handeln in Beziehung wird zum Paradigma der neuen prozessorientierten Organisation.
- *Vision:* Organisation erfordert Visionen, Antworten auf die Fragen nach Zukunft und dem Sinn des Tuns.

3. Die Gruppendiskussionen

In diesem Teil der Arbeit werde ich die von mir durchgeführten Gruppendiskussionen und ihre Interpretation präsentieren. Dies geschieht in Form soziologischer Porträts, die auf Grundlage der Konversationsanalyse entstanden sind, wie in der Einleitung erläutert. Um den LeserInnen das Verständnis der Analysen zu erleichtern und zur Lesefreude am umfangreichen Materials beizutragen, beginne ich mit der Darlegung zentraler Stichworte aus der Konversationsanalyse, die einen Einblick in die Methodik und Begrifflichkeit geben.

3.1 Stichworte zur Auswertung

Turn

Unter einem Turn versteht man in der Konversationsanalyse eine Redegelegenheit, die zugleich Aktivität ist. Turns bilden das Fundament von Gesprächen, deren Abfolge organisiert werden muss. Hierzu ein Beispiel:

Obermann: ((unterbricht den Vorredner)) es lässt sich da noch ergänzen, dass die Kommunikation und auch der Informationsfluss im Haus ein sehr aktuelles /Thema/ ist es sind verschiedene äh Workshops und äh Gruppen im Moment eingerichtet, um dort noch sagen wir mal Ver/bess/erungen herbeizuführen beziehungsweise über Ist-Analyse auch äh zu untersuchen welche Runden machen Sinn und äh wie ist das überhaupt im Tagesgeschäft was passiert dort und natürlich durch die Einführung der Gruppenarbeit äh wo eigentlich alle von /berührt/ sind Serviceteams und Produktionsgruppen werden auch äh die Gruppenbetreuer im Hinblick auf Kommunikation und so weiter Moderation von Gruppengesprächen besonders ge/schult/ wie auch natürlich die andern Führungskräfte auch die im Unternehmen sind ((7 Sekunden Pause)) (GD B, Z 146-158)

Obermann bringt sich durch eine Unterbrechung des Vorredners ins Gespräch (s. auch Stichwort „Sprecherwechsel") und nimmt die Redegelegenheit wahr, indem er die aktuellen Hintergründe des Themas Kommunikation und Informationsfluss im Unternehmen aus seiner Sicht darlegt. Eine Pause markiert deutlich das Ende des Turns.

Sprecherwechsel

Zu den grundlegenden Aufgaben der Gesprächsorganisation gehört die Verteilung der Redebeiträge („turn-taking"). Wenn die Verteilung nicht durch vorher vereinbarte Regeln geschieht, wie beispielsweise eine Diskussionsleitung, müssen die Beteiligten die Abfolge selbst regeln. Dies erfolgt „turn by turn". Die klassische Konversationsanalyse beschäftigt sich praktisch nur mit der Organisation der Sprecherwechsel und hat hierzu ein grundlegendes System formuliert (Sacks, Jefferson, Schlegloff). Es gibt drei Möglichkeiten, den Wechsel zu organisieren: 1) Auswahl des nächsten Sprechers durch die eigene Äußerung; 2) Selbstauswahl als SprecherIn; 3) Die Sprecherin redet weiter, wenn 1) und 2) nicht erfolgt sind. Die Aushandlung und Verteilung des Rederechts ermöglicht Rückschlüsse auf den Interaktionszusammenhang der Beteiligten, beispielsweise das vorhandene Maß an Kooperativität. SprecherInnenwechsel können erfolgen durch vorzeitigen Redestart, verneinende und bejahende Rezeptionssignale, Nutzen von Denkpausen und Luftholen der VorrednerIn, Ins-Wort-Fallen, Überschneidungen, vorzeitige Kommentare u.a.m. Ein Beispiel:

Moderatorin: nachdem ich mich Ihnen kurz vorgestellt habe ehm möchte ich Sie zu Anfang bitten daß Sie sich selbst auch kurz vorstellen dazu wäre es gut wenn Sie Ihren Namen nennen oder Ihr Vorname würde auch genügen wenn Sie wegen der Anonymität das können Sie entscheiden dann was Sie von Beruf sind und welche Aufgabe Sie in diesem Team haben

((kurzes Schweigen))

Anne: * soll ich anfangen ((weibl.))

((Lachen))

Anne: also ich bin Anne Schwarzenfels ich bin 30 Jahre alt ich bin seit etwas länger als einem Jahr bei C-FIRMA (...) (GD C, Z 23-35)

Nachdem die Moderatorin zur Vorstellung aufgefordert hat, ohne eineN ersteN SprecherIn festzulegen, tritt zunächst eine kurze Pause ein. Diese drückt die Unsicherheit des Moments über den Fortgang der Ereignisse aus. Im Anschluss wählt sich Anne selbst als Sprecherin aus. In ihrer Nachfrage schwingt die Unsicherheit über den Ablauf des Verfahrens mit. Die Leistung verdeutlicht sich, die die Beteiligten in einer solchen, selbst zu organisierenden, Gesprächssituation zu erbringen haben. Die erbetene Bestätigung, dass sie sprechen „darf", erfolgt durch Lachen der anderen, sie setzt ihren Turn fort und eröffnet die Vorstellungsrunde.[1]

Konditionelle Relevanz

Das System von Sprecherwechseln reicht nicht aus, um die Bewältigung komplexerer Strukturen und Aufgaben in Gesprächen zu erklären. Die Konversationsanalyse spricht von konditionellen Relevanzen als Mittel zur Lösung solcher strukturellen Aufgaben:

„Damit ist gemeint, dass auf eine Handlung eines bestimmten Typs eine andere Handlung eines korrespondierenden Typs zu folgen hat und an dieser Stelle erwartbar ist. (...) Äußerungsaktivitäten sind stets zu interpretieren als ‚slot' und ‚filler': eine bestimmte Äußerung, die in anderem Kontext einen anderen Charakter haben kann, wird folgend auf eine Frage als Antwort gehört usw. Erst aufgrund der konditionellen Relevanz wird auf der Ebene der Gesprächsorganisation die Abwesenheit bestimmter Elemente an bestimmten Stellen auffällig und bedeutungsvoll (z.B. wenn keine Antwort auf eine Frage erfolgt, d.h. entweder gar keine Äußerung oder eine Äußerung, die nicht als Antwort interpretierbar ist). Die konditionelle Relevanz ist unter anderem konstitutiv für die ‚adjacency pairs', d.h. Paare korrespondierender Äußerung, die auf zwei Sprecher verteilt sind und unmittelbar aufeinander folgen (z.B. Frage/Antwort, Gruß/Gegengruß usw. (...)" (Schütze/Kallmeyer 1976, S. 15). Dazu ein Beispiel:

Neuhoff: (...) also das ham wir /begonnen/ würd ich sagen
ja ((männl. Stimme))
mh ((weibl. Stimme))
Neuhoff: #0 seht ihr das auch so #1 ((fragend))
Meier.: mh mh
mh ((männl. Stimme))
Sander: mh
Neuhoff: wäre jetzt ne Frage
Meier: na ja da sind wir ja dabei wir ham ja jede Woche Besprechung mittwochs zum Beispiel mit zwei Stunden meist (GD A, Z 380-395)

---

[1] Auf der Interaktionsebene ließe sich hier auch bereits einiges folgern im Verhältnis zu Anne und den MitarbeiterInnen: Ihrem Vorpreschen, das sie selbstoffenbarend in Unsicherheit kleidet, folgt ein Lachen, das entblößend wirkt. Dies gibt Hinweise auf den Umgang mit Unsicherheit und Selbstoffenbarung im Teammilieu und auf Annes Status als möglicherweise belächeltes Mitglied. (s. hierzu näher die Strukturelle Beschreibung der Gruppe C)

Neuhoff setzt hier eine konditionelle Relevanz, der die DiskussionsteilnehmerInnen nicht folgen. Sie reagieren lediglich mit Rezeptionssignalen. Die Verweigerung einer Antwort droht zur Interaktionskrise zu werden, woraufhin Neuhoff die konditionelle Relevanz erneuert und sie explizit als „Frage" ankündigt, den Zugzwang unterstreichend, den eine solche mit sich bringt. Meier reagiert eher widerwillig („na ja"), entschließt sich in dieser Phase jedoch zu Kooperation, damit auch eine Krise im Gespräch vermeidend.

Ebenso werden Beginn und Ende von Gesprächen durch konditionelle Relevanzen geregelt. Der *Beginn* von Gesprächen vollzieht sich in zwei Schritten: 1. Durch Etablierung des Kommunikationskontakts mittels eines Paares korrespondierender Äußerungen. 2. Im Anschluss muss der erste Sprecher ein Thema einbringen und verdeutlichen, was er will. Erst danach kann die „turn-taking-machinery" in Gang gesetzt werden. Die *Beendigung* von Gesprächen erfolgt ebenfalls in zwei Schritten: 1. Dem tatsächlichen Gesprächsende geht eine vorbereitende Phase voraus, die das Sprechen über Themen beendet („opening up closings"); 2. Im Anschluss manifestiert wiederum ein Paar korrespondierender Äußerungen das Gesprächsende („Tschüß"/"Mach's gut").

Handlungsschema

Die Konversationsanalyse spricht im Zusammenhang von sozialem Handeln von „Handlungsschemata", die dem Geschehen Sinn geben. Alltagsweltlich sind dies zum Beispiel eine Einladung aussprechen, einen Vorschlag für eine gemeinsame Unternehmung machen, sich verabreden, eine Geschichte erzählen usw. Institutionell-organisatorisch vorgegebene Handlungsschema sind etwa: Eine Anzeige erstatten, eine Prüfung durchführen, eine Beschwerde vorbringen, ein Referat halten, eine Gruppendiskussion durchführen. Damit unterscheiden sich Handlungsschemata von Routineaktivitäten im Gespräch: während letztere mehr oder minder „automatisch" den Kommunikationsablauf sicherstellen, berücksichtigen erstere den Kontext der Situation, die Beziehungen der InteraktionspartnerInnen und ihre Verstehensvoraussetzungen. Als *Kernaktivitäten* werden die Handlungen bezeichnet, die notwendig sind, um diese durchzuführen, wie zum Beispiel in einer Gruppendiskussion das Setzen des Stimulus, die Ratifizierung durch die Gruppe, Stellung nehmen, argumentieren, formulieren neuer Themen, beenden des Verfahrens.

In Gruppendiskussionen ist daher der Umgang mit dem Handlungsschema selbst von Interesse. Beispielsweise gibt es in zwei der Diskussionen Versuche, das Handlungsschema außer Kraft zu setzen: In Gruppe B versucht Obermann, die Handlung in eine Teambesprechung umzuformulieren, was ihm aufgrund von Widerstand aus der Gruppe nicht gelingt; in Gruppe C ändern die TeilnehmerInnen gemeinsam das Handlungsschema und gehen allmählich in eine Teambesprechung über. In den strukturellen Beschreibungen wird dies im jeweiligen Kontext von Inhalt und Handlung analysiert und fließt in die Gesamtformung mit ein.

Verdeckte Handlungsschemata bezeichnen verschleierte Aktivitäten, die im Hintergrund des Gesprächs ablaufen und nicht offiziell ratifiziert wurden. So können sich unter der Überschrift „freundschaftliche Kontaktpflege" beispielsweise strategische Interaktionen abspielen, die bestimmten Zwecken dienen. Die verschleiernde Aktivität des sichtbaren Handlungsschemas dient der Minimierung von Risiken bei der Offenlegung von Interessen im Gespräch und ermöglicht beiden InteraktionspartnerInnen, das „Gesicht zu wahren". In Gruppe C wird ein Beispiel für ein solch verdeckt ablaufendes Handlungsschema analysiert: vordergründig wird eine Geschichte vom häuslichen Umgang mit beruflichem Stress erzählt, in deren Hintergrund die Erzählerin mit einem anwesenden Kollegen flirtet (GD C, Z 2047-2093).

Fokussierung, Defokussierung, Refokussierung

Der fokussierende bzw. defokussierende Umgang mit Themen in Gruppendiskussionen gibt Hinweise sowohl auf die „heißen Eisen" im Teamzusammenhang, als auch auf den Umgang mit diesen eher problematischen Inhalten. Interessant ist also für die Analyse sowohl das *Was*, als auch das *Wie* der Fokussierungsaktivitäten. Beispielsweise fokussiert Caroline in der Diskussion C abrupt das Thema Raucher-Nichtraucher, womit sie den Diskussionskomplex schlechter Informationsfluss im Unternehmen defokussiert. Mit der Art und Weise, wie sie diesen Schwenk einleitet („jetzt mal ein ganz einfaches Thema", Z 1365), gibt sie selbst einen Kommentar zum vorherigen Bereich ab, den sie aktiv verlässt.

Ratifizierung

Das Handlungsschema muss von den AkteurInnen nicht nur akzeptiert, „sondern auch ausdrücklich ratifiziert werden: d.h. als eigene Handlungsverpflichtung anerkannt werden. Dieser Handlungsverpflichtung ist ein wohldefiniertes Rollenmuster inhärent: die Ratifzierung der Erzählerrolle z.B. impliziert für die übrigen Interaktionsbeteiligten die Zuhörerrolle..." (Kallmeyer/Schütze 1976, S. 16f.)

Dies gilt auch in den Gruppendiskussionen, in denen es zu Beginn zunächst darum geht, dass die Beteiligten den Auftrag annehmen und das Handlungsschema ratifizieren. Hierzu ein Beispiel:

Moderatorin: Gut ehm moderne Managementtheorie betont ja daß Kommunikation an Bedeutung gewinnt bei der Organisation betrieblicher Abläufe und das stellt Mitarbeiterinnen und Mitarbeiter auch vor neue Herausforderungen ehm mich interessiert wie Ihre betriebliche Praxis aussieht und wie Sie Ihre Zusammenarbeit in Ihrem Team gestalten Sie kennen ja sicher alle Situa alle Situationen was beispielsweise passiert wenn Informationen nicht weitergeleitet werden oder auch wie förderlich es sein kann sich mit Kolleginnen und Kollegen auszutauschen ehm mich würde nun hier bei Ihnen interessieren wie Sie Ihre Zusammenarbeit in Ihrem Team empfinden
((kleine Pause))
Althoff: reell ((fragend))
((leichtes Lachen)) (GD A, Z 227-230)

Unmittelbar nach dem Stimulus erfolgt keine Ratifizierung, eine kleine Pause tritt ein. Auch Althoffs Rückfrage kann noch nicht als Annahme des Aufttrags gewertet werden, er hält die Ratifizierung des Handlungsschemas Gruppendiskussion zunächst in der Schwebe. Erst kurz darauf wird der Arbeitsauftrag ratifiziert:

Neuhoff: die Wahrheit und nichts als die Wahrheit ((lacht leicht))
((leichtes Lachen in der Runde))
Althoff: ah ich denke mal ich als Disponent ah sehe meine Arbeit eigentlich hauptsächlich darin erst mal daß ich natürlich die Außendienstmitarbeiter mit Arbeit versorge (...) (GD A, Z 232-247)

Auch Neuhoff ratifiziert noch nicht das Handlungsschema, sie greift zum Mittel der Ironie, den Schwebezustand weiter aufrechterhaltend, woraufhin Althoff sich entschließt, die Diskussion zu eröffnen. Der kurze Ausschnitt dürfte deutlich machen, dass die Phase der Ratifizierung des Handlungsschemas bereits einige Interaktionsbesonderheiten verdeutlichen kann, hier beispielsweise der angesprochene Grad an Offenheit im Teamzusammenhang und der Einsatz von Ironie als „Führungsinstrument".

Handlungshorizont

Die Schöpfung von Bedeutung durch die AkteurInnen ist zentral für die Konversationsanalyse in der Tradition des Symbolischen Interaktionismus. Es wird davon ausgegangen, dass Bedeutung Orientierung schafft und Handlung bedingt. „Nach Schütz ist Handeln dann sinnhaft, wenn es sich an einem Entwurf, also an einem vom Handelnden selbst antizipatorisch entworfenen Handlungsmuster, orientiert." (Bohnsack 1989, S. 26) Bohnsack drückt diese Vorstellung prägnant aus in den Begriffen Horizont – Gegenhorizont – Enaktierungspotenzial. Diese bilden gleichsam den Rahmen des Erfahrungsraums der AkteurInnen, „Die Orientierungsfiguren sind sozusagen zwischen diesen Rahmenkomponenten ‚aufgespannt'" (ebenda, S. 28):

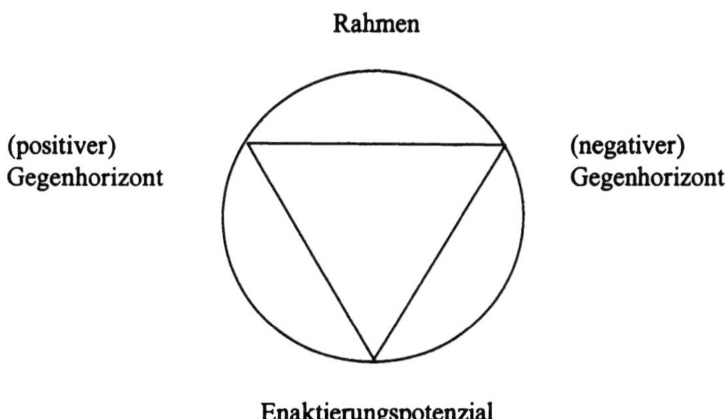

Bei der Analyse der Texte geht es sowohl um das Aufzeigen impliziter Horizonte und Gegenhorizonte, als auch um das Aufspannen externer Bedeutungsrahmen durch die Interpretation. Betrachten wir diese Vorgehensweise an einem Beispiel:

Schneider: ja es ist äh eine sehr lockere Runde zunächst einmal es gibt immer einen Themenschwerpunkt wie ich vorhin schon sagte im Moment liegt er da in der im Informationsfluß * Hauptthema und /jeder/ kann eigentlich aus aus aus seinem Aufgabengebiet entsprechend hier was einbringen ist also nicht so daß daß äh daß wir vor irgendwelchen Abteilungen halt machen und sagen die klammern wir aus sondern jeder hat zu /gleichen/ Anteilen das Recht hier seine Meinung vorzubringen und wir versuchen dann das ganz ausschließend äh zu einem Gesamtergebnis zusammenzufassen und das dann auch den andern Mitarbeitern auf den Informationstafeln zu präsentieren (GD D, Z 166-174)

Positiv qualifiziert Schneider das Team hier als „sehr lockere Runde", die er kurz darauf näher charakterisiert anhand von demokratisch gefärbten Grundsätzen (gleiche Rechte aller). Ein impliziter Gegenhorizont hierzu könnte ein steifes oder förmliches, zudem „undemokratisches" Miteinander sein. Explizit nennt er am Gegenhorizont das Ausklammern von Abteilungen sowie die Verweigerung meinungsäußernder Rechte. Das Aufspannen eines externen Bedeutungsrahmens führt zu Fragen der Unternehmenskultur, die sich als Spannungsfeld divergierender, vielleicht auch unvereinbarer Handlungsmaximen erweist, die sich im betrieblichen Alltag in Form von „gebremsten", wenig handlungsmächtigen AkteurInnen äußern könnten.

3.2 Schritte der Auswertung

Transkription

Die vier ausgewählten Gruppendiskussionen wurden vollständig transkribiert. Auswahl und Analyse der Textabschnitte fanden aufgrund dieser Verschriftung statt. Einzelne Abschnitte wurden nochmals abgehört, um Kriterien wie Modalitätenwechsel und dramaturgische Dichte zu überprüfen. Hier die verwendeten Transkriptionszeichen:

/Team/	= betont
((leichtes Lachen))	= Kommentar der Transkribierenden
#0 so das Gefühl manchmal #1	= Passage, auf die sich der Kommentar bezieht ((leise))
*	= unverständliche Äußerung

Segmentierung

Die Texte wurden danach in Segmente und Subsegmente untergliedert. Dies ermöglicht eine inhaltliche Übersicht des Materials sowie die Beschreibung von Kernaktivitäten der AkteurInnen wie das Setzen des Stimulus, die Durchführung der Vorstellungsrunde und die Fokussierung, Re- und Defokussierung von Themen. Die Segmentierung ist zudem eine wichtige Grundlage für die Auswahl der Textabschnitte für die Analyse und strukturelle Beschreibung.

Bestimmung des Gesprächsanteils der TeilnehmerInnen

Ebenfalls aufgrund der Transkription wurde der Wortanteil der DiskussionsteilnehmerInnen bestimmt. Dabei wurden Zeilen- und Wortmengen gezählt und den AkteurInnen prozentual zugeordnet. Die Prozentangaben sind gerundet. Es handelt sich um ungefähre Angaben, da beispielsweise Sprechtempo und Pausen nicht berücksichtigt werden konnten. Die Angaben dienen der erweiterten Feststellung des „Gewichts“ der AkteurInnen in der Diskussion, die hauptsächlich auf deren interaktivem Anteil im Gespräch beruht.

Auswahl der Analyseabschnitte

Um die Fülle des Materials auf ein handhabbares und aussagekräftiges Maß zu reduzieren, wendet beispielsweise Bohnsack (1989) die Kriterien Themenbezug zur Fragestellung sowie dramaturgische Dichte an. Das war im vorliegenden Fall so nicht praktizierbar, da die Kommunikation der AkteurInnen im Team sowie die Schöpfung von Bedeutung um den Begriffshof Kommunikation selbst Gegenstand der Untersuchung waren. Dadurch wurde der Gesamttext und die Gesamthandlung zum Gegenstand der Untersuchung. Dennoch war eine Reduzierung des Materials erforderlich. Die Auswahl geschah nach folgenden Kriterien: A) In allen Gruppendiskussionen wird der Beginn analysiert, häufig auch die Vorstellungsrunde, da hier bereits relevante Rollenpositionierungen und Themensetzungen sichtbar werden, die sich im Laufe der Diskussion weiter verfolgen lassen. B) Die Handlung Gruppendiskussion wird in den zentralen Aktivitäten der AkteurInnen nachgezeichnet, was Einblicke in die Struktur der Zusammenarbeit ermöglicht. C) Abschnitte, die sich durch besondere dramaturgische und narrative Dichte auszeichnen, wurden ausgewählt, da sie Rückschlüsse auf die besondere Bedeutung, die „heißen Eisen“ der Gesamtthematik für das Team erlauben. D) Kurze Erwähnung findet jeweils auch das Ende der Diskussion, da auch hier nochmals teamtypische Interaktionsmuster zutage treten.

Strukturelle Beschreibung

Die ausgewählten und codierten Abschnitte werden „strukturell beschrieben“. Dieser von Schütze/Kallmeyer 1976 so benannte Vorgang meint die Textwiedergabe auf verschiedenen Ebenen: Rahmen, Handlung, Sachverhalt, Modalität, Beziehung. Diese Beschreibungen sind Kern der empirischen Arbeit und nehmen entsprechend breiten Raum ein.

Gesamtformung

Als Extrakt der Textanalyse fließen in der Gesamtformung zusammen: Handlungen der AkteurInnen über die Dauer der Diskussion hinweg, verknüpft mit der Handhabung der Themensetzungen, Beobachtungen im Setting, Umgang mit dem Handlungsschema, Übertragungsphänomene bei der Bearbeitung. Hier werden Handlungs- und Bedeutungshorizonte aufgespannt, wie sie sich im Text entfalten und über ihn hinausreichen.

Darstellung der Auswertung

Die Auswertungen werden wie folgt präsentiert:

- Sitzordnung. Eine Skizze zeigt, wie die Beteiligten der Gruppendiskussion bei der Aufzeichnung am Tisch bzw. im Raum positioniert waren. Quadrate sind das Symbol für Männer, Kreise für Frauen.
- Die TeilnehmerInnen der Vorstellungsrunde: Ihre fiktiven Namen, ihr Beruf, ihre Tätigkeit im Unternehmen.
- Bemerkungen zum Unternehmen (Branche, Zahl der MitarbeiterInnen, Entwicklungsstand). Die Angaben sind sehr kurz und vage gehalten, um die Anonymität der Beteiligten zu gewährleisten.
- Setting. Hier sind Beobachtungen zusammengefasst, die während der Kontaktaufnahme zu den Beteiligten von Bedeutung waren sowie Themensetzungen in dieser Phase der Untersuchung ausgehend von den Kontaktpersonen.
- Gesamtverlauf der Diskussion, Wortmenge der TeilnehmerInnen.
- Ausgewählte Themen und Handlungshorizonte.
- Strukturelle Beschreibung der ausgewählten Abschnitte.
- Gesamtformung.
- Zusammenfassung des Feedbacks an die Gruppen.

3.3 Gruppe A: „Kindergarten“

– Sitzordnung während der Diskussion

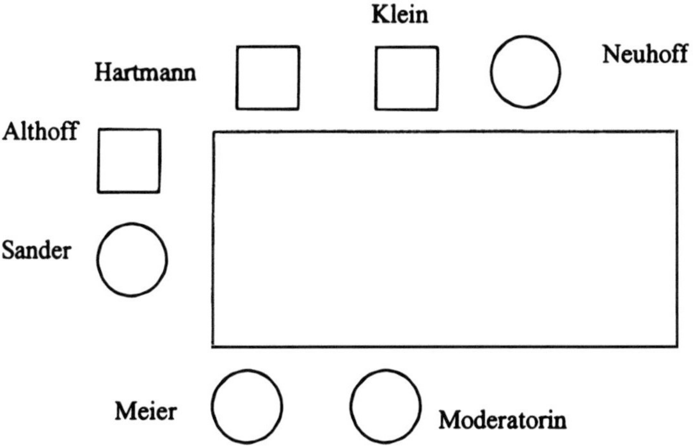

Klein

Hartmann

Neuhoff

Althoff

Sander

Meier

Moderatorin

– Die TeilnehmerInnen (in der Reihenfolge des Sprecheintritts):

Walter *Althoff* („Disponent“, „Beamter“, „Ausbildung im nichttechnischen Fernmeldedienst“)

Ulla *Neuhoff* (Diplom-Ingenieurin, Universitätsabschluss, Elektrotechnik, Beamtin, Teamleiterin)

Andrea *Meier* („Ausbildung im mittleren nichttechnischen Dienst“, Beamtin, Auftragsservicemanagement)

Barbara *Sander* („nichttechnische Fernmeldeassistentin“, Beamtin, „Altdispositionstätigkeiten“)

Werner *Hartmann* („Ausbildung im mittleren nichttechnischen Fernmeldedienst“, Beamter, Auftragsservicemanagement)

Peter *Klein* („der einzige Nichtbeamte“, Kommunikationselektroniker)

— Vorbemerkung zum Unternehmen

Bei dem Arbeitsteam handelt es sich um eine im Kundendienst tätige Gruppe eines großen Telekommunikationsunternehmens. Insgesamt umfasst das Team 15 Personen. An der Gruppendiskussion nahmen sechs Personen teil, die sich auf die Ankündigung des Forschungsvorhabens hin selbst für die Teilnahme ausgewählt hatten.

Das Unternehmen befindet sich in einem Prozess intensiver Reorganisation, der auch von viel Unmut begleitet wird, zudem von öffentlichem Interesse ist, da das Unternehmen von einem staatlichen Beamtenapparat in einen nach privatwirtschaftlichen Prinzipien funktionierenden Konzern umgewandelt werden soll. Kommunikation hat also verschiedene Relevanzbezüge: die interne Vermittlung von Neuem, die Außendarstellung am Markt, die Legitimation von Veränderung.

— Setting

Der Kontakt zum Unternehmen kam über eine Teilnehmerin eines Kommunikationstrainings an der FH Gelsenkirchen zustande. Sie war sehr interessiert an den Themen Leitung und Teamentwicklung und sah selbst einige Schwierigkeiten in ihrer Gruppe, die sie mit mir im Anschluss an die Diskussion erörterte. Die Diskussion fand in einem Besprechungsraum des Unternehmens in angenehmer Atmosphäre statt.

— Zum Verlauf der Gruppendiskussion

Ausführlich analysiert werden Teile der Vorstellungsrunde sowie die Runde erster Stellungnahmen nach dem Stimulus. Hier zeichnen sich bereits zentrale Themen und Interaktionsmuster im Team ab. Die Entfaltung der beiden Themen Berufs- und Unternehmensidentität im Wandel sowie individueller Umgang mit Arbeitsmengen und -anforderungen wird analysiert, ebenso wie das Auftauchen der Kernmetapher „Kindergarten“ im Team. Ausführlich vorgestellt wird zudem der Abschnitt „Frauendienststellen“, wo Geschlechtsstereotype als Element von Interaktion sichtbar werden.

Den höchsten Gesprächsanteil an der Diskussion hat Althoff (36%), gefolgt von Neuhoff (29%). Die übrigen TeilnehmerInnen haben relativ gleiche Anteile: Hartmann (11%), Sander (8,5%), Klein (8,5%), Meier (7%). Die quantitative Dominanz von Althoff und Neuhoff schlägt sich auch in einer Bestimmung des

Diskussionsverlaufs nieder: Althoff ratifiziert den Arbeitsauftrag Gruppendiskussion sowie schließlich auch das Ende und bringt zentrale Fokussierungen in das Gespräch, die lebhaftere Diskussionen auslösen. Auch Neuhoff bestimmt thematische Orientierungen der Diskussion, die jedoch nicht mit der gleichen Bereitwilligkeit aufgegriffen werden wie Althoffs.

— Diskutierte Handlungshorizonte in der Reihenfolge ihres Auftauchens

- Brüchige Berufsidentitäten
- Unternehmensidentität: Wechsel von „Alt" zu „Neu"
- Dimensionen von Re-Identifikation im Spiegel von Re-Organisation
- Ein Leitungsproblem: Umgang mit existenzieller Verunsicherung
- Metapher: „Verrückte" Verhältnisse
- Neues Ingenieurhandeln: von technizistisch bis organismisch
- Rollenanprobe im Team
- Kernmetapher: „Kindergarten"
- Diagnosen und Perspektiven der Teamentwicklung
- Geschlechtsstereotype als Element von Interaktion

— Strukturelle Beschreibung der ausgewählten Passagen

Vorstellungsrunde: Brüchige Berufsidentitäten

Zunächst stellt die Moderatorin sich, ihr Arbeitsthema sowie ihre Forschungsmethode vor und umreißt das Thema der geplanten Gruppendiskussion:

Moderatorin: ja ((lacht)) und das besondere an meiner Methode ist daß ich Ihnen keine vorbereiteten Fragen stellen werde ehm und das ich werde das Gespräch auch kaum moderieren diese das Gespräch das wir gleich führen ehm vielmehr möchte ich Sie bitten daß Sie ehm den Ablauf selbst organisieren und daß Sie auch die Punkte zum Thema betrieblicher Kommunikation im Team selbst ehm einbringen die Ihnen da auf den Nägeln brennen ehm (Z81-85)

Danach bittet sie die TeilnehmerInnen, sich ebenfalls vorzustellen:

Moderatorin: Ehm was Sie von Beruf sind und welche Aufgabe Sie in dem Arbeitsteam hier haben
((kleine Pause))
Althoff.: Jetzt sofort ((fragend))
((Lachen in der Runde))
Althoff: von da nach da oder /quer/ durch ((fragend))

ja gut
Hartmann: ((dazwischen)) fang halt da an (Z106-118)

Für kurze Zeit reagiert keineR der Anwesenden auf die Aufforderung der Moderatorin, der Arbeitsauftrag wird noch nicht ratifiziert. Dann wählt sich Althoff als erster Sprecher aus. Er hält die Zustimmung zum Arbeitsauftrag zunächst in der Schwebe. Hartmann unterbricht diese Situation, indem er Althoff auffordert, mit der Vorstellung anzufangen. Damit ratifiziert er zugleich das Handlungsschema Vorstellungsrunde. Er misst sich Althoff gegenüber die Kompetenz zu, Aufgaben zuzuweisen, womit er das Handlungsfeld der Hierarchie eröffnet. Diese Themengenerierung geschieht in Form einer konditionellen Relevanz. Althoff könnte den Auftrag nur um den Preis einer situativen Interaktionsstörung zurückweisen. Althoff erfüllt die von Hartmann gesetzte konditionelle Relevanz und kommt der Aufforderung nach:

Althoff: also mein Name ist Walter Walter Althoff und ich bin in der Disposition als Disponent tätig
((männl. lacht leicht, durch die Nase))
Althoff: Aufträge disponieren (Z121-126)

Die dreifache Wiederholung der Tätigkeitsbeschreibung durch Althoff, das Bereiten eines festen Bodens für den Diskussionseinstieg durch Redundanz, deutet eher eine berufliche Verunsicherung als Rollensicherheit an. Diese Hypothese bestätigt sich sofort im Anschluss:

Moderatorin: Mh Disponent ist das ein Beruf ((fragend))
Althoff: ne Beruf ist das eigentlich nicht aber äh /Beamter/ bin ich eigentlich von Beruf dann
((leichtes Lachen in der Runde)) (Z128-132)

Die Nachfrage der Moderatorin ist auf der Ebene Berufsidentität angesiedelt, die infrage gestellt wird. Althoff schließt sich der Infragestellung an und bietet eine Alternative an: Wenn nicht Disponent, dann sei er Beamter von Beruf. Diese Neuformulierung führt nicht zu Klärung und Sicherheit, sondern produziert weitere Verunsicherung:

Neuhoff.: ist das ein Beruf ((fragend)) ich weiß nicht
((Lachen in der Runde))

Jetzt ist es die Teamleiterin, die die veränderte Berufsbezeichnung infrage stellt, sie begibt sich auf die Ebene der Moderatorin. Althoff ist für den Moment seiner beruflichen Identität entblößt, zweifach wurde sie ihm genommen. Diesmal beansprucht er sie umgehend zurück:

Althoff: ja /Beamter/ ich hab ne Ich hab ne Laufbahn

Neuhoff: Fernmelde oder
Althoff: als mh nichttechnischer ((atmet ein))
Neuhoff: ach so *
Althoff: * ja nichttechnischer ((atmet aus beim Sprechen))
Neuhoff: ((dazwischen)) ja Fernmelde wat ist das ((sucht nach der richtigen Bezeichnung))
Meier: nichttechnischer im nichttechnischen mittleren Dienst
Sander: richtig
Althoff: #0 ja gut richtig #1 ((undeutlich, schnell)) ne Ausbildung im nichttechnischen Fernmeldedienst
Neuhoff: Fernmeldeinspektor oder so wat ((fragend))
Moderatorin: Ja o.k. alles klar mh
Althoff: das gab's noch da *
Hartmann: na das das ist ein neu
Meier: ne das ist schon das ist ja schon wieder höher ne
Neuhoff: ja ach so
Sander: ja *
Klein: * das werden wir ((lacht leicht))
Meier: das werden wir nicht mehr
Hartmann: ne ((lachend))
((leichtes Lachen in der Runde))
weibl. Stimme: nich ((fragend, ironisch?))
Althoff: der nächste (Z142-191)

Unternehmensidentität: Wechsel von Alt zu Neu

Die Teamleiterin Neuhoff ist anscheinend nicht über die genauen Ausbildungswege ihrer MitarbeiterInnen orientiert, anders als beispielsweise Meier und Sander, die hier aushelfen. Diese Unkenntnis gibt einen Hinweis auf eine möglicherweise mangelhafte Anerkennung tradierter Wissensbestände. Die Moderatorin versucht mit ihrem „o.k." die „peinliche" Sequenz zu beenden, die sie selbst provoziert hat. Die Diskussion wird jedoch fortgesetzt, wobei die Gruppe einen Modalitätenwechsel vornimmt. Die Sequenz ist von häufigen Sprecherwechseln bestimmt, ein gemeinsames Ringen von Sander, Meier und Althoff um eine gültige Berufsbezeichnung setzt ein, unterbrochen von Bemerkungen Neuhoffs. Teile der Gruppe schließen einen Kreis um sich, dessen Linie die Worte „wir", „höher" und „nicht mehr werden" bilden, aus dem die Teamleiterin ausgeschlossen ist. Althoff beendet die Sequenz aktiv, indem er sich als Moderator in eigener Sache betätigt und die nächste Sprecherin auswählt. Meier fährt fort:

Meier: ja mein Name ist Andrea Meier ich hab auch die Ausbildung im mittleren nichttechnischen Dienst gemacht und äh bin jetzt in der im Auftragsservice Management tätig und bearbeite eben ISDN analoge Anschlüsse und /alles/ was dazu gehört (Z193-195)

Meier schließt sich in ihrer Formulierung der gemeinsam erarbeiteten Berufsbezeichnung an und fügt ihren Tätigkeitsbereich hinzu. Ähnlich Sander:

Sander: ja mein Name ist Barbara Sander ich hab auch die Ausbildung na ja als nichttechnik nichttechnische ((lacht leicht)) Fernmeldeassistentin da gemacht ((atmet ein)) #0 tja und im Moment weiß ich noch nicht genau äh ((atmet aus)) was ich jetzt für ne Aufgabe mache ich mache noch Alt-Dispositionstätigkeiten so Nachfragen und so bearbeite ich viel und neu soll ich ((atmet ein)) in die Auftragsbearbeitung ((atmet aus)) reinwachsen ((lacht leicht, atmet aus)) (Z197-202)

Sie schließt sich ebenfalls der Ausbildungsbeschreibung ihrer beiden VorrednerInnen an, wählt jedoch den altmodischeren Ausdruck „Fernmeldeassistentin" für sich. Ein größerer Teil ihrer Aussage bleibt für Außenstehende wenig nachvollziehbar: Es folgt Hartmann:

Hartmann: jo mein Name ist Werner Hartmann ich hab auch die Ausbildung ((atmet ein)) im mittleren nichttechnischen Fernmeldedienst bin beim Auftragsservicemanagement tätig und die Tätigkeit dort besteht darin Aufträge der Kunden in die Systeme einstellen damit die Kollegen von der Disposition disponieren können und die Kollegen draußen irgendwie Anschlüsse bauen können (Z204-208)

Der nächste Sprecher ist Klein:

Klein: gut ich heiß Peter Klein bin der einzigste Nichtbeamte sag ich mal ((lacht leicht))
((leichtes Lachen))
Klein: hab aber was technisches gelernt Kommunikationselektroniker
((räuspern, Mann))
Klein: * ISDN und kümmere mich darum daß die Leute oder die Kunden die Rechnung bekommen daß sie auch /stimmen/ und mach so einige ja Eingaben in ja in anderen Systemen #0 * #1 ((zu leise)) (Z 218-220)

Klein stellt sich als „Nichtbeamter" vor und grenzt sich damit von seinen VorrednerInnen ab, schließt sich aus dem Wir aus, das sich über einen gleichen Ausbildungsweg geformt hat. Damit positioniert er sich als besonders und ordnet sich den modernen Zeiten zu (er ist auch der sichtbar jüngste im Team).

Als letzte meldet sich die Teamleiterin zu Wort.

Neuhoff: ja Ulla Neuhoff ich äh habe auch äh die technische Laufbahn äh gewählt habe Elektrotechnik studiert und äh ja bin weiß nicht ob das ein Beruf ist bin jetzt die Teamleiterin der anwesenden Personen /hier/ #0 ja und äh #1 ((atmet aus beim Sprechen)) kümmere mich zum Beispiel auch um Kommunikation oder Teamarbeit und und solche Dinge die da anliegen (Z 222-225)

Neuhoff wählt teilweise ähnliche Worte wie ihre VorrednerInnen zur Beschreibung ihres Berufs („Laufbahn"). Gleichzeitig eröffnet sie ein neues Handlungsfeld, indem sie davon spricht, diese Laufbahn „gewählt" zu haben: Wahlfreiheit und Aktivität. Nachfolgend greift sie die Unsicherheit auf, die zu Beginn der Vorstellungsrunde auftrat („ich weiß nicht, ob das ein Beruf ist"), präsentiert sich damit auch selbst mit einer labilen Berufsidentität. Sie qualifiziert ihre Tätigkeit nicht als die einer Ingenieurin sondern als „Teamleiterin". So nimmt sie eine Gewichtung zwischen Ausbildung (relativ unwichtig) und derzeitiger Tätigkeit (relativ wichtig) vor und betont ihren Leitungsanspruch. Ihr Leitungsstil bis hierhin: sie überlässt den Teammitgliedern die (schwierige) Aufgabe des Anfangs, damit möglicherweise Informationen über den Ablauf sammelnd und auswertend, die sie gegen Ende dann zur Markierung von Definitionen und ihrer Führungsrolle nutzt.

Das Thema Berufsidentität, Unklarheit in Tätigkeitszuschreibungen und einer sich überholenden Unternehmenskultur deutet sich als „heißes Eisen" der Teamarbeit an. Alte und neue Ordnungen begegnen sich, Reorganisation wird life sichtbar als ein von den Beteiligten neu zu strukturierendes Feld. Wie gehen die Beteiligten mit dieser Herausforderung um? Wie löst die Teamleiterin ihre spezifische Aufgabe in diesem Spannungszusammenhang?

Stimulus: erste Runde von Stellungnahmen

Moderatorin: Gut ehm moderne Managementtheorie betont ja daß Kommunikation an Bedeutung gewinnt bei der Organisation betrieblicher Abläufe und das stellt Mitarbeiterinnen und Mitarbeiter auch vor neue Herausforderungen ehm mich interessiert wie Ihre betriebliche Praxis aussieht und wie Sie Ihre Zusammenarbeit in Ihrem Team gestalten Sie kennen ja sicher alle Situa alle Situationen was beispielsweise passiert wenn Informationen nicht weitergeleitet werden oder auch wie förderlich es sein kann sich mit Kolleginnen und Kollegen auszutauschen ehm mich würde nun hier bei Ihnen interessieren wie Sie Ihre Zusammenarbeit in Ihrem Team empfinden

((kleine Pause))

Althoff: reell ((fragend))

((leichtes Lachen))

Neuhoff: die Wahrheit und nichts als die Wahrheit ((lacht leicht))

((leichtes Lachen in der Runde)) (Z227-234)

Wie schon im Anschluss an die Aufforderung zur Vorstellung, tritt zunächst eine kleine Pause ein, der Arbeitsauftrag wird noch nicht ratifiziert. Wieder meldet sich dann Althoff als erster zu Wort. Er stellt erneut eine Frage in Richtung „Regeln". Mit seiner Frage öffnet er eine zweite Kommunikationsebene: die „reelle" (= wahrhaftige, echte, ehrliche) im Verhältnis zur „irreellen" (= unehrlich, versteckt, geheim). Er bietet damit eine Option für die nachfolgenden Äußerungen an: Ehrlich zu sagen, was Sache ist oder fassadenhaft zu kommunizieren. An wen richtet sich Althoffs Frage? Zunächst wirkt sie an die Moderatorin gerichtet, da sie unmittelbar dem Stimulus folgt. Die Moderatorin antwortet nicht, so dass die Gruppe gezwungen wird, selbst eine Entscheidung zum Grad der Wahrhaftigkeit der nachfolgenden Äußerungen zu treffen. Aus der Gruppe folgt zunächst ein leichtes Lachen, das als Antwort auf die Frage wenig eindeutig wirkt. Zu einer Antwort aufgefordert sieht sich daraufhin die Teamleiterin, die ironisierend auf Althoffs Äußerung reagiert. Sie benutzt das Wort Wahrheit im Kontrast zu Althoffs Wortwahl des „Reellen". Der Kontext, aus dem sie ihre Worte wählt, gehört eher in den Bereich des Gerichts als den eines Unternehmens. Wenn auch ironisierend, bekommen die folgenden Worte damit ein großes Gewicht. Gehen wir dahin zurück, dass Althoff nach den Regeln fragte, die in der folgenden Diskussion gelten werden und dass Neuhoff als Teamleiterin Maßgebliches zum Regelwerk der Gruppe beiträgt, lässt sich dieser Satz als verklausulierte Anweisung für das folgende Gespräch verstehen: Seid vorsichtig, wählt eure Worte mit Bedacht, die Situation ist tendenziell riskant, es könnte zu Offenbarungen kommen. Das hieße jedoch auch, dass es etwas zu offenbaren und also auch zu verstecken gibt.

Althoff: ah ich denke mal ich als Disponent ah sehe meine Arbeit eigentlich hauptsächlich darin erst mal daß ich natürlich die Außendienstmitarbeiter mit Arbeit versorge das heißt daß kein Leerlauf herrscht das heißt also daß ich eigentlich ständig auch n guten Draht zu den Auftragskräften haben muß wenn ich sehe daß da zum Beispiel Löcher entstehen daß ich dann halt ins Team gehe und sage hier ((atmet ein)) ich brauche unbedingt noch Arbeit für übermorgen oder morgen (...) denn wenn Löcher entstehen dann wird natürlich oben irgendwann mal nachgeschaut wie effektiv sind die und wenn dann zu wenig Aufträge da sind heißt's dann ja gut dann kann man ja halt Personal abbauen #0 das ist der Weg #1 ((leiser)) also muß man sie ständig an der Arbeit halten ist natürlich /schwierig/ dann auch weil ((atmet ein)) #0 im es sieht einfach so aus irgendwann ist der Kommunikationsmarkt ausgereizt #1 ((atmet aus beim Sprechen)) dann hat jeder ein ISDN Telefon und jeder hat n Faxgerät und #0 dann kann man halt nur noch /hochrüsten/ #1 ((etwas lauter)) und dafür sind die Leute dann halt ich weiß nicht wie das so weitergeht dann halt im Außendienst

Neuhoff: gibt es neue Produkte #1 ((leise)) (Z 246-261)

Dimensionen von Re-Identifikation im Spiegel von Re-Organisation

Althoff arbeitet den Auftrag ab, wie er durch den Stimulus vorgegeben wurde: Er legt dar, worin seine tägliche Arbeit besteht, wie er diese bewältigt und optimiert („guter Draht" sowohl zu den Auftragskräften als auch zu den Kräften im Team). Einleitend benutzt er das Kernwort Disponent für sich und stellt so den Boden wieder her, der ihm in der Vorstellungsrunde kurzfristig entzogen worden war. Er macht deutlich, dass er sich für die Außendienstmitarbeiter verantwortlich sieht, möglicherweise klingt hier ein gewisser Führungsanspruch an, die Perspektive nach oben, die er mit einem Bestreben nach Effizienz beantwortet. Weiter geht er auf den Auftrag ein, indem er andeutet, was er bei alldem „empfindet“: es sei „schwierig“. Diesen Schwenk auf die emotionale Ebene nutzt er zur Fokussierung eines eigenen Themas: Er mache sich Sorgen um die Zukunft, wenn der „Kommunikationsmarkt ausgereizt“ sei, er „weiß nicht, wie das so weitergeht dann...“ Die Teamleiterin reagiert mit Opposition, sie widerspricht Althoffs Sorgenszenario. Sie nimmt, wie schon in der Vorstellungsrunde, eine Opponentenrolle in bezug auf Althoff ein. Darauf Althoff:

Althoff: #0 ja sicherlich #1 ((lauter, leicht widerwillig zustimmend)) es gibt immer wieder neue Produkte das das stimmt schon nur es ist dann halt die Frage ob das alle Techniker dann mitmachen können . daß Personal abgebaut wird das ist eben das ist überall so das ist eben der Lauf der Zeit im Moment #0 wird auch immer so sein #1 ((leise)) denk ich mal weil das ist der größte Kostenfaktor (Z 265-269)

Althoff opponiert seinerseits gegen die Chefin und erneuert sein Thema der unsicheren Zukunft durch fortschreitenden Personalabbau. Wie schon in seinem Eingangsstatement drückt er seine Anteilnahme und Verantwortlichkeit den Außendienstmitarbeitern gegenüber aus, weitergehend dann Hilflosigkeit, beinahe Ohnmacht („das ist überall so“, „das ist eben der Lauf der Zeit“), zaghaft eingeschränkt durch ein „im Moment“, das er beiseite schiebt mit den Worten „wird auch immer so sein“. Althoff zeigt sich durchaus bereit für die Zeitgeistperspektive von Share-Holder-Value und Effizienzbestreben. Dadurch, dass er ein potenziell Betroffener entsprechender Unternehmenspolitiken ist, bekommt die Äußerung eine gewissermaßen tragische Komponente, bietet einen miniaturhaften Einblick in die Seelenlandschaften, in die sich das neue Kostendenken einprägt: Althoff ist bereit, die Perspektive der Unternehmensleitung einzunehmen – nur: wie soll er die Konsequenzen verarbeiten, die sich dadurch gleichzeitig für ihn und die ihm zugeordneten MitarbeiterInnen ergeben, und wie passt die Vorstellung vom Personal als „größtem Kostenfaktor“ in sein neues berufliches Identitätskonzept? Sander ergreift das Wort:

Sander: #0 tja darauf wird aber kannst aber irgendwie nicht gut gehen wenn soviel Leute ohne Arbeit sind oder so dann die Gesamtwirtschaft leidet ja auch da drunter dann irgendwann ist die Schraube zu Ende dann ne' da kann man ja auch nicht so viel /los/werden #1 ((leise))
Althoff: nö
((kurze Pause, leichtes Lachen)) (Z 279-273)

Sander folgt Althoffs Neufokussierung des Themas „ausgereizter Kommunikationsmarkt". Während dieser aus der Perspektive der Unternehmensleitung argumentiert, nimmt sie die Sicht der „Leute ohne Arbeit" und die der „Gesamtwirtschaft" ein. Sie denkt moderne Unternehmenspolitik weiter in die Richtung, dass es „irgendwie nicht gut gehen" kann und betritt die Ebene gesellschaftlicher Entwicklung. In ihrem Bild stehen sich Unternehmen, potenziell Arbeitslose und Gesamtwirtschaft feindlich gegenüber – entsprechend negativ malt sie den Fortgang der Ereignisse aus. Auf der gruppendynamischen Ebene können Althoffs und Sanders Eingangsstatements auch als tendenzielle Regression gedeutet werden: Sie bieten (kindliche) Sorgen dar, die auf (elterlichen) Beistand ausgerichtet sind, eine Einladung beispielsweise an die Teamleiterin, die hier nicht reziprok reagiert, sondern mit Opposition auf Althoffs Turn. Hier taucht die Frage der Leitung im Feld existenzieller Verunsicherung auf.

Rollenanprobe im Team: der „informelle Leiter"

Althoff: jetzt müßt ihr was sagen
Klein: tja
((Leichtes Lachen, weibl.)) (Z309-313)

Mit dieser Äußerung macht Althoff klar, dass er sich des besonderen Charakters der Gesprächssituation bewusst ist. Er nutzt die Meta-Ebene der Kommunikation und betritt eine neue Ebene von Gesprächskompetenz. Dabei reflektiert er seine Rolle als erster Redner der Diskussion und fordert Arbeitsteilung ein:

Althoff: eingeläutet hab ich's
((leichtes Lachen, Sander)) (Z315-317)

Die Gruppe folgt jedoch nicht seiner Aufforderung, sondern spielt den Ball zurück, Althoff fängt ihn wieder auf:

Zustandsbeschreibung im Team: „Verrückte" Verhältnisse

Klein: #0 ja sag was zum Team #1 ((auffordernd))
((männl. Stimme, sehr leise, Hartmann?))
Althoff: #0 sind wir ein Team schon #1 ((fragend))
Hartmann: wie verrückt
((leichtes Lachen in der Runde)) (Z319-327)

Klein, Althoff und Hartmann handeln in dieser kurzen Sequenz das Thema aus, um das es im Folgenden gehen soll. Klein fordert Althoff auf, etwas zum Team zu sagen, womit er dessen Führungsanspruch anerkennt. Althoff übernimmt diese

Rolle, formuliert stellvertretend ein Wir, wenn auch mit einem Fragezeichen versehen. Zunächst ironisch anmutend (und damit Althoffs Leitungsrolle relativierend) antwortet dann Hartmann. Sein Einwurf „wie verrückt" lässt sich auch als Zustandsbeschreibung des Teams lesen: Die Verhältnisse in diesem Team sind „verrückt", in Unordnung, Auflösung begriffen, die Menschen haben ihre angestammten Plätze verloren, werden (wie Möbelstücke) „verrückt".

Althoff: also das Problem denk ich mal was unsere Teamleiterin auch hat ((leichtes Lachen, männl.)) (Z 329-331)

Althoff nimmt sich hier die Berechtigung, für die Teamleiterin zu sprechen, ein rhetorisch übergriffiges Vorgehen, das er im Folgenden ausbaut:

Althoff: ((lacht)) ist daß wir eigentlich so in eigentlich noch gar kein Team darstellen ne' und da gibt sie mir sicherlich auch recht
Klein: mh ((zweifelnd))
mh ((weibl. Stimme))
Neuhoff: ja so uneingeschränkt nicht ne'
Althoff: nein (Z 333-340)

Althoff hat Neuhoff unter Zugzwang gesetzt, darauf reagiert sie mit dem Ausweichmanöver einer doppelten Verneinung. Althoff besetzt das Terrain Definitionsmacht über den Stand der Teamentwicklung. Neuhoff erobert die Definitionsmacht umgehend zurück:

Neues Ingenieurhandeln: technizistisch versus organismisch

Neuhoff: also ich denke ich /ich/ versuche mich also aus meiner Sicht einfach äh zu bemühn äh ja da so ne Struktur oder also nicht Struktur als was Festes aber irgendwas reinzubringen äh (Z 344-347)

Neuhoff positioniert sich aktiv als Führungskraft, indem sie ihr Leitungsverständnis darlegt. Struktur oder nicht Struktur? Fest oder Flüssig? Die je nach Lesart philosophisch anmutende Passage, ließe sich bis in die Organisationssoziologie und die Diskussion um ein modernes Gesellschaftsverständnis fortschreiben lassen. Neuhoff rekurriert auf Führungskompetenz, die sie als jenseits von Struktur und etwas Festem ortet, die für sie unbeschreiblich bleibt. Weiter:

Neuhoff: und auch äh Dinge zu tun die vielleicht bisher nicht gern in der Art nicht gemacht worden sind auch mit mit mit Pinnwänden Metaplan und so weiter und ((atmet ein)) sich äußern über Dinge die da laufen Unzufriedenheiten ((atmet ein)) um da in die Richtung zu kommen
Althoff: ja das mein ich (Z349-354)

Hier präsentiert sie zwei Lösungsideen für Gruppenleitung im Feld sozialer Verunsicherung: die eher technizistische mittels Pinnwänden und Metaplan, alternativ dazu: „sich äußern über Dinge die da laufen Unzufriedenheiten". Ihre Darlegung ist eher monologisch, um Selbsterklärung ringend. Möglicherweise sind ihre Ausführungen für die Teammitglieder auch relativ unverständlich. Althoff hängt sich dennoch an ihre Erklärung an und konkurriert weiter mit ihr um die Definitionsmacht der gegenwärtigen Teamverfassung:

Neuhoff: und ich ja
Althoff: wir sind da auf m guten Weg
Neuhoff: ja
Klein: ja
mh ((weibl. Stimme))
Neuhoff: also wir haben zumindest damit angefangen sag ich mal ich sehe aus /meiner/ Sicht ich weiß nicht könnt ihr ja euch auch noch mal zu äußern ich sehe auch n Problem darin daß natürlich in dem Bereich auf der Ebene mittlerer Dienst äh sehr wenig ehm Seminare Fortbildungen laufen die sowas auch unterstützen würden daß da also wirklich nur das operative Geschäft sprich also Schulungen in den DV-Systemen zu den Produkten laufen und nicht auf dieser Ebene ja Schlüsselqualifikationen Sozialkompetenzen und so weiter das was ich von vorne bis hinten durchgehechelt habe ((atmet ein)) das fehlt da einfach und dann ist es sehr /schwierig/ weil im täglichen /Geschäft/ sehr wenig Zeit ist ja vo von /Null/ anzufangen sag ich mal angefangen von Regeln wie geb ich Feedback Ich-Aussagen zu machen und so weiter um auch nicht zu verletzen und so was in vernünftigen Bahnen zu haben und das ist sehr schwierig also wir steigen da schon irgendwo mitten ein und ((atmet ein)) hoffen so n bißchen daß es dann gut geht und daß einfach die einzelnen Beteiligten sich entsprechend ja äußern oder vorsichtig sind vielleicht doch und trotzdem ehrlich also das ham wir /begonnen/ würd ich sagen (Z 354-381)

Wer darf die Situation einschätzen? Althoff beansprucht dieses Recht offenbar ebenso wie die Teamleiterin. Seine Äußerungen können auch als Übersetzungshilfe und Transferangebot („wir sind da auf m guten Weg") für die in einem anderen Kontext einzuordnenden Texte Neuhoffs verstanden werden. Neuhoff bedient sich dieser angebotenen Hilfe nicht, setzt sich durch und nimmt sich ein längeres Rederecht. Damit unterstreicht sie deutlich ihre Führungsrolle und führt das Thema „Ihr" (habt keine Ahnung von kommunikativer Kompetenz) im Verhältnis zu „Ich" (bin euch da weit voraus, weil ich schon so viele Schulungen mitgemacht habe) ein in der Rolle einer überlegenen Kompetenzträgerin. Dieses Rollenangebot wird von den Anwesenden nicht angenommen:

(...) also das ham wir /begonnen/ würd ich sagen
ja ((männl. Stimme))
mh ((weibl. Stimme))
Neuhoff: #0 seht ihr das auch so #1 ((fragend))

Meier.: mh mh
mh ((männl. Stimme))
Sander: mh
Neuhoff: wäre jetzt ne Frage (Z 380-395)

Zweimal versucht Neuhoff, die Teammitglieder zu einer Reaktion auf ihre Äußerungen zu bewegen. Zunächst folgt keineR der konditionellen Relevanz, sie verweigern ihre Mitarbeit in dieser Gesprächsphase. Damit riskieren sie eine Gesprächskrise, die erst nach erneuter Aufforderung durch Neuhoff von Meier beigelegt wird.

Meier: na ja da sind wir ja dabei wir ham ja jede Woche Besprechung mittwochs zum Beispiel mit zwei Stunden meist
Neuhoff: natürlich ((leise))
((leichtes Lachen, Mann))
Meier.: je nach dem was anfällt und na ja da sind wir halt auf dem oder dabei das irgendwo zu lernen ein Team zu werden ne' in Anführungszeichen und ich denke wenn wir das so weitermachen könnte das vielleicht #0 mal ein Team werden #1 ((leicht lachend)) oder ich weiß nicht vielleicht sind wir auf dem Wege ne' also denk ich schon nur bisher also eben noch nicht so recht (Z 397-411)

Meier legt hier durch ihre Reaktion zwar die drohende Gesprächskrise bei, reagiert jedoch nicht reziprok auf Neuhoffs Frage mit der passenden Antwort. Ihre Reaktion bleibt in der Schwebe zwischen Verweigerung und Zustimmung, auch inhaltlich, indem sie der Selbstbeschreibung als Team nur eingeschränkt zustimmt. Sie nimmt das Rollenangebot der Lernenden an, wie von Neuhoff vorgegeben. Gegen dieses Rollenkonzept opponiert Klein:

Klein: ich finde was heißt /lernen/ ich denke mal an sich ist ein jeder sag ich mal teamfähig oder auch teambewußt weil manchmal denk ich nur ja sag ich mal /Einstellungen/ die dagegen halt greifen oder dagegen sind oder persönliche Auffassungen #0 so das Gefühl manchmal #1 ((leise)) * ((noch leiser, genuschelt)) #0 könnt auch sagen n Dickkopf wohl also manchmal #1 ((leise))
((Lachen in der Runde))
(...)oder halt auch wie die Fassung halt grade ist wie die Tagesfassung ((lacht leicht)) das spielt auch da rein (Z413-437)

Klein setzt dem Konzept, dass Teamfähigkeit etwas ist, was man oder frau lernen könne, die Vorstellung unüberwindlicher Charaktermerkmale („n Dickkopf") und Gefühlszuständen („Tagesfassung") entgegen, die die Zusammenarbeit bestimmen und gegen die ein Entwicklungsprogramm wie Lernen vergleichsweise unwirksam sind. Althoff metakommuniziert und stellt eine Verständnisfrage:

Althoff: beim Team ((fragend))
Klein: ja (Z 439-441)

Nachdem er sich vergewissert hat, dass er Klein richtig verstanden hat, legt er seine opponierende Auffassung dar. Es beginnt eine Kontroverse um die jeweilige Definition von Teamarbeit:

Althoff: also die Tagesfassung die spielt vielleicht rein in meiner persönlichen Arbeit oder so daß ich mal n bißchen /schroff/ bin oder so aber die dürfte eigentlich im Team eigentlich so nicht reinspieln das Team ist ja eigentlich was ist ein festes Gebilde
Klein: mmh ((zweifelnd?))
Althoff: ich kann mal ein zwei negative Tage haben oder auch mal 3 hintereinander es kann irgendwie zu Hause Streß geben ich kann auch mal zu viel Streß haben am /Arbeitsplatz/ aber ich denke mal in dem Moment ist eigentlich das Team müßte auch das /Team/ dann einspringen wenn ich jetzt zum Beispiel sehe daß mein Platz /überläuft/ und ich hab n gut funktionierendes Team #0 so stell ich mir das eigentlich mal vor das ist wär eigentlich das Ideale #1 ((hebt die Stimme, schneller)) und ich denke mal so stellt sich das Ulla eigentlich auch irgendwann vor daß wenn ihr na ein Platz läuft jetzt über ganz allgemein gesagt und der sieht das oder diejenige sieht das dann geht's se irgendwann mal is wenn mit was Besprechung ist steht se /auf/ hat also genug Selbstbewußtsein und sagt dann #0 hier liebes Team mein Platz läuft über wer kann mir helfen #1 ((Beispielsituation, spricht abgehackt)) und dann ist denk ich mal #0 in dem Moment wenn das Team dann darauf reagiert #1 ((lauter)) und sagt #0 du ich hab nicht so viel im Moment ich nehme dir was ab #1 ((lauter, spricht abgehackt)) dann ist es ein Team (Z 443-468)

Althoff ordnet die persönliche Befindlichkeit („Tagesfassung") in den Zusammenhang des Teams ein. Seine Vision („das Ideale") untermauert er, indem er sie auf die Teamleiterin projiziert, diese als Quelle von Legitimation inszenierend. Er leistet hier auch wieder Übersetzungsarbeit für die Teamleiterin, die bisher mit einer anderen Sprache/Kultur auftrat: Sein Turn enthält eine Beispielsituation zur Illustration seiner Vorstellungen von Teamarbeit. Die Situation hat den Titel „Platz läuft über", ein lebendiges Bild unkontrollierbarer Arbeitsfluten entsteht, das durch den Modalitätenwechsel in Tonlage und Sprechtempo angefärbt wird. Althoff die Modalität vom Ich über das Er zum Sie. Machte er das Beispiel zu Beginn an seiner eigenen potenziellen Überforderung fest, tritt in seiner Fiktion schließlich eine Frau vor die Gruppe mit der Frage „Wer kann mir helfen?" Der Modalitätenwechsel legt nahe, dass er eine konkrete Frau im Sinn hat in seinem Überforderungsszenario. In seiner Fiktion hilft das Team: Seine Auffassung funktionierender Teamarbeit ist die gegenseitiger Solidarität, füreinander da sein und sich helfen, wenn Überforderung auftritt. Er wählt dafür die Zukunftsform, was darauf hindeutet, dass dieser Zustand bisher noch nicht gegeben ist. Darauf Klein:

Klein: aber wä wären wir nicht ein Team wenn das ohne jegliche Bemerkung passieren würde ich meine ich meine
Althoff: das ((schnaubt aus wie verzweifeltes Lachen))
Klein: man kann das eigentlich man sieht das
Althoff: ne ((laut, schnauft ein und aus, aufgeregt))
Klein: schon #0 find ich schon was liegt wo #1 ((ruhiger Versuch zu überzeugen))
Althoff: ja aber keiner #1 ((laut)) (Z 470-481)

Klein weist Althoffs Ideal zurück, in seiner Vorstellung ist ein Team gegeben, wenn die Arbeit „ohne jegliche Bemerkung" vonstatten ginge, also Anliegen nicht angesprochen werden. Althoff reagiert darauf deutlich emotional, aufgeregt, beinahe verzweifelt anmutend, der Wortwechsel ist abgehackt, unverständlich. Was in Althoffs Turn lässt die Emotionen höher schlagen? Klein fährt fort:

Klein: wenn ich selbst nicht so viel zu tun habe #0 weiß nicht #1 ((fragend))
Sander: ja kommt das denn überhaupt vor
Althoff: ne
Klein: kommt was vor ((fragend))
Sander: das das das irgend jemand am Platz zu wenig zu tun hat also ich hab ich kann mir das irgendwie #0 gar nicht vorstellen muß ich ehrlich sagen #1 ((leicht lachend, lacht)) (Z 483-492)

Klein greift Althoffs Satz auf „Du ich hab nicht so viel im Moment" (Z467f). Er stellt den Satz mit einem Fragezeichen versehen in den Raum. Sander führt den Fragemodus fort mit einem rhetorischen Akzent: Sie könne sich gar nicht vorstellen, dass jemand am Platz zu wenig zu tun hat. Sie formuliert Althoffs „nicht so viel" in ein „zu wenig" um, wovon sie sich argumentativ abgrenzt: Sie hat eben nie zu wenig, folglich immer genug zu tun. Damit erteilt sie weiteren Arbeitsanforderungen sowie Althoffs Appell an Solidarität im Team eine indirekte Absage. Ihre Argumentation erfolgt auf der betrieblichen Ebene aus der Perspektive eines Belegschafts-Wirs, das ein Interesse daran haben kann, nicht immer weiter Mehrarbeit für das Leitungs-Wir abzuliefern. Klein:

Klein: ne nicht zu wenig nicht
Meier: ni ni nich wenig sondern weniger als jemand anders
Klein: genau (Z 494-498)

Meier und Klein korrigieren Sanders Definition der Arbeitsmenge: Aus dem absoluten Genug wird ein relatives Mehr oder Weniger, das sich an Personen festmachen lässt. Das Team wird damit zum Schauplatz der gegenseitigen Beobachtung von Arbeitsmengen erklärt.

Sander: wie kann man das einschätzen überhaupt
Althoff: ja deswegen ja da da muß man

Sander: was denn wirklich weniger ist oder so
Meier.: ja mußte halt n Auge
Sander: ((lacht leicht))
Meier.: dafür haben wenn ne wenn der da so
Klein: ja
Meier.: ne Berge hat der andere hat
Sander: mh
Meier: nur so n kleinen Stapel dann siehst das ja irgendwo auch ne'
Sander: mh
Meier.: daß der mehr hat
Sander: mh (Z 500-528)

Sander stellt die Frage der Einschätzung der Arbeitsmengen in den Raum, erneut in rhetorischer Form der Art, dass es ja wohl unmöglich sei einzuschätzen, wer genau wie viel oder wie wenig zu tun habe. Meier nimmt einen Modalitätenwechsel vor und spricht in diesem Subsegment Sander direkt an. Damit knüpft sie die Sichtbarkeit der Arbeitsmengen, deutlich gemacht auch durch die Einführung des „Auges", direkt an Sanders Person, rückt sie und vielleicht auch ihre Arbeitshaltung ins Licht: Es sei doch offensichtlich, wer mehr oder weniger zu tun hat. Sander erneuert ihren Standpunkt nicht, reagiert nur noch mit Rezeptionssignalen. Auf der dyadischen Ebene zwischen den beiden Akteurinnen deutet sich damit Auseinandersetzung um die Bewältigung des Arbeitspensums an. Im Anschluss refokussiert Meier den von Althoff zur Sprache gebrachten Aspekt des um Hilfe Nachsuchens. Sie schließt sich Kleins Argumentation an, es dürfe in einem guten Team gar nicht so weit kommen, dass einer um Hilfe bitten müsse:

Meier: daß man dann daher kommt ich helf dir oder jeder nimmt n bißchen was ne
Sander: mh mh
Meier.: daß man das dann von /alleine/ macht ne' und nicht daß der erst sagt ja könnt ihr mir helfen und ich hab so viel und so
Sander: mh
Klein: das wär dann eigentlich das Team im Endeffekt oder
Sander: mh
Klein: das ist genau so was wenn 5 Leute hint hinterm Ball herrennen der eine könnt ihn haben ist aber zu #0 faul und bleibt stehen #1 ((leicht lachend, lacht))
((leichtes Lachen in der Runde))
Klein: die andern rennen weiter
Sander: ja ja mh
Klein: ist ja so ungefähr sag ich mal so #0 jeder selbst gefragt . find ich #1 ((leise, lacht leicht))
((kleine Pause)) (Z 530-554)

Klein führt eine bildliche Vorstellung seines Teamgedankens ein: Das Ballspielen. Im Mittelpunkt seines Spiels steht ein Ball, hinter dem fünf Leute herrennen.

Geschwindigkeit und Konkurrenz beherrschen das Spiel. Dann tritt eine Einzelperson auf: „der eine", der den Ball haben könnte. Er ist jedoch „zu faul und bleibt stehen". Anwesend sind bei der Gruppendiskussion sechs Personen, ohne die Teamleiterin fünf. Die Personenzahl seiner Fiktion ist also mit der der anwesenden identisch. Vier rennen weiter, der eine Faulpelz bleibt zurück. Möglicherweise skizziert er hier ein Bild seines Teams, das von rennen, zurückbleiben, stehen bleiben handelt und das den Titel „jeder selbst gefragt" trägt, womit im Kontrast zu einem solidarisch agierenden Spiel/Team der Gedanke individuellen Leistungsvermögens in den Mittelpunkt rückt. Er spricht das Wort „faul" aus und gibt der vorhergehenden Sequenz so eine Deutung die bisher lediglich unartikuliert mitschwang. Damit bringt er das Thema auf den vielleicht wunden Punkt und schließt das Gesprächssegment ab. Eine Pause folgt, die auf eine gewisse Sättigung des Gesprächs hindeutet, vielleicht auch auf ein Zögern, das tendenziell problematische Thema weiterzuverfolgen.

Umgang mit Nach-Hause-Gehens-Zeiten

Nach der kleinen Pause (Z 554) ergreift Neuhoff das Wort:

Neuhoff: hat sicher nicht /nur/ was mit den Arbeitsmengen zu tun denk ich also es ist sicherlich auch so die Richtung daß ich grundsätzlich tolerant bin oder Dinge akzeptiere ich muß nicht jeden /lieben/ aber
((lachen, männl.))
Neuhoff: ((lacht leicht)) mit dem umgehen vernünftig und auch für /Andersartigkeiten/ ((atmet ein)) zum Beispiel ehm ja strikte nach-Hause-gehens-Zeiten als ein Beispiel oder so
((Lachen in der Runde)) (Z 556-576)

Die Teamleiterin nimmt eine Anschlussthematisierung vor. Zunächst knüpft sie an die vorhergehende Sequenz an, die sie knapp zusammenfasst („Arbeitsmengen") und fügt das Thema Arbeitszeit an. Sie beginnt mit einer Selbstcharakterisierung, spricht davon, dass sie grundsätzlich tolerant „Andersartigkeiten" gegenüber sei. Sie formuliert damit kulturelle Unterschiede zwischen sich und den Teammitgliedern. Dem schließt sie an, dass sie nicht jeden „lieben" könne. Ähnlich wie der Ausdruck Andersartigkeit auf Kultur verweist, verweist der Begriff Liebe auf ein tiefes emotionales Wir-Geschehen, erinnert an Familie, Freundschaft, Partnerschaft. Beide in ihrem Begriffsrepertoire verfügbaren Ressourcen – die kulturelle Toleranz wie die familiäre Bindung – erscheinen als potenziell auch für das Team nutzbare professionelle Ressourcen.

Meier: ich kann mich aufregen
Hartmann: den Frust rauslassen ((leise im Hintergrund))

Meier: oder ich sage einfach kuck mal der geht schon wieder nach Hause und /sag/ das einfach nur und nehm das zur Kenntnis
Neuhoff: ja ((weibl. Stimme, leise))
Meier: das ist ja wieder was anderes und ob ich mich nun dreimal da drüber aufrege
ja so ((männl. Stimme))
Meier: oder nich ne' ich mein der eine regt sich schneller auf
((leichtes Lachen im Hintergrund, Neuhoff))
Meier: und der andere #0 denkt halt ne' #1 ((leicht lachend)) was geht die schon wieder so früh (Z 618-636)

Meier steuert dabei eine neue mögliche Umgangsweise von Frust über das zu frühe nach Hause Gehen Einzelner bei, nämlich das Öffentlichmachen der Verhaltensweise („kuck mal der geht schon wieder nach Hause“). Frust und Entladung erscheinen auf der Teambühne, gegen Ende ein Modalitätenwechsel („was geht die schon wieder so früh“). Ist eine konkrete Person gemeint mit dem häufigen frühen nach Hause Gehen? Welche? Der Modalitätenwechsel deutet auf eine weibliche Person hin und damit direkt auf Sander, als einzige weitere anwesende Frau (die Teamleiterin hier ausgenommen). Klein, Sander sowie Althoff reagieren auf diesen indirekten Angriff:

Klein: aber
Hartmann: das bleibt ja in bei unserer Arbeitszeit die wir haben Gleitzeit jedem selbst überlassen ja und von daher der eine kommt früher der andere kommt später ((atmet ein))
Althoff: das wäre auch für mich auch kein Thema mich aufzuregen
Hartmann: ich meine das muß jeder /selber/ wissen ja wann er geht oder wann er kommt oder so und äh die Hauptsache ist doch daß er auf auf seine Zeit kommt und äh
Althoff: jo denk ich mir auch
Hartmann: seine Arbeit ebend äh /schafft/
Klein: und das er schon *
Hartmann: das was er sich äh fü für den Tag vielleicht vorgenommen hat oder so (Z 638-666)

Die Passage ist von häufigen Sprecherwechseln bestimmt, die auf ein emotional dichteres Geschehen hindeuten. Klein schaltet sich zunächst mit einem „aber“ ein, wird von Hartmann unterbrochen, der eine Auffassung von Arbeitszeit darlegt („wir haben Gleitzeit“, „das muss jeder selber wissen, wann er geht oder wann er kommt“, „die Hauptsache ist doch, dass er auf seine Zeit kommt“) und sich gegen Meier und ihre Wertung wendet, unterstützt von zustimmenden Bemerkungen von Althoff. Hartmann, der sich bisher wenig am Gesprächsgeschehen beteiligt hat, sieht sich veranlasst, aktiv zu werden. Er beruft sich auf das individuelle Recht zu kommen und zu gehen, wann man wolle (Hauptsache, dass man „auf seine Zeit kommt“). Seine Argumentation hat rechtfertigenden Charakter und kann als Reaktion auf die Teamleiterin gedeutet werden, die das Thema in die Diskussion gebracht hat. Wenn es das Wichtigste ist, auf seine Zeit zu kommen, fragt sich, womit diese Zeit gefüllt ist. Klein weiter:

Klein: Ich glaube daß diese Frage eben mit der Arbeitszeit bezogen war von der Überzeit wo so ein Arbeitsstau #0 oder war's eben allgemein gemeint #1 ((fragend)) weil ich hab's grade auf Arbeitsstau jetzt bezogen auf viel Arbeit oder Platz läuft über wenn wir dann noch den anderen Kollegen helfen * Feierabend das find ich dann selbst n bißchen schade weil wenn ich schon viel hätte oder viel habe und mir wird geholfen dann ist man ja selbst mehr auch länger
Sander: Ja das stimmt
Klein: dann dann
* ((männl. Stimme im Hintergrund))
Sander: mh ja
Klein: wenn sie mir alle helfen bald ist Feierabend
Sander: mh
Klein: die sitzen noch für mich und ich geh nach Hause das ist also dann auch (Z 678-696)

Klein bezieht sich zuerst noch einmal zurück auf den Beginn dieses Sequenz, der durch die Teamleiterin gesetzt wurde und defokussiert dabei das Thema Arbeitszeit, kehrt zurück zur Problematik Arbeitsstau und gegenseitiger Hilfe und entwirft ein fiktives Szenario des Inhalts, dass es sein könne, dass ein pünktliches Arbeitsende schwieriger würde, wenn man sich gegenseitig helfen würde. Dies ließe sich auch so zusammenfassen, dass er die Arbeit lieber liegen lässt, anstatt um Hilfe zu bitten, da dies bedeuten könnte, dass er länger bleiben müsste (vielleicht auch mal für jemand anderen). Er treibt den Gedanken noch weiter und imaginiert, dass er pünktlich nach Hause geht, während die andern noch mit seiner Arbeit dableiben. Auf diesen als Phantasie dargebotenen Gedanken reagieren die Gruppenmitglieder:

Meier: Du machst deine *
Althoff: Nja gut
Hartmann.: Das ist ein bißchen blöd
Althoff: das das kann /auch/ nicht sein das ist klar aber ich glaub das macht doch keiner ((zweifelt an))
Klein: weiß ich nicht
Althoff: Das kann ich mir nicht vorstellen ((stark anzweifelnd))
Klein: #0 haum #1 ((den Zweifel in Frage stellender Ausdruck))
Althoff: Also das wär ja schon wieder
Meier: *
Klein: ((lacht))
Althoff: das ist dann schon wieder kein /Team/ das wäre dann schon bißchen #0 das ist ausnutzen #1 ((senkt die Stimme)) (Z 698-720)

Es gibt Ansätze des Erwiderns von Meier, Hartmann sowie Althoff, wobei letzterer sich durchsetzt mit der Kundgabe seiner Ansicht, dass er sich nicht vorstellen könne, dass jemand so etwas machen würde. Klein beharrt jedoch auf seiner Fiktion, worauf Althoff mit der Einführung einer moralischen Dimension reagiert: dem „Ausnutzen". Der Begriff wird dreimal wiederholt, zweimal von Althoff, einmal von Sander. Ein Klimawechsel im Gespräch tritt ein, die Stimmen werden leiser. Klein beharrt weiter auf seiner Vorstellung:

Klein: Meinst daß das nicht passiert das unmöglich ist daß das passiert
Althoff: ((schnauft aus))
Klein: unmöglich ist das glaub ich nicht (Z 733-737)

Warum beharrt Klein so auf seiner Fiktion? Wie positioniert er sich damit im Team? Das von Klein in Szene gesetzte Menschenbild ist das eines rücksichtslosen Egoisten. Das Team mit seinen Ansprüchen fungiert als Spielfeld für dieses Verhalten (Stichwort „Ausnutzen"). Klein weist mit seinem extremen Beispiel indirekt auf einen Widerspruch in der Teamentwicklung hin: Wie kann es möglich sein, in einem egoistischen Klima, wo Einzelne sich auf Kosten anderer Vorteile verschaffen ein Team aufzubauen? Wie soll sich dabei ein Klima von Solidarität und Toleranz entwickeln können? Dieser Widerspruch wird hier virulent, indem Klein ihn in der Pose des jugendlichen Provokateurs auf die Bühne bringt. Althoff reagiert darauf mit einem längeren Redezug:

Teamdiagnose: Wie weit sind wir schon gekommen?

Althoff: da ich weiß nicht wie wie /stark/ wir in dem Moment sind demjenigen dann zu sagen #0 mein lieber Freund wir machen zwar wir /helfen/ dir aber wir finden es nicht gut daß du dann um halb 4 die Tasche fallen läßt deine Dose einpackst oder die Butterbrotsdose einpackst und dann nach Hause gehst /dann/ mach bitte deine Arbeit wieder alleine #1 ((den Dialog imitierende Sprechweise)) das /müßte/ man dann /auch/ klären ich mein das gibt ja eigentlich grade die Teamfähigkeit her so seh ich es daß dieses Miteinander kommunizieren nicht daß 5 Leute in dem Büro sitzen und sich ständig über 2 drei Marotten ärgern sonder eben das auch /ansprechen/ in den Besprechungen und nicht immer nur #0 rein #1 ((verzögert, nach dem Wort suchend)) für sich ärgern sondern ansprechen diese Themen und ich denke mal daß wir da auf m guten Weg sind denn die letzten Besprechungen die wir hatten so mit der Platzaufteilung und so was wenn de das vor 2 Monaten angesprochen hättest das Thema das wär ein heilloses draufschlagen gewesen wahrscheinlich und jetzt ham wir eigentlich schon das ham wir eigentlich in guten ((atmet ein)) auf m guten Weg gelöst selbst die /Urlaubs/planung ham wir gut hingekriegt ohne daß da groß Mord und Tot
Meier: das hat ja auch lange gedauert (Z 739-760)

Zu Beginn seiner Ausführung zweifelt Althoff an, ob das Team stark genug wäre, jemanden, der versuche, die andern auszunutzen, in die Schranken zu weisen. Er entfaltet seine Teamdiagnose vor einem unternehmenskulturellen Hintergrund: Um halb vier die Tasche fallen lassen und die Butterbrotdose einpacken. Diese präsentiert er als Inventar eines Verhaltens im Gegensatz zu Teamarbeit. Damit setzt er Vorstellungen, die mit dem Klischee von Beamtenhandeln verknüpft sind dem Handeln im Sinne von Teamgeist gegenüber. Hieran orientiert er seine Diagnose unter der Frage „Sind wir schon ein Team?“ und führt eine zeitliche Perspektive ein, setzt so der vorwärtsgewandten „Horrorvision“ von Klein einen rückwärtsgewandten Blick entgegen, verweist auf eine konkrete Entwicklungsdimension, womit er Kleins Negativszenario entkräftet. Er benennt einen konkreten Zeitpunkt, wo sich etwas geändert haben könnte, vor zwei Monaten sei alles noch anders gewesen. Im Anschluss legt er eine Variation möglicher Verhaltensweisen im Team dar: Sich ständig ärgern – miteinander kommunizieren – das ansprechen in Besprechungen – etwas auf einem guten Weg lösen – heilloses Draufschlagen – Mord und Tot(schlag?). Die Bandbreite des Dargelegten reicht von konstruktivem Miteinander bis zu gewalttätig konnotierten Umgangsweisen.

Meier.: das hat ja auch lange gedauert
((leichtes Lachen))
Althoff: Ja nun #0 das ist /klar/ du mußt ja nun auch mal ((laut, will sich durchsetzen))
* ((verschiedene Stimmen im Hintergrund))
Althoff: du mußt ja nun auch bedenken w wie das
((Lachen im Hintergrund))
Althoff: alles im Februar #0 war #1 ((gedehnt)) im Februar war n wa da war überhaupt noch kein Team da (Z 758-771)

Meier unterbricht Althoff und widerspricht seiner Diagnose, dass die Urlaubsplanung gut geklappt habe, damit der positiven Entwicklungslinie, die Althoff aufgezeigt hat. Es kommt zu einer Debatte zwischen den beiden, wobei Althoff Meier davon versucht zu überzeugen, dass „wir da auf'm guten Weg sind“. Sie fallen sich gegenseitig ins Wort. Althoff erneuert seine auf die Vergangenheit gerichtete Perspektive, spricht davon, dass im Februar noch alles ganz anders war. Seines Erachtens hat es einen Wendepunkt in der Zusammenarbeit gegeben. Die historische Perspektive wird sichtbar als Kompetenz, an der die Gruppe wachsen und sich entwickeln kann. Darauf Meier:

Meier: Ah ja aber mit der Urlaubsplanung das hat noch nie so so ne' ganz gut geklappt
Althoff: ((unterbricht)) ja gut das ist vielleicht da gehen auch die . persönlichen Interessen wobei man das kann man /auch/ absprechen so was das ist eigentlich auch nicht schwierig
Meier: natürlich kann man das absprechen
Althoff: sollte man auch nja wenn man

Meier: wenn man n Team ist dann sollte man das #0 absprechen #1 ((leicht lachend))
Althoff: ja
Sander: mh ja (Z 773-786)

Meier dagegen beharrt eher auf einer Form der historischen Sichtweise, die eine Wiederholung des Immerselben antizipiert. Althoff setzt sein Handlungsschema des Überzeugens fort, allerdings erfolglos. Meier insistiert, dass die Gruppe noch kein Team sei, deutet jedoch an, dass das Potenzial dafür vorhanden ist, jedoch nicht genutzt wird.

Althoff: aber dann muß dann eben /jeder/ was zu beitragen das kann nicht immer ein Team aus wenn 15 Leute im Raum sitzen daß das Thema
Meier: ja daß sich 4 absprechen und die andern nicht oder ne (Z 788-791)

Althoff steigert sein Vokabular, weiterhin Überzeugungsarbeit leistend. Aus einem „sollte man" wird ein „muß man", seine Rede bekommt einen appellativen Charakter. Meier unterbricht erneut und schließt sich seiner Zustandsbeschreibung nur sein daß an, dass es ungenügende Absprachen im Team gibt, ohne allerdings ein reales Lösungspotenzial anzubieten. Ihre Idee eines Teams bleibt rein fiktiv auf der Ebene eines „Sollte man" angesiedelt.

Althoff: genau dann ist halt ist halt das Team 12 13 Leute so seh /ich/ das eigentlich und daß man einfach kommuniziert miteinander das ist für mich eigentlich das /Wichtigste/ über haupt bei dem A-UNTERNEHMEN das ist was eigentlich noch ((atmet ein)) zu /wenig/ gemacht wird #0 denk ich mir mal #1 ((leiser))
Klein: allgemein
Althoff: #0 allgemein sicherlich #1 ((widerwillig)) wobei wir jetzt auf m guten Weg sind ich denke mal das was wir machen ist #0 daß bis zum Herbst #1 ((leicht stockend)) denk ich mir sind wir da k könnte auch n Team draus werden oder dann daß es n /gutes/ Team wird ((kleine Pause)) (Z 793-804)

Althoff hat von Meier keine Zustimmung erhalten. Ersatzweise stimmt er nun ihr zu und erneuert im Anschluss seine Vision eines Teams: „dass man einfach kommuniziert miteinander". Er formuliert dies über die professionelle Ebene der funktionierenden Teamarbeit hinaus als persönliches Bedürfnis. Danach verlässt er die Ebene des konkreten Teams und vermutet ein Defizit auf der Ebene des Gesamtunternehmens. Klein geht einen Schritt weiter mit der Problemidentitfikation, indem er den Mangel an Kommunikationsbereitschaft als allgemeines gesellschaftliches Phänomen qualifiziert, damit seinem Deutungsmuster treu bleibend, dass der Einzelne ohnehin nichts tun kann für das Wohl der Gruppe. Diesen Verweis aufs Allgemeine und Unabänderliche weist Althoff umgehend zurück, damit auch Klein widersprechend und formuliert eine abschließende

Teamdiagnose, in der er seine Ansicht erneuert. Die kleine Pause markiert eine Sättigung der Kontroverse und lässt Althoff das letzte Wort. Nach außen hin hat Althoff seine Definition der Situation behauptet, ohne allerdings MitstreiterInnen für seine Position gefunden zu haben. Auffällig ist die Abstinenz der Teamleiterin in diesem Gesprächsabschnitt, die keine eigene Diagnose hinzufügt und sich auch nicht einer der anderen anschließt.

Motto der Teamentwicklung: „Wir sind auf einem guten Weg"

Die nächste Passage (Z758-802) ist von einer Kontroverse zwischen Althoff und Meier geprägt, der sie davon zu überzeugen sucht, dass sie bereits Fortschritte in der Teamentwicklung gemacht hätten. Ihm gelingt zwar situativ nicht dieses Überzeugungsmanöver, er erobert jedoch die Definitionsmacht zum Entwicklungsstand für sich, die in dem Satz „Wir sind auf einem guten Weg" gerinnt. Althoff legt damit die Basis für die konkrete Auftragsbearbeitung Gruppendiskussion. In der weiteren Diskussion gelingt es Neuhoff nicht, mit ihrem Thema Umgang mit Problemen im Team eine Diskussion zu eröffnen, am Ende der Passage wirken die Mitglieder verunsichert (Z805-903). Sander übernimmt die Aufgabe, diese tendenziell unangenehme Situation zu beenden, indem sie um Hilfe bei der Moderatorin nachsucht. Neuhoff greift dies auf und bittet selbst um Hilfe (Z907-909). Die Moderatorin erneuert den Arbeitsauftrag (Z913-915), woraufhin wieder Althoff als erster reagiert:

Kernmetapher „Kindergarten": Die Geburtsstunde des Teams

Althoff: #0 Kommunikat #1 ((leise)) also jetzt ehm bezogen auf Kommunikation
Moderatorin: mh
Althoff: oder in auf Teamarbeit
Moderatorin: beides
mh ((weibl. Stimme))
((kleine Pause))
Althoff: #0 im Moment #1 ((fragend))
((„dreckiges" Lachen, Hartmann??))
Althoff: Wüßt ich schon was daß ich mehr Aufträge kriege
((leichtes Lachen, weibl.))
Althoff: nja ach ich denke mal wie gesagt wir sind da auf dem besten Weg also ich * wenn ich so das nachbetrachte * #0 im Februar war ich das erste Mal bei so ner Teambesprechung ne' #1 ((fragend))
Neuhoff: mh ja kann sein ((lacht)) (Z 919-946)

Althoff handelt zunächst mit der Moderatorin das neue Thema der Diskussion aus. Für die Neufokussierung holt er sich die Erlaubnis der Teamleiterin, die sie ihm gibt. Althoff geht danach noch weiter in die Vergangenheit zurück, in die Zeit „vor Geburt des Teamgedankens“:

> ich hab eigentlich immer als Disponent schon seit Jahren n guten Draht gehabt obwohl wir Kilom auseinander waren eben weil wir viel telefoniert haben weil ich auch paar Mädels kannte
>
> *Klein:* ((leichtes Lachen))
>
> Und jetzt ((leise, weibl. Stimme))
>
> *Althoff*: und auch noch kenne ((lacht))
>
> ((Lachen in der Runde))
>
> *Althoff*: #0 und weil ich eigentlich immer sehr äh #1 ((laut)) bemüht war den diesen guten Draht auch zu fördern weil das einfach es /klappt/ dann besser (Z 950-963)

Althoff präsentiert sich hier als fähigen Mitarbeiter und Kommunikator aufgrund langjähriger betrieblicher Erfahrung. Für seine Art der Kontaktpflege benutzt er den Begriff „guter Draht“. Es leuchtet etwas von dieser Kommunikationskultur auf, wenn er von sich und den „Mädels“ spricht. In seinen Worten steckt eine Doppeldeutigkeit in Richtung Privatheit, Flirtebene, auf die die Gruppe mit Lachen reagiert. Althoff exploriert seinen persönlichen Arbeitsstil, den er in der älteren Unternehmensgeschichte verwurzelt, und beschreibt fortfahrend, wie er erstmals eine Teambesprechung besuchte.

> und im Februar hab ich dann auch mal an so ner Teambesprechung dran teilgenommen weil #0 wir halt weil es stand daß wir jetzt dazu stoßen sollten Umzug #1 ((leicht stockend)) und da dacht ich eigentlich für mich o Gott ist das wirklich sinnvoll daß du da hingehst denn da war's eigentlich so daß ich gedacht habe ich bin im Kindergarten also das war also schon /verheerend/ denk ich mal es saßen ((atmet ein)) alles erwachsene Leute um n Tisch und es wurde sich gestritten um 5 Minuten mehr Frühstück machen oder 5 Minuten mehr Mittag machen oder überraschend Urlaub #0 und da dacht ich das kann die sprechen /überhaupt/ nicht mit * #1 ((leiser, senkt die Stimme, Unverständnis)) also ich denke mal das war alles so ja so 7 8 Clübchen-Bildung #0 2 konnten sich immer gut dann die andern waren draußen dann konnten dann da wieder 2 sich gut #1 ((aufzählend, monoton)) und dann ja dann da wu da wurde sogar eigentlich da weiß ich noch da hat Ulla knallhart gefragt seid ihr ein Team oder seid ihr /kein/ Team
>
> *Althoff*: #0 da ham se erst noch gesagt #1 ((leicht lachend)) #0 nö wir sind kein Team #1 ((schnell, die abweisende Antwort wiederholend))
>
> *Meier*: mmmh ((lachend))
>
> ((leichtes Lachen))
>
> *Althoff*: #0 ja dann brauchen wir das ja nicht weiter * diskutieren dann können wir ja gehen #1 ((nachahmende Sprechweise)) #0 ne dann sind wir doch ein Team #1 ((schnell, nachahmend ((Lachen)) so ((lacht)) #0 nach dem Motto #1 ((laut)) #0 ja wenn da doch vielleicht noch was kommt am dann wollen wir doch mal wieder ein Team sein #1 ((gespielte Neu-

gierde, leicht, lachend, leicht überzogen)) und da hab ich nur gedacht #0 was n Kindergarten das /gibt's/ nicht #1 ((leise, entsetzt))
Neuhoff: ((atmet kurz ein, setzt an zu sprechen, läßt es)) (Z 963-999)

Althoff beschreibt in dieser narrativen Sequenz, die von einem Modalitätenwechsel des farbigen Erzählens begleitet wird, die betreffende Teamsitzung als Beobachter, sich als ein neu eintreffendes Ich, das mit der Distanz des Neuankömmlings das Verhalten einer fremden Gruppe erlebt. Ihm sei dieses Verhalten wie „Kindergarten" erschienen, es bot sich ihm ein „verheerendes" Bild, geprägt von Streitereien um Pausenzeiten, Urlaubsregelungen und „Klübchenbildung". Er selbst erscheint in seiner Narration als erwachsenes Ich mit vergleichsweise hoher professioneller Kompetenz, die Teamleiterin in der Rolle einer Kindergruppenleiterin. Zu Beginn der Geschichte stellt Althoff den Sinn der Veranstaltung komplett infrage, den Wendepunkt bildet das „knallharte" Eingreifen der Teamleiterin in der betreffenden Sitzung, auf die ambivalente Reaktionen aus dem Team folgen. In Althoffs Geschichte verschafft sie sich damit Respekt, Neuhoff versucht seine Erzählung zu unterbrechen, gibt das jedoch wieder auf. Althoff weiter:

Althoff: und dann hab ich aber auch so von Besprechung zu Besprechung ge /Fortschritte/ gemerkt daß da immer mehr kam
Neuhoff: ((atmet kurz ein, setzt an zu sprechen))
Klein: mh ich denk ((leise))
Neuhoff: ja
mh ((weibl. Stimme, leise))
Klein: tschuldigung
Neuhoff: ja ne bitte
Klein: ich denke mal der Teamgedanke ehm der war auch relativ neu zum zu diesem Zeitpunkt und es war halt bisher #0 also ich bin ja auch relativ neu da sag ich mal ne' #1 ((schneller)) * hatt ich das Gefühl bis dahin immer nur so * Arbeitsgruppe (Z 1000-1017)

Althoff diagnostiziert vor dem Hintergrund der „Kindergartensitzung" deutliche Fortschritte in der Teamentwicklung. Die Teamleiterin hält sich weiter mit Einwürfen zurück, überlässt später aktiv Klein das Wort, als der ihr das Redevorrecht einräumen will. Klein erinnert daran, dass zu diesem Zeitpunkt der Teamgedanke auch noch relativ neu gewesen sei, vorher hätte es eben nur so „Arbeitsgruppen" gegeben. Klein unterscheidet zwischen Team und Arbeitsgruppe und macht dies an emotionalen Qualitätsunterschieden fest. In der folgenden Passage reflektieren Klein, Althoff und Hartmann die Unterschiede zwischen heute und damals, begleitet von zustimmenden und kommentierenden Rezeptionssignalen von Sander und Meier.

Zunächst hält sich die Teamleiterin mit einem Kommentar aus ihrer Sicht zurück, ergreift etwas später dann ausführlich das Wort und liefert eine alternative Erzählung der betreffenden Teamsitzung aus ihrer Sicht und beginnt vor diesem Hintergrund ihren narrativen Turn:

> es war da sehr schwierig und da standen wir vor dem Wendepunkt also ich mein #0 ich hab ja nicht gefragt sind wir ein Team sondern
>
> *Althoff*: nein
>
> *Meier*: mm ((verneinend bestätigend))
>
> *Neuhoff*: wollen wir jetzt da dran weiterarbeiten
>
> *Althoff*: ja genau so
>
> *Neuhoff*: seid ihr der Ansicht daß wir wirklich nur /Personalmangel/ äh unsere Zusammenarbeit beeinträchtigt oder gibt es vielleicht noch n paar andere Sachen äh
>
> *Neuhoff*: wo wir untereinander Probleme haben #1 ((spricht angespannt, schneller)) ((atmet ein)) und äh ja ((atmet aus)) das war so so ne Kippe sag ich mal einige waren schon so weit andere noch nicht und aus meiner Sicht weiß ich nicht ob damals der Gruppenzwang alle Finger #0 hat hochgehen lassen (Z 1105-1127)

Sie korrigiert Althoffs Erzählung, indem sie ihre „wirkliche" Frage von damals in Erinnerung ruft: Sie habe nicht gefragt, ob sie ein Team seien, sondern ob die MitarbeiterInnen der Meinung seien, ob noch etwas anderes als Personalmangel die Zusammenarbeit beeinträchtige, oder auch noch „andere Sachen". Althoff und Meier signalisieren Zustimmung und Kooperationsbereitschaft in dieser Sequenz. Neuhoff stellt eine neue Aktionsebene in den Diskussionsraum: strukturelle Rahmenbedingungen („Personalmangel"). Durch sie initiiert sei eine „Kippe" bzw. der „Wendepunkt" der Zusammenarbeit eingeläutet worden, wo einige schon „so weit waren", andere nicht. Neuhoff weiter:

> *Neuhoff*: ich weiß es nicht bin mir nicht so sicher #1 ((leicht lachend)) ((atmet ein)) aber ich hab halt einfach da weitergemacht denke ich dann und paar äußere Einflüssen konnten wir auch verbessern also wir ham Personal dazu gekriegt es ist insgesamt äh entspannter geworden die Situation ((atmet ein)) und dann fällt es natürlich auch leichter zu sagen hier kuck mal das und das das hier ist ja jetzt alles in Ordnung das wir ham aber trotzdem noch vielleicht n paar Probleme und woran liegt das denn das liegt vielleicht /doch/ auch am Miteinander daß man sich darüber überhaupt Gedanken macht und von daher ja ist es schon richtig also ich denke auch daß es stimmt daß es eben nicht mit m Schalterumlegen geht
>
> Klein: mh ((leise im Hintergrund))
>
> *Neuhoff*: daß das n Prozeß ist
>
> mh ((leise im Hintergrund, weibl. Stimme))
>
> *Neuhoff*: wie mit Kindererziehung denn nicht umsonst hast du gedacht das ist n Kindergarten oder ist es ja auch aus von den /andern/ gekommen ja wir sind hier alles äh wie wie Kinder (Z 1128-1144)

Neuhoff ordnet die strukturellen Bedingungen ein: Sie hätten Personal aufgestockt, wodurch es leichter geworden sei, auch auf das „Miteinander" zu gucken. Sie präsentiert sich hier als Führungskraft mit Personalkompetenz, erfüllt damit eine „Versorgerrolle", die an sie herangetragen wird, die sie gleichzeitig ausbaut um den Bereich kommunikative Kompetenz herum, besetzt Vater- und Mutterrolle des Geschlechtsstereotyps, wobei sie gegen Ende ihres Turns auf Althoff und sein Bild vom Kindergarten Bezug nimmt: Sie schließt sich dem Bild an, bekräftigt die Metapher von Kindern und Kindererziehung und damit auch Althoffs Definitionsrecht der Teambeurteilung. Hartmann unterbricht:

Hartmann: das mmh das ist ja auch gar nicht ((leise))
mh ((leise im Hintergrund, weibl. Stimme))
Neuhoff: #0 das ham ja die Beteiligten alle selber gesagt ne' #1 ((leicht lachend, lacht))
Althoff: ja stimmt ist auch richtig
Klein: aber vielleicht war das auch nur äh ne Trotzaussage ne' ((lacht leicht)) im Kindergarten
Neuhoff: /Frust/ denk ich
Klein: ja
Althoff: ((schnauft)) ja ich denke ich #0 *#1 aber ((unverständlich, gibt auf, da andere weitersprechen))
Sander: ja wenn man's nichts geregelt kriegt oder so was ist vielleicht ja wirklich frustriert ne'
Neuhoff: ja
Sander: daß es wirklich nichts /nützt/ eigentlich dann ne' daß man nicht weiterkommt
((kleine Pause)) (Z 1145-1171)

Hartmann weist Neuhoffs und Althoffs Charakterisierung vom „Kindergarten" zurück, Neuhoff rechtfertigt die Aussage, Althoff schließt sich an. Auch Klein geht auf Distanz, bleibt gleichzeitig mit seiner Wortwahl „Trotzaussage" im Bild des Kindergartens. Sander stoppt die Diskussion und die auf Verständigung gerichtete, gemeinsame Formulierung zum Stand der Teamentwicklung mit einer generalisierenden Wertung von Frust, Vergeblichkeit und Stillstand. Entsprechend tritt eine Gesprächspause ein. In der folgenden Sequenz findet eine wiederholende Themenfokussierung statt, die Althoff mit einem neuen Thema unterbricht:

„Reine Frauendienststellen": Geschlechterstereotype als Element von Interaktion

Althoff: aber ich weiß nich ob ob ob sie jetzt noch ob man jetzt noch überhaupt den Charakter des Menschen ändern kann ob wir das noch rauskriegen #0 das bleibt #1 ((leiser)) also das das daß man sich über Sachen mokiert das bleibt wahrscheinlich immer und daß 2 oder 3 sich über n 4. oder n 5. unterhalten äh sag ich mal das bleibt auch /fast/ immer wobei ich das eigentlich immer so früher dachte das wär in reinen Frauendienststellen so

((leichtes Lachen im Hintergrund))
Althoff: das das streichen wir das Letzte
((Lachen in der Runde)) (Z 1574-1585)

Nachdem er das gegenwärtige Team anhand von Merkmalen (sich über Sachen mokieren, sich über andere unterhalten) qualifiziert hat, stellt er diese Merkmale als typisierend für Frauenarbeitszusammenhänge dar und eröffnet damit eine Differenz zwischen Frauen- und Männerwelten. Aus der Gruppe wird hierauf zunächst mit leichtem Lachen reagiert, woraufhin Althoff mit seinem Redezug fortfährt. Seine Selbstkorrektur („das streichen wir das Letzte") hat die dem geäußerten Ansinnen entgegengesetzte Wirkung, indem das Thema nicht ge-, sondern unterstrichen wird. Durch das jetzt ebenfalls verstärkte Lachen wird diese Wirkung weiter verstärkt. Auf der Inhaltsebene deutet seine Äußerung das Betreten eines Tabubereichs an. Er formt ein Binnen-Wir, das einem Außen-Wir gegenübersteht und ein Interesse daran haben könnte, dieses Thema zu „streichen". Das Thema Geschlecht, im Hinblick auf Unterschiede, die sich daran festmachen lassen, wird hier von einem Mann eingeführt, mit einer negativen Konnotation „weiblicher" Verhaltensweisen. Auf der Beziehungsebene – sowohl in Richtung Teamleiterin, Moderatorin als auch den Kolleginnen sowie den Kollegen gegenüber – betritt Althoff damit einen möglichen Konfliktbereich. Seine Selbstkorrektur liefert den Hinweis, dass er sich dieser Tatsache auch bewusst ist. Wie inszenieren die Gruppenmitglieder fortführend Geschlecht und Differenz in ihrem Arbeitskontext?

Nachdem Althoff das Thema „reine Frauendienststellen" erfolgreich eingeführt hat, schließt er eine narrative Sequenz mit erläuterndem Charakter an:

Althoff: #0 ja ich hab mal früher Horror davor gehabt ich hab mal in ner ganz kleinen Dienststelle gearbeitet #1 ((lauter)) das war der KW-Hof da warn wa mit 6 Leuten und dann wurde mir gesagt ich könnte gehen und dann hat mein Abteilungsleiter auch gefragt oder der Abteilungsleiter Z hat gefragt ja wo möchten Sie denn hin ich hab hier die Dienststelle RI da hab ich dann gesagt #0 ne #1 ((entsetzt)) bitte
((leichtes Lachen in der Runde))
Althoff: nur wo Frauen sind weil ich hab ne Schwester die ist hier auch und die hat mal gesagt ne reine Dienststelle wo Frauen sind da gehste unter (Z 1586-1595)

Dieser narrative Turn handelt von einer betriebsinternen Versetzung, die in Althoffs Worten eher wie eine Kündigung klingt („da wurde mir gesagt ich könnte gehen"), möglicherweise mit entsprechenden emotionalen Begleitumständen (Kränkung, existenzielle Verunsicherung). Ihm sei als Alternative Arbeit in einer reinen Frauendienststelle angeboten worden, was er entsetzt zurückgewiesen habe. Er erzählt dies als Geschichte einer doppelten Zumutung: Zunächst die Kündigung/Versetzung, im Anschluss das Angebot, in eine reine Frauendienststelle zu wechseln, wobei er sich gegen letztere offenbar erfolgreich wehren konnte, erstere gezwungen war hinzunehmen. Seinen „Horror" vor einer solchen Tätigkeit, die er in Geschlechterstereotype fasst, untermauert er mit der Erfahrung einer Frau: seiner Schwester. Im Folgenden schließt er seine Geschichte ab:

Althoff: also da hab ich mir gedacht ne das mußte dir ja nun wirklich nicht antun noch sieh zu daß de in ne gemischte Dienststelle #0 kommst #1 ((lachend)) weil ich denke mal immer ja ne gemischte Dienststelle die das lockert das Ganze so n bißchen auf also /reine/ Frau äh deswegen also das war immer so n Horrorgedanke (Z 1623-1630)

Und schließt eine verallgemeinernde Deutung an:

Althoff: wenn dann als einziger Mann dann wirste da so oder auch meinetwegen zu zweit nur oder so das aber das sagen Frauen meistens komischerweise auch selber die in solchen Dienststellen
ja * ((sehr leise, weibl. Stimme))
Althoff: arbeiten daß also reine Frauendienststellen
Meier: mh mh
Althoff: das Größte ist in Anführungsstrichen
Mh ((kurz lachend, weibl. Stimme))
Althoff: was im Arbeitsleben passieren kann (Z 1633-1648)

Althoff breitet Geschlechterkonfusion aus: Er beschreibt sich als Frau behandelt, indem er in eine „reine Frauendienststelle" versetzt werden soll, erobert seine Männlichkeit zurück als „einziger Mann", verbrüdert mit dem einen oder anderen Geschlechtsgenossen, die ihre Identität durch Abgrenzung und Abwertung reiner Frauenwelten (wieder) herstellen. Die Verallgemeinerung, die Althoff selbst vornimmt, weg von den „kleinen" und im Schwinden begriffenen entfernten Dienststellen, hin zum „Größten", „was im Arbeitsleben passieren kann" erlaubt eine Paraphrase folgenden Inhalts: Eine (Arbeits-)Welt, wo (nur) Frauen bestimmen, ist das Schlimmste, was passieren kann. Vor dem Hintergrund eines relativen weiblichen Übergewichts in seinem Arbeitsumfeld, birgt seine Narration Sprengstoff: Er vermint das Diskussionsgebiet, kündigt an, dass die Mine jederzeit hochgehen kann – das „Größte, was im Arbeitsleben passieren kann" – und wer die Verantwortung trägt, wenn es passiert: die Frauen und ihr eigentümliches Kommunikationsverhalten. Wie bewegen sich die ins Visier Genommenen in dem verminten Gebiet? Zunächst schaltet sich Sander ein:

Sander: Konkurrenzkampf irgendwie hab ich so das Gefühl ne'
Meier: mh mh ((leise))
Neuhoff: hab ich bei uns noch nicht so wahrgenommen

Sander: ja wir sind ja auch nicht

Althoff: ((gleichtzeitig)) wir sind ja auch keine reine wir sind ja auch keine reine /Frauendienststelle/ mehr ((laut))

((Lachen, weibl.))

Neuhoff: ja aber viele noch

ja ((gedehnt, weibl. Stimme))

Althoff: aber viele noch sicherlich aber

Meier: ja früher noch mehr ((lacht leicht))

Sander: ((lacht leicht))

Althoff: #0 aber das ist aber so #1 ((leise))

Sander: mh irgendwie ist das komisch #0 aber es ist so #1 ((leise))

Meier: ja ist aber so (Z 1651-1679)

Sander schließt sich Althoffs Bild von den „schlimmen“ Zuständen in reinen Frauendienststellen an, wobei sie mit „Konkurrenzkampf“ eine Erklärung für die skizzierte Situation anbietet: den Konkurrenzkampf unter Frauen. Dies weist Neuhoff zurück, wiederum bestätigt von Sander und Althoff mit dem Hinweis darauf, dass sie ja auch „keine reine Frauendienststelle mehr seien“. Neuhoff opponiert („aber viele noch“), woran Althoff, Meier und Sander eigene Relativierungen anschließen, sie wetteifern um ihre „Aber“, ohne diese näher auszuführen.

Das Team einigt sich darauf, dass es in reinen Frauendienststellen richtig herbe zur Sache geht, dass dort Klübchenbildung, Tratsch und Gerede, Konkurrenzkampf an der Tagesordnung sind, nur die Teamleiterin ist hier außen vor, äußert zunächst keine Ansicht zum Thema, geht dann auf Distanz. Das Thema wird von den anwesenden Frauen nicht aufgegriffen: sie reagieren mit Beipflichten (Sander und Meier) bzw. Löschung und Entwertung (Neuhoff), womit es ihnen erfolgreich gelingt, dass das Thema nicht weiterverfolgt wird, sie verlassen das verminte Gebiet.

Die folgenden Gesprächssequenzen wurden keiner näheren Analyse unterzogen. Das Ende der Gruppendiskussion wird von Althoff ratifiziert („Nja ich denke mal das war ganz sinnvoll ne“, Z 3056), womit er auch hier noch einmal seinen Führungsanspruch mit einer Wertung der Gesamthandlung Gruppendiskussion markiert.

3.3.8 Gesamtformung

Teamarbeit, Kostendenken und „verrückte“ Verhältnisse lassen sich als Kennworte für aktuelle Herausforderungen durch die Diskussion verfolgen. Individuelle Verkörperungen des Unternehmensprogramms in Form von Leistung, Motivation und Führung werden sichtbar, in ihrer internen Widersprüchlichkeit ebenso wie in ihrer Begrenztheit im Zusammenhang mit makrogesellschaftlichen Entwicklungen. Eine Lesart davon, die das Team anbietet, sind Kämpfe um Freiräume (anders formuliert: Verhandlungen von Fleiß und Faulheit), Sorgen angesichts zukünftiger Unsicherheiten sowie eine „naive" Bereitschaft, sich dem Neuen zu stellen. Die Metapher vom „Kindergarten" drückt diese Ambivalenz zwischen Anpassung und Freiheitsstreben aus in Verbindung mit einer spezifischen Form von Leitung.

Die Leiterin: Ambivalenzen zwischen „Neu" und „Alt"

Dieses Leitungsverständnis präsentiert sich zunächst als demokratisches: Die Teilnahme an der Gruppendiskussion ist freigestellt, fünf von siebzehn Personen erscheinen. Die Teamleiterin betont, dass sie etwas „Neues" in das Arbeitsfeld einbringe („auch äh Dinge zu tun die vielleicht bisher nicht gern in der Art nicht gemacht worden sind", Z. 348f.). Sie erscheint dabei selbst als Neuling in ihrer Rolle als Führungskraft, probiert (sich) aus, riskiert Zuspruch und Widerspruch. Ihre Versuche, Feedback zu ihrer Arbeit zu bekommen, sind in der Diskussion nicht von Erfolg gekrönt (s. zum Beispiel die Passage unter „Neues Ingenieurhandeln: zwischen technizistisch und organismisch", wo Neuhoff auf eine direkte Nachfrage zu ihren Bemühungen keine echte Antwort erhält, Z. 368-408). Auch im weiteren Verlauf haben ihre Beiträge einen forschend-experimentellen Charakter wie zum Beispiel die von ihr eingebrachte Idee der eigenverantwortlichen Beurteilung im Team (Neuhoff: „die Leistungen äh liegt mir schon auf der Zunge ich frage einfach mal provokative oder einfach nur zum andenken #0 könntet ihr euch vorstellen im Team sowas selber zu machen ne Beurteilung #1 ((fragend))", Z. 2384ff.). Als Führungsfigur ist sie prägnant sichtbar, homolog auch in ihrer häufig neue Themen fokussierenden Gesprächsführung in der Gruppendiskussion, denen jedoch nicht immer reziprok mit Diskussionsbereitschaft begegnet wird.

Anders Althoff: Er prägt mit seinem Satz „Wir sind auf einem guten Weg" das „Motto" der gesamten Diskussion, trägt es beharrlich immer wieder vor, schafft kontinuierlich eine Basis für die konkrete Auftragsbearbeitung Gruppendiskussion. Die Gruppe folgt seinen häufigen Themenfokussierungen, erkennt ihn – wenn auch mit gelegentlichem Amusement – als Leitungsfigur an.

Brüchige Berufsidentitäten

Zu Beginn der Vorstellungsrunde wird, initiiert durch eine Nachfrage der Moderatorin, das Thema Berufsidentität auf persönlicher und weitergehend auf Unternehmensebene angesprochen. Der Wechsel von traditionellen zu sich modernisierenden Verhältnissen – hier inszeniert entlang des Wechsels vom Beamten- zum Angestelltentum – deckt brüchige Berufsidentitäten auf. Die naheliegende Vermutung, dass es sich um ein Unternehmensspezifikum handeln könnte, wird durch die Selbstbeschreibung der Teamleiterin entkräftet, die bezogen auf ihren (post)modernen Tätigkeitsanspruch („Teamleiterin") ebenfalls keine „feste" Identität anbietet, sondern selber in ihrer professionellen Rolle verunsichert scheint. Berufsbeschreibungen lösen sich auf, werden ad hoc neu geschaffen und verworfen, Identität taucht als Suchbewegung auf.

Umgang mit dem Handlungsschema: Heimliche Leitung

Hartmann ratifiziert das Handlungsschema Gruppendiskussion, indem er Althoff auffordert, die Diskussion zu eröffnen. Dieser folgt der Aufforderung und beginnt die Runde erster Stellungnahmen zum Thema. Die informelle Leitungsrolle von Althoff sowie ein verdeckter Leitungsanspruch von Hartmann, die sich schon in dieser Eingangssequenz andeuten, bestätigen sich im Laufe der Diskussion. Das Eingangsstatement von Althoff enthält darüber hinaus bereits zentrale Themen der Gruppendiskussion: Ein als fürsorglich charakterisierbarer Leitungsstil (Althoff: „(...) als Disponent ah sehe meine Arbeit eigentlich hauptsächlich darin erst mal daß ich natürlich die Außendienstmitarbeiter mit Arbeit versorge", Z 246f), der mit der Härte unternehmerischer Entscheidungen kontrastiert (Althoff: „(...) daß Personal abgebaut wird das ist eben das ist überall so das ist eben der Lauf der Zeit im Moment wird auch immer so sein denk ich mal weil das ist der größte Kostenfaktor", Z 267ff). Hier lässt sich ein Handlungshorizont zwischen einer „versorgenden" bzw. „entsorgenden" Unternehmenshaltung skizzieren.

Faul sein: Das Kernthema der Diskussion

Das zentrale Thema der Gruppendiskussion ist die Menge der vorhandenen Arbeit und der Umgang mit diesen Freiräumen der Arbeitsgestaltung, individuell wie im Team. Arbeitsmengen und ihre Reduktion bzw. Umverteilung ebenso wie Pausenzeiten und Urlaubsregelung sind die Requisiten zur Inszenierung von Meinung, persönlichem Stil und Konflikten in der Gruppe. Einen Hintergrund bilden moderne Unternehmensstrategien wie beispielsweise die Proklamation von „Teamarbeit“ als probates Mittel der Arbeitsorganisation, die von der Leiterin in ihrer individuellen Interpretation verkörpert wird. Besonders interessant erscheinen diese Inszenierungen in einem Milieu, wo das „Alte“ – hier in Form des Berufsbeamtentums – permanent präsent ist und sich in Position begeben muss zum „Neuen“.

Gesellschaft als Ressource für Team- und Organisationsentwicklung

Althoff und in seinem Gefolge Sander verlängern das Thema Unternehmen und neue Arbeitswelten hinein in den gesellschaftlichen Betrachtungsraum:

Althoff: (...) dann hat jeder ein ISDN Telefon und jeder hat n Faxgerät und #0 dann kann man halt nur noch /hochrüsten/ #1 ((etwas lauter)) und dafür sind die Leute dann halt ich weiß nicht wie das so weitergeht dann halt im Außendienst
Neuhoff: gibt es neue Produkte #1 ((leise)) (Z 246-261)

Althoff stellt hier die Frage nach langfristigen Perspektiven auf dem Telekommunikationsmarkt, er zweifelt die Aussicht an, dass es immer so weitergehen könne und wählt eine kriegerische Metapher für diese Art des Wirtschaftens („hochrüsten“). Auf der Beziehungsebene kann sein Verhalten als regressives Anlehnen an eine verantwortliche Person gedeutet werden, hier die Teamleiterin. Diese reagiert nicht reziprok „umarmend“, sondern mit Widerspruch, oppositionell, weist damit auch die ihr angebotene Rolle zurück. Argumentativ wendet sie sich gegen Althoff mit einem Unternehmensprogramm von „mehr desselben“ und „weiter so“, das als Antwort auf eine berechtigte Überlegung unbefriedigend wirkt. Dass sie selbst nicht ganz von ihren Worten überzeugt ist, zeigt der Modalitätenwechsel: Sie spricht leise, nimmt sich (und ihr Statement) zurück. Damit bildet sich die Hilflosigkeit simpler markt- und wachstumsorientierter Unternehmensstrategien miniaturhaft in der Diskussion ab. Die gesellschaftliche Ebene steht zugleich als potenziell nutzbare Quelle von Kompetenz im Diskussionsraum.

Geschlecht, Stereotype und Grenzgänge

Einen Ausdruck findet die Hilflosigkeit angesichts von Zukunftsunsicherheiten in der Gründungsmetapher, die sich das Team gibt: Dem „Kindergarten“. Die Teamleiterin bleibt in der Annahme des komplementären Rollenangebots ambivalent: Sie unterstreicht mehrfach ihre Expertinnenrolle, wobei sie die Teammitglieder in die Rolle von „Kindern“ verweist (besonders prägnant in ihrer Verhaltenskorrektur gegenüber Althoff, Z 1957-1961), verweigert jedoch ein Potenzial von Fürsorge, das diese „Mutterrolle" implizieren könnte, erscheint in dieser Dimension eher als strenge und frustrierende „Mutter". Sie verweigert sich den bereitliegenden geschlechtsstereotypen Rollenangeboten. „Mütterlich" in diesem Sinne erscheint demgegenüber eher Althoff, der offen das Thema Geschlecht und Geschlechterstereotype anspricht. Aus dem Themenfokus entfaltet sich keine breitere Diskussion, die Frauen verweigern sich seinem Angebot mit zwei verschiedenen Strategien: Löschung und Beipflichtung, die sich als wirksame Mittel zum Themenabbruch erweisen. Eine Chance zu einem Konfliktgespräch wird hier nicht wahrgenommen, wie überhaupt die sichtbar werdenden Konflikte in diesem Team eher verdeckt ausagiert werden.

Teamentwicklung

Produktiver erscheint die „Kindergarten"-Metapher im Hinblick auf die Teamentwicklung, wo sie die Möglichkeit der Zurückschau und Orientierung im Hinblick auf Weiterentwicklung und Wachstum bietet. Zu Beginn der Sequenz handelt Althoff mit der Moderatorin das nächste Gesprächsthema aus. Er entscheidet sich für das neue Thema „Reflexion der bisherigen Teamentwicklung", wobei er zuerst einen Ausflug in die Zeit vor Geburt des Teamgedankens im Unternehmen macht, seine Rolle damals schon als Kompetenzträger für gut funktionierende Kommunikation beschreibend. Dann erinnert er in einer längeren Passage an eine bestimmte Teambesprechung im Februar desselben Jahres, die als eine Art Geburtsstunde des Teamgedankens betrachtet werden kann und während der sich die Teamleiterin in ihrer Funktion etablierte. Die Atmosphäre dort sei wie im Kindergarten gewesen, seitdem hätte es von Besprechung zu Besprechung Fortschritte gegeben. Diese Sicht gerinnt zum Motto der Diskussion („Wir sind auf einem guten Weg").

Ressource Teamursprung, Erinnerung

Die Erinnerung an die entsprechende Sitzung wirkt inspirierend auf andere Teilnehmer. Klein reflektiert darüber, dass der Teamgedanke ja für ihren Arbeitszusammenhang auch ganz neu gewesen sei, vorher hätte es lediglich Arbeitsgruppen, Dienstunterricht und Arbeitsanweisungen gegeben. Hartmann ergänzt, dass jeder Einzelkämpfer gewesen sei. Mehrere der Anwesenden scheinen Feuer gefangen zu haben bei der Vorstellung, nun in einem Team mitzuwirken. Es entsteht eine Zeitrechnung von heute gegenüber damals und damit die Möglichkeit einer positiven Identifikation mit der gegenwärtigen Situation, die nicht länger nur als schwierig erscheint. Der Rückblick auf die Entwicklung ermöglicht die Relativierung gegenwärtiger Schwierigkeiten und die Sicht auf vollzogene Entwicklungen und Fortschritte.

Perspektiven

In der Diskussion leuchten mehrfach „erwachsenere" Bilder und Ebenen auf, das Unternehmensspiel von Seiten der AkteurInnen neu zu ordnen, beispielsweise die angesprochenen gesellschaftspolitischen Betrachtungen. Vonseiten der Teamleiterin ist es der favorisierte demokratische Leitungsstil, der eine solche Chance eröffnet. Nicht zuletzt durch die ambivalente Leitungsstrategie der Teamleiterin bleiben diese Chancen ungenutzt. Denkbar ist jedoch ebenso, dass sie hilflos ist angesichts der ihr hier abverlangten Transferleistung, eine Ratlosigkeit, die sich wahrscheinlich auch auf der unternehmenskulturellen Ebene widerspiegelt und fortsetzt und für die kein „abrufbares" ExpertInnenwissen bereitliegt. Reorganisation erscheint aus dieser Perspektive als Desorganisation.

Das Thema Frauendienststellen lässt sich nicht nur im Hinblick auf den Umgang mit Geschlechtsstereotypen lesen, die hier von einem Mann als „Keule" z.B. gegen eine Frau als Teamleiterin geschwungen werden. In dem betrieblichen Kontext mit seiner starken Thematisierung von Alt und Neu verweisen die „reinen Frauendienststellen" auch auf ein „versunkenes Reich" – vermeintlich – geordneter Verhältnisse, wo jeder und jede – auch aufgrund von Geschlecht – seinen und ihren Platz hatte und nicht permanent „verrückt" wurde. Geschlecht taugt nicht mehr als Ordnungsfaktor, stürzt die AkteurInnen vielmehr weiter in die Konfusion, die zugleich einen öffnenden Charakter hat. Festhalten kann man sich nur noch – und vielleicht auch nicht mehr lange – an der „Butterbrotdose", die als Inventar einer untergehenden Unternehmenskultur erscheint. Der Satz Althoffs („daß du dann um halb 4 die Tasche fallen läßt deine Dose einpackst oder die Butterbrotsdose einpackst und dann nach Hause gehst") lässt sich als Abschied-Nehmen von den „alten Zeiten" lesen.

Das Handlungsschema Gruppendiskussion als Arbeitsauftrag ans Team

Betrachten wir abschließend das Handlungsschema Gruppendiskussion im Teamkontext: Wie gehen die AkteurInnen mit dem Arbeitsauftrag um? Welche Rückschlüsse lassen sich daraus ziehen? Die Teamleiterin ging mit einem deutlichen Interesse in die Diskussion, mehr über sich und die Gruppe in Erfahrung zu bringen, präsentierte sich als „Lernende". Sie selbst thematisierte im Vorgespräch den Bereich Frauen und Führung mit dem Akzent auf Benachteiligung aufgrund von Geschlecht. Daher kann angenommen werden, dass das Thema (subtextuell) auch im Team eine Rolle spielt. Die Positionierungen im Team lassen sich entlang der „Kindergarten“-Metapher verfolgen: In diesem Bild ist eine leitende Frauenfigur vorgegeben als „Kindergärtnerin“ oder „Gruppenleiterin“. Durch die Betonung der Lernaspekte in der Zusammenarbeit begibt sie sich in „sicheres“ Rollengebiet. Die MitarbeiterInnen präsentieren sich reziprok „trotzig“ (Klein), „jammernd“ (Sander), „eifrig“ (Althoff), „schlichtend“ (Meier), „aufwiegelnd“ (Hartmann). Autonome Tendenzen finden sich vor allem in Form von (heimlicher) Leistungsverweigerung (der Leute, die nicht zur Diskussion erscheinen und als zentrales Thema der Diskussion) sowie verkörpert als (Über-) Eifer durch Althoff, der nicht nur die Hauptarbeit während der Diskussion ableistet, sondern hierzu sogar aus seinem krankheitsbedingten Urlaub in den Dienst zurückkehrt. Dies verweist auf gesellschaftliche Zusammenhänge, die latente Angst um den eigenen Arbeitsplatz, die hier besonders vor dem Hintergrund des Beamtentums Beachtung verdient.

— Feedback

Nach knapp einem Jahr versammelten sich die TeilnehmerInnen der Gruppendiskussion noch einmal, um mein Feedback entgegenzunehmen. Dieses gliederte sich in vier Bereiche entsprechend den Untersuchungsergebnissen:

- Unternehmenswandel: Wechsel von Alt zu Neu
- Individuelle Freiräume
- Perspektiven der Teamentwicklung
- Sorgen um die Zukunft auf dem Arbeitsmarkt

Im ersten Teil wurde den AkteurInnen der Wechsel von einer alten zur neuen Unternehmensordnung als besondere Herausforderung gespiegelt. Anklang fand vor allem der Gedanke, dass es in diesem Prozess vonnöten sein wird, Tradition und Wissen von „früher“ zu nutzen und zu respektieren. Als Beispiel für die Zumutungen von Reorganisationsprozessen berichteten die Beteiligten, seit meinem letzten Besuch seien die Zuständigkeiten für das Team wieder ganz neu geordnet worden, es sei jetzt wieder so organisiert wie vorher, sie seien gespannt, was demnächst käme.

Die Rückmeldung bezüglich der individuellen Freiräume wurde kommentarlos entgegengenommen, die Teamleiterin diskutierte mit mir im Anschluss an den offiziellen Teil des Feedbacks ausführlich das Thema. „Faulheit“ und Leistungsverweigerung (die sich laut Neuhoff zum Beispiel in langen Krankenzeiten ausdrückten) wurden von ihrer Seite als zentrales Thema bestätigt, mit dem sie sich herumplage. Auch die Zuordnung qua Person (Sander und Hartmann als besonders „faule Böcke") bestätigte sie.

Bezüglich der Teamentwicklung gab ich die „Kindergarten"-Metapher zurück in die Gruppe sowie das Motto „Wir sind auf einem guten Weg", das geprägt worden war und wies auf die Bedeutung längerfristiger Zusammenarbeit für das Entstehen von Teamkultur hin. Diesem Punkt schienen einige der Beteiligten nicht recht zu trauen, sie wünschten sich zwar eine Aussicht auf längerfristige Zusammenarbeit, meinten jedoch, das sei von Seiten der Geschäftsleitung strategisch nicht gewollt.

Als Besonderheit für das Team sprach ich die kommunikative Kompetenz an, in größeren Zusammenhängen zu denken (in keiner der anderen Gruppendiskussionen kam das Thema „Gesellschaft" so direkt zur Sprache). Hier schloss sich eine lebhafte Diskussion zum Thema Zukunftsfähigkeit des Unternehmens an. Mit Genugtuung wurde vermerkt, dass im Vergleich zur Konkurrenz das Großunternehmen ausgesprochen gut dastünde, existenzielle Ängste schienen vor diesem Hintergrund vergleichsweise gering und das Thema Konkurrenz wirkte augenscheinlich belebend.

Besonders interessiert zeigten sich die Teammitglieder daran, die Ergebnisse des Feedbacks in einer Präsentation an ihre KollegInnen weiterzugeben. Interessant war hier die Beobachtung des Aushandlungsprozesses, wer die Präsentation übernehmen würde: Sander meldete sich hierfür als erste, wenn auch sehr leise, zu Wort, wurde umgehend von Althoff und Klein übertönt, die sich konkurrierend anboten. Situativ blieb unklar, wer es denn nun wirklich machen würde. Neuhoff hatte die Entscheidung, ihrem Führungsstil entsprechend, dem Team selbst überlassen. Dies könnte ein Hinweis darauf sein, dass sich (nicht nur) im Hinblick auf Frauenförderung der demokratische Führungsstil nicht immer als bester Weg erweisen muss: Sanders Motivation (die im allgemeinen eher gering ist, sie vermeidet Arbeit und ist häufig krank) ist durchaus vorhanden, sie lässt sich durch konkurrentes Verhalten im Team bremsen und könnte durch ein stellenweise autoritäres Vorgehen adäquater gefördert werden.

3.4 Die Gruppe B: „Schwarzer Peter"

– Sitzordnung während der Gruppendiskussion

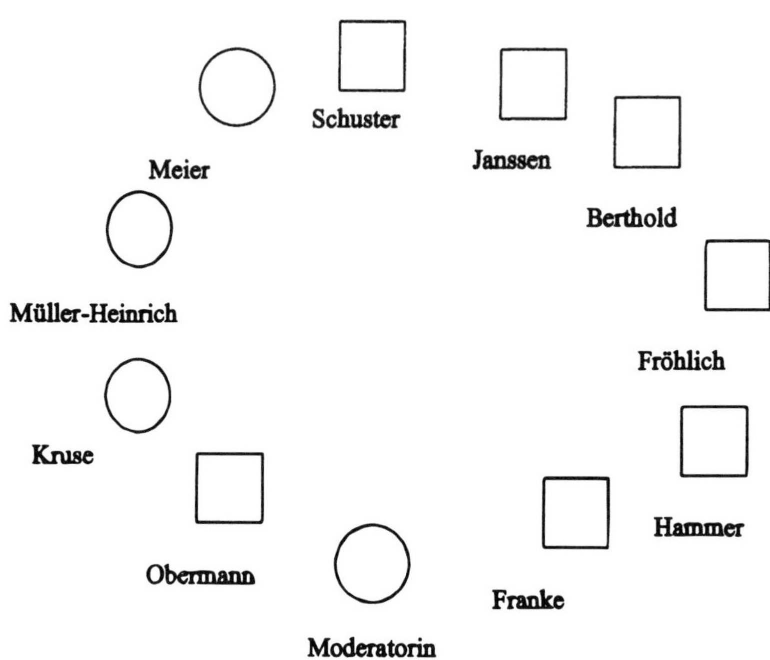

– Die TeilnehmerInnen in der Reihenfolge ihres Sprecheintritts:

Heinrich *Franke* („gelernter Beruf Elektriker, in der Montage bin ich Vorarbeiter und Gruppenbetreuer, also Mädchen für alles")

Sven *Hammer* („Diplom-Wirtschaftsingenieur Fachrichtung Logistik und ich bin hier im Team ich mach hauptsächlich Monta ne Steuerung Produktaufträge betreuen")

Fröhlich („ich bin äh für die Fertigungsplanung im Serviceteam zuständig... Zeitdatenmanagement für die Arbeitsplätze")

Achim *Berthold* („Gruppenbetreuer")

Peter *Janssen* („auch Gruppenbetreuer")
Klaus *Schuster* („Steuerer")
Daniela *Meier* („ich bin für die Disposition zuständig")
Vivien *Müller-Heinrich* („ich bin Fertigungs- und Steuer* im Serviceteam")
Anja *Kruse* („Industriekauffrau und auch für die Disposition zuständig")
Hans *Obermann* („ich habe an der Uni Braunschweig studiert Maschinenbau und bin der Produktbereichsleiter für den Grundbereich Strahler und stehe dem Serviceteam vor")

— Vorbemerkung zum Unternehmen

Bei dem Team handelt es sich um das Servicemanagementteam eines mittelständischen Unternehmens der Elektrobranche. Das Unternehmen befand sich bis vor einigen Jahren in einer starken Krise, der Standort war gefährdet. Durch Restrukturierungsmaßnahmen, die unter anderem die Einführung von Gruppenarbeit sowie eine Reihe von Maßnahmen zur Produktivitätssteigerung umfassten, konnte dieser Schritt abgewendet werden. Zur Zeit gilt das Unternehmen als „gesund". Das Unternehmen befindet sich weiterhin in einem Prozess der Reorganisation.

Der Einsatz von Kommunikation als Quelle von Organisationsentwicklung ist relativ neu, er äußert sich aktuell in entsprechenden Schulungsmaßnahmen für die Führungskräfte. Der Teamleiter spricht dies im Vorgespräch und auch in der Diskussion an.

— Setting

Der Kontakt kam über den Produktionsleiter zustande, der zugleich die Einführung von Gruppenarbeit koordiniert. Ich lernte ihn während einer Betriebsbesichtigung des Unternehmens kennen. Auf meine spätere Anfrage hin schlug er das betreffende Team vor, das zum Zweck der Gruppendiskussion nach Schichtende zusammengerufen wurde. Die Teilnahme war verpflichtend, das Team war vollständig versammelt. Der Produktionsleiter selbst nahm nicht an der Diskussion teil. Das Gespräch fand in einem großen eleganten Besprechungsraum des Unternehmens statt. Die Raumakustik war ungünstig, wodurch Schwierigkeiten beim Abhören des Bandes entstanden. Die TeilnehmerInnen saßen in einem Stuhlkreis. Die Atmosphäre während des Gesprächs war sehr angespannt, die

TeilnehmerInnen wirkten teilweise verängstigt. Diese Stimmung löste sich während des Gesprächs nicht auf. Im Anschluss an das Gespräch wurden Kaffee und Kekse gereicht (mit den begleitenden Worten des Teamleiters: „Vorsicht mit den Keksen, die sind schon etwas älter.").

— Zum Gesamtverlauf der Gruppendiskussion

Die Vorstellungsrunde leitete Franke ein, die Beiträge in dieser Runde waren sehr knapp und sind oben unter Punkt 3.4.2. fast vollständig dokumentiert. Weite Teile der Diskussion waren wenig selbstläufig, häufiger traten Gesprächspausen auf.

Der Redeanteil des Teamleiters in dieser Gruppendiskussion war auffällig hoch: Er beanspruchte über die Hälfte (57%) der gesamten Redezeit, gefolgt von Schuster (17%), Hammer (13,5%), Franke (6%), Müller-Heinrich (6%) und Fröhlich (0,5%) Vier der insgesamt zehn Teammitglieder äußerten sich während der Diskussion gar nicht, nahmen nur an der Vorstellungsrunde teil. Dagegen wird während des Gesprächs häufig gehustet, lautes Räuspern tritt immer wieder auf, diese Beiträge kommen auch von den TeilnehmerInnen, die sich nicht mit Worten äußern, konnten jedoch nicht den Personen zugeordnet werden. Aufgrund der geringen Selbstläufigkeit der Gruppendiskussion greift die Moderatorin an mehreren Punkten ein, um den Gesprächsfluss wieder in Gang zu bringen, wobei sie inhaltlich den Stimulus erneuert.

Der Teamleiter Obermann versucht an zwei Stellen, das Handlungsschema Gruppendiskussion aufzuheben und das Gespräch in eine „normale" Teambesprechung umzuformulieren. Der erste Versuch in diese Richtung besteht aus einer längeren Passage (die Redezeit beträgt ca. zehn Minuten) in Form einer Ansprache ans Team, wo Obermann Mitteilungen unterbringt aus anderen Kontexten. Teile dieser Passage werde ich unten analysieren, darunter auch das Ende, das durch Franke eingeleitet wird, der durch eine Rückfrage das Handlungsschema Gruppendiskussion wieder in Kraft setzt. Auch ein zweiter Versuch der Neuformulierung des Handlungsschemas durch Obermann scheitert, diesmal ist es Müller-Heinrich, die zurück zum Auftrag Reflexion der Kommunikation im Team fokussiert. Schuster nimmt durch eine Refokussierung des Themas „Sonderanfertigungen" den Schwenk zur zentralen Diskussionspassage des Gesprächs vor. Obermann greift diese Themenfokussierung auf und initiiert durch eine offene Frage die selbstläufigste Passage der gesamten Gruppendiskussion. Diese wird ausführlich analysiert.

Der Abschluss der Gruppendiskussion wird durch einen erneuten langen Redezug Obermanns eingeleitet, der schließlich auch das Ende der Diskussion ratifiziert.

– Diskutierte Handlungshorizonte in der Reihenfolge ihres Auftretens

- Begegnung von Kulturen: Formen der Annäherung
- Hackordnungen im Team life: Zurechtweisung, Unterwerfung, Opposition
- Definitionsmacht nutzen
- Vom Unterschied zwischen Reden und Kommunizieren
- Außer Kraft setzen des Handlungsschemas Gruppendiskussion
- Existenzberechtigung der Führungsmitglieder: Die Wirkung einer Nachfrage
- Müller-Heinrich: Eine mögliche Leitungsfigur im Team
- „Sonder hatte immer Vorrang": die zentrale Themenfokussierung
- Ein „Change Agent" in Aktion
- Das Szenario von der Unabänderlichkeit
- Wir spielen „Schwarzer Peter"
- Ein Phantom erscheint: Der Kunde
- Existenzielle Fragen: Ein „schwankendes Geschäft"
- Weiterspielen: Die Suche nach den Verantwortlichen
- Drohung als Führungsinstrument: Einsatz und Wirkung

– Strukturelle Beschreibung der ausgewählten Abschnitte

Stimulus, Reaktionen aus dem Team auf den „Arbeitsauftrag Gruppendiskussion": Die erste Annäherung

Moderatorin: Ja, okay, moderne Managementtheorie betont, dass Kommunikation an Bedeutung gewinnt bei der Organisation betrieblicher Abläufe. Das stellt Mitarbeiterinnen und Mitarbeiter vor neue Herausforderungen. Mich interessiert wie Ihre betriebliche Praxis aussieht und wie Sie Ihre Zusammenarbeit in Ihrem Team gestalten. Sie kennen ja sicher alle Situationen was beispielsweise passiert wenn Informationen nicht weitergeleitet werden oder auch wie förderlich es sein kann sich mit Kolleginnen und Kollegen auszutauschen ehm mich würde nun hier bei Ihnen interessieren wie Sie Ihre Zusammenarbeit in Ihrem Team gestalten. ((7 Sekunden Pause))

Franke: mündlich. Ja, wir sitzen ja nicht äh weit auseinander also das ((Räuspern, Mann)) von meiner Seite her geht das alles mündlich ((6 Sekunden Pause)) tja ((2 Sekunden Pause))

Hammer: #0Annäherung#1 ((fast unverständliche Bemerkung, geht in dem folgenden Lachen unter)) (Z 76-93)

Nach dem Stimulus tritt zunächst eine Gesprächspause ein. Franke als erster Sprecher ratifiziert den Arbeitsauftrag Gruppendiskussion. Er erklärt, dass bei ihnen die Kommunikation „mündlich" gestaltet werde. Er erläutert die mündliche Kommunikation, indem er darauf hinweist, dass sie ja nicht weit auseinander säßen. Seine Definition von Kommunikation basiert auf körperlicher Nähe und mündlichem Austausch. Mit dieser Beschreibung von Kommunikation nähert er sich dem Arbeitsauftrag an und beginnt, ihn in betriebliche Realität zu übersetzen. Kann es möglich sein, dass die Forscherin sich dafür interessiert, wie sie beisammen sitzen und reden? Mit dieser „schlichten" Formulierung setzt er einen Gegenpol zum eher „hochtrabend" formulierten Stimulus. Er selbst präsentiert sich als Person, die Kompetenz und Macht aus „Einfachheit" bezieht, worin eine gewisse Abwehr dem Bereich Intellektualität, Forschung gegenüber mitschwingen mag. Die Rolle, die er hier einnimmt, entspricht dem angekündigten „Mädchen für alles": Er übernimmt den Job des Diskussionseinstiegs, dient der Gruppe in dieser Anfangssituation. Er setzt ab zu sprechen, sechs Sekunden Pause treten ein, er hebt mit einem „tja" erneut an, es folgt dann wieder eine zweisekündige Pause. Nach einer weiteren kleinen Pause wählt sich Hammer als nächster Sprecher aus, seine Bemerkung bleibt teilweise unverständlich, zu verstehen ist lediglich das Wort „Annäherung", das sich möglicherweise auf die angesprochene räumliche Zusammenarbeit bezieht, auch metaphorisch verstanden werden kann als Programm der Diskussionsentwicklung. Es wird gelacht, eventuell eine Spannungsabfuhr in dieser oft etwas schwierigen Anfangsphase einer Gruppendiskussion. Schuster wählt sich nachfolgend als Sprecher aus:

Festhalten an Ordnung: Eine zweite Annäherung

Schuster: Ich würde sagen, wenn ein Problem auftaucht oder irgendwie ne abzuleistende Tätigkeit ähm wird die er/fasst/ und je-jede Person im Serviceteam hat halt seine bestimmten Aufgaben wie zum Beispiel Disposition, Fertigungssteuerung was so alles zugehört und ähm nimmt halt jeder arbeitet sein Päckchen ab und ähm wenn Probleme auftauchen dafür gibt's einmal die Woche halt Gesprächsrunden #0wo akute Sachen auf den Tisch kommen und dann wird das abgearbeitet so sieht das halt aus ehm jeder hat halt so seinen /Bereich/ wo er tätig werden muss ((3 Sekunden Pause)) und da man halt räumlich sehr eng#1 ((leiser, schneller gesprochen)) zusammensitzt ist das halt eigentlich problemlos nech #0wenn man sich auf Zuruf unterhalten kann#1 ((wieder leiser gesprochen)) ((7 Sekunden Pause)) (Z 95-106)

Schuster reagiert auf den Arbeitsauftrag Gruppendiskussion mit der Beschreibung der betrieblichen Organisation. Ähnlich wie vorher Franke versucht er, den Auftrag zu übersetzen. Dabei bedient er die Moderatorin mit der Aufzählung von Ablaufmustern, die er als Selbstverständlichkeiten präsentiert, wiederholt taucht das hierfür kennzeichnende Wort „halt" auf. Gegen Ende seines Turns schließt er sich Franke an: Sie sitzen „halt" zusammen und unterhalten sich, na und? Der Arbeitsauftrag wird auf seine Umsetzbarkeit und Tauglichkeit abgetastet. Auf der inhaltlichen Ebene eröffnet sich ein Handlungshorizont zwischen dem Kommunikationsstil des „auf Zuruf" tätigen Teamplayers, im Gegensatz dazu das Zusammenspiel abgegrenzter Arbeitsbereiche, wo Schuster Probleme andeutet.

Schweigen: ein angewandtes Interaktionsmuster

Im Anschluss tritt eine siebensekündige Pause ein. Vor dem Hintergrund des mündlichen Kommunizierens als erster Thematisierung der Gruppendiskussion, erscheinen diese Pausen als möglicherweise bedeutsame Kommunikationsform im Teamkontext. Form der Gruppendiskussion ist die direkte mündliche Kommunikation. Schweigen tritt hier als angewandtes Kommunikationsmuster auf, damit auch als paralleles erstes Thema in der Gruppendiskussion. Das Schweigen kann hier sowohl als potenzielle Abwehr gedeutet werden, als auch als Denkpause zur Entfaltung einer Lösung für den Arbeitsauftrag. Darauf Obermann:

Obermann: Ja, was gibt's noch zu ergänzen?
Fröhlich: Eigentlich alles gesacht
((Lachen)) (Z 108-112)

Obermann beendet das Schweigen mit einer konditionellen Relevanz: Er fragt, ob noch etwas zu ergänzen sei. Seine Formulierung ist eher geeignet, das Ende einer Diskussion einzuleiten, ist hier chronologisch „falsch" platziert zum Beginn des Gesprächs. Fröhlich folgt der konditionellen Relevanz: „iss alles gesacht". Obermanns Zugzwang folgend, setzt er ein Signal zum Gesprächsabbruch, denn wenn alles gesagt ist, muss die Diskussion ja beendet werden. Die Gruppe reagiert mit Lachen, womit der Versuch kommentiert wird, die als natürlich empfundene Zeitstruktur des Gesprächs zur Disposition zu stellen. Damit ermöglicht die Gruppe eine Fortsetzung des Gesprächs.

Auf der Metaebene kann Fröhlichs Äußerung auch als Kommentar gelesen werden, dass in der Tat bereits alles Wesentliche zum Team und seiner Problematik geäußert wurde: Es wurde ein Horizont aufgespannt zwischen Reden und

Beisammensitzen als praktizierter Form des Austauschs sowie Kommunikation als von außen herangetragenes fremdes Thema. Der Umgang mit Bereichen und Zuständigkeiten deutete sich als problematisch an, Verweigerungsstrategien der MitarbeiterInnen wurden sichtbar, die sich in Schweigen bis hin zum avisierten Gesprächsabbruch äußerten. Fröhlich fährt fort:

Hackordnungen im Team: Zurechtweisung, Unterwerfung, Opposition

Fröhlich: Was was außerhalb des Teams halt passiert dafür gibt's halt ((Räuspern, ann)) Verfahrensanweisungen innerhalb des Betriebes die halt jeder kennt da ist festgelegt ((Husten, Mann)) wie weit die in welchen Bereichen und #0das ist festgeschrieben halt, ne#1 ((leiser gesprochen, am Ende fragend))
Obermann: Die jeder kennen /sollte/
Fröhlich: Sollte
Schuster : Die jeder kennen sollte ja
Fröhlich: #0tschuldigung#1 ((leise, schnell gesprochen))
Hammer: Wo jeder wissen sollte
Schuster: Wo sie stehen
Hammer: Wo sie /stehen/
((Räuspern, Mann))
Obermann: Ja'
((Räuspern))
((7 Sekunden Pause))
Hammer: Tja ((1 Sekunden pause)) Gut die Frage ist (Z 114-144)

Fröhlich greift den anfänglichen Gegensatz zwischen verschiedenen Kommunikationsformen inner- bzw. außerhalb des Teams auf und nennt für das Kommunizieren mit „Außen" „Verfahrensanweisungen", die „festgelegt" und nach Bereichen „festgeschrieben" sind und die „jeder kennt". Er beschreibt eine geordnete Welt, geregelt über Anweisungen, abgegrenzte Bereiche, Festlegungen und Festschreibungen. Damit baut er sich eine Basis als Sicherheit für seinen Gesprächseintritt. An dieser Stelle unterbricht Obermann und korrigiert Fröhlich. So entzieht er ihm die „sichere" Gesprächsbasis. Obermanns Einwurf erscheint als doppelte Zurechtweisung: Erstens durch die Form der unmittelbaren Korrektur; zweitens durch den impliziten Vorwurf, dass mindestens Fröhlich die festgeschriebenen Anweisungen gar nicht richtig kennt. Fröhlich korrigiert sich daraufhin selbst, Schuster wiederholt die Zurechtweisung Obermanns, sich auf dessen Ebene begebend. Daraufhin entschuldigt sich Fröhlich. Das Muster Zurechtweisung – Entschuldigung offenbart ein hierarchisches Machtverhältnis. Schuster positioniert sich in dieser Miniatur betrieblicher Hackordnungen in Obermanns Nähe, schließt sich dem „Stärkeren" an. Fröhlich gelingt es, durch die umgehende Entschuldigung dafür zu sorgen, dass Obermann und Schuster ihre Demonstration von Überlegenheit für den Moment abbrechen – um den Preis, sich als Opfer zu präsentieren. Die Hühnerschar lässt von ihm ab, Schuster und Hammer treten gemeinsam den Rückzug an, wobei sie gleichzeitig eine oppositionelle Position Obermann gegenüber einnehmen, eine relativierende Definition im Umgang mit den Verfahrensanweisungen einführen. Die Hackordnung zeigt uns einen dominanten Teamleiter, der Mitarbeiter mit Zurechtweisung quasi „beiläufig" auf die Plätze verweist, den Vorgang der Unterwerfung, an dem sich die stärkeren Hühner beteiligen sowie das Zweierbündnis als Oppositionsstrategie in einem insgesamt hierarchisch bis aggressiv/unterwürfig gefärbten Teammilieu.

Hammer hebt an, das Thema erläuternd einzuordnen, der Teamleiter unterbricht ihn und erobert sich die Definitionsmacht zurück, erneuert die Rangordnung im Gespräch. Anders als einige Augenblicke vorher, als er die Gesprächsverantwortung an das Team delegierte und um Ergänzungen nachsuchte, nimmt er nun selbst eine Ergänzung vor:

Vom Selbstverständlichen zum Bedeutungsvollen: Definitionsmacht nutzen

Obermann: ((unterbricht den Vorredner)) es lässt sich da noch ergänzen, dass die Kommunikation und auch der Informationsfluss im Haus ein sehr aktuelles /Thema/ ist es sind verschiedene äh Workshops und äh Gruppen im Moment eingerichtet, um dort noch sagen wir mal Ver/bess/erungen herbeizuführen beziehungsweise über Ist-Analyse auch äh zu untersuchen welche Runden machen Sinn und äh wie ist das überhaupt im Tagesgeschäft was passiert dort und natürlich durch die Einführung der Gruppenarbeit äh wo eigentlich alle von /berührt/ sind Serviceteams und Produktionsgruppen werden auch äh die Gruppenbetreuer im Hinblick auf Kommunikation und so weiter Moderation von Gruppengesprächen besonders ge/schult/ wie auch natürlich die andern Führungskräfte auch die im Unternehmen sind ((7 Sekunden Pause)) (Z 146-158)

Mit seinem Statement gibt der Teamleiter der Diskussion einen neuen Rahmen: Kommunikation und Informationsfluss im Haus seien ein „sehr aktuelles Thema". Er verleiht so dem unmittelbaren Geschehen eine besondere Bedeutung, sorgt für Transparenz in Richtung Team als auch Moderatorin, indem er etwas von den Hintergründen erläutert, die das Thema für die Betriebsleitung interessant erscheinen lassen, wobei er konkret die Einführung von Gruppenarbeit erwähnt, die eine besondere Schulung von Moderatoren und Führungskräften erforderlich mache. Damit präsentiert er sich in dem Gespräch als Person, die über ein exponiertes Wissen verfügt. Er entfaltet so seine Rolle als Kommunikator von Unternehmensentscheidungen, in Kongruenz mit seiner Funktion als Teamleiter dieser Gruppe. Gleichzeitig macht er seinen Führungsanspruch in der Gruppendiskussion deutlich, sowohl durch Dauer der Rede, als auch Inanspruchnahme von Definitionsmacht übergeordneter Sichtweisen. Dabei bezieht er sich allerdings nicht auf das konkrete Arbeitsteam, beantwortet also eigentlich nicht die Frage der Moderatorin nach der Gestaltung der Zusammenarbeit im Team. Er positioniert sich als entfernt von diesem Alltagsgeschehen in Nähe zur Betriebsleitung. Er passt sich in seiner Ausdrucksweise den Formulierungen der Moderatorin an, sucht deren Nähe. In der Zusammenschau mit der vorhergegangenen Interaktion des Zurechtweisens mag sich hier ein Muster des Nach-Unten-Tretens und Nach-Oben-Buckelns andeuten.

Vom Unterschied zwischen Reden und Kommunizieren: Verschiedene Sprachformen ringen um ein gemeinsames Verstehen

Obermann: Was möchten Sie noch wissen im Detail ((lacht leicht))
Moderatorin: Mich interessiert die Kommunikation in Ihrem Team
Schuster: Ja, also wir sitzen eng zusammen und wenn was ist geh ich zum * Schreiber hin und sprech mit dem
Müller-Heinrich: Ich denke mal es ist was ziemlich selbstverständliches deshalb setzen wir uns da vielleicht auch nicht so mit auseinander
Schuster: Weil es lebt
Müller-Heinrich: Ja. (Z 160-172)

Nachdem Obermann den Arbeitsauftrag erneut ratifiziert und mit besonderer Bedeutung belegt hat, delegiert er die Diskussionsleitung zurück an die Moderatorin. Die Moderatorin erneuert den Stimulus in allgemeiner Form, geht nicht auf die Bitte Obermanns ein, detaillierter nachzufragen. Schuster wiederholt die abwehrende Argumentation des Beieinander-Sitzens, Rübergehens und Sprechens. Müller-Heinrich betritt im Anschluss die Metaebene der Kommunikation in Form einer Entschuldigung. Schuster schließt sich Müller-Heinrich an, fügt das Argument des Naturwüchsigen hinzu („Weil es lebt"), um den Mangel an Auseinandersetzung mit Kommunikation zu erklären. Implizit eröffnet er damit einen Horizont zwischen „lebendiger" und „toter" Kommunikation. Unverständnis angesichts der wiederholten Formulierung des Arbeitsauftrags „Reflexion über Kommunikation" wird artikuliert. Franke im Anschluss:

Übersetzen in betriebliche Realität

Franke: Ja gut, ich denke mal wir wir untereinander wissen genau wer ist zu informieren wer braucht welche Information und mit we-wem muss ich mich unterhalten komplizierter wird es dann wirklich zu andern Bereichen halt die die Schnittstellen zu finden ne das wird dann

/meistens/ schriftlich gemacht oder auch je nachdem /wie/eilig das Ganze ist auch mündlich äh und dann halt wirklich äh /sagen/ zu können wen muss ich informieren wen brauch ich nich informieren man will ja nie zuviele Leute informieren das iss ja auch /unnütz/ dann aber auch /gezielt/ die Leute zu treffen die da wirklich äh ja /verantwortlich/ sind dass ich die halt rausfinde dass ich weiss wen muss ich informieren. Ist halt bei uns im Team /selber/ ((5 Sekunden pause)) wird's auf jeden Fall nicht /schriftlich/ gemacht
((Lachen in der Runde)) (Z 174-185)

Franke hebt erneut an, den Arbeitsauftrag in Inhalt und Sprache seiner betrieblichen Realität zu übersetzen. Dabei formt er ein Team-Wir, das unkompliziert Informationen austauscht und identifiziert, im Gegensatz dazu die Kommunikation mit „anderen Bereichen“ und „Schnittstellen“ als kompliziert. Diese Kompliziertheit macht er an drei Merkmalen fest: schriftliche versus mündliche Kommunikation – Zahl der Kommunikationspartner – Verantwortlichkeit. Und er erneuert die mündliche Form der Kommunikation als Qualitätsmerkmal des Teams, die zugleich als abgrenzendes Merkmal nach außen erscheint. Franke beschreibt den im Team praktizierten Stil als funktional, effizient und zielgerichtet, sich und die Gruppe damit als kommunikativ hochkompetent. Im Vergleich dazu erscheint die „Außenwelt“ kompliziert und umständlich. Franke und Schuster präsentieren sich und das Team als hochkompetente Kommunikatoren, die in ihren Wir-Grenzen einen Kommunikationsstil pflegen, den sie selbstbewusst gegenüber Außenstehenden vertreten, die mit Mitteln operieren, die unnötig kompliziert erscheinen. Franke karikiert diese Welt und ihre Form der Kommunikation, wofür er Lachen aus der Gruppe erntet. Obermann reagiert:

„Das Angenehme mit dem Nützlichen verbinden“: Umformulieren des Handlungsschemas Gruppendiskussion

Obermann: Na gut, mit Einschränkung ((allgemeines Räuspern)) wenn mir noch was ganz spezielles einfällt und der ist nicht an seinem Platz dann kriegt ders auch mal /hingelegt/ aber dementsprechend hat das auch seine Adressaten aber soferns irgendwie möglich ist das direkt weiterzugeben dass die Information dann auch so rüberkommt wie sie /verstanden/ werden soll und heute morgen wir machen Dienstag immer eine Segmentbesprechung so wie wir hier sitzen dass möglichst /alle/ dran teilnehmen da hab ich auch angedeutet dass ich noch ein paar Sachen von unserm letzten Workshop äh mitbringen wollte um da ehm zu zeigen oder aufzuzeigen worums da überhaupt ging und da hatten wir heute morgen sozusagen /nicht/ die /Ruhe/ im Tagesgeschäft sondern das sind Sachen die da hinten rausgehen oder da einen separaten Termin für machen und da hab ich mir gedacht passt das heute nachmittag ganz gut /rein/ dann könnten wir das Angenehme mit dem Nützlichen verbinden (...) (Z 187-203)

Obermann schließt sich aus dem skizzierten Team-Wir aus, sich als Figur präsentierend, die auch schriftlich kommuniziert. Zugleich stellt er die schriftliche Form als Ausnahme dar und schließt sich der Bevorzugung der direkten Informationsweitergabe an. Während seines Turns verlässt Obermann das Handlungsschema Gruppendiskussion und formuliert es in eine Teambesprechung um, wo er Mitteilungen unterbringen kann, die bei der letzten Sitzung aus zeitlichen Gründen nicht angesprochen werden konnten. Er nimmt diesen Schwenk vor, nachdem aus der Gruppe verschiedentlich Unverständnis dem Arbeitsauftrag gegenüber deutlich wurde. Er füllt die inhaltliche Leerstelle, indem er das „Angenehme mit dem Nützlichen“ verbindet, beendet das erste Segment der Diskussion und leitet das nächste ein:

Eine Ansprache ans Team – Reaktionen

> da hab ich mir gedacht passt das heute nachmittag ganz gut /rein/ dann könnten wir das Angenehme mit dem Nützlichen verbinden und zwar nur kurz für den Hintergrund, es war das /zweite/ Mal dass sich die sogenannte koordinierende Ebene getroffen hat diesmal /außerhalb/ im Hotel zu einem zweitätigen Workshop und es wurden verschiedene äh Punkte dargelegt auch natürlich wie läuft es was eben angesprochen wurde mit den Schnittstellen und ein akutes Thema was da auch war natürlich Vertretungsregelung und Urlaubszeit wo auch bei uns im Servicetam gewisse äh äh Schwierigkeiten aufgetreten sind. Das heisst es wurde auch von anderen Abteilungen ganz genau äh dargelegt weil im Endeffekt ist es ja die Produktion wo diese Fehler äh wieder zu/sammen/kommen wenn in den vorgelagerten Bereichen *Ü eine Vertretungsregelung und auch die /Aufgaben/ nicht so verteilt sind und dass unser Tagesgeschäft dort weitergehen kann. (...) (Z 201-213)

Dies ist die einleitende Passage eines längeren Turns von Obermann, in dem er Mitteilungen ans Team aus dem Treffen der „koordinierenden Ebene“ macht, die sich zum zweiten Mal getroffen hat, „diesmal außerhalb im Hotel“. Er zählt verschiedene Punkte auf, die dort angesprochen wurden: Vertretungsregelung, Urlaubszeit, Austausch zwischen Abteilungen, Lösungsideen (häufigere Treffen der Führungskräfte, Überarbeitung der schwarzen Bretter, Betriebsrundgang, Vertretungsregelung, Benutzung des Abwesenheitsassistenten u.a.m., um immer zu wissen, wer wo ist). Obermanns Turn hat insgesamt vortragenden Charakter. Die Einleitung des zweiten Teils seines Turns wird von einer sechssekündigen Pause markiert:

> (...) (6 Sekunden Pause) ja und ein /weiterer/ wichtiger Punkt, um das äh vollständig darzulegen ist eben dass äh wir von der Moderatorin das Feedback erhalten haben, wie die die koordinierende Ebene gesehen wird. Zu den verschiedenen /Punkten/‘ das hab ich mitgebracht das ist eben die /Auswertung/ was da rausgekommen ist ((blättert in einem Stapel

Papier)) und zwar wurden verschiedene /Leute/ befragt zum Thema Information und Kommunikation ((spricht schneller, liest von den Blättern ab)) fühlen Sie sich gut informiert von Ihrer Führungskraft, dann geht es um Zielorientierung, Problemlösung „Werden Sie von Ihrer Führungskraft äh werden von Ihrer Führungskraft Probleme aktiv angegangen und teamorientierte Lösungen umgesetzt" der äh /dritte/ Bereich Soziale Kompetenz „Wie weit ist Ihre Führungskraft bereit und fähig, Konflikte zu lösen" dann äh der vierte Bereich /Team/orientierung „Delegiert Ihre Führungskraft Verantwortung und Aufgaben ins Team" ((spricht wieder langsamer)) und äh als großes /Fazit/ kam eben /raus/, dass äh der Führungskreis hat keine Vorbildfunktion', Mitarbeitern fehlen Rollenvorbilder für neue Art und äh Zusammenarbeit, der Äh ((seufzt)) Führungskreis wird /nicht/ als Impulsgeber für das Unternehmen gesehen', die Stimmung überträgt sich auf Mitarbeiter und äh an dieser Stelle sollte uns das eben ganz schön zu /denken/ geben. Das ist eben auch ein wichtiger Punkt, dass da eben weiter ge/ar/beitet wird und jetzt äh ist natürlich auch im Serviceteam Strahler rausgekommen was muss noch ver/bessert/ werden oder äh wo /liegts/ dran. Es ging jetzt über alle zweiundzwanzig äh /Führungs/glieder wo ich äh Führungs/mit/glieder, wo ich im Endeffekt /eins/ davon bin, aber es ist schon äh ein bezeichnendes Bild äh (Z 256-277)

Im hier wiedergegebenen letzten Drittel seines Turns liest Obermann Punkte aus der Auswertung einer Mitarbeiterbefragung vor, deren Resultate offenbar sehr negativ waren. Er liest sie vom Blatt ab, belässt ihnen die „neutrale" Form eines Befragungsergebnisses, womit er die Resultate objektiviert. Indem er für diese heikle Mitteilung den Rahmen der Gruppendiskussion wählt, sichert er sich gewissermaßen ab: Er präsentiert sich als Akteur, der bereit ist, radikale Selbstkritik zu üben, im Windschatten der Moderatorin, die durch ihre Anwesenheit ein Grundmaß an Regelhaftigkeit garantiert und entledigt sich gleichzeitig der – unangenehmen – Aufgabe, die Ergebnisse ans Team weiterzugeben und an die Mitarbeiter zu delegieren. Durch die Wahl der Form eines Berichts entscheidet er sich für ein hohes Maß an Kontrolle über die Behandlung der Workshop-Resultate im Team bis hin zur Vorgabe der Reaktion („an dieser Stelle sollte uns das eben ganz schön zu /denken/ geben"). Entsprechend gibt es auch keine Wortmeldungen während seiner Rede, die lediglich räuspernd kommentiert wird, bis Franke unterbricht:

Existenzberechtigung der Führungsmitglieder: Eine „einfache" Nachfrage

jetzt über alle zweiundzwanzig äh /Führungs/glieder wo ich äh Führungs/mit/glieder,wo ich im Endeffekt eins davon bin, aber es ist schon äh ein bezeichnendes Bild äh

Franke: So viele ((fragend))

Obermann: Im Augenblick ja. Also bei andern Abteilungen ((Räuspern, Mann))wo mitunter mit zwei, drei Leuten ist egal es /waren / zweiundzwanzig mit ((spricht leise)) Geschäftsführung (6 Sek. Pause) so viele haben wir ((lautes Räuspern, Mann)

(11 Sekunden Pause)

Franke: Mh. ((überrascht, bewusst betonend))
((15 Sekunden Pause)) (Z 276-292)

Während die Liste der Mitteilungen ohne sprachliche Reaktion bleibt, scheint die Zahl der Führungskräfte Frankes Interesse zu wecken. Franke präsentiert sich als neugierigen Mitarbeiter, den die große Anzahl von Führungskräften im Unternehmen überrascht. Er reagiert damit auf die Themeneinführung des „Führungskreises" als innerbetrieblichem Akteur durch Obermann und betritt selbst die Ebene innerbetrieblicher Organisation, wobei er die hohe Anzahl der Führungskräfte kritisch bewertet. Der Teamleiter reagiert darauf mit den Worten "Im Augenblick ja". Durch diese Relativierung bekommt die Erwiderung rechtfertigenden Charakter. Obermann scheint sich im Anschluss selbst noch einmal von der Richtigkeit seiner Zahlenangabe überzeugen zu wollen, er rechnet die Personenzahl vor, zugleich geht er von der Rechtfertigung in eine sachliche Erwiderung über, die er im Gesprächsraum stehen lässt. Eine Pause schließt sich an, unterbrochen durch ein sehr deutliches „mh", das Franke im Gegenzug im Raum stehen lässt, ohne beispielsweise zu erklären, was die Nachfrage nach Zahl der Führungskräfte für ihn bedeuten könnte, gefolgt von einer weiteren Pause.

Hier treffen zwei Kontrahenten aufeinander, die mit verschiedenen Gesprächsmitteln operieren: Obermann beansprucht Redezeit, Definitionsmacht über Thema und Handlungsschema, breitet sich im Gespräch aus. Franke dagegen operiert minimalistisch: Zwei Worte („so viele"), eine nonverbale Äußerung („mh") und zwei drumherum platzierte Pausen genügen ihm, um das Wortkastell Obermanns ins Wanken zu bringen und dessen Existenzberechtigung als Führungskraft infrage zustellen.

Zweite Erneuerung des Stimulus, weitere Themenfokussierungen

Das Gespräch droht im Anschluss erneut seine Selbstläufigkeit zu verlieren, die Moderatorin schaltet sich ein, bittet um eine Konkretisierung des Kommunikationsalltags. Damit erneuert sie gleichzeitig das Handlungsschema Gruppendiskussion. Wiederum kommt das Gespräch nur stockend in Gang, Obermann übernimmt dann den Part, den Gesprächsfluss aufrechtzuerhalten, indem er von „früher" berichtet. Diese eher erzählerische Sequenz handelt von Problemen mit dem Betriebsrat, die es in der Vergangenheit gab und bei der der Teamleiter selbst in der Kritik stand von Seiten des Betriebsrates. Die Problematik sei inzwischen gelöst, da man darauf achte, den Betriebsrat möglichst umfassend zu informieren. Auf die Bühne wird ein weiterer Akteur gebracht: der Betriebsrat. Er tritt jedoch nicht persönlich auf, sondern im Rahmen einer Erzählung, wo er eher als

Störfaktor präsentiert wird. Auch hier entspinnt sich keine Diskussion, den Abschluss des Turns bildet eine neunsekündige Pause. Danach wählt sich Schuster als Sprecher aus mit einem in sich abgeschlossenen Turn zum Thema Schnittstelle zum Callcenter. Das Ende wird von einer 13sekündigen Pause markiert. Diese wird von Obermann abgebrochen, der das Kommunikationsmedium Mailing anspricht. Außer einem erstaunten „mh" in Richtung der Zahl achtzig Mails am Tag, die Obermann gelegentlich auf seinem Bildschirm vorfindet, gibt es keine Reaktion aus dem Team zum Thema. 44 Sekunden Pause schließen sich an. Danach wählt sich Schuster als Sprecher aus, wobei er ebenso wie Obermann zuvor den „Blick zurück" wählt. Durch die Segmentierung sei die Kommunikation sehr erleichtert worden, die Wege seien nun viel kürzer, da alle Verantwortlichen in einem Raum zusammensäßen. Danach 15 Sekunden Pause.

Kampf ums Handlungsschema Gruppendiskussion

Nachdem Hammer das Thema Stammdatenpflege angeschnitten hat, formuliert Obermann erneut das Handlungsschema Gruppendiskussion in Richtung Teambesprechung um, indem er von einem Treffen mit einem anderen Bereichsleiter vom selben Morgen berichtet, wo die entsprechende Problematik angesprochen worden sei. (Z 522-532) Müller-Heinrich, Hammer, Schuster schließen sich der Umformulierung an und beginnen einen Austausch über das Problem der Teilelieferung, wovon sowohl Fremdlieferanten angesprochen seien, die nicht rechtzeitig lieferten als auch das parallel arbeitende Serviceteams, wo es mit den Absprachen hapere. Obermann bekräftigt seine Umformulierung des Handlungsschemas und berichtet von Absprachen mit seinem Kollegen auf der Führungsebene. Dies hat wiederum Mitteilungscharakter ans Team, er nimmt eine Rolle als Mittler und Informant zwischen verschiedenen Funktionsebenen und Bereichen wahr. Homolog wechseln in der folgenden Passage die Handlungsschemata zwischen Gruppendiskussion mit dem Arbeitsauftrag Reflexion der Kommunikation und Teambesprechung. Obermann versucht wiederholt, sein Handlungsschema zu etablieren, wird von den Teammitgliedern dabei mehrfach unterbrochen, die den Auftrag Gruppendiskussion fortsetzen. Hier eine Passage, wo das Aushandeln des Handlungsschemas deutlich wird:

Hammer: aber wenn du dir das /überlegts/, ich meine bei solchen /Sachen/ überall da wos, wos wos eilt und so ich mein das kennt ja jeder dassde nicht mehr guckst oder nicht nur guckst wann krieg ich jetzt das Teil aus der /Lackiererei/', sondern du guckst dann weil ((atmet schniefend ein)) du guckst n schon nach den /Rohteilen/ mittlerweile, wann kommt die /Bestellung/' hältste das

Müller-Heinrich: #0Mh, mh#1 ((leise im Hintergrund))

Obermann: ((unterbricht)) das hab ich auch so

Hammer: ((versucht fortzufahren)) hältste das hältste das

Obermann: ((fährt fort)) so /dargelegt/ und ganz /deutlich/ gemacht dass das nicht unsere /Aufgabe/ ist, sondern wir warten da auf Fertigungsaufträge mit /Termin/ (Z 601-614)

Müller-Heinrich: Eine mögliche Leitungsfigur im Team

Müller-Heinrich schaltet sich in dieser Passage ein, deutlich das Handlungsschema Gruppendiskussion ratifizierend:

Müller-Heinrich: #0die Frage ist schon, dass doch mal #1 ((beginnt sehr leise zu sprechen, dann zunehmend lauter)) in dem Team aufgestellt werden muss, was wirklich /wichtig/ ist, wo wo die /Prioritäten/ in /dem/ Serviceteam liegen, dass man vielleicht die Priorität auf die Termine und und äh auch die Termin/einhaltung/ vielleicht etwas /höher/ aufhängen muss (Z 616-620)

Mit ihrem Turn dringt sie auf eine Selbstdefinition als Team, das sich Aufgaben und Prioritäten setzt. Damit entfaltet sie ihre Rolle als mögliche meinungsbildende Figur im Team. Dazu passt der Modalitätenwechsel, den sie vornimmt: Sie beginnt lauter zu sprechen, setzt sich in der Diskussion durch, erneuert mehrfach ihren Standpunkt, auch in Opposition zu Hammer und Obermann. Müller-Heinrich präsentiert sich hier als Kompetenzträgerin im Bereich Bestellwesen und Lagerorganisation, zeigt dabei konkrete Lösungswege auf, beteiligt sich engagiert und erstmals ausführlich an der Diskussion. In einer längeren Passage argumentiert Müller-Heinrich mit Hammer und Obermann über die Optimierung der Auftragsbearbeitung, wobei sie sich argumentativ durchsetzt, was durch eine fünfsekündige Pause markiert wird (Z 642). Hammer macht ihr im Anschluss erneut die Definitionsmacht der Problematik streitig, wobei Müller-Heinrich sich wiederum durchsetzt, erneut durch eine Pause markiert (Z 673). Obermann übernimmt Müller-Heinrichs Problemdefinition, ohne ihren Anteil daran zu kennzeichnen (Z 699-708).

„Sonder hatte immer Vorrang“

Schuster neufokussiert das Thema Sonderanfertigungen, was zu lebhaften Reaktionen aus dem Team führt (Z 724-763). Obermann stellt in dieser Passage eine direkte Frage an das Team:

Obermann: dann frag ich doch mal an die, die schon /länger/ im Haus sind, /wie/ wurde da denn /früher/ abgehandelt bei Sonderaufträgen (Z 765f)

Mit dieser Frage spricht Obermann die länger beschäftigten Teammitglieder als Kompetenzträger eines tradierten Wissens an. Der lebhafte Austausch intensiviert sich:

Franke: Sonder hatte immer Vorrang
((mehrere Stimmen gleichzeitig und durcheinander:))
Müller-Heinrich: Ja
Mann: Nein
((kurzes Lachen in der Runde)) (Z 768-776)

Als Kompetenzträger älteren Wissens fühlen sich mehrere der Anwesenden angesprochen. Franke eröffnet mit einer Aussage, die zunächst durch ihre Klarheit besticht: Es gab früher eine klare Ordnungsstruktur, deutliche Richtlinien. Aufträge, die unter „Sonder" fielen, hatten Vorrang. Er erntet umgehend Zustimmung, ebenso Widerspruch, ein Lachen kommentiert die Gegensätzlichkeit und Unvereinbarkeit der Aussagen. Schuster bekräftigt die Aussage Frankes:

Schuster: #0ganz klar, wurde ganz früher ganz klar formuliert Sonder hat Vorfahrt weil bei Sonder redete man #1 ((mehrere Sprecher versuchen sich Gehör zu verschaffen, zustimmende Aussagen, auch andere unverständliche, der Sprecher setzt sich durch)) nicht von Lagerware, sondern es war ein verkaufter Artikel, die direkt zum Kunden gingen und wenn man sich /entscheiden/ musste, was machen wir bev- für die Bevorratung oder ebend halt /Sonder/ wurde /Sonder/ gefertigt ((atmet ein)) bloß heute ist es ja nun eben so nich, dass die Lagerbestände runtergefahren sind, dadurch dass wir ((Räuspern, Mann)) eine ABC-Klassifizierung haben ((Räuspern, Mann)) und bei bestimmten Artikeln halt eben in der Lage sein müssen, vom Lager aus zu liefern äh ((atmet aus)) ham sin die quasi gleichberechtigt dann mh äh geht natürlich die /Hauerei/ und /Stecherei/ los wer kriegt jetzt was /zuerst/ (Z 778-791)

Schuster erläutert die Hintergründe der Behandlung von Sonderaufträgen, die Klarheit noch stärker bekräftigend, wodurch seine Äußerung apodiktischen Charakter erhält sowie den Tenor einer Beschwörung geordneter Verhältnisse, wie sie „ganz früher" herrschten. Wieder versuchen mehrere andere gleichzeitig zu Wort zu kommen. Schuster behauptet sein Rederecht und fährt fort mit seiner Erläuterung, warum in der „guten alten Zeit" Sonder Vorfahrt hatte, dabei seine Kenntnisse organisationeller Strukturen entfaltend. „Vorrang" und „Vorfahrt" sind Begriffe aus dem Verkehrsgeschehen, wo mittels bestimmter Regeln Ordnung hergestellt wird. Gleichzeitig deuten sie auf eine hierarchische Ordnung hin. Diese Konnotation greift Schuster auch selbst auf, wenn er anschließend davon spricht, die heutigen Verhältnisse seien „quasi gleichberechtigt", was er „natürlich" mit „Hauerei" und „Stecherei" gleichsetzt, aggressive Verhältnisse skizzierend, wo jeder versuche, etwas zuerst zu kriegen. Hammer opponiert gegen diese Sichtweise:

Hammer: das seh ich eigentlich nich als das Problem sich da einig zu werden, wann machen wir was, also da wirklich ne /Reihenfolge/ zu finden (Z 793f)

Hammer entwertet Schusters Problemdefinition, die auch als Kritik an mangelnder Einigungsfähigkeit aufgefasst werden kann. Er begibt sich auf die Ebene einer Figur, die beurteilen kann, was das „eigentliche" Problem und seine Lösung ist, wählt die Perspektive, von oben herab zu schauen und zu argumentieren.

Schuster: #0Wenn wir das /bestimmen/ dürfen nicht ((zögernd, leicht trotzig))
Müller-Heinrich: Nö. ((zustimmend))
Hammer: Auch, nee, wirklich nicht (Z 795-800)

Reziprok auf die Abwertung und verklausulierte Kritik reagiert Schuster mit einer „trotzigen" Erwiderung. Schuster spricht das Thema an, wer das Sagen hat und wählt den Konjunktiv für den gegenwärtigen Status des Bestimmen-Könnens. Durch die Möglichkeitsform und als Kontrapunkt zu der soeben erfolgten Abwertung seiner Äußerungen durch Hammer bekommt seine Äußerung den Charakter einer Drohung: Wenn wir bestimmen können, wie's läuft, gibt's keine Probleme, wenn nicht...

Ein „Change Agent" in Aktion

Hammer und Schuster begeben sich in der folgenden Passage in die reziproken Rollen eines für Änderungen plädierenden Ingenieurs sowie eines Mitarbeiters mit „Änderungswiderstand". Unter dieser Perspektive lassen sich verschiedene Strategien beobachten, mit denen Hammer versucht, Schuster davon zu überzeugen, dass es „eigentlich" gar kein Problem darstelle, sich mit der Auftragsbearbeitung einig zu werden. Die erste angewandte Strategie ist die der *Entwertung durch Verleugnung*:

Hammer: das seh ich eigentlich nich als das Problem sich da einig zu werden, wann machen wir was, also da wirklich ne /Reihenfolge/ zu finden
Schuster: #0Wenn wir das /bestimmen/ dürfen nicht ((zögernd, leicht trotzig))
Müller-Heinrich: Nö. ((zustimmend)) (Z 793-798)

Hammers Strategie der Entwertung der von Schuster aufgeworfenen Problematik, führt zu einer einschränkenden Erwiderung, die auf der Ebene Entscheidungsbefugnis angesiedelt ist. Indirekt drückt der Satz die Möglichkeit der Verweigerung aus. Müller-Heinrich schließt sich dem Manöver an.

Hammer: Auch, nee, wirklich nicht
Schuster: ((unterbricht)) Wir werden ja nun manches Mal wirklich vergewaltigt, dass eben gesagt wird
Müller-Heinrich: Mh. ((zustimmend))
Schuster: #0gefordert wird#1 ((lauter werdend, spricht gegen Hammer an)) (Z 800-807)

Schuster unterbricht ihn mit einer weiteren Problembeschreibung, die er mit dem Wort „Vergewaltigung" umschreibt. Schuster beschreibt die Situation als Gewaltverhältnis, sich und seine Gruppenangehörigen als Opfer in einem weiblich-männlich konnotierten Verhältnis. Als Reaktion auf die Entwertung und Leugnung Hammers lässt sich dies auch als Steigerung der Argumentation durch Schuster deuten, die deutlichen Beschwerdecharakter hat. Hammer versucht die weitere Ausführung des „Tatbestands" zu unterbrechen, Schuster spricht weiter, bricht dann ab, Hammer unterbricht seinerseits:

Hammer: ((gleichzeitig)) darum ging's denk ich mal
Müller-Heinrich: ((gleichzeitig)) Mh.
Schuster: ((spricht weiter)) ihr habt jetzt das bis dahin zu machen und zu leisten aber wie und dass die Teile noch gar nicht da sind
Hammer: ((atmet ein, unterbricht)) ja, ich meine darum ging's schätz ich mal dem Obermann auch mehr, nich was hat jetzt /Vorrang/ weil wenn man frühzeitig Termin abspricht und man kann davon ausgehen, die Teile sind da, irgendwo ist ja dann die Aufbereitung nicht so wie sie sein sollte (Z 809-819)

Hammer stimmt Schuster zunächst zu, sich auf Obermann beziehend. Dem fügt er einen *Lösungsvorschlag* an. Franke reagiert:

Franke: Das haut ja nicht hin. (Z 821)

Franke schmettert Hammers Lösungsvorschlag ab, damit reziprok eine Abwertung dessen Rolle vornehmend. Es folgt der dritte Versuch von Hammer:

Hammer: Wenn jedesmal mh äh äh erst auffällt, dass die Teile fehlen, das heisst die Frage ist, wer ist dafür /zuständig/
Schuster: Ja, früher war's ja in Eigenregie, also jetzt was was ich kann nur über den Arbeitsplatz ((atmet ein)) drüben sprechen und d- das hab ich früher hab ich die /Sonder/ auch gesteuert, will ich nich wiederhaben, das soll sich jetzt nicht so anhören ((atmet ein)) aber dann hatte man ein ganz anderes Händchen dafür das einzusteuern dann zu dem Termin wo das machbar ist vor allen Dingen wenn man die Termine ja auch selber abgegeben hat (Z 823-831)

Hammers Strategie besteht nun in der *Suche nach dem Verantwortlichen.* Schuster weist Hammers Lösungsidee ab mit dem Verweis auf „früher", wo „Eigenregie" geherrscht habe. Er blockiert mit dem Verweis auf die Organisationsebene, damit indirekt die Neustrukturierung infrage stellend. Er komplettiert die Blockade, indem er das Früher als bestens organisiert ausmalt, gleichzeitig aber diese Zuständigkeiten auch „nich wiederhaben“ will. Dem fügt er eine Darstellung hinzu, der seine frühere Arbeit illustriert: Er hatte damals „ein ganz anderes Händchen“. Der Kurzfilm illustriert, dass er sich durchaus die Kompetenz beimisst, Sonderaufträge zu erledigen, es ist ein Schwarzweißfilm von früher: Er zeigt einen motivierten Mitarbeiter mit umfangreicher handwerklich orientierter Kompetenz, wovon er heute abgeschnitten scheint. Hammer sieht sich den Film nicht weiter an, sondern präsentiert einen *neuen Lösungsvorschlag*:

Hammer: Ich hab ja auch schon mal mit Justus gesprochen oder auch mit * nach dem Motto wenn wenn jetzt ein Sonder ist irgendein Strahler, meinetwegen in ner Sonderfarbe weils ja auch oft vorkommt dann sind irgendwelche Teile nicht lackiert weil dus halt nicht immer aus der Stückliste ersehen kannst dass es halt auch lackiert werden muss
Franke: * ((unverständliche Bemerkung))
Hammer: Bitte ((fragend))
Franke: #0wenn sie damit Probleme haben#1 ((Teil eines Satzes, Rest unverständlich))
Hammer: Muster kriegen bei Strahlern wenn sie nur irgendwelche Grundtypen haben aber dann holen sie sich ja eher sag ich mal irgendwo aus der Montage bei uns und dann sind die auf einmal auch weg oder /demontiert/ oder du läufst dann wieder hinterher dass die vielleicht die Möglichkeit hätten, da irgendwo nachzugucken oder dass man wirklich äh was weiss ich dass man /Photos/ macht oder so ... ich mein das ist ein kleiner Schritt aber an der /Aufbereitung/ dürfte es ja eigentlich nicht liegen, ne, also dass jetzt irgendwas gar nicht /machbar/ ist sondern wenn dann nur dass es wirklich /Fehlteile/ sind oder irgendwas *nicht lackiert ist*
Schuster: Stücklistenfehler
Müller-Heinrich: Mh.
Schuster: Iss auch nicht /selten/.
Hammer: #0Ja, das stimmt.#1 ((leise)) (Z 835-863)

Hammer fährt fort im Argumentationsschema und präsentiert einen *weiteren Lösungsansatz*. Er argumentiert gegen den Standpunkt des Gar-nicht-Machbaren, der er eine Politik der kleinen Schritte entgegensetzt, einer Suche nach Details im Ablauf, die hinderlich sind und ausgeräumt werden könnten. Schuster hakt bei einer möglichen Fehlerquelle ein. Mit einem einzigen Wort schmettert er die detailreiche Lösungspalette Hammers ab: „Stücklistenfehler“. Sein Fokus ist auf dem Nicht-Machbaren, Hammers auf dem Machbaren. Beide Standpunkte erscheinen als konträr entgegengesetzt, unversöhnlich. Hammers Gesprächsstrategie als „Change Agent“ bekräftigt den Pol des Machbaren/Veränderlichen, womit er das Entfalten des Gegenpols des Statischen/Unveränderlichen begünstigt, was Schuster reziprok erfüllt. Dies führt zu dem paradoxen Effekt, dass es gerade die Veränderungsenergie ist, die schließlich zur Bekräftigung des Status Quo führt, also den der – unterstellten - Absicht entgegengesetzten Effekt hat. Das leise Eingeständnis („Ja, das stimmt“) Hammers drückt in diesem Zusammenhang Resignation aus, er begibt sich damit erstmals auf die Seite Schusters, auch unter dessen Regie. Hammer beendet vorerst seinen Einsatz als „Change Agent", seine Manöver können als gescheitert betrachtet werden. Franke malt das Bild vom unabänderlichen Status Quo weiter aus:

Das Szenario vom unabänderlichen Status Quo

Franke: Bei Sonder iss doch immer so ((Räuspern, Mann)) wenn se ((Räuspern, Mann)) machbar/ sind, sind sie sowieso eilig, weil die Teile ja sowieso immer gefehlt haben
Hammer: Ja.
Franke: war auch schonmal so gewesen ehm dann hieß es äh dann wurden se praktisch in der *Montage /konstruiert/ damit sie überhaupt /machbar/ waren und dann hieß es äh über jeden Auftrag wird ne /Fehlerquellenmeldung/ geschrieben damit das mal abgestellt wird und passiert ist im Endeffekt /gar nichts/ (Z 865-878)

Zunächst gibt er dem Sonderfall ein verallgemeinerndes Prädikat („immer"), dann schränkt er den Horizont der Möglichkeiten ein („wenn se machbar sind"), um dann die Art ihres Auftretens zu beschreiben („sowieso eilig"). Dem fügt er eine beispielhafte Beschreibung an, wie Sonderaufträge ausgeführt wurden („dann wurden se praktisch in der Montage konstruiert"). Die Überschrift, die er dieser Erzählung/Beschreibung gibt, lautet „dann hieß es". Man glaubt ein Seufzen zu hören, ob der verschiedenen aufeinanderfolgenden Anweisungen und Lösungsansätze, die er aus seiner Perspektive wie Zumutungen beschreibt. Seine Geschichte hat ein Ende („passiert ist im Endeffekt /gar nichts/"). Damit führt er den Klagegesang fort, den Schuster begonnen hat, und beschwört die Unveränderlichkeit der Situation. Hammer schließt sich nun ebenfalls an:

Hammer: Das wird bei Sonder auch nicht funktionieren
Müller-Heinrich: und die Fertigungszeiten stimmten auch nicht. Waren dementsprechend höher als eigentlich vorgegeben. Die Standardaufträge werden verschoben
Franke: #0Und viel geändert hat sich gegenüber * nicht (5 Sekunden Pause) Wenn se machbar sind, werden sie zwischengeschoben, weil sie eilig sind und im Endeffekt wenn wir dann aufgerüstet haben, stellen wir fest, dass sie nicht zu /fertigen/ sind (4 Sekunden Pause)#1 ((sehr leise gesprochen)) (Z 880-889)

Weiter geht's mit einem *Vorwurf*, der als Lösungsvorschlag getarnt ist:

Hammer: #0Wäres ne Erleichterung, dass man /vorher/ mal übers Papier guckt#1 ((fragend))
Franke: Wir kriegen die Papiere ja erst, wenn se zu /fertigen/ sind (Z 891-894)

Franke reagiert auf die konditionelle Relevanz, womit er sich in die Rolle eines antwortenden Gegenübers zu Hammer begibt, in eine untergebene Position. Franke reagiert auf den Vorwurf mit einer Rechtfertigung, die zugleich einen Gegenvorwurf enthält. Hammer akzeptiert die Rechtfertigung und formuliert sie zu einem weiteren *Lösungsvorschlag* um:

Hammer: Na gut, gehen wir davon aus du kriegst das (Z 896)

Hammer spricht Franke nun direkt an. Es entfaltet sich ein Dialog in hierarchischer Rollenbesetzung, was sich auch im Frage-Antwort-Schema ausdrückt. Durch die konditionelle Relevanz zwingt er ihn zu einer Erklärung. Franke erneuert widerständig die Unmöglichkeit von Änderungen:

Franke: du kannst kannst doch nicht jeden Sonderauftrag da jedes Teil durchgucken
Hammer: Ja, das ist die Frage eben (Z 898-902)

Franke wehrt das konkrete Abwicklungsszenario ab, apodiktisch dessen Unmöglichkeit feststellend, die er in Du-Form fasst, wodurch er Hammer in seinen Wort- und Handlungsraum einschließt. Er bietet ihm ein gemeinsames Wir an. Hammer geht auf das Angebot nicht ein, sondern setzt erneut eine konditionelle Relevanz. Geschickt greift er dabei Frankes eigenes Manöver auf und wendet es gegen ihn, dessen Worte als Spiegel benutzend: Vielleicht ist es doch möglich, bei Sonderaufträgen die Teilelisten durchzugucken? Allerdings: Welche Reaktionsmöglichkeiten bleiben Franke jetzt noch? Hammer hat Franke in die Enge getrieben, die Aussichten, Franke als Partner für Veränderungen zu gewinnen, damit minimiert. Der weitere Diskussionsverlauf zeigt eine Variante in einer solchen Gesprächssituation:

Wir spielen „Schwarzer Peter"

Schuster: Ich denke mal auch, das wäre ne Verschiebung vom Sonderkonstrukteur, der das Ding schließlich vernünftig aufzubereiten hat und dafür zu sorgen hat, dass das Ding, wenns am Tisch steht auch vernünftig aufgebaut werden /kann/ und da kannste jetzt nicht einfach sagen /verschieben/ wir jetzt den schwarzen /Peter/ mal, gib mal das Papier früher in der Montage der guckt da drüber wenn nichts auffällt hättste doch merken müssen (Z 904-909)

Schuster assistiert Franke in der schwierigen Gesprächssituation und befreit ihn aus dem Zugzwang des Antworten-Müssens. Er kommentiert die Gesprächsstrategie Hammers, die er „das Verschieben des schwarzen Peters" nennt. Schuster weist Hammer in seine Schranken, indem er die Organisations- und Handlungsebene der Zuständigkeiten aufmacht. Damit bietet er eine Kette weiterer Argumente gegen Änderungen an, behauptet zugleich Freiräume für sich und seine Gruppe, hier solidarisch für Franke. Müller-Heinrich schließt sich der Verschiebung der Zuständigkeiten an:

Müller-Heinrich: Mh. Ich denke, da muss an der /Wurzel/ was gemacht werden ((Räuspern, Mann)) on denen, die für die Aufbereitung zuständig sind (((starkes Husten, Mann)) dass man einfach

Schuster: ((unterbricht)) Da muss mal irgendwo ne Sicher- /Sicherheit/ rein ((Räuspern, Mann)) (Z 911-919)

Was meint sie mit Wurzel? Wie bei einem faulen Zahn, der mit einfachem Bohren und Flicken nicht mehr zu retten ist. Die Ursachen liegen tiefer, sie benennt wo: bei „denen, die für die Aufbereitung zuständig sind", jedenfalls woanders. Sie erklärt andere für die Problematik verantwortlich, wendet die Argumentation dann jedoch hin zu den eigenen Möglichkeiten:

Müller-Heinrich: Man muss es eher /abblocken/ wenn er nicht machbar ist in der Montage wird er nicht fertig dann werden die Leute vielleicht auch mal /wach/ werden (Z 921f)

Sie nennt die Handlungsoption „Abblocken" mit dem Ziel, dass Leute „wach /werden/". Betriebliche Produktion erscheint bei ihr als Spiel zwischen Zuständigkeiten, die hin und her geschoben werden: Hier die aktiven MontagearbeiterInnen ohne Befugnisse, dort die „zuständigen" Schlafmützen. Schuster setzt ein:

Ein Phantom erscheint: der Kunde

Schuster: Eh e- es geht dahinter steckt halt immer noch der Kundenauftrag den man erfüllen will den man erfüllen /muss/ es geht ((Räuspern, Mann)) ja nicht nur darum dass man irgendeinem da äh äh seine Fehler nachweisen w- w- /will/
Müller-Heinrich: ((unterbricht)) Nein, nein,
Schuster: ((fährt fort)) sondern dass man ganz einfach ne Lösung finden muss wie äh das steht im Vordergrund wie können wir unsern Kunden #0bedienen#1 ((leiser gesprochen))
Müller-Heinrich: deswegen läuft es auch genauso weiter (3 Sekunden Pause) (Z 924-936)

Lernten wir bisher als Spielpartner verschiedene betriebliche Gruppen kennen, führt Schuster einen weiteren Akteur ein: den Kunden. Der Kundenauftrag – im neueren betriebswirtschaftlichen Lehrbuch oben angesiedelt – ist hier etwas, das „dahinter steckt", unsichtbar ist, es muss daran erinnert werden, während die AkteurInnen damit beschäftigt sind, das Spiel „Jemandem einen Fehler nachweisen" zu spielen, das Schuster beim Namen nennt. Mit dem Perspektivenwechsel hin zum Kundenauftrag misst sich Schuster betriebswirtschaftliche Kompetenz zu. Das Wissen erscheint hier verknotet mit der Motivationslage, die Schuster als changierend zwischen Wollen und Müssen beschreibt und die von den Alltagsspielen überlagert ist. Müller-Heinrich unterbricht Schuster, möglicherweise seine Deutung auf sich beziehend, dass sie in das „Fehlerspiel" involviert ist. So bekundet sie, dass sie das Spiel zumindest kennt. Schuster bekräftigt noch einmal den Blick Richtung Kunde und formuliert eine Art Firmenphilosophie, die er in den Vordergrund rückt. Der Kunde wird damit zu einer weiteren Karte im Spiel, die „ruht" und bei Bedarf gezogen werden kann. Der reale Kunde erscheint im Kontrast dagegen als Störfaktor – sollte er beginnen, die Spielregeln zu bestimmen. Müller-Heinrich schätzt dementsprechend die Chancen, dass die Philosophie alltagsrelevant werden wird, schlecht ein und prognostiziert, es werde genauso weiter laufen. Erstmals in dieser lebhaften Sequenz folgt eine dreisekündige Pause. Die DiskussionsteilnehmerInnen haben das Thema „Unlösbare Aufgaben" ausreichend entfaltet, das Spiel zur Genüge erklärt. Für Obermann scheint das Thema noch nicht erschöpft, er setzt – scheinbar – eine konditionelle Relevanz:

Existenzielle Fragen: Ein „schwankendes Geschäft"

Obermann: Was ham wir denn für /Alternativen/ ((fragend)) (3 Sekunden Pause) ja ((atmet ein)) gar keine /Sonder/ mehr das iss /witzlos/ es ist heute auch noch so, dass viele Objekte *nur mit Sonderumstand realisierbar sind, sonst sind wir gleich /raus/*
Müller-Heinrich: #0Mh#1 ((interessiert, nachfragend))
Obermann: oder dass äh im Bereich /Sonder/ ((atmet aus)) Personal /auf/gestockt wird beziehungsweise verschoben wird aus andern Bereichen und die /noch/ mehr machen und dass es aber sagen wir ((Husten, Mann))
Müller-Heinrich: ((parallelgesprochen)) Gesundheit
Obermann: ((fährt fort)) ein /schwankendes/ Geschäft ist und die Auslastung auch noch nicht immer gleichmä- oder /so/ gleichmäßig ist wie bei uns (Z 938-953)

Scheinbar erfüllt keineR der Anwesenden die konditionelle Relevanz, sie reagieren auf den rhetorischen Charakter der Frage und erfüllen damit die von Obermann gesetzte Erwartung, seine Frage selbst zu beantworten, was dieser daraufhin auch tut. Die Länge der Pause deutet an, dass Obermann sich seiner dominanten Gesprächsposition sicher ist, in der ihm Raum für rhetorische Manöver, Selbstdarstellung gelassen wird. Diesen Raum nutzt er, seine eigene Frage nach den Alternativen beantwortend: Bei Obermann hat sich das Phantom Kunde weiter entpersönlicht in Richtung Markt, der als mächtiger unsichtbarer Akteur in Erscheinung tritt. „Schwanken" assoziiert unsicheren Grund, erinnert an ein Boot in schwerer See. Obermann berührt hier die existenziellen Gefilde des Unternehmens. Schwanken steht gegen Gleichmäßigkeit – im Bild des Schiffs auf hoher See ist nicht zu erwarten, dass sich Gleichmäßigkeit einstellt. Wie gehen die AkteurInnen mit diesen unsicheren, in dem gewählten Bild sogar lebensbedrohlichen Aussichten um? „Sonder" wird zum Symbol für das Unvorhersehbare, Unberechenbare. Existenzbedrohende. Franke defokussiert das Thema „schwankendes Geschäft", damit auch die Unsicherheiten, die es möglicherweise auslöst.

Die Gruppe kehrt daraufhin zum Thema „Stücklistenfehler" zurück, diskutiert weiterhin die Ebene der Verantwortlichkeit und im Hintergrund Möglichkeiten, diese zu verschieben. Obermann im Zusammenhang mit der Vermeidung von Fehlern und Möglichkeiten der Verbesserung:

Obermann: (...) an die /Verantwortlichen/ rangehen, wo kommt das /vor/ liegt's an einzelnen Personen wer ist im Moment da /zuständig/ gewesen, wer hat den Lapsus oder den Fehler da begangen', kommt's /häufiger/ vor', dann müssen wir da auch sich äh ja Konsequenzen überlegen beziehungsweise sind die Leute dann da am richtigen /Platz/' (Z 1044-1048)

Obermann schert aus der Einigkeit über die Vergeblichkeit des Bemühens aus. Stattdessen benennt er die Variante, Fehler an Personen festzumachen und entsprechende Konsequenzen zu ziehen. Diese Konsequenzen benennt er nicht näher, wodurch sie mysteriös und bedrohlich erscheinen. Obermann misst sich damit die Macht zu, Drohungen auszusprechen und mit Strafe zu operieren. Darauf Schuster:

Schuster: Es ist sicherlich muss es höher aufgehangen werden als jetzt von Steuerer zu Steuerer dass man sich untereinander was was problemlos und kollegial bei uns auch läuft unterhält äh ich denke mal es macht nen ganz andern Eindruck, wenn du diese Sachen mit unterm Arm hast und wenn ihr euch zusammensetzt und du da Fakten sagen kannst hör mal da ist das wieder da hat das ((atmet ein)) denn dann werden sie alle /wach/ und das wird dann auch deinem Gesprächspartner /sehr/ mit /sehr/ großer Sicherheit /sehr/ schnell /sehr/ sehr lästig werden (Z 1050-1056)

Auf die Personifizierung von Verantwortung reagiert Schuster mit einem Abwehrmanöver und weist die Zuständigkeit von sich weg auf eine „höhere" Ebene. Dort siedelt er die Probleme an, während er die Wir-Ebene „von Steuerer zu Steuerer" als „problemlos" und „kollegial" qualifiziert. Er stellt dann eine Strategie vor, wie die höhere Ebene dazu gebracht werden könnte, in seinem Sinne zu handeln: Obermann soll „Sachen mit unterm Arm" haben, „Fakten sagen". Er gibt ihm einen Text mit auf den Weg („hör mal da ist das wieder"), der den Inhalt einer wiederholten Beschwerde/Fehleridentifizierung hat und den er als geeignet darstellt, dass „alle wach werden". Er beschreibt weiter die potenzielle Wirkung des Textes bei „deinem Gesprächspartner", dem die Beschwerde „sehr schnell sehr sehr lästig werden" wird. Damit präsentiert er eine Verhaltensstrategie zur Durchsetzung von Interessen. Die Aufgabe hat er nicht für sich vorgesehen, sondern für seinen Teamleiter. Schuster gibt Obermann eine Verhaltensanweisung als Lösungsidee mit auf den Weg, begibt sich Obermann gegenüber in die Rolle eines Anweisers. Darauf Obermann:

Obermann: Genau die Punkte, die eben angesprochen wurden, sind einmal aus dem Bereich Sonderbereich und auch aus dem Bereich Komponenten ist schon ein Teil von der PUT-Runde gewesen, /aber/ die /Lösung/' ist ein bißchen äh komplizierter, was ich angesprochen habe, es hängen überall auch Personen und Stellen dahinter, es gibt ganz klare Anweisungen, ihr wisst es selbst, im direkten Bereich äh ist es /einfacher/ Kapazitäten zu schaffen als im indirekten Bereich und dann kommt noch dazu dass jeder Produktbereich für sich äh abgerechnet werden /soll/ und /wird/, aber dass wir bei unserer PUT-Runde mittlerweile auch kritisch hinterfragen inwieweit ist das sinnvoll, das heisst wieder die interne Optimierung kann /nicht/ dazu führen, dass es fürs COC schädlich ist (3 S. Pause) (Z 1058-1067)

Obermann reagiert auf die recht konkrete Verhaltensanweisung mit dem Verweis auf die Komplexität betrieblicher Prozesse. Er nutzt damit demonstrativ die Ressource Führungskompetenz, hier mit einer erklärenden Note. So weist er das Rollenangebot Schusters ebenso wie dessen Lösungsidee zurück. Er entzieht sich der direkten Verantwortlichkeitszuschreibung durch Schuster und gibt ein Beispiel für die Schwierigkeit, die Verantwortlichen zu identifizieren. Sprachlich markiert er Distanz zu Schusters Ideenwelt, indem er Abkürzungen der betrieblichen Organisation benutzt. Das Betreten einer „höheren" Komplexitätsstufe wirkt hier verschleiernd und abwehrend. Im Anschluss tritt eine kurze Pause ein. Der Sprengstoff, den das Thema für die Anwesenden offenbar hat, ist damit noch nicht entschärft. Franke ergreift nach der kurzen Pause wieder das Wort:

Franke: Ja gut, dann die Konsequenz, die ich gezogen habe, ist zum Beispiel, dass ich von einem bestimmten Sonderkonstrukteur lass ich mir grundsätzlich vor der Fertigung nen Muster machen

Obermann: Zum Beispiel, ja

Franke: Ja, das /iss/ so, pack ich keinen Auftrag von dem so an... Der muss das Muster fertigmachen ((Räuspern, Mann)) dann sieht er selber, dass es nicht hinhaut, dann soll er zusehen, wie er's hinkriegt (3 S. Pause) (Z 1069-1079)

Franke präsentiert hier eine Alltagslösung der Problematik, der wir die Überschrift „Erziehung" geben können. Er verweist den Sonderkonstrukteur in die Rolle eines Kindes, das noch viel lernen muss. Die Rollenverteilung ist „verkehrt": der Monteur erzieht den Konstrukteur, weist auf die Umkehrbarkeit der Hierarchien und seine Macht im Geschehen hin: Arbeiten nicht erledigen oder nur bedingt in Angriff nehmen, deutet auch umgekehrt das Mittel der „Bestrafung" an. Beachtenswert ist der Kontext des Turns: der halböffentliche Rahmen einer Gruppendiskussion. Im Licht der Halböffentlichkeit hat die Passage bloßstellenden Charakter: Franke gibt ein Beispiel, wie schlecht die Zusammenarbeit funktioniert, wie unqualifiziert manche Mitarbeiter– insbesondere der „oberen" Ebene – sind, stellt der Firma ein „schlechtes Zeugnis" aus.

Hammer: wär auch ne Möglichkeit

Franke: Iss so, bei einem grundsätzlich äh p-pack ich die Aufträge nich an #0wenn er nich en Muster fertiggemacht hat#1 ((sehr schnell gesprochen, schwer verständlich))

((12 Sek. Pause)) (Z 1081-1086)

Hammer verschiebt die Aktion in den Konjunktiv, stellt den Realitätsgehalt des Beispiels infrage. Er bietet damit an, das Gesagte zu revidieren und nur als potenzielle Reaktionsweise stehen zu lassen. So ließe sich auch, wenn wir den Kontext weiter beachten, der Vorhang wieder zuziehen, der hier aufgezogen wurde, um echte Szenen aus dem Alltag aufzuführen. Franke bekräftigt dagegen seine Aussage und erneuert den Wahrheitsgehalt, damit das Manöver Hammers abwehrend. Das Statement bleibt im Raum stehen, zwölf Sekunden Pause schließen sich an. Möglicherweise ist es an dieser Stelle schwierig weiterzusprechen, da jedes weitere Wort mehr offen legen könnte. Es dürfte interessant sein zu erfahren, wer den Mut aufbringt, in dieser Situation erneut das Wort zu ergreifen:

Schuster: #0Tz#1 ((Schmatzgeräusch zu Beginn der Rede)) Tja, iss schon irgendwie heftig, wenn man ((atmet seufzend aus)) solche Konsequenzen ziehen muss ((pustet aus))
Frau: #0Mh#1 ((kommentierend, sehr leise))
((5 Sekunden Pause)) (Z 1088-1094)

Wer das Band abhört, glaubt Genugtuung und Triumph in Schusters Stimme zu hören. Schuster ist es gelungen, Macht zu demonstrieren. Aus dieser Position heraus erlaubt er sich nun ein sattes Schmatzen und ein herablassendes „Tja" sowie einen abschließenden Kommentar, der scheinbar bedauernd die Notwendigkeit konstatiert, zu „heftigen" Mitteln zu greifen. Schusters Statement hat deutlich provokativen Charakter: Er spricht von „Konsequenzen", die man „ziehen muss", hier klingt eine Parallele an zu den kurz vorher angedrohten Konsequenzen Obermanns an. Erneut tritt eine Gesprächspause ein. Danach wählt sich Obermann als Sprecher aus:

Obermann: Und /danach/ ((Räuspern, Mann)) hat ers fertigkonstruiert und kommt /wieder/
Franke: Ja, irgendwann äh kommt er an und sagt dann könn wir jetzt fertigen *((3 Sekunden Pause))*
Mann: #0Mh #1 ((leicht erstaunt, nachfragend))
((5 Sekunden Pause)) (Z 1096-1105)

Obermann reagiert nicht auf die Provokation, überspringt sozusagen den Turn Schusters und kehrt zu Frankes Beispiel zurück. Er lässt sich die Geschichte weiter erzählen: Was geschah, als der Konstrukteur zum Musterbauen zurückgeschickt wurde? Obermanns Intervention in dieser kritischen Gesprächsphase ist überaus erfolgreich: Er „löscht" die Provokation Schusters und begibt sich auf die Ebene der Geschichte, indem er eine chronologische Nachfrage stellt - Geschichten haben ja die schöne Eigenschaft, sich so lange weiterzuerzählen, bis sie ein gutes Ende finden - und wird mit eben diesem guten Ende belohnt. Völlig unerwartet hat sich aus einer relativ kritischen Gesprächssituation heraus die „Gestalt geschlossen“. Die Geschichte hat ein Happy End: Sie können fertigen.

Aushandlung des Diskussionsendes

Das Ende dieser Passage wird von einem längeren Statement des Teamleiters bestimmt, die wiederum erklärenden und berichtenden, schließlich auch abschließenden Charakter hat:

#0jetzt dürfen Sie noch ne Frage stellen#1 ((sehr leise gesprochen))
((leichtes Lachen)) (Z 1180-1182)

Die Moderatorin reagiert nicht auf die Erlaubnis Obermanns und stellt keine weitere Frage. Stattdessen stellt sie das Ende der Diskussion zur Disposition. Nach einer Gesprächspause wird das Ende ratifiziert.

3.4.8 Gesamtformung

Ein Leitbegriff zum Verständnis des Geschehens in der Gruppendiskussion fällt gleich zu Beginn der Vorstellungsrunde: Franke stellt sich mit den Worten vor, er sei das „Mädchen für alles“. In dieser Formulierung kristallisieren Bedeutungen um betriebliche Hierarchie, Zuordnungen im Bedeutungshof von Geschlecht sowie ein differenziertes Geschehen entlang von Machtkonstruktionen im Team, eventuell auch weitergehend im Unternehmen, wie wir im folgenden sehen werden.

Frühe Positionierungen um die Leitungsrolle

Die „stärkste“ Rolle im Geschehen hat offensichtlich Obermann: Er ist Teamleiter, Wortführer, versucht sich des Handlungsschemas zu bemächtigen, spricht Drohungen aus, weist zurecht. Dieses „Alpha-Männchen“-Gebaren schlägt sich nicht zuletzt in einer erdrückenden Textfülle nieder, mit der er die Diskussion dominiert.

Es ist Franke, der die Vorstellungsrunde eröffnet, er ratifiziert kurz darauf auch das Handlungsschema Gruppendiskussion. Sein Vorgehen hierbei zeugt von einem hohen Maß an kommunikativer Kompetenz, denn er „übersetzt“ Stück für Stück den recht abstrakt formulierten Arbeitsauftrag in betrieblichen Alltag, dabei ganz seiner Rolle des „Mädchen für alles“ gerecht werdend, das nicht nur montieren, vorarbeiten und Gruppen betreuen kann, sondern auch in einer solch schwierigen unübersehbaren Situation wie diesem unstrukturierten Gespräch den Anfang wagt und Orientierungsmarken setzt. Schuster unterstützt ihn dabei, wobei sie ein gemeinsames Verständnis von Kommunikation entfalten, das sich deutlich vom etwas hochtrabend formulierten Stimulus der Moderatorin abhebt: Was soll wohl gemeint sein mit den neuen kommunikativen Herausforderungen für die MitarbeiterInnen? Meint sie etwa die Tatsache, dass wir beieinander sitzen und reden? Franke und Schuster formulieren das Thema betont schlicht um, worin eine leicht amüsierte Abwehr den Formulierungskünsten der Wissenschaftlerin gegenüber mitschwingt (Schuster: „Ja, also wir sitzen eng zusammen und wenn was ist geh ich zum * Schreiber hin und sprech mit dem"). Zugleich leisten sie ganz ernsthafte Übersetzungsarbeit in dieser Situation, nehmen den Arbeitsauftrag an, metaphorisch deutbar fällt das Wort „Annäherung" in diesem Zusammenhang.

Schweigen und Zurechtweisen: Indikatoren für die Teamkultur

Die Anfangssequenz ist ansonsten von relativ langen Pausen gekennzeichnet – Schweigen „auszuhalten" und als Kommunikationsmittel zu nutzen, scheint dem Team geläufig. Obermann beendet eine dieser Schweigepausen auf „anachronistische" Art: er setzt – gewollt oder nicht – einen Impuls zum Gesprächsende, möglicherweise ist ihm nicht sehr wohl in seiner Haut in dem unberechenbaren Geschehen. Hierauf folgt eine Sequenz, während der Fröhlich vom Teamleiter und in seinem Gefolge von Schuster und Hammer zurechtgewiesen wird, was er mit einer Entschuldigung pariert. Die Art und Weise dieses Vorgangs deutet auf ein aggressiv-unterwürfiges Teammilieu hin, was im Verlauf der Diskussion noch prägnanter wird. Für diese Deutung spricht auch, dass Fröhlich sich im Anschluss an die skizzierte Episode ganz aus dem Gespräch zurückzieht. Seine Behandlung in der Halböffentlichkeit der Gruppendiskussion erklärt damit auch indirekt, warum mehrere der anwesenden Teammitglieder gar nicht das Wort ergreifen – sie fürchten sie sich in irgendeiner Form vor den „Rudelführern" der Gruppe.

Kampf ums Handlungsschema Gruppendiskussion

Relativ zu Anfang der Diskussion unternimmt Obermann einen ersten Versuch der Umformulierung des Handlungsschemas Gruppendiskussion in Richtung Teambesprechung. Einerseits drückt sich hier ein Versuch aus, die veranschlagte Zeit produktiv zu nutzen – Obermann präsentiert sich als effizient handelnde kompetente Führungskraft. Andererseits erscheint der Versuch als Akt, Kontrolle über das Geschehen zu gewinnen. Wir können vermuten, dass Obermann sich in einer Teambesprechung mit ihm als Leiter sicherer fühlt als in einer unstrukturierten Situation mit zunächst egalitären Gesprächsrechten. Es gelingt ihm auch, diese Kontrolle zu erringen, wenn wir die Tatsache, dass er ungestört zehn Minuten reden kann, als solche werten wollen. Obermann und seine MitarbeiterInnen liefern damit eine Probe gelebter Teamkultur ab: Er berichtet, die andern schweigen (Hören zu? Schalten ab?). Wenn wir weniger den Aspekt der Kontrolle in den Blick nehmen, erscheint Obermanns Verhalten ebenso als Variante von Fürsorglichkeit: Indem er den Löwenanteil im Gespräch übernimmt, entlastet er die Teammitglieder von der potenziell schwierigen Aufgabe, in der Diskussion zu agieren und schafft Sicherheit.

Wir wissen nicht, wie die Besprechungen im Alltag verlaufen, in der Situation Gruppendiskussion wird Obermann jedenfalls von Franke in seinem Redezug unterbrochen. Diese Unterbrechung setzt das Handlungsschema Gruppendiskussion wieder in Kraft, Franke öffnet erneut den Diskussionsraum und beendet die Einseitigkeit des Geschehens. Homolog dazu setzt er einen neuen Themenfokus und begibt sich in eine Gefechtsposition zu Obermann, die in der Infragestellung seiner Führungsberechtigung gipfelt. Damit ist der Kontrollversuch über die Situation – weitergehend über die Mitarbeiter, das Team – aufgehoben, Obermanns Führungsrolle (situativ) unterminiert, jedenfalls deutlich geschwächt. Die Art, wie Franke Obermanns (Wort)Kastell zum Einsturz bringt, ist „zum Fürchten": Er erklärt (sich) nicht, bleibt in der Deckung, aus der er seine Pfeile abschießt (Z 279-292). Nicht „nur" die „einfachen" Mitarbeiter haben hier Grund, sich zu fürchten, auch für Obermann besteht „Gefahr". Franke kann sich offenbar ein solches Verhalten erlauben aufgrund seiner starken Position im Team.

Aggressive Tendenzen

Die tendenzielle Aggressivität im Miteinander, die sich in den beschriebenen Passagen feststellen lässt, ist eine zusätzliche Erklärung für Obermanns wiederholten Versuch, das Handlungsschema zu wechseln: Er sucht sicheres Terrain in Form von Mitteilungen, Berichten von Treffen mit „Seinesgleichen" (den anderen Führungskräften), meidet eher den direkten Kontakt mit „seinen" Leuten (im Team).

Die weiteren Passagen verdeutlichen den Hintergrund des „bedrohlich" wirkenden Miteinanders: Anscheinend spielen die AkteurInnen miteinander und mit anderen Abteilungen ein Spiel, die Bezeichnung „Schwarzer Peter" fällt, die den Inhalt beschreiben könnte („Ich denke mal auch, das wäre ne Verschiebung vom

Sonderkonstrukteur, der das Ding schließlich vernünftig aufzubereiten hat und dafür zu sorgen hat, dass das Ding, wenns am Tisch steht auch vernünftig aufgebaut werden /kann/ und da kannste jetzt nicht einfach sagen /verschieben/ wir jetzt den schwarzen /Peter/ mal, gib mal das Papier früher in der Montage der guckt da drüber wenn nichts auffällt hättste doch merken müssen.", Z 904ff). Das Team-(Unternehmens-?)Milieu ist von der Angst geprägt, Fehler zu machen, eine Kostprobe davon erhielten wir gleich zu Beginn der Diskussion, als Fröhlich den „Fehler" beging, von den Anweisungen zu sprechen, die jeder kenne. Das Beispiel illustriert zudem, dass es bei dem Spiel keineswegs um den Nachweis „objektiver" Fehler geht, sondern dass der Sinn im Spiel selbst zu suchen ist: Ziel ist, irgendwo eine Schwachstelle aufzuspüren und, da man ja selbst eine solche ist oder werden kann, die Verantwortung für Fehler hin- und herzuschieben. In der Diskussion selbst folgt noch ein weiteres Beispiel „life" für das Spiel, in der Passage, in der Hammer Franke in die Enge treibt („Das Szenario vom unabänderlichen Status Quo") und Schuster ihn mit einem spieltypischen Zug (Verschiebung der Verantwortung) daraus befreit (Z 865-909).

Geschlechter-Bezüge

Im Text finden wir in diesem Team einige Geschlechter-Bezüge: Die Eingangsselbstbeschreibung des „Mädchen für alles" drückt ein „weibliches" Selbstverständnis aus; Schuster spricht später davon, sie würden manches Mal „wirklich vergewaltigt" (Z 801). Hier sind also männlich und weiblich konnotierte Akteursgruppen miteinander in Handlung verstrickt, die zudem von mindestens einem Akteur als Gewaltverhältnis definiert wird. Zugleich ist die Beschreibung zunächst verwirrend, sind es doch Männer, die hier als „Mädchen" und Opfer geschlechterkonnotierter Gewalt auftreten. Betrachten wir die beiden unterschiedlichen Konzepte im Einsatz der Frau-Mann-Konstruktion: Franke umschreibt mit seiner Wortwahl seine professionelle Kompetenz, er präsentiert sich als vielseitige kommunikative Persönlichkeit, was ihm auch der Diskussionsverlauf bescheinigt. Der Geschlechterbezug ist also durchaus „positiv" gefärbt, er anerkennt die Leistung der „Mädchen für alles" und damit indirekt auch Frauenarbeitsräume. Frankes Definition ist „durchlässig", was die Frau-Mann-Grenzen anbelangt und orientiert am professionellen Gehalt der Tätigkeit. Anders dagegen Schuster: Seine Definition enthält eine starke Opfer-/Täterperspektive, tritt kämpferisch und aggressiv auf. Schuster benutzt das starke Wort „Vergewaltigung" eher strategisch für seine Position, besetzt das Opferfeld und diskreditiert zugleich geschlechterdemokratische Anliegen. Hier werden „klassische" Mann-Frau-Grenzen/Kampfzonen errichtet und zementiert.

Kommunikative Herausforderungen

Vor der Fragestellung, welche kommunikativen Herausforderungen gegenwärtige Ingenieurstätigkeit zeitigt, werde ich mich nun den entsprechenden Komplexen aus der Diskussion zuwenden: Dem *Umgang mit Angst*; den Bemühungen um *Change Management*; der *Kundenorientierung* sowie *Geschlecht als professioneller Ressource*.

Umgang mit Angst

Schon im Vorfeld der Diskussion fiel eine insgesamt ängstliche Atmosphäre auf, die sich in Mimik, Haltung und Blicken der MitarbeiterInnen zeigte. Der Diskussionsverlauf bestätigt diesen ersten Eindruck: Es herrscht eine starke Zurückhaltung im Gespräch (vier der Anwesenden äußern sich gar nicht), sehr zu Beginn findet eine öffentliche Zurechtweisung statt, später findet sich der Teamleiter grundsätzlich hinterfragt, es werden Drohungen ausgesprochen, sowohl von Seiten der Leitung als auch von Mitarbeiterseite. Hintergrund ist möglicherweise die spannungsreiche Situation des Gesamtunternehmens, Arbeitsplätze waren lange Zeit in Gefahr, die Zukunft ist ungewiss (kristallisiert in dem Ausdruck vom „schwankenden Geschäft"). Wie gehen die AkteurInnen mit einer solchen Situation um? Mehrere reagieren mit Rückzug, Vorsicht, Abwarten. Auch das „Schwarze-Peter-Spiel" kann als Reaktion auf ein Klima von Verunsicherung gesehen werden, es kanalisiert gewissermaßen die Angst, indem es sie in Spielzüge und ein Regelwerk lenkt. Ebenso ist das Beschwören des Status Quo als bevorzugtem Organisationsmodus Ausdruck des Umgangs mit Angst: Wer sich nicht bewegt, riskiert nicht „erwischt" und „bestraft" zu werden. Obermann begegnet der Situation mit starken Versuchen der Kontrolle. Gleichzeitig sieht er sich Kritik von oben und unten ausgesetzt, hat möglicherweise selber Angst um seine Position.

Change Management

Obermann erklärt ziemlich am Anfang der Diskussion den „Sinn der Handlung" aus seiner Sicht: Kommunikation gewinne an Bedeutung, weil eine umfangreiche Reorganisation durchgeführt werde. Unternehmensleitlinie ist also Veränderung, Obermann präsentiert sich als Überbringer dieses Auftrags in der Gruppendiskussion. Wie wir schon unter A) erwähnt haben, beschwören die Teammitglieder dagegen eher den Status Quo, wollen weder vor noch zurück. Was tun aus Führungskräftesicht? In Person von Hammer finden wir die 1:1-Übertragung der Ingenieurs"kunst" auf den menschlichen Bereich: Fragmentierung, Lokalisierung von Fehlerquellen, Beseitigung von Störfaktoren. Homolog dazu ist seine Gesprächsführung insistierend, detailorientiert und auf technische Lösungen ausgerichtet. Komplexere (menschliche) Hintergründe haben da kaum Platz. Bei seinen Bemühungen um „Change Management" ist Scheitern daher auch vorprogrammiert, wie der Gesprächsverlauf beweist (s. „Ein Change Agent in Aktion"). Anders Obermann: Zwar erweist sich sein Übermaß an Kontrolle im Gespräch (wie möglicherweise auch in der täglichen Arbeit) über weite Strecken als unproduktiv, in Passagen, wo er die Diskussion wagt, trägt er jedoch deutlich zur Öffnung von Handlungsspielräumen bei. Hervorzuheben ist besonders seine kompetenzorientierte offene Frage, die der ganzen Diskussion eine Wende gibt (Z 764f) sowie später sein Umgang mit einer explosiven Gesprächssituation, die er souverän entschärft (Z 1088-1105). Sein distanzierter Führungsstil entspricht wahrscheinlich seiner Persönlichkeit und erschwert die Bildung von Allianzen sowie die Unterstützung durch heimliche Führung.

Die Kunden und der Markt: „Sonder" hat Vorrang

Die zentrale Diskussionspassage kreist um das Thema „Sonder"(-Fertigungen). Hier tritt – zunächst im Hintergrund, später auch explizit benannt – der Kunde auf den Plan mit seinen (Sonder)Wünschen. Bei Schuster erscheint der Kunde als eher lästiger Faktor, der sie beim „Spielen" stört. An anderer Stelle spricht Schuster von „früher", wo er als Steuerer der Sonderproduktion hätte in „Eigenregie" handeln können und „ein ganz anderes Händchen dafür" gehabt hätte, das „einzusteuern" (Z 825ff). Hier kollidieren handwerklich orientierte Vorstellungen von Produktion mit industriellen Vorgaben und einer auf Effizienz an Maschinenvorgaben orientierten Betriebsorganisation, in dem die Kunden zwar Teil der Unternehmensphilosophie, aber möglicherweise weniger der Praxis sind. Neuerliche Reorganisation, die wieder auf mehr Kundennähe und Maßarbeit setzt, bildet sich als interner Widerspruch in der Diskussion ab. Die Zuordnungen nach „früher" und „heute" sind daher homolog unklar, es gibt keine Eindeutigkeit, statt dessen Verunsicherung. Ähnliches drückt Obermann aus, der in diesem Zusammenhang den insgesamt „schwankenden Geschäft" und der Unvorhersehbarkeit der Marktentwicklung spricht. Der Kunde ist in dieser Vorstellung anonym. In der Diskussion taucht dieses eher abstrakte Verhältnis als hilfloses Manöver auf, aus den Gegebenheiten der Produktion heraus eine kundenorientierte Firmenphilosophie zu formulieren bzw. zu realisieren („dahinter steckt halt immer noch der Kundenauftrag den man erfüllen will, den man erfüllen muss es geht ja nicht nur darum dass man irgendeinem da äh äh seine Fehler nachweisen w- w- will", Z 922ff). Dieser weiter gespannte Rahmen des Marktes von Franke defokussiert. Der Rückzug auf das betriebliche Spielfeld ist ein Versuch, Sicherheit zu gewinnen, hat zugleich autoaggressive Züge. Gesellschaft erscheint hier in Form des Marktes, der als unberechenbar und tendenziell bedrohlich beschrieben wird.

Geschlechter-Bezüge

Wie wir gesehen haben, gibt es im Team einige geschlechtskonnotierte Bezüge, die nicht entlang der Frau-Mann-Linien verlaufen. Es sind vielmehr Männer der unteren Ebene, die weibliche Geschlechterdomänen für sich beanspruchen. Dies kann als Versuch der Beschreibung innerbetrieblicher Machtverhältnisse gesehen werden, die ein tradiertes Bild hierarchischer Ordnung benutzt: der zwischen Frauen und Männern. Indem Männer dieses Feld besetzen, drängen sie die real existierenden Frauen weiter an den Rand des Geschehens, ein Dialog über „Frauenthemen" wird erschwert. Auffällig sind zwei Varianten der Verknüpfung von Geschlecht und Interaktion: die aggressiv-abgrenzende („Vergewaltigung" als Bild für innerbetriebliche Machtverhältnisse) sowie die durchlässige Form (kristallisiert im Begriff des „Mädchen für alles"). Obermann tritt als Führungspersönlichkeit eher als der strenge, strafende „Vater" auf, entsprechend viel Raum haben die „ungezogenen" „Söhne". Eine „weiblichere" Figur als Gegenpart bietet am ehesten Franke, auch explizit gemacht in seiner Selbstbeschreibung als „Mädchen für alles". Obermann wirkt in seinen „weiblichen", fürsorglichen Führungsaspekten schwach bis nicht-existent. Dies könnte mit der Unternehmenskultur korrespondieren, die – auch aufgrund existenzieller Marktbedingungen – ihren MitarbeiterInnen keinen schützenden Rahmen bietet. Zu berücksichtigen ist die Rolle Meier-Heinrichs: Die stärkste Frau in der Diskussion (die einzige, die sich überhaupt beteiligt). Sie verfügt über deutliche kommunikative Kompetenzen, auch im Unterschied zu anderen Anwesenden und fungiert als Stichwortgeberin im Hintergrund, sie wird von den Teammitgliedern gehört und könnte eine Schlüsselrolle im Veränderungsprozess übernehmen.

Der leitende Ingenieur in diesem Team sieht sich mit einer Reihe spezifischer Herausforderungen konfrontiert: Da sind die MitarbeiterInnen, die ihm abwartend bis aggressiv gegenübertreten, die Treffen mit der koordinierenden Ebene, wo die Führungskräfte Schelte einstecken müssen, weil sie keine „Vorbildfunktion" erfüllen (so die Rückmeldung der Moderatorin im Seminar), die Geschäftsleitung, die vor gar nicht langer Zeit drohte, den Betrieb dicht zu machen und schließlich der Kunde, der das Marktgeschehen unberechenbar macht. Hier geht es um existenzielle Bedrohungen, die das betriebliche Miteinander schwierig machen. Sogar Erfolge erweisen sich letztlich als tückisch, sorgen sie doch dafür, dass die Messlatte höher gelegt und dauerhaft ein höheres Leistungsniveau erwartet wird (Obermann: „(...)die Messlatte, die man hingelegt hat, da wird man auch selbst dran gemessen jetzt da wieder nen Gang zurückstecken #0und wir sind so gut und toll#1 ((leise, schnell, undeutlich gesprochen)) das hilft auch nicht weiter", Z 1168ff)

Im Team finden sich andererseits vielfältige Kompetenzen: Das „Mädchen für alles" – Franke mit seiner integrativen Stärke zu übersetzen. Schuster mit seinem aggressiven Potenzial, das von Selbstbewusstsein und Führungsqualitäten zeugt. Müller-Heinrich mit ihrer Fähigkeit zu Metakommunikation und einem verdeckten Leitungsanspruch, in dem sie zu wenig gefordert wird. Hammer mit seinem zupackenden, wenn auch unausgereiften Stil der Gesprächsführung und schließlich eine Reihe von „Karten", die noch gar nicht aufgedeckt wurden: Alle, die sich nicht am Gespräch beteiligt haben.

Orientierung an Kompetenz und individueller Verantwortung könnte der Schlüssel sein, Bewegung in dieses insgesamt erstarrt wirkende Teammilieu zu bringen, wie sich am Verlauf der Gruppendiskussion ablesen lässt: Es ist die Orientierung, der schlicht anmutenden Frage Obermanns, die eine Wende im Gespräch bringt („dann frag ich doch mal an die, die schon /länger/ im Haus sind, /wie/ wurde das denn /früher/ abgehandelt bei Sonderaufträgen", Z 765f). Obermann stellt eine offene Frage, die – vielleicht noch wichtiger – kompetenzorientiert ist (er präsentiert sich nicht als übergeordneter Experte und „Besserwisser"). Die Frage knüpft an Wissen an, das die MitarbeiterInnen im Laufe der Zeit erworben haben. Die Wirksamkeit einer solchen Vorgehensweise zeigt sich homolog an den lebhaften Reaktionen aus dem Team, der Konkurrenz um das Rederecht, die in der Diskussion Seltenheitswert haben.

Das Handlungsschema Gruppendiskussion als Arbeitsauftrag

Betrachten wir abschließend das Handlungsschema Gruppendiskussion als „Sonder"-Auftrag an das Team: Wie bearbeiten die MitarbeiterInnen den Auftrag? Welche Ergebnisse liefern sie ab? Wie hoch ist die Kundenzufriedenheit? Franke und Schuster nähern sich dem Auftrag übersetzend an, damit auch bereitwillig und kompetent. Fröhlich wird in seinem Beitrag fast unmittelbar gestoppt und vom Teamleiter zurechtgewiesen, für die weitere Bearbeitung fällt er danach praktisch aus, er beteiligt sich nicht mehr an der Diskussion. Dies gilt für weitere vier von insgesamt zehn Teammitgliedern, die sich gar nicht an der Diskussion und ausschließlich an der Vorstellungsrunde beteiligen. Sie stellen sich also für die Auftragsbearbeitung praktisch nicht zur Verfügung. Anschließend bemächtigt sich Obermann des Handlungsschemas und versucht eine Reformulierung in Richtung Teambesprechung, wobei er die Form des Berichts wählt. Drei Ebenen sind hier zu unterscheiden: erstens die des Gewinns von Führung über Kontrolle; zweitens die Interaktionsebene zwischen Obermann und der Moderatorin: Er versucht, diese zu „bedienen" und weist zugleich den Auftrag zurück; drittens die Ebene der Selbstinszenierung, die Obermann wählt: er präsentiert sich als überlegene wissende Figur, die die anderen in die Rolle von ZuhörerInnen verweist. Indirekt ist damit eine Abwertung von Kompetenz der MitarbeiterInnen verbunden. Mehrere der Teammitglieder lassen sich auf diesem Wege nicht ihrer Macht „berauben" und verteidigen ihre Kompetenzräume. Sie setzen das Handlungsschema wieder in Kraft und bearbeiten den Auftrag weiter. Hier entfaltet sich eine Diskussion um die Bearbeitung von Sonderaufträgen, die interessante Hinweise in Richtung Wissenstraditionen im Unternehmen liefert und auch interaktionell eine Bandbreite unterschiedlicher Kompetenzen zutage fördert, in der unter anderem Geschlechterkonnotationen als professionelle Ressource erscheinen. Gegen Ende gibt es einen weiteren längeren Redezug Obermanns, der den Charakter einer bilanzierenden Darlegung und Wertung des Themas beinhaltet und gewissermaßen die ganze vorherige Diskussion „löscht", da sich Obermann gar nicht darauf bezieht. Hierzu passt, dass und wie Obermann im Anschluss das Ende der Diskussion einleitet („jetzt dürfen Sie noch ‚ne Frage stellen", Z 1180): Er bleibt bis zum Ende mit Kontrollversuchen der Situation befasst, bemüht sich, auf diesem Wege ein „gutes Produkt" abzuliefern. Die Kundin/Moderatorin ist sicher auch zufrieden mit dem Produkt, da es wichtige Einblicke in ein konfliktreiches Teammilieu liefert, der Weg dahin war jedoch auch für sie anstrengend, da sie hautnah das ängstliche Klima miterlebte, ihr wenig Freundliches begegnete, sie nach dem Gespräch mit quasi ungenießbaren, „schon etwas älteren“ (Obermann) Keksen abgespeist wurde.

— Feedback

Nach etwa einem Jahr (im November 2001) fand sich das Team erneut ein, um das Feedback entgegenzunehmen. Die TeilnehmerInnen wirkten sehr neugierig und gespannt, was sich weniger offen verbal äußerte als in Körperhaltung und Blickkontakt. Ich ging in meinen Ausführungen auf die Aspekte Sonderfertigung, Zusammenarbeit im Team sowie Potenziale und Perspektiven ein. Der Umgang mit Sonderfertigungen, Zuständigkeiten und Verteilung von Arbeit als zentrales Thema wurde von den Beteiligten bestätigt, es habe sich bisher daran im Prinzip auch wenig geändert, die Problematik sei immer noch gleich. Die Mitglieder des Servicemanagementteams hätten kaum Kundenkontakt, seien hauptsächlich für den Bereich Massenproduktion zuständig, vom Kunden hörten sie nur, wenn etwas „in die Hose gegangen sei“. Das Bild vom „lästigen“ Kunden schien hier zu passen. Ebenso bestätigte sich das Bild existenzieller Unsicherheiten, die besonders auf die mittlerweile verschärften wirtschaftliche Lage zurückgeführt wurden (20% Auftragsrückgang, so dass Jahreszielvorgaben nicht mehr zu erreichen waren, Angestellte mit Zeitverträgen sollten nicht weiter beschäftigt werden). Im Rückblick wurde die Situation zum Zeitpunkt der Gruppendiskussion als „sehr gut“ eingestuft, seitdem habe ich alles eher negativ weiter entwickelt. Dies beleuchtet Unsicherheit als permanenten (emotionalen) Begleitfaktor, relativiert jedoch auch den Wert der Aussagen, da augenscheinlich „früher“ ohnehin immer alles besser war. Zu beachten ist daher hier der strategische Umgang mit Angst und Unsicherheiten.

Das Gesprächsverhalten während des Feedbacks ähnelte stark dem Verhalten während der Gruppendiskussion: Wenig Beteiligung, wenn, dann derselben Personen, Pausen im Anschluss an Fragen und berichtende Passagen des Teamleiters. Es dürfte spannend sein zu verfolgen, wie ein dialogischeres Miteinander sich in diesem Milieu auswirken würde.

3.5 Gruppe C: „Das offene Haus“

– Sitzordnung während der Diskussion

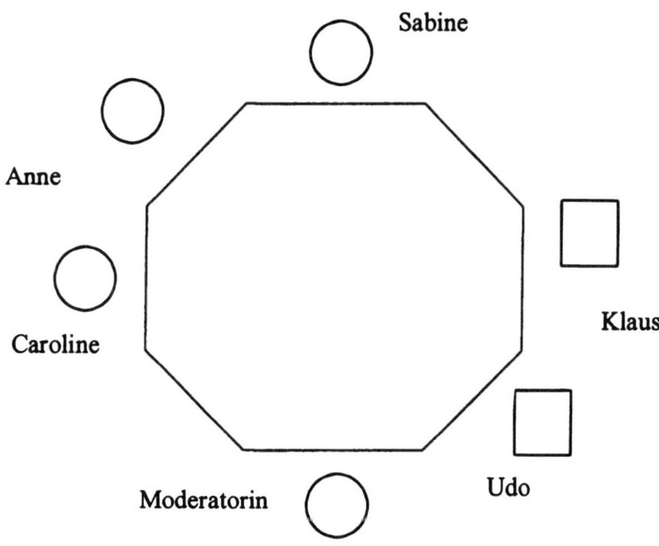

– Die TeilnehmerInnen in der Reihenfolge ihres Sprecheintritts:

Anne: Diplom-Wirtschaftsmathematikerin, externe Projektmitarbeiterin
Caroline: Industriekauffrau, Lohnbuchhaltung
Sabine: Diplom-Ingenieurin, Fachrichtung Produktionstechnik, tätig als SAP-Beraterin
Udo: Diplom-Ingenieur, Elektrotechnik, SAP-Bereich
Klaus: Diplom-Ingenieur, Elektrotechnik, tätig im SAP-Bereich, Mitglied der Geschäftsleitung

– Vorbemerkung zum Unternehmen

Bei der Gruppe handelt es sich um MitarbeiterInnen eines Software-Unternehmens mit 40 MitarbeiterInnen. Verkauft werden Beratungsleistungen rund um moderne

Kommunikationstechnologien, besonders SAP. Viele der MitarbeiterInnen arbeiten außer Haus in Kundenunternehmen, wo sie mit Einrichtung, Optimierung und Fehlerbeseitigung von Software-Lösungen befasst sind.

Betont wird in diesem Unternehmen die Wichtigkeit von Kommunikation („das ist der Geschäftsleitung sehr bewusst"). Da die MitarbeiterInnen nicht im Hause, sondern meist bei externen KundInnen arbeiten, ist der direkte Austausch erschwert bis unmöglich. Die Kommunikation findet daher vielfach elektronisch statt, hinzu kommen Mitarbeiterversammlungen, Klausurtagungen, Zweiergespräche mit dem Geschäftsführer und einige halbprivate Veranstaltungen wie Volleyball, Weihnachtsfeier, Betriebsausflug, die hier nicht „nebenbei" stattfinden wie in anderen Unternehmen, sondern deren Bedeutung für die interne Kommunikation explizit gemacht wird.

— Setting

Der Kontakt kam über einen Professor der Fachhochschule Gelsenkirchen zustande, der eine der MitarbeiterInnen des Unternehmens noch aus deren Zeit als Studentin kannte. Er empfahl mir das Team als eines der „typischen" für den wachsenden Bereich von Tätigkeiten rund um die Einführung und Weiterentwicklung von Softwareanwendungen in Unternehmen. Die Diskutanden wurden vom Geschäftsführer für die Teilnahme ausgewählt, nachdem ich mit ihm per Mail und Telefon Kontakt aufgenommen hatte.

Auf der Fahrt zum Unternehmen verfuhr ich mich zunächst und landete bei der früheren Adresse der Firma im Ruhrgebiet: vor einer von außen betrachtet „Garagenfirma": klein, unscheinbar, jetzt mit Brettern vernagelt und leerstehend. Nach einigem Suchen und Herumfragen fand ich dann den gegenwärtigen Firmensitz: Ein großes Haus mitten im Stadtkern mit auffälliger moderner Architektur, überwiegend Glas. Anscheinend hatte das Unternehmen eine recht rasante Entwicklung gemacht, jedenfalls was das äußere Bild anbelangt. Auch die Büro- und Besprechungsräume rochen noch nach Farbe. Während des Vorgesprächs erzählte Klaus, Mitglied der Geschäftsleitung, mit Blick aus dem Fenster des sichtbar neuen schicken Gebäudes, dass es beim Bau Schwierigkeiten gegeben habe: Denn hier, wo jetzt das Firmengebäude stehe, sei früher der Dorfplatz gewesen, die jährlichen Feste und die Kirmes hätten dort stattgefunden und die örtlichen Vertreter hätten sich gegen die Baugenehmigung zur Wehr gesetzt. Mir scheint, als schwinge schlechtes Gewissen mit in dieser Schilderung, jedenfalls sieht Klaus eine Rechtfertigung angebracht, indem er anmerkt, sehr günstig sei der Platz ja für die Feste nicht gewesen, so nah an der viel befahrenen Straße, denn die Betrunkenen seien doch dort nicht gerade sicher gewesen auf dem Heimweg.

Das Gespräch fand in einem Besprechungsraum des Unternehmens in angenehmer Gesprächsatmosphäre statt.

Begrüßt wurde ich unter anderen vom Geschäftsführer des Unternehmens, der jedoch nicht an der Diskussion teilnahm. Klaus rief ihn nach Ende des Gesprächs an und er kam dann zu uns beiden zu einem Dreier-Gespräch, in dem es um Kontakte zur FH ging. Mir schien, dass einige der anderen DiskussionsteilnehmerInnen über dieses Procedere etwas irritiert waren, jedenfalls war das egalitäre Setting der Gruppendiskussion in diesem Moment aufgehoben, Klaus in eine exponierte Position gerückt.

— Zum Gesamtverlauf der Gruppendiskussion

Noch in der Vorstellungsrunde tritt eine Unklarheit über die Zusammensetzung der Gruppe auf, die sich selbst nur partiell als Team begreift, wodurch für einen Moment die Gesamthandlung infrage gestellt scheint. Erst die Rückversicherung der Moderatorin, dass alles in Ordnung sei, setzt das Handlungsschema wieder in Kraft. Hier beginnen sich spezifische Vorstellungen von Kommunikation und Teamarbeit zu entfalten, die für die Gruppe/das Unternehmen kennzeichnend sind. Da die meisten der MitarbeiterInnen außer Haus arbeiten, greifen klassische Vorstellungen von Zusammenarbeit nicht. Geradezu im Kontrast hierzu fungiert „das Haus" für die Themenentfaltungen im Folgenden als Leitmetapher. Es wurde eine alternative Form der strukturellen Beschreibung gewählt, im Unterschied zu den Gruppendiskussionen A, B und D: Die ersten Interpretationen folgen jeweils im Anschluss an die strukturelle Beschreibung der Hauptsegmente der Diskussion. Am Ende wird in der Gesamtformung auf diese Zwischeninterpretationen Bezug genommen und sie werden noch einmal in einen weiteren Rahmen gestellt.

Den deutlich höchsten Gesprächsanteil in der Gruppendiskussion hat Anne (33%), gefolgt von relativ gleichen Anteilen von Sabine (19%), Klaus (19%), Udo (17%) und dem signifikant niedrigsten von Caroline (12%).

Die Gesprächsatmosphäre war lebhaft und von häufigen Sprecherwechseln bestimmt, wobei mehrere narrative Sequenzen auffallen, im Unterschied zu den anderen Gruppendiskussionen, wo diese seltener sind. Dieses Merkmal von Gesprächskultur, in der Geschichten einen Platz haben, korrespondiert mit einer weiteren Auffälligkeit der Diskussion: Die TeilnehmerInnen sprechen sich relativ häufig direkt an, beziehen sich aufeinander, tragen Kontroversen aus, zeigen sich meinungsfreudig und streitlustig, gelegentlich auch erotisch aufeinander bezogen. Auch hierin unterscheidet sich das Team von den anderen Gruppen.

— Diskutierte Handlungshorizonte in der Reihenfolge ihres Auftretens

- Wir sind ja gar kein Team: außer Kraft setzen des Arbeitsauftrags
- Unser Hauptkommunikationsmittel: Mailing
- Zugriff im virtuellen Raum
- E-Mail-Kultur: Versuche der Aneignung
- Mailing als parallele Kampfzone zum persönlichen Kontakt
- Die Zeichen deuten: Produktion von Nähe, Distanz, Hierarchie
- Teambildungen, wenn es kein Team gibt
- Kommunikation im Geflecht von Organisation
- Umgang mit dem „heißen Eisen“ Informationsfluss
- Eine neue Idee zur Förderung der innerbetrieblichen Kommunikation: Stehtische
- Moderne Mitarbeitermotivation: Die Weihnachtsfeier
- Mitarbeiterversammlung: Alles nur Show?
- Klausurtagung: zu kurze Pausen
- Erotische Ebenen: Flirt einer Kollegin, Betriebsausflug
- Regeln und deren Überschreitung
- Existenzielle Fragen: Zukunftsaussichten, Auftragslage, Prognosen
- Stellvertreterkrieg: Zwei Auffassungen von Mitarbeit
- Die Schuldfrage

— Strukturelle Beschreibung der ausgewählten Textabschnitte

Vorstellungsrunde: Wir sind ja gar kein Team: Klären des Arbeitsauftrags Gruppendiskussion

Nachdem die Moderatorin sich, ihr Thema und den Ablauf des Gesprächs vorgestellt hat, eröffnet Anne die Runde der Vorstellungen:

Anne: also ich bin Anne Schwarzenfels ich bin 30 Jahre alt ich bin seit etwas länger als einem Jahr bei UNTERNEHMEN C mit diesem Team hier habe ich relativ /wenig/ zu tun #0 außer daß wir alle gemeinsame Mitarbeiter von UNTERNEHMEN C sind #1 ((leicht lachend)) ansonsten arbeite ich ja im etwas größeren Team von ungefähr 22 Leuten bei UNTERNEHMEN X in der Entwicklung von einem Finanzierungsprojekt (Z 34-38)

Sie wählt für ihre Vorstellung folgende Reihung: ihren vollständigen Namen, ihr Alter, die Dauer ihrer Firmenzugehörigkeit, den Grad ihrer Verbindung zu den Anwesenden und die Nennung ihres momentanen Arbeitsteams, das einer anderen Firma angehört und den Inhalt ihrer Arbeit dort. Sie nennt ihren Beruf nicht, obwohl die Moderatorin danach gefragt hatte. Als nachfolgende Sprecherin wählt sich Caroline aus:

Caroline: ja ich bin die Caroline und ich habe eigentlich sehr /viel/ mit #0 diesen ((Lachen))

Caroline: Mitarbeitern zu tun #1 ((lachend)) ehm ich bin gelernte Industriekauffrau und ähm ich bin eigentlich so in den Anfangsschuhen gleich mit eingestiegen bei der Firma äh habe angefangen als Sekretärin das entwickelt sich jetzt weiter jetzt bin ich mittlerweile Sekretärin Buchhaltung (...) ich habe also sehr viel Kontakt mit den Mitarbeitern äh bin also immer vor Ort kann sagen also /im/ Zentrum ganz im Gegensatz wie gesagt zu vielen Mitarbeitern die eben nicht im /Haupt/gebäude arbeiten und folglich auch nicht diese Kommunikation diese Verbindung oft zu einzelnen Mitarbeitern haben wie ich das halt habe (Z 62-78)

Anders als Anne nennt Caroline ihren Beruf. Nach Nennung ihres Berufs und Beschreibung ihrer Verbindung zur Firmengeschichte und des sich für sie damit verändernden Aufgabenbereichs, kommt sie zurück auf den Gegensatz zwischen sich als Mitarbeiterin, die im „Zentrum" arbeite, was sie über „Hauptgebäude" der Firma definiert und der Arbeit derer, die „nicht immer vor Ort" seien, was sie ins Verhältnis setzt zum Grad der Kommunikation und „Verbindung" untereinander. Damit beschreibt sie ihre Rolle im Geschehen als zentral und kommunikationsintensiv im Gegensatz zu den anderen MitarbeiterInnen.

Auf Nachfrage der Moderatorin, welche Aufgabe sie in dem Team der Anwesenden habe, erwidert sie:

Caroline: #0 ne weiß ich #1 ((leise))
Anne: ne wir sind hier nicht wirklich ein Team
Udo: ((räuspert)) kann das sein
Anne: das ist ein Mißverständ
Udo: daß wir uns vielleicht mißverstehen
Anne: ja das glaub ich auch (Z 103-113)

Nachdem Caroline ihr Unverständnis der Nachfrage der Moderatorin gegenüber geäußert hat, fällt Anne ein mit einer negativen Selbstdefinition, an die Udo sich anschließt, um dann eine Rückfrage hinzuzufügen:

Udo: äh Sie gehen vielleicht davon aus daß wir hier als ich sage mal 5 Personen hier /ein/ Team bilden innerhalb des Hauses
Moderatorin: irgendwie ja
Udo: /das/ ist nicht der Fall
Moderatorin: sondern
Udo: äh ((räuspert)) was man /eventuell/ ich sage mal mit Ach und Krach als Team bezeichnen könnte das ist äh das sind wir 3 hier weil wir zu einem /Bereich/ gehören (...) undAnne macht was /ganz/ anderes ((lacht)) die ist auch /kaum/ im Hause also äh als /wir/ hier als äh 5er Team äh würd ich kaum durchgehen lassen ((lacht))
((Lachen))
Sabine: Anne ist dadurch reingekommen weil sie gerne auch ne auch Damen dabei haben wollten
Moderatorin: mh o.k. (Z 117-161)

Diese in Teilen metakommunikative Passage dient der Klärung des gemeinsamen Diskussionsrahmens. Während Anne und Caroline die Ansprache der Moderatorin an die Gruppe als Team zunächst nicht infrage stellen, führt die Nachfrage der Moderatorin nach der internen Aufgabenverteilung zur Rückfrage nach einem eventuell vorliegenden Missverständnis, das möglicherweise die gesamte Diskussion infrage stellen könnte.

Anne bezweifelt den Teamcharakter der Gruppe, Udo schließt sich an mit einer Skizzierung der Aufgaben. Mit „Ach und Krach" ließen sich er, Sabine und Klaus als Team bezeichnen aufgrund ihrer Tätigkeit im Bereich SAP. Damit schließt Udo aus seiner Teamfassung Anne und Caroline aus. Er beschreibt die Aufgaben von Anne und Caroline neu, Caroline kümmere sich um die Verwaltung, Anne mache „was ganz anderes". Sabine hält weitergehend die Anwesenheit von Anne für erklärungsbedürftig, die aufgrund einer Vorgabe der Moderatorin dabei sei, und liefert eine Erklärung der Hintergründe für Annes Anwesenheit. Nachdem die Moderatorin das Geschehen für „o.k." erklärt hat, ist das Handlungsschema wieder in Kraft gesetzt, die Diskussion wird fortgeführt.

Im Anschluss stellt sich Sabine vor:

Sabine: ja gut mein Name ist Sabine // ich bin Diplom Ingenieur der Produktionstechnik von der FH bin hier im Haus seit #0 3 Jahren #1 ((leiser, sich selbst fragend)) ungefähr ca. als SAP-Beraterin das heißt ich bin hier eigentlich /weniger/ im Haus
Caroline: /knapp/ 3 Jahre
Sabine: bin meistens mehr unterwegs und auch von daher so schlecht zu erreichen /ja/ #0 was gibt's noch zu sagen das reicht eigentlich oder #1 ((leiser, lacht leicht)) (Z 189-200)

Sie greift das Gegensatzpaar des Arbeitens im Hause bzw. Außer-Hause-Arbeitens auf, wobei sie das „weniger im Haus sein" mit „unterwegs sein" und „schlecht erreichbar sein" qualifiziert. Klaus stellt sich als Nächster vor:

Klaus: gut mein Name ist Klaus Köster ich bin seit Anfang des Jahres bei UNTERNEHMEN C bin hier zuständig für den Bereich SAP insofern wie der Udo eben ja schon gesagt hat sind wir schon ein kleines Team hier das sind nämlich 75 % des Teams SAP

((leichtes Lachen))

Klaus: die jetzt hier anwesend sind äh ja neben dieser Bereichsleiterfunktion bin ich noch äh für Kunden tätig mache Unternehmensberatung aber das Problem daß ich so über die halbe Woche /nicht/ im Büro bin sprich also nicht hier sondern beim Kunden von daher ist das Thema Kommunikation äh ein sehr interessantes (Z 202-216)

In Abgrenzung zu der soeben erörterten Möglichkeit, dass gar kein Team anwesend sei, bezeichnet er drei der Anwesenden als Teil eines „kleinen Teams". Nachfolgend qualifiziert er seine Tätigkeit als leitende („Bereichsleiterfunktion") und spricht das „Problem" an, dass er „über die halbe Woche /nicht/ im Büro" sei, woraus er ableitet, dass „das Thema Kommunikation äh ein sehr interessantes" sei. Anders als vorher Anne und Udo ratifiziert er die Relevanz der Fragestellung, wie sie durch die Moderatorin vorgegeben wurde, ebenso deren Bedeutungsvorgabe eines irgendwie anwesenden Teams, wodurch er sich in die Nähe der Moderatorin begibt.

Udo: ja ich bin Udo ich bin auch seit Anfang des Jahres hier bei UNTERNEHMEN C beschäftigt und mach ich SAP bin bisher überwiegend hier im Haus gewesen . ich bin äh äh Diplom Ingenieur auch Elektrotechnik und äh habe früher viele Jahre lang im Maschinenbau gearbeitet (Z 219-226)

Udo beginnt seine Vorstellung mit der Dauer seiner Zugehörigkeit zur Firma, darin sich seinem Vorredner anschließend und ordnet seine Tätigkeit auf der Skala Außer-Haus bzw. Im-Haus-Beschäftigt-Sein zu, sich seinen VorrednerInnen anschließend. Es folgt der Stimulus.

Erste Interpretation der Vorstellungsrunde

Ausgelöst durch Nachfragen der Moderatorin nach den speziellen Aufgaben der TeilnehmerInnen der Gruppendiskussion im Team, werden Unklarheiten in Bezug auf Selbstdefinitionen als Team aufgedeckt. Es eröffnet sich ein Begriffs- und Bedeutungshorizont zwischen denen, die im Hause arbeiten und denen, die außer Haus tätig sind, verknüpft mit Definitionen von Teamarbeit. Nachdem Anne und Caroline den Bedeutungsrahmen zunächst nicht infrage gestellt haben und wie selbstverständlich auf die Nachfragen der Moderatorin antworteten, stellt zunächst Anne, im Gefolge dann Udo, diese Selbstverständlichkeit infrage, Anne und Udo initiieren metakommunikativ eine Klärung des Gesprächsrahmens. Udo und Klaus entwickeln daraufhin eine alternative Teamperspektive durch die Definition nach Bereichen (hier: vier Personen, davon drei der Anwesenden, arbeiten im SAP-Bereich). Während Udo die Relevanz des Themas, wie es durch die Moderatorin bisher vorgegeben wurde, für die Gruppe infrage stellt, ratifiziert Klaus die Relevanz im Anschluss.

Als Metapher in dieser Passage fungiert das „Haus" als Ort kommunikativen Geschehens, der mit weitergehenden Bedeutungen versehen wird, sowohl in Richtung Kommunikation als auch Teamarbeit. Die zentrale Rolle, die sich Caroline in diesem häuslichen Geschehen zumisst, wird von den anderen nicht reziprok erwidert.

Erste Themenfokussierung: Mailing als Hauptkommunikationsmittel

Im Anschluss an den Stimulus ratifiziert Anne das Handlungsschema Gruppendiskussion:

Caroline: also bei uns läuft äh /sehr/ viel mit E-Mail äh das ist das /Erste/ was bei uns eingerichtet wird jeder neue Mitarbeiter der anfängt dieweil ja wir in ganz verschiedenen Bereichen tätig sind und die Mitarbeiter auch äh nicht alle vor Ort sind sondern beim Kunden und so weiter deshalb ist das äh ich sag mal mit einer höchsten der Priorität daß sie E-Mail bekommen daß die erreichbar sind und daß die Mitarbeiter dann uns wenn sie beim Kunden eingesetzt werden ähm ja grade solche Informationen austauschen wie sind sie erreichbar ist es jetzt per E-Mail ist es per Telefon ist es per (Z 236-242)

Caroline eröffnet die Diskussion mit dem Thema Mailing, dessen „höchste Priorität" für die innerbetriebliche Information betonend, vor dem Hintergrund der spezifischen Firmenorganisation (verschiedene Bereiche, Tätigkeit beim Kunden außer Haus). Ihre Perspektive ist die des Wirs „vor Ort", das die Erreichbarkeit der MitarbeiterInnen organisiert. Ihr Redezug wird zunächst von einer Mitarbeiterin unterbrochen, die Tee bringt, danach Udo:

Zugriff im virtuellen Raum

Udo: ja mit der E-Mail das äh ((räuspert)) hat auch den Vorteil wenn Mitarbeiter so nicht unbedingt greifbar sind weil sie sich an einer ganz anderen Stelle befinden und sind vielleicht äh äußerhalb des Hauses * die E-Mail schiebt man einfach ins Fach und da bleibt sie liegen und in dem Moment wo der wiederkommt dann äh hat er sofort Zugriff drauf ne'

Sabine: mh wobei das *

Udo: * heute einen zu erreichen das ist oft gar nicht so einfach ne'

Anne: richtig

Udo: aber sein /Postfach/ ist einfach /zentral/ hier und so /soll/ es mal sein ist leider im Moment nicht so daß ich eben von überall her Zugriff auf mein E-Mail-Fach hier im Hause habe ne' und so ist die Kommunikation schon gewährleistet also mir gefällt das gut das ist wirklich ne sichere * (Z 254-271)

Udo schließt sich dem Thema Mailing an und geht in den Modus des Argumentierens über, er spricht von „Vorteilen“, die das Kommunikationsmittel hat, denn es mache die MitarbeiterInnen überall „greifbar“, auch wenn man nicht wisse, wo sie sich physisch gerade befänden, in seiner Beschreibung sind sie nicht verortet, sie sind abwesend, materialisieren sich erst im „Wiederkommen“ und im „Zugriff“ auf die Mail. In seinem Bild greift er in den leeren virtuellen Raum, die starke zupackende körperliche Geste steht im Kontrast hierzu. Seine Äußerung „heute einen zu erreichen das ist oft gar nicht so einfach ne'“ lässt sich als Kommentar zu Kommunikation im elektronischen Zeitalter lesen und der Neuordnung von Erreichbarkeit lesen. Anne stimmt ihm zu, Udo fährt fort, indem er die momentane Schwierigkeit des Erreichens auf der technischen Ebene einschiebt, woraufhin er seinen Turn fortsetzt mit einer zusammenfassenden Wertung. Sabine unterbricht ihn zu Beginn seines Turns, zunächst erfolglos, mit der zweiten Unterbrechung erobert sie das Rederecht:

Sabine: wobei die Gefahr besteht wie du eben schon sagtest wenn er nicht da ist dann bleibt sie halt liegen

Udo: ja

Sabine: und man geht selber davon aus daß derjenige die Information erhalten hat und hat sie gele und und Bescheid weiß und wenn man nicht grad diesen * da gesagt hat Rückmeldung wenn gelesen dann äh ist man halt /falsch/ informiert weil derjenige hat die ja noch gar nicht erhalten

Udo: ja (Z 273-283)

Sabine führt den argumentierenden Modus fort, wobei sie einen Nachteil der elektronischen Kommunikation anführt: die „Gefahr“, dass die Mail „liegen bleibe“, „wenn er nicht da ist“, die zu Fehlinformationen und Missverständnissen führen könne. Daraufhin betritt Klaus die Gesprächsbühne:

E-Mail-Kultur: Versuch der Aneignung

Klaus: o.k. das ist richtig also man verläßt sich ziemlich stark darauf daß das was ich rausschicke auch vom von meinem Partner gelesen wird und daß er's bekommt aber wenn ich jetzt mal so n bißchen zurückblicke ich mach also schon bißchen länger Unternehmensberatung so seit weiß nicht 13 oder 15 Jahren wenn ich mal so überlege wie das so vor 10 /Jahren/ war wenn man einen Kollegen erreichen wollte dann hatte man die Möglichkeit mal grade noch n Telefon das heißt damit konnte ich * auch mal so eben ne 2er Beziehung aufbauen und wenn ich jetzt so überlege (...) denn ich sag mal ich schreibe leichter was in ein E-Mail als daß ich das dem Kollegen so direkt am Telefon oder wie auch immer sagen würde aber dessen muß ich mir bewußt sein man geht da glaub ich n bißchen /lockerer/ damit um in manchen Beziehungen du kuckst so ((lacht)) so erstaunt (285-311)

Klaus schließt sich Sabine an, wobei er sich das Recht zumisst, ihre Äußerung zu bewerten. Er fasst Sabines Argument zusammen, nimmt im Anschluss eine Themenneufokussierung vor, die er mit „aber" einleitet, wodurch er sich formal in Opposition zu Sabines Turn begibt. Dem Aber folgt ein Blick zurück, eingeleitet mit der Dauer seiner Tätigkeit als Unternehmensberater, qualifiziert mit „schon bisschen länger". Mit der Dauer seiner Berufserfahrung verleiht er seinen Worten und Argumenten Gewicht, so wie auf der Beziehungsebene seine Position den Anwesenden gegenüber, hier konkret im Verhältnis zu Sabine. Inhaltlich lenkt er den Fokus auf das Telefonieren, das er als Medium der vergangenen Zeit zuordnet, er benutzt die Vergangenheitsform und den Ausdruck „Zweierbeziehung" für die Beschreibung der Qualität dieser Mediennutzung und geht damit in Richtung persönliches Gespräch. Im Unterschied zu seinen VorrednerInnen Udo und Sabine, die sich des allgemeinen „Mans" während ihrer Turns bedienten und Caroline, die ein betriebliches „Wir" formte, spricht Klaus kontinuierlich von „Ich". Nachdem er seinen Gesprächseintritt mit Berufserfahrung untermauert hat, schwenkt er zurück zum Thema Mailing, wobei er einen neuen Akzent in die Diskussion bringt: Er macht einen Unterschied auf zwischen dem direkten Gespräch und dem Mailen. Im Anschluss spricht er Udo auf seinen Gesichtsausdruck und damit direkt an. Udo folgt der konditionellen Relevanz:

Udo: ja äh das erstaunt mich ja weil äh ich würde sagen wär's /genau/ umgekehrt ich würde eher n offenes Wort einem gegenüber äh /wagen/ in dem Moment wo ich ihn /an/kucke seh ich so ungefähr wie wie er empfindet und ich kriege sofort ne Reaktion die hab ich bei E-Mail nicht das bedeutet für mich weil äh wenn ich ne E-Mail verschicke bin ich eher vorsichtig also wenn ich zum Beispiel ne E-Mail von mir lese empfinde ich das als ausgesprochen #0 steif #1 ((gedehnt)) und und unpersönlich wenn ich mit einem rede ist es ja so mehr so * ((lacht beim Sprechen)) platt ne' * (Z 313-323)

Klaus vergewissert sich metakommunikativ, ob er Udos Gesichtsausdruck treffend gedeutet hat. Udo bestätigt seine Wahrnehmung und spricht per Ich weiter: Bei ihm sei es umgekehrt, er „wage" ein „offenes Wort" eher im direkten Gespräch, seine Mails seien dagegen „vorsichtig" formuliert, „steif" und „unpersönlich". Udo nutzt hier die reflexive Ebene im Umgang mit seiner Art der Kommunikation („wenn ich zum Beispiel ne E-Mail von mir lese"). Udos Beschreibung des direkten Gesprächs: gucken, Empfindungen wahrnehmen, Reaktionen erhalten, ein „offenes Wort" wagen. In seinen Worten scheint körperliche Präsenz auf, im Unterschied zur entkörperlichten elektronischen Welt der Kommunikation. Das „offene Wort“ beschreibt er als „Wagnis“, zudem im Konjunktiv als potenziell riskante Angelegenheit. Am Gegenhorizont erscheinen steife, unpersönliche, vorsichtige Verhaltensweisen, jeweils verknüpft mit verschiedenen Formen der Kommunikation (direkt – per Mail). Sabine fährt fort:

Sabine: ah ich hätt würde mich jetzt eigentlich auch eher Udos Meinung anschließen so ich find nichts schlimmer ne Mail an n Kunden zu schicken oder so was weil wie er schon sagt ich weiß ja nicht wie er drauf reagiert und am Telefon oder persönlich hab ich immer noch die Möglichkeit zu sagen #0 ja ist aber nich so gemeint #1 ((senkt die Stimme, schneller, imitiert die Situation)) und bißchen bißchen /gegen/zulenken wenn wenn's halt falsch läuft (Z 325-329)

Sabine setzt die Argumentation fort mit der kommentierenden Einleitung, dass sie sich Udos Meinung anschließe, sie hebt dies hervor und öffnet damit eine Bühne, auf der Meinungsverschiedenheiten ausgetragen und (wechselnde) Allianzen gebildet werden. Die Allianz zwischen Udo und ihr macht sie hier explizit, verleiht ihr eine besondere Note. Inhaltlich betont sie die Möglichkeit der situativen Reaktion in persönlichen Gesprächen. Darauf Caroline:

Caroline: ja aber hier es ich meine es gibt ja die diese die verschiedenen Möglichkeiten der Kommunikation das jeder Mensch hat da geht's jetzt schon ran in den den Charakter jeder Mensch hat einen andern Charakter und jeder hat wie soll ich sagen ähm andere Einstellung andere Einstellung und ich glaube schon daß man bei E-Mail ähm ja sich manchmal ausdrücken kann oder m man kann sich /überlegt/ ausdrücken manchmal wenn man was sagt das ist gesagt das kannste kann gar nicht mehr zurücknehmen und beim E-Mail-schreiben dann mmh ich ich kann den Klaus hier schon verstehen was er meint ich kann aber auch /dich/ verstehen wie du das meinst ne' und deshalb ist ist dieses Benutzen von E-Mails äh äh #0 wird bißchen unterschiedlich gehandhabt #1 ((hebt die Stimme)) und das kann man ja auch (Z 331-352)

Caroline betritt die Bühne der Meinungsverschiedenheiten als Schlichterin: Sie betont die „verschiedenen Möglichkeiten der Kommunikation“, die mit dem Charakter des Menschen korrespondierten. Aus ihrer vermittelnden Position drückt sie nach zwei Seiten Verständnis aus, sie sieht die beiden Seiten mit Klaus bzw. Sabine besetzt, die in Carolines Text quasi als Kontrahenten auftauchen. Anne unterbricht sie:

Mailing als parallele Kampfzone zum persönlichen Kontakt

Anne: ich denke es ist für alle gleich also n Gespräch was persönlich ist ist auch immer persönlich ob's am Telefon ist oder ob es von Angesicht zu Angesicht ist das ist egal ne E-Mail ist immer kann man immer vorher überlegen sollte man auch immer vorher überlegen

Caroline: ja *

Anne: ((spricht weiter)) manchmal ist es auch ganz gut so manchmal ist es vielleicht ganz gut so wenn man mal jemand mal richtig was sagen möchte wo man sich mal sich mal richtig auslassen kann daß der einen auch nicht unterbrechen kann also ist es manchmal gar nicht so schlecht wenn man mal irgendwo was sagen will was jetzt auch da /stehen/ soll und wenn sie sich auch nachher drüber aufregen würden das wär mir wär /mir/ dann egal (Z 353-364)

Anne opponiert inhaltlich gegen Carolines Argument, sie gleichzeitig unterbrechend. Caroline versucht kurz darauf wieder ins Gespräch zu kommen, Anne spricht jedoch weiter. Rhetorisch fällt auf, dass Anne verschiedene Worte und Wendungen nacheinander wiederholt, wodurch sie ihnen Gewicht verleiht, zugleich mag sich hier eine Suchbewegung im Denken und Sprechen ausdrücken, ihr Turn wirkt dadurch „aufgebläht“ und entsprechend lang, homolog zu dem artikulierten Bedürfnis, mal „richtig was zu sagen“, sich mal „richtig auszulassen“, ohne unterbrochen zu werden und die Reaktion („Sich drüber aufregen“) auf später verschoben zu wissen. Sie gibt dies als Vorteil des Mailens an, den sie weiter ausführt:

Anne: wenn ich's mal gesagt haben will und am Telefon dann werd ich wieder abgewürgt und #0 ach ja später Frau Schwarzenfels und ba ba #1 ((imitierende Sprechweise)) kommt die /E-Mail/ da kann drin stehn was will dann kommen sie 5 Minuten später in meinen Raum #0 äh was war denn #1 ((imitiert)) ja ganz einfach also manchmal ist das auch so ne Art so ne Art Druckmittel da steht was im Raum was (Z 367-374)

Mit Vehemenz präsentiert Anne das Medium Mailing als Spielzeug im täglichen Kontakt. Sie inszeniert sich als Person, die das dringende Bedürfnis ausdrückt, etwas zu sagen, die jedoch nicht gehört wird, sondern wiederholt „abgewürgt“ wird, woraufhin sie Mails als „Druckmittel“ einsetzt, um sich das nötige Gehör zu verschaffen. Ihr Turn hat den Modus einer Klage, mit zornigem, frustriertem Unterton. Anne beschreibt Mailing als parallele Kampfzone zum persönlichen Gespräch. Das Gespräch wirkt weiterhin bedrohlich: es droht das Abgewürgt-Werden, das Reagieren-Müssen, ohne vorbereitet zu sein. Dagegen kann man die Mail losschicken und sich in Ruhe mit der Antwort auseinandersetzen. Sie präsentiert sich als Kämpferin für ihre Anliegen. In ihrer Darstellung sorgen Mails dafür, dass fünf Minuten später Leute bei ihr im Raum stehen.

Nachdem Caroline Mailing als erstes Thema in die Diskussion gebracht hat, neufokussiert sie weitere Mittel der Kommunikation: das Telefon (Z 427), Postfächer (Z 444). Das Thema Postfächer löst einen lebhafteren Wortwechsel aus, sie werden von den Anwesenden scheinbar wenig genutzt, was gleichzeitig Legitimationsbedarf zu haben scheint. Caroline verteidigt das Thema ohne Erfolg,

Anne refokussiert schließlich das Mailing (Z 539). Eine weitere längere Passage zu Mailing folgt (Z539- Z628), an deren Ende Klaus das Thema „das persönliche Gespräch" refokussiert, das er im Modus einer Ansprache ans Team einleitet:

Das persönliche Gespräch

Klaus: also #0 was ich euch sagen will eigentlich * irgendwo das persönliche Gespräch darf auf keinen Fall vergessen werden ne' #1 ((schnell)) soviel ich auch Mails einsetze das sieht jeder an sich selber wahrscheinlich wieviel er die einsetzt man muß nur mal in seinen Eingangskorb im Mail kucken da stehn dann was weiß ich 400 drin Mails seit Anfang des Jahres /natürlich/ macht man sehr viel da drüber aber so das persönliche Gespräch darf ich auf keinen Fall vergessen und /da/ liegt eigentlich die Schwierigkeit wie man das geregelt kriegt (Z 632-646)

Durch seine Art der Einleitung erhält Klaus' neuer Themenfokus ein besonderes Gewicht: Er beschreibt das Thema als bedroht von Vergessen, womit er eine historische Perspektive einführt, das Gespräch als bedrohte Art der Kommunikation, die im Zeitalter von Mailing und Telefon unterzugehen drohe und aktuell die „eigentliche" Schwierigkeit darstelle, da er nicht jeden Tag im Hause sei, womit er Anwesenheit im Haus zur Bedingung für das persönliche Gespräch erklärt.

Refokussierung: E-Mail-Kulturen

Udo: und das ist doch #0 das ist doch die Information das käme doch bei so ner Mail überhaupt nicht über #1 ((schneller, hebt die Stimme)) ne' diese die so n Gespräch ist einfach was eine /viel/ größere Information als als äh äh wenn ich das jetzt schriftlich habe #0 ich muß auch sagen #1 ((hebt die Stimme)) wenn ich so ne Mail losschicke sag ich noch mal das dazu äh bevor ich die abschicke also * wenn wenn es ne größere Bedeutung hat #0 oder was #1 ((lachend)) das überleg ich mir schon 2 mal und lese mir so ne Mail vielleicht auch noch mal durch ich seh wie /andere/ damit umgehn denen ist das eigentlich mehr oder weniger egal äh ich möchte einfach mal so Mails von meinem Chef mal *

((Lachen))

Udo: in Erinnerung rufen der sieht das ja offenbar ganz locker der schreibt sich das auch so von von den Fingern äh wie das da ankommt auch ob das richtig ist das /juckt/ den auch gar nicht groß (Z 664-682)

Udo schließt sich Klaus zunächst an, deutliche Unterschiede zwischen persönlichem Gespräch und Mailen feststellend: Mails seien „dünner" als telefonieren oder miteinander sprechen und sie vermittelten keinen unmittelbaren Eindruck voneinander wie Mimik, was er als Informationsverlust beschreibt. Anschließend betont er, dass er seine Mails sorgfältig verfasse, womit er sich von seinem Chef abgrenzt, der das „ja offenbar ganz locker sehe" und den es wenig „jucke", wie die Mails ankämen und ob sie fehlerhaft seien oder nicht. Hier entfaltet er eine betriebliche Hierarchie, in der die Oberen „losere“ Sitten an den Tag legen, während er sich bemühe, fehlerfrei zu formulieren. Sabine kommt etwas später noch einmal auf das Thema „Mails vom Chef“ zurück:

Sabine: also das ist bei unserem Chef ist es
Klaus: extrem *
Sabine: fällt's wirklich auf daß
Caroline: ja
Sabine: da kommt's immer drauf an wa welche Mail er schickt
Anne: ja
Sabine: grade wenn er nur an eine Person ne Mail schickt dann hagelt das da also oft dann schreibt er also auch einfach nur so blind glaub ich weg dann liest der da auch nicht drüber hauptsache die Information ist weitergegeben und der andre will's dann auf dem Bildschirm und bastelt sich die Wörter da #0 zurecht die dahinter stehn #1 (...) ((lachend))
((Lachen)) (Z 750-777)

Sabine attestiert ihrem Chef ein auffälliges Mailing-Verhalten, das durch zustimmende Äußerungen von Klaus, Caroline und Anne bestätigt wird. Seine Mails seien kaum leserlich, „blind“ geschrieben, müssten vom Empfänger erst entziffert werden. Sie beschreibt sich als Deuterin der Mails vom Chef. Gingen diese „nur an eine Person“ (logisch kann vermutet werden: sie selbst), müsste diese sich den Inhalt zusammenbasteln und weitergehend auch die Intention („hauptsache die Information ist weitergegeben“), mit der sie eine Entschuldigung anbietet für das als auch als unhöflich interpretierbare Verhalten des Chefs. Sabine drückt Kritik ihrem Chef gegenüber aus, hier verpackt in Amusement. Gleichzeitig präsentiert sie ihre Kompetenz, diese Eigenarten kreativ zu verarbeiten, womit sie auch eine gewisse Nähe zum Chef zum Ausdruck bringt, homolog ausgedrückt durch Lachen, in das andere einfallen, damit auch den Kontext der Nähe suchend. Sabine weiter:

Sabine: wenn er aber wenn er wichtige Sachen verschickt äh ich erinner jetzt zum Beispiel so an die Mails von von bezüglich des Geschäftsführers Anfang des Jahres oder Mitte des Jahres da merkt man dann auch den Unterschied da sagt er denn auch schon mal zu jemand kuck da mal drüber ob ich das alles richtig habe also bei bei Jürgen kann man wirklich daran an der Mail oder an an der Art des Mails auch erkennen äh
Anne: wie wichtig
Sabine: wie entweder /wann/ er sie geschrieben hat oder äh wie wichtig die ist (Z 782-794)

Sabine deutet weiter die Mails vom Chef: Bei den „wichtigen Sachen“ merke man „den Unterschied“, er sorge dafür, dass sie „richtig“ formuliert seien und man erkenne seine Verfassung bzw. die Wichtigkeit an der Art der Mail. Sabine beschreibt sich als Leserin, Prüferin und Deuterin der Mails und ordnet sie nach

Wichtigkeit ein. Ihre Rechnung ergibt insgesamt zwei wichtige Mails des Chefs im Jahr: eine am Anfang und eine in der Mitte. Damit relativiert sie die Relevanz von Mails insgesamt, mindestens was die vom Chef anbelangt. Sie fährt fort:

Sabine: das ist also schon irgendwo daran erkennbar #0 was ich gern zum Thema Mail noch sagen würde #1 ((hebt die Stimme)) ist einfach auch die Gefahr daß man mit zu/viel/ Mail äh Informationen überhäuft wird weil mich interessiert bei UNTERNEHMEN X zum Beispiel überhaupt nicht ob Carolin irgendwie dieses kleine Ding da sucht

((Lachen))

Sabine: das das ist ja /hier/ geht das ja noch aber ich kann mich an ein Projekt erinnern in in Hannover da war ich 2 Tage die Woche und als ich am ersten Tag kam dann hatt ich also wirklich bis 12 Uhr mittags diese sämtliche Mails zu lesen die da eingegangen sind und von diesen Mails haben mich also wirklich die wenigsten interessiert * (...) und das finde ich auch persönlich sehr schwer diese Information auch weiterzugeben zu verteilen also da bleibt /oft/ was auf der Strecke das nur nicht mal absichtlich #0 was heißt nur nicht mal #1 ((senkt die Stimme)) /nicht/ absichtlich sondern einfach #0 ja ich bin auch nur ein Mensch vergesse mal was irgendwas weiterzugeben und #1 ((leiser)) #0 auf der einen Seite ist das E-Mail schön #1 ((hebt die Stimme)) und auf der anderen Seite ist es bestehen halt auch die Gefahren dahinter dann einfach das muß man /auch/ sehen (Z 797-838)

Sabine bringt einen neuen Aspekt in die Diskussion um das Kommunikationsmedium Mailing: die „Gefahr" mit Mails und Informationen überhäuft zu werden. Zur Veranschaulichung erzählt sie von einem Projekt in Hannover, wo sie einen Großteil der Zeit damit verbracht habe, all ihre Mails zu lesen. Hinzu käme das Problem, die Mails sinnvoll weiterzuleiten und dafür zu sorgen, dass Informationen nicht auf der Strecke blieben, etwas, was „oft" geschehe. Ihre Kritik am Medium elektronische Kommunikation und damit indirekt an der vorherrschenden Firmenkultur, ist nun deutlicher, erscheint jedoch nicht explizit. Sie beschreibt weiter eine neue Spielart mit dem Medium: Informationen „vergessen", dafür sorgen, dass etwas auf der Strecke bleibt, begünstigt durch die Flut an Informationen, durch die man sich durcharbeiten müsse, wodurch eine permanente Rechtfertigung für das „Vergessen" und – weitergedacht – Unterdrücken von Informationen gewährleistet wird („ich bin auch nur ein Mensch"). Sie inszeniert hier das Kommunikationsmedium Mailing als Informationsdschungel, in dem allenfalls auf mühsame arbeitsintensive, letztlich aber doch eher zufällige, von situativer Menschlichkeit geprägte Art und Weise, Informationen von EmpfängerIn zu EmpfängerIn gelangen. Das Gefühlsspektrum von „schön" bis „gefährlich", das sie in diesem Zusammenhang beschreibt („auf der einen Seite ist das E-Mail schön und auf der anderen Seite ist es bestehen halt auch die Gefahren"), passt ins Dschungelbild. Daraufhin Udo:

Udo: aber da sieht man mal welche hohe /Bedeutung/ diese E-Mail Geschichte hier bei uns hat wirklich die /Haupt/kommunikation (Z 839-852)

Udo kommentiert das Gesprächsthema und bezieht es auf den betrieblichen Kontext: Er nutzt metakommunikative Kompetenz und betrachtet die Diskussion als Spiegel für das Firmengeschehen. In der Formulierung „diese E-Mail Geschichte" drückt sich die narrative Aneignung des Kommunikationsmediums aus, wie sie von den Beteiligten in der Diskussion ebenso wie im täglichen Arbeitsprozess versucht wird. Sein Turn klingt zugleich etwas erstaunt, befremdet angesichts einer Wirklichkeit und einer betrieblichen Kultur („hier bei uns"), in der E-Mails die „Hauptkommunikation" darstellen. Klaus reagiert auf Udos Turn:

Klaus: du das ist nicht nur hier das ist über/all/
Udo: ja
Klaus: wenn du beim Kunden bist oder so da hab auch n Mail da hab ich /genauso/ 4 oder fünfhundert Mails drin weil alles was kommt geht nur noch über Mail heutzutage und ich hab schon paarmal so mit Kollegen drüber gesprochen was ham wir eigentlich vor 10 Jahren gemachtwie ham wir uns da eigentlich verständigt (Z 853-864)

Klaus widerspricht Udos Konstruktion eines konsistenten Wirs und Orts, dem er ein „Überall" entgegensetzt. Die Grenzen verschwimmen hin zum Kunden und hin zu „Allem was kommt", das „nur noch über Mail heutzutage" gehe: eine grenzenlose endlose virtuelle Welt, aus der es kein Entrinnen gibt. Daraufhin entflieht er seinem eigenen Szenario mit einem Blick zurück. Als Legitimationsquelle für diese Refokussierung gibt er ein Gespräch mit Kollegen an und setzt eine konditionelle Relevanz („wie ham wir uns da eigentlich verständigt"). Anne antwortet darauf, im Wortwechsel mit Caroline.

Anne: mehr gesprochen
Sabine: mh du meinst der Kunde wo wir beide jetzt waren
Anne: das war wahrscheinlich auch gar nicht so schlecht ((leise))
Sabine: die stellen jetzt /um/ die da kannst du demnächst
Klaus: * ((dazwischen, nicht verständlich))
Sabine: nur noch über Mail bestellen
Udo: ja mh
Anne: ja das stimmt * überall ((leise))
Sabine: also Bestellungen da so per Post daß de jetzt sagst hier Bestellkarte ausfüllen los schicken das gibt's da gar nicht mehr da gibt's nur Fax-Bestellung Internet-Bestellung und E-Mail (Z 865-887)

Klaus hat versucht, mit einer rhetorischen „offenen" Frage den neuen Themenfokus festzulegen, was zunächst auch gelingt: Anne folgt der konditionellen Relevanz und geht auf den Horizont eines früheren kommunikativen Miteinanders ein, wo „mehr gesprochen“ worden sei. Sabine dagegen verteidigt das Thema Mailing, ein Wir mit Klaus herstellend, das sich aus einer gemeinsamen Erfahrung beim Kunden speist. Sie konkurriert mit Anne um das Rederecht, möglicherweise auch um die Nähe zu Klaus: Während Anne inhaltliche Korrespondenz zu Klaus herstellt und sozusagen seinen Gedankenfaden in Richtung persönliches Gespräch weiterspinnt, bringt sich Sabine in physische Nähe zu Klaus, den gemeinsamen Erfahrungsraum betonend, was sie homolog in die direkte Ansprache kleidet. Inhaltlich führt sie dagegen ihre Gedanken in die Zukunft, folgt Klaus' Blick nicht in die Vergangenheit. Darauf Udo:

Udo: also /ich/ kenn das auch noch von früher her gut da mußte man wirklich mal durch das durch's Gebäude gehen und den den den gab's der war nicht der war #0 ja be besprechbar #1 ((?? Schwer verständlich)) den man suchte nicht /da/ und ging man wieder hin da sprach man aber wenn man einen /traf/ da da gi #0 da kam natürlich /viel/ zusammen was was hier so an an an an zwischenmenschlicher Kommunikation so n bißchen #1 ((hebt die Stimme))
Caroline: auf der Strecke bleibt
Udo: kurz kommt
Caroline: ja
Udo: das kommt richtig kurz ja (Z 888-905)

Udo und Caroline folgen nun Klaus' „Ausflug“ in die gute alte Zeit des persönlichen Gesprächs und auch der Wertung, die unterschwellig vorgegeben wurde. Sie grenzen jetzt den Horizont eines „früher“ ab von aktueller zwischenmenschlicher Kommunikation, die „auf der Strecke bleibt“ (Anne) bzw. „richtig kurz kommt“ (Udo). Anders Sabine:

Sabine: wobei wir ja auch persönliche Mails auch austauschen wenn ich dran denke deine
Klaus: ja
Sabine: zum Zaunbau ((??)) da das ist ja auch irgendwie
Udo: gut
Sabine: persönlich gewesen
Udo: das ist richtig ja
Sabine: und ganz nett gewesen da hab ich /auch/ da hab ich auch nicht den Eindruck gehabt daß die steif war da hab ich eigentlich die wollt ich mir noch ausdrucken und mal mitnehmen #0 nach Hause #1 ((leiser, atmet aus beim Sprechen))
((Lachen, mehrere reden gleichzeitig)) (Z 906-923)

Sabine folgt nicht der Aufteilung „früher“ (= Betonung auf dem persönlichen Gespräch) und „heute“ (= alles wird von Mails dominiert, das Persönliche kommt zu kurz). Sie spricht von „persönlichen Mails“ und stellt diese auf eine Stufe mit zwischenmenschlicher Kommunikation, wo Austausch stattfinde bis hinein in den privaten Raum, wofür sie ein Beispiel gibt: eine Mail zum Thema Zaunbau, die sie sogar hätte mit „nach Hause" nehmen wollen. Udo:

Udo: * ich sage mal so so so ((lacht)) #0 das ist ja gut #1 ((lachend, Reaktion auf die Erheiterung)) also dieses /spontane/ daß man einfach mal einen trifft und und über so ein persönliches Gespräch kommt man auch auf /sachliches/ und dann wieder persönliches dieser /Misch/masch den ich so aus de aus meinen /früheren/ Zeiten kenne daß man das so kombiniert das ist das ist hier eher nicht

Anne: das geht ja nicht das liegt ja an der Form schon allein

Caroline: mh

Anne: wie soll ich denn Sabine treffen können das geht ja nicht da kann ich höchstens

Udo: ich war weit davon entfernt hier n Vorwurf zu machen ((??spricht dazwischen)) (Z 924-937)

Udo behält die Perspektive auf die Vergangenheit bei und konstruiert ein „früher", das von Spontaneität, sich einfach treffen, persönlichen Gesprächen und einem „Mischmasch" von sachlichen und persönlichen Anteilen gekennzeichnet gewesen sei, was so „hier" eher nicht existiere. Anne stellt daraufhin apodiktisch und mit Verve fest, dass das aufgrund der „Form" ja auch unmöglich sei – wie solle sie denn Sabine treffen können? Ihr Turn hat den Ton einer Klage und Rechtfertigung, worauf Udo reziprok mit der Bemerkung reagiert, er habe ihr keinen Vorwurf machen wollen. Udos metakommunikative Reaktion in Form einer Zurückweisung des vermeintlichen Vorwurfs rückt Anne ins Abseits des Gesprächs, was die Formulierung „weit davon entfernt" unterstreicht, mit der Udo Distanz zu Anne herstellt. Er präsentiert sich als Überlegener im direkten Gespräch, Annes Klage über die Erfolglosigkeit von Kommunikation im Unternehmen erfüllt sich hier homolog.

Zweite zusammenfassende Beschreibung und Interpretation: Elektronische contra persönliche Kommunikation

Der erste große Themenblock der Gruppendiskussion rankt sich um das Kommunikationsmittel Mailing. Eingeführt wird das Thema von Caroline, die damit gleichzeitig das Handlungsschema Gruppendiskussion ratifiziert. Die DiskussionsteilnehmerInnen entfalten in dem Segment eine lebendige Aneignung des Kommunikationsmittels Mailing. Schon die Dauer der Diskussion darüber passt zur Eingangsformulierung von Caroline, dass E-Mail das „Hauptkommunikationsmittel" für die MitarbeiterInnen sei. Caroline führt das Thema ein mit einer „offiziellen" Darstellungsart, sie beschreibt das Medium als neutrales Mittel der innerbetrieblichen Organisation, die aufgrund der Unternehmensstruktur besonders wichtig sei. Udo unterbricht sie bei erster Gelegenheit und beginnt eine Argumentation über Vor- und Nachteile von Mailing. Es eröffnet sich dabei ein Horizont über das „Greifen“ nach Personen/Kontakt im virtuellen Raum, die Schwierigkeit sich zu erreichen, worin auch die Möglichkeit aufscheint, sich dem „Zugriff“ zu entziehen. Mails erscheinen dabei als Spielzeug für An- und Abwesenheit, erweiterte Möglichkeiten des Auftauchens und Verschwindens. Sabine setzt die Argumentation fort, wobei sie den Schwerpunkt auf die Nachteile des Mediums legt, das Missverständnisse möglich mache. Klaus legt dar, dass er Mails „lockerer“ formuliere als direkte Mitteilungen, wovon Udo sich direkt abgrenzt: bei ihm sei es genau umgekehrt. Es folgt Anne, die Mails anscheinend als parallele Kampfzone zum persönlichen Gespräch nutzt: Sie setzt sie als „Druckmittel“ ein, auch um direkten Kontakt herzustellen. Sie präsentiert sich dabei als wenig erfolgreich im persönlichen Gespräch. In einer längeren Passage widmen sich die Diskutanden den Mails vom Chef und deren Eigentümlichkeiten.

Deutlich werden in der Sequenz Parallelen zum persönlichen Gespräch: Die Art der Formulierung, einmal als Charaktersache, dann als Privileg des Chefs, das Aussehen, die Fehlerhaftigkeit der Mails, eine gewisse Ähnlichkeit mit Kleidung, Mimik und Auftreten scheint zu existieren; schließlich auch der zeitliche Aufwand, den die MitarbeiterInnen dem Medium widmen, eben nicht nur als Medium zum Austausch von Informationen, sondern auch als Mittel, persönlichen Kontakt herzustellen, Deutungen vorzunehmen, Hierarchien zu inszenieren, Missverständnisse zu produzieren, Spaß zu verbreiten und Meinungsverschiedenheiten auszutragen. Was ist mit den Unterschieden? Zwei Faktoren werden genannt: die räumliche und zeitliche Distanz – samt der entsprechenden Vor- und Nachteile.

Klaus unternimmt während des gesamten Abschnitts mehrere Anläufe, das Thema „persönliches Gespräch“ zu fokussieren, was ihm erst im dritten Anlauf gelingt. Auch dann wird das Thema nicht sonderlich ausführlich erörtert, es scheint weiterhin besonders Klaus umzutreiben, während die anderen viel lieber über ihre E-Mail-Spiele reden möchten. Eher „pflichtschuldig“ erfüllen Udo und Caroline Klaus' heimlichen Auftrag, persönliche Gespräche als die „eigentliche Schwierigkeit“, das „was zu kurz kommt“ bzw. „auf der Strecke bleibt“ in den Blick zu nehmen. Welchen Auftrag erfüllt Klaus selbst in dieser Situation? Was treibt ihn um? Klaus legt ein auffällig lenkendes Gesprächsverhalten an den Tag, er verfolgt über einen längeren Zeitraum seinen Themenfokus und bringt ihn wiederholt in die Diskussion. Dies deutet auf einen Führungsanspruch hin, der auch mit seiner Funktion als Mitglied der Geschäftsleitung korrespondiert. Weiterhin können wir das Thema als „unabgeschlossene Gestalt" betrachten, eine Figur, die Klaus fragend formt und die noch nicht mit Antwort gefüllt ist.

Teambildungen, wenn es kein Team gibt

Anne: ich muß sagen im im beim /Kunden/ wo /ich/ bin ist das so wir sind mit 22 Leuten wir sitzen /alle/ in einer Etage alle nebeneinander da geht per E-Mail nur noch die Aufträge * CR so und so viel das mußt du erledigen das druck ich mir aus dann treffen wir uns mit dem Dialogteam dann wird gequatscht wenn ich was nicht verstanden habe oder wenn ich irgendwas wissen will vor allen Dingen kann ich nicht einfach entscheiden #0 ah ich mach das mal so #1 ((hebt die Stimme)) das /geht/ gar nicht das geht /gar/ nicht per E-Mail oder per Telefon dann renn ich rüber zu demjenigen den ich da fragen muß oder zu jemand anders hier wie geht das der kommt dann 3 Minuten später so bei mir also ich sag mal ein Viertel der Zeit steht irgendjemand bei /mir/ im Raum und ich steh ein Viertel der Zeit bei jemand im andern Raum nja nicht ganz so viel aber so ungefähr also bei uns ist die /persönliche/ Kommunikation noch sehr groß und da bin ich auch eigentlich ganz zufrieden das ist im Grunde schon auch so n bißchen ne Familie weil man kennt wirklich /jeden/ und man hat mit /jedem/ schon mal gequatscht #0 wirklich auch /richtig/ gequatscht weil das das kann ich hier bei UNTERNEHMEN C gar nicht sagen da unten sitzt jemand den /kenn/ ich gar nicht bin heute reingestürmt oh hier Systemadministratorraum /Hallo/ dreht sich einer so /ups/ mh den kennst aber gar nicht #1 ((lebendig))

((Lachen)) (Z 938-959)

Anne führt mit dieser narrativen Passage das Thema lebendiger Teamarbeit ein, wie sie sie an ihrem Arbeitsplatz beim Kunden erlebe, was sie deutlich kontrastiert mit dem Erleben in ihrer Stammfirma, ihrem Arbeitgeber: Nebeneinander sitzen, quatschen, rüberrennen, fragen, bei jemandem stehen, was sie als „n bisschen Familie" qualifiziert, weil man jeden kenne und was man hier „gar nicht" sagen könne. Sie hebt dieses Erleben positiv ab von der Stammfirma, spricht von „Wir" in Bezug auf die Arbeit beim Kunden. Dieser Turn kann auch als Reaktion auf das „Versagenserlebnis" in der vorherigen Diskussionspassage gelesen werden: Anne defokussiert das Thema „persönliches Gespräch" hin zu „Teamarbeit", illustriert an einem relativ entfernten Beispiel, das sie als voll integrierte Mitarbeiterin zeigt. Sabine schließt sich dem narrativen Modus an und fügt ein Beispiel aus ihrem derzeitigen Arbeitsprojekt an, wo sie auch bei einem externen Kunden tätig ist:

Sabine: aber wenn ich jetzt so an an mein jetziges Projekt denke jetzt so /langsam/ taut taut man auf jetzt ham wir also schon mal über das Problem Hausarbeit nach der Arbeit und überhaupt so gesprochen

((leises Lachen, weibl.))

Sabine: so frauliche Themen also ist jetzt auch mehrere Frauen im im Team (Z 984-991)

Gelingende Teamarbeit macht sie am Prozess des „Auftauens" fest, beispielhaft beschrieben damit, dass sie „schon mal über das Problem Hausarbeit" gesprochen hätte. Sie führt das Sprechen über Hausarbeit als Qualifikationsmerkmal gelingender Teamarbeit ein, wobei sie Hausarbeit als „das" Problem bezeichnet, unhinterfragt Verständnis voraussetzend, wenngleich fortführend als „frauliches" Thema charakterisiert, was durch die Anwesenheit mehrerer Frauen im Team besprechbar würde. (Eises-)Kälte und Wärme, als ineinander überführbare fließende Zustände illustrieren ihre Gefühlslagen, die sie für Teamarbeit bedeutsam macht. Sabine weiter:

Sabine: und und sich dann erstmal so n bißchen integriert und dann irgendwann tauen die Fronten auf und das ist jetzt so der Zeitpunkt daß man also auch mal runtergeht und sagt ach komm laß uns mal eine rauchen so die erste Zeit war auch nicht mal #0 komm mal mit oder hier hinten ist das Raucherzimmer ich geh grad eine möchtest du mal mitkommen #1 ((auffordernd, nachahmende Sprechweise)) (...) dann werden auch mal so private Dinge ausgetauscht dann ne' und ich * #1 ((leise))

Klaus: ((unterbricht)) wobei das aber mit unserer Mentalität zusammenhängt also jetzt nicht mit unserer hier im Raum sondern

Caroline: ja ich verstehe ich verstehe

Klaus: hier in Deutschland also ich weiß ich war vor zig Jahren mal in Italien hab da gearbeitet und da war das selbstverständlich daß jeder Neue der hinkam ob er jetzt italienisch #0 konnte oder nicht #1 ((lachend)) das spielte überhaupt keine /Rolle/ der wurde sofort mitgenommen ob die zum Kaffeetrinken gegangen sind oder zum Rauchen gegangen sind oder ja nach dem Mittagessen in so ne Bar um dann nen Expresso zu trinken da wurd jeder sofort mitgenommen

Sabine: aber ich kann

Klaus: das ist /vollkommen/ normal /vollkommen/ normal im Ausland (Z 1001-1025)

Sabine bringt das Thema Zeit mit hinzu: „Auftauen" brauche Zeit, führe dann zum Austausch auch privater Dinge. Klaus unterbricht Sabine mit einer Anschlussthematisierung zum Punkt „Privatheit", wobei er die Ebene kultureller Eigenarten („Mentalität") argumentativ anspricht. Wofür/wogegen argumentiert er? Er fügt eine Geschichte an („vor zig Jahren mal in Italien"). Während Sabine ein aktuelles Beispiel für Privatheit im Team erzählte, führt er ein älteres Beispiel an. Die von ihm angeführten Merkmale sind: Kaffee trinken, Rauchen gehen, in die Bar gehen, Espresso trinken. Das Beispiel spielt in der Vergangenheit sowie in einem fremden Land. Auf der Beziehungsebene begibt sich Klaus in Sabines Nähe, indem er ebenfalls sein Bedürfnis nach „Wärme" (hier: Espresso trinken in Italien) formuliert. Zugleich kontrastieren die Beispiele: Sabine präsentiert sich als zuständig für den Haushalt, den privaten Raum,

Klaus besetzt narrativ den öffentlichen, internationalen Raum. Sabine führt ihre Erzählung fort:

Sabine: also gestern bin ich ja das erste Mal in Bottrop gewesen ist ja das gleiche Team aber ist n anderer Einsatzort neues Büro und äh auch andere /Leute/ weil in dem Team sind ja auch nicht alle mit in der in der Entwicklung da mit drinnen jetzt hab ich aber in diesem ganz normalen Team gesessen wo dann auch die normalen Sachbearbeiter drinne waren und alles neben mir stand die Kaffeemaschine um halb 12 oder so da hatt ich wirklich dann so n /Schmacht/ auf n Kaffee es hatte mir aber noch /keiner/ einen angeboten also es ist kein guten morgen so von den Sachbearbeitern rüber gekommen also ich hab da einfach wirklich isoliert in in diesem Raum drinne gesessen obwohl das n Großraumbüro war und dann hab ich den um halb 12 dann mal ganz freundlich gefragt wie das denn mit dem /Kaffee/ wäre ob ich denn einen /kriegen/ könnte also das find ich ist dann schon so dieses /deutsch/ dann einfach (Z 1040-1050)

Sabine beschreibt „das erste Mal" an einem neuen Arbeitsort. Beteiligt ist sie, das „gleiche Team", „n anderer Einsatzort",, „neues Büro" und auch „andere Leute", zudem das „ganz normale Team" und „normale Sachbearbeiter". Welche Personen eine Rolle in dem Beispiel haben, ist verwirrend, möglicherweise auch für sie, die Konfusion einer Situation am Beginn erscheint. Neben ihr steht die Kaffeemaschine, ihr Bezugspunkt an diesem Vormittag, die sie beobachtet bis halb zwölf, sie wartet darauf, dass von den Sachbearbeitern ihr jemand Kaffee anbietet, sie anspricht. Das emotionale Geschehen in ihr an diesem Morgen verdichtet sie in dem Wort „Schmacht", womit mehr gemeint ist als Kaffeedurst: Sie wird nicht gegrüßt, sie sitzt „wirklich isoliert" da. Sie markiert das Ende der Erzählung durch das „Happy End" ihrer Bitte um Kaffee sowie eine abschließende Wertung des Erlebnisses als „deutsch", womit sie ihr Beispiel in die Nähe von Klaus' Beitrag aus Italien rückt. Anne setzt im Anschluss eine konditionelle Relevanz:

Anne: bist du da vorgestellt worden in dem

Sabine: nö ich bin da einfach reingesetzt worden arbeiten Sie heute mal hier hier ist Ihr Rechner und dann Ruhe ne'

Klaus: ja ja das is

Anne: also das hab ich im Gegenteil das ist ähm also als ich angefangen bin da wo ich jetzt arbeite da ist der #0 Projektleiter #1 ((betont)) hat mit da empfangen hat mir alles erklärt und gezeigt wo man sich da was holen kann und wo man was zu trinken kriegen kann und wie das mit der Küche ist und alles das hat bestimmt ne Stunde gedauert dann ist er mit mir durch da durch die ganze Abteilung gelaufen ich hab da jedem die Hand geschüttelt #0 weiß Gott wer da aller war aber #1 ((senkt die Stimme)) (Z 1051-1064)

Die Nachfrage Annes, ob sie den andern vorgestellt worden sei, dient nur vordergründig einem weiteren Informationsgewinn und Verständnis der Situation.

Anne nutzt ihre Frage vielmehr als Aufhänger für eine eigene Geschichte, die sie als Gegenteil des von Sabine Erzählten bezeichnet. Sie kontrastiert ihre Geschichte zu der von Sabine: Ihr Projektleiter habe ihr alles erklärt, sie habe jedem die Hand geschüttelt usw. Durch die Wahl des Kontrasts geraten die Beispiele gewissermaßen in Konkurrenz zueinander.

Dritte beschreibende Interpretation: Erfahrungen mit und Definitionen von Teamarbeit

Der zweite große Themenblock kreist um das Thema Teamarbeit. Eingeführt wird das Thema von Anne, die ihre Arbeit als Externe im Betrieb eines Kunden beschreibt. Das Beispiel wird zunächst zum Idealbild gelingender Teamarbeit, wovon sich die Verhältnisse in der eigenen Firma abheben, die nach den angebotenen Definitionen nicht unter Teamarbeit fallen. Mit Teamarbeit assoziiert Anne familienähnliche Qualitäten, in eine ähnliche Richtung geht Caroline, berichtet anschließend – die Dimension Dauer von Teamarbeit als Unterthema fokussierend – von ihrem Team, wo die Fronten langsam auftauten, was sie daran festmacht, dass auch schonmal über „frauliche Themen" wie „das Problem Hausarbeit nach der Arbeit" gesprochen würde. Klaus unterbricht sie an dieser Stelle und verschiebt das Thema in den Bereich kultureller Mentalität, er sucht Wärme in fremden menschlichen Gefilden. Sabine schließt sich der Verschiebung an und berichtet von einem Negativbeispiel, wo sie aktuell in einer Kundenfirma weder vorgestellt noch gegrüßt worden sei, was sie als „deutsch" konnotiert.

Anne benutzt das Beispiel als Aufhänger, um weiter von ihrem „tollen Team" zu erzählen. Durch die Art ihrer Nachfragen und Sabines Reaktion der Rechtfertigung geraten die Beispiele in Konkurrenz, auf der Beziehungsebene zwischen Anne und Sabine klingt das Thema Konkurrenz nach, die hier auf der Ebene Persönlichkeit/Unterschiede im Bereich Kommunikationsstärke angesiedelt ist.

Teamarbeit macht sich hier an mit Privatheit verknüpften Bildern fest, die Metapher des Hauses wird um seine BewohnerInnen erweitert, die über familienähnliche Beziehungen definiert werden. Hier haben auch „frauliche Themen" wie „das Problem Hausarbeit nach der Arbeit" Platz. Analog hierzu taucht das Thema Konkurrenz zwischen Persönlichkeitsmerkmalen auf, wie etwa zwischen Geschwistern üblich, in der zudem Ambivalenzen zwischen Freundschaft und Konkurrenz mitschwingen.

Anne: also persönlich menschlich ist das Team wirklich gut und deswegen also die Kommunikation läuft eigentlich #0 auch #1 ((gedehnt)) weil also die Privatinitiative dann auch da ist aber was /eigentlich/ so von /oben/ sag ich mal kommen /müßte/ das muß man sich halt so n bißchen auch selber holen das kommt schon oft auch per #0 E-Mail #1 ((gedehnt)) oder pf wird mal so /bei/läufig irgendwo erwähnt da finden irgendwelche Sitzungen statt äh wo nur die Leute die dann dabei sind das wissen und die das dann vielleicht auch nicht #0 weiter #1 ((gedehnt)) leiten oder wo auch dann keine Mitschriften sind die man sich ankucken kann oder so was was hier natürlich teilweise auch ist ich war nun leider auf der letzten Klausurtagung nicht da hätt mich ja mal /brennend/ interessiert weiß ich aber nicht was dran teilge äh was da stattgefunden hat (Z 1270-1283)

Anne erneuert hier ihre Teambeschreibung eines gelingenden Teams über die persönliche menschliche Ebene, die sie als Domäne privater Initiative beschreibt. Hiervon grenzt sie ein „Oben" ab, das die von ihr geforderten Kommunikationsaufgaben nur mangelhaft erfüllt: E-Mails, beiläufige Erwähnungen, Sitzungen über die nicht alle informiert sind, nicht weitergeleitete Informationen und fehlende Mitschriften kennzeichnen diesen Bereich. Zunächst charakterisiert sie auf diese Weise die Kommunikation in der Firma X, wo sie als Externe tätig ist, während ihres Redezugs schwenkt sie auf ihre eigene Firma über und übernimmt die Kritik, wenn auch eingeschränkt durch ein „teilweise", wobei sie sich konkret auf die letzte Klausurtagung bezieht. Damit führt sie als neuen Themenfokus die Klausurtagung als weiteres Mittel firmeninterner Kommunikation ein, hier verknüpft mit der Wertung schlechten Informationsflusses. An diese kritische Sichtweise fügt sie die Selbstauskunft an, sie sei bei der letzten Klausurtagung nicht anwesend gewesen, es hätte sie „mal brennend interessiert", was da stattgefunden habe. Caroline reagiert auf das mögliche verdeckte Handlungsschema eines vorgebrachten Vorwurfs mittels einer konditionellen Relevanz, wodurch ihre Frage den Charakter eines Gegenvorwurfs erhält:

Caroline: #0 ham wir nicht schon n bißchen telefoniert #1 ((fragend))
Anne: oder ja wir ham telefoniert klar
Caroline: ((lacht)) #0 ich meine so ein bißchen was hab ich dir erzählt oder versucht zu erzählen was man so äh #1 ((lachend, räuspert sich künstlich))
Anne: ja und da gibt's einen Bereich der mich natürlich besonders interessiert und das hätt ich schon mal ganz gerne so n bißchen schriftlich gehabt ne' aber egal (Z 1284-1292)

Anne setzt das Handlungsschema Vorwurf fort, indem sie über die mündliche Information hinaus nach etwas Schriftlichem verlangt – bezogen auf einen Bereich, der sie „natürlich besonders interessiere". Für Außenstehende bleibt unklar, worum es sich dabei handeln könnte, Caroline scheint jedoch über den Sachverhalt informiert:

Caroline: #0 ja #1 ((lachend)) #0 da mußt du dich an den Richtigen wenden ((lacht)) an /den/ Richtigen #1 ((geheimnisvoll, lacht))
Anne: ((lacht)) (Z 1298-1301)

Während Caroline sich zunächst als Ansprechperson angeboten hat für die verdeckten Anliegen von Anne, weist sie am Punkt des Schriftlichen ihre Zuständigkeit zurück und verweist auf „den Richtigen". Dieser Verweis erfolgt in Form einer Verhaltensanweisung. Anne lässt ihr Anliegen auf sich beruhen, beendet den Turn mit einem Lachen. Sabine schließt sich daraufhin Anne an, indem sie davon spricht, ebenfalls etwas nicht mitbekommen zu haben:

Sabine: diesen Bereich hab ich dann wahrscheinlich auch nicht mitgekriegt ne'
Caroline: ((lacht))
Sabine: wir ham ja alle nur halb dran teilgenommen du warst auch *
Caroline: ich war auch ne ich ich
Sabine: wenn ich kam warst du weg
Caroline: genau
Sabine: ihr beide wart da ah ne du warst
Klaus: ich war auch nicht da
Sabine: * hier unten du ja du bist um 4 abgehaun stimmt
Klaus: um 4 ((fragend))
Sabine: um 3
Caroline: um 3 ich bin eine Stunde später oder so (Z 1303-1326)

Die Gruppe nimmt an dieser Stelle einen Modalitätenwechsel vor, beginnt einen Austausch über die Dauer der Anwesenheit der einzelnen Mitglieder bei besagter Klausurtagung. Im kurz aufeinander folgenden Wortwechsel rekonstruieren die Diskutanden ihre An-/Abwesenheit beim besagten Treffen. Die Lebhaftigkeit des Austauschs gibt einen Hinweis darauf, dass das Thema die Anwesenden bewegt. Es erscheint von Bedeutung, wer von wann bis wann anwesend war. Sabine beendet diese Passage mit einer wertenden Zusammenfassung:

Sabine: also war's dann mit dem Informationsausfluß Austausch bei den bei der Klausurtagung auch wohl nicht #0 das Richtige #1 ((leicht lachend)) (Z 1327-1328)

Caroline begibt sich in Opposition zu dieser Wertung, zugleich auf die Ebene der Geschäftsführung:

Caroline: aber ich meine diese es werden hier bei uns doch jetzt also um die Kommunikation zu fördern ist es eigentlich n Thema was bei uns auch in der Geschäftsleitung voll /bewußt/ ist daß man das machen muß ne' oder daß das einfach /förderlich/ ist für den ganzen Betrieb deshalb /finden/ bei uns auch Klausurtagungen statt es finden Betriebsausflüge es findet ne Weihnachtsfeier statt es ist also auf dieser /Ebene/ Mitarbeiterversammlungen

Anne: Klausurtagung ist so was so so n halben Tag lang sag ich mal so ab nachmittags bis

Caroline: ((dazwischen)) ja von 12 bis abends 8 mit

Anne: abends ohne Ende daß man sich da

Caroline: mit Ende offen ne'also und das ist wird auch ganz /bewußt/ äh jetzt äh mit diesem /Hintergrund/ auch gemacht damit man sich als Mitarbeiter mal die Möglichkeit der Kommunikation ist ne'was ich äh ich bin ja ein äh Nicht-Raucher jetzt mal #0 ganz einfaches Thema #1 ((lachend))

((Lachen)) (Z 1330-1371)

Caroline setzt sich hier mit ihrem Turn gegen Sabine und Anne durch, die mehrfach versuchen, das Wort zu ergreifen. Ihr Redezug hat rechtfertigenden Charakter. Schließlich beendet sie das Thema mit einer Neufokussierung des Themas ‚Rauchen' („jetzt mal ein ganz einfaches Thema"), womit sie einen indirekten Kommentar dazu abgibt, dass das vorherige Thema ein schwieriges war.

Vierte beschreibende Interpretation: Heißes Eisen Informationsfluss

Im dritten Themenblock geht es um (mangelnden) Informationsfluss im Hause C. Das Thema wird von Anne eingebracht, die zunächst einen Horizont zwischen Teamarbeit und einem nicht näher definierten Oben aufspannt, das kritisch beschrieben wird im Hinblick auf Weitergabe bzw. das Zurückhalten von Informationen. Anne trägt hier einen Vorwurf vor, den sie mit einem im Ansatz vorgebrachten Anliegen verknüpft. Caroline reagiert auf den Vorwurf mit einem Gegenvorwurf, verweist das Anliegen aus ihrer Zuständigkeit heraus an „den Richtigen". Zur Bühne erfolgter bzw. nicht erfolgter Informationsweitergabe wird hier die Klausurtagung erklärt, womit zugleich ein weiteres Kommunikationsmedium des Hauses angesprochen wird. Caroline setzt sich gegen kritische Bemerkungen in Richtung Unternehmenskultur zur Wehr, begibt sich auf die Ebene der Geschäftsführung. Im Anschluss beendet sie die Sequenz durch eine Neufokussierung des Themas Rauchen als Kommunikationsmittel, erreicht, dass das Thema nicht weiter verfolgt wird.

Als abwesender Akteur erscheint „der Richtige". So wird das Thema Macht auf die Bühne gebracht. Wer hat die Macht im Hause? Jedenfalls ein Mann: der Richtige, eine Frau verweist auf ihn, sie übernimmt hier den Stellvertreterposten, rechtfertigt den Umgang mit Information und Kommunikation im Hause, wehrt wenig später das „heiße" Thema ab mit Rauch(en), was hier wie eine Verschleierungsaktion daherkommt: Die Machtverhältnisse im Hause werden vernebelt.

Eine neue Idee zur Förderung der innerbetrieblichen Kommunikation: Stehtische

Während der Debatte, ob NichtraucherInnen von Kommunikation ausgeschlossen werden, nimmt Klaus einen Themenschwenk vor und beendet damit gleichzeitig das Thema Rauchen als Kommunikationsmedium:

Klaus: wir können das aber anders fördern muß also nicht unbedingt Raucher sein ne' oder Raucher werden müssen
Anne: ne natürlich nicht
Klaus: also wir haben's beim /Kunden/ so man muß einfach nur an stete Stätten stellen ((??)) und dann geht man einfach mal raus oder sagt zum Kollegen komm wir gehen mal n Kaffee trinken da stellt man sich einfach nur an diesen Tisch /ja/ das ist was anderes als wenn ich frei im Raum stehe ich stell mich einfach an diesen Tisch (Z 1503-1506)

Der Austausch ist im Folgenden lebhaft, wobei Udo und Sabine die Parallele zum privaten Wir ziehen:

Udo: wenn wir /Feier/lichkeiten haben zu Hause das ham wir früher /nicht/ gemacht aber wir haben immer 1 zwei Stehtische jetzt (Z1543-1544) (...)
Sabine: bei beim Feiern ist es ja halt so daß man sich da n bißchen abstützen kann wenn man nicht mehr * ((lacht))
Klaus: wenn man nicht mehr stehn kann
((Lachen, mehrere Stimmen)) (Z1565-1570)

Metakommunikativ kommentiert Udo die Neuartigkeit und Brauchbarkeit der Idee der Stehtische:

Udo: ne' und das ist das ist /super/ deswegen mit diesen Stehtischen das ist ne tolle Sache hab ich aber auch /hier/ noch gar nicht drangedacht aber das find ich ne gute Idee
Caroline: ja das find ich auch

Weitergehend konkretisieren sie die Idee in ihrer Vorstellung:

Udo: vielleicht sogar vorne im wir könnten
Caroline: #0 gleich wie du das hier sagtest bei uns vorne
Udo: Mensch wir haben doch Platz ohne Ende
Klaus: * vorne
Caroline: wir haben doch Platz da vorne wir haben hier n Tisch und Stühle unter unter dieser Treppe hier
Udo: super
Sabine: echt (Z 1588-1609)

Der lebhafte Austausch setzt sich fort, die Gruppe eröffnet einen Raum von Inspiration für sich und ihren Ideenentfaltung und sie phantasieren über die räumlichen Möglichkeiten im Hause aus („Platz ohne Ende"). Anne etwas später:

Anne: doch aber ich glaube das hängt auch damit zusammen wenn man sich /hin/setzt das sieht immer so aus als ob man da schon so lange sitzt und also #0 wenn man so #1 ((leicht lachend)) arbeitet und man setzt sich so /hin/ in der Küche und es kommt einer #0 ach die sitzt da schon wieder #1 ((senkt die Stimme)) das ist schon auch schon wie das aussieht
Klaus: bist du schon wieder in der Küche
Anne: die /sitzt/ da schon
Klaus: bist du schon wieder in der Küche
Caroline: genau
Anne: wenn einer am /Stehtisch/ /steht/ das ist irgendwie so was dynamisches
Klaus: bin grad vorbeigekommen *
Anne: ja ja das ist
Caroline: genau * (Z 1642-1668)

Anne bietet eine Erklärung dafür an, warum die MitarbeiterInnen die vorhandenen Sitzgelegenheiten, insbesondere die Küche, nicht nutzten: Sie macht einen Unterschied zwischen dem Sitzen und Stehen im Hause auch bezogen auf den Eindruck, den diese beiden Modi bei einem phantasierten Beobachter hinterlassen könnten: Stehen wirke „dynamisch", kurzfristig, Sitzen dagegen als schon länger andauerndes Geschehen. Klaus übernimmt in dieser Passage im Wechsel mit Anne das Beobachter-Ich, in das er sich ähnlich scheint hineinversetzen zu können. Klaus verhält sich hier konfluent mit Anne, während er in ihren Redezug hineinspricht. Der Austausch geht so noch kurz weiter, bis Sabine zum Mittel der Metakommunikation greift:

Sabine: (...) aber ich glaube ist das Thema haben wir jetzt glaub ich abgedriftet oder ((lacht leicht))
Caroline: mh ((leicht lachend))
Sabine: oder gehört das dann
Klaus: ja ist auch Kommunikation
Sabine: auch kommunikativ ((leise)) (Z 1704-1713)

Sabine greift Annes Erstaunen auf, bestätigt sie in ihrer Beobachtung und begibt sich während ihres Turns auf die Ebene der Metakommunikation, wobei sie homolog den Modus der suchenden Selbsterklärung aufgreift. Sabine berührt hier die Frage, was alles zum Bereich Kommunikation gehöre, stellt mit einem gewissen Staunen, an das Klaus sich konfluent anschließt, fest, dass das „Abdriften" zum Thema Stehtische vielleicht gar keines war, sondern „auch kommunikativ“ sei. Anne defokussiert dieses Thema, die Ebene der Metakommunikation aufgreifend:

Anne: **was wir noch gar nicht hatten waren Besprechungen oder überhaupt persönliche Gespräche wir haben eigentlich nur über Telefon und E-Mail und Postfächer**
Caroline: **aber gesagt hatten wir das schon daß das also das persönliche Gespräch ne'**
Anne: **ja so**
Klaus: **daß wir nicht alles mit E-Mail machen können (Z 1715-1722)**

Annes Defokussierung des vorherigen Themas ist nur scheinbar eine Neufokussierung, was Caroline umgehend kommentiert. Die Gruppe beginnt nun einen Austausch, der stark an die vorherige Gesprächspassage zum Thema Mailing contra persönliches Gespräch erinnert, schon erörterte Argumente werden wiederholt (Z 1724-1727). Damit findet ein Themenabbruch statt.

Vierte beschreibende Zusammenfassung und Interpretation: Was ist das Herz unserer Kommunikation?

Klaus defokussiert das Thema Rauchen als Kommunikationsmedium und führt das Thema Stehtische als Kommunikationsförderer ein. Die Gruppe beginnt darüber einen lebhaften Austausch, ein Raum für das Ausspinnen von Ideen entsteht, die neue Idee wird positiv begrüßt. Durch Stehtische könne Kommunikation „einfacher“ werden (Klaus), sie seien „dynamisch“ (Anne), wohingegen das Sitzen an „Sitztischen“ (Anne) auf längeres Verweilen schließen lasse. Anne führt in diesem Zusammenhang eine beobachtende Perspektive ein, an die Klaus sich anschließt, fragt nach dem Eindruck, den das Stehen bzw. Sitzen während der Pausen im Raum (bei wem?) hinterlasse. Anne und Sabine nähern sich in einer dialogischen Sequenz in laut ausgesprochenen Gedanken suchend der Frage an, was „kommunikativ“ für sie bedeuten könnte. Hier begegnen sich zwei verschiedene Auffassungen von Kommunikation: Während Annes Definition auf die Gespräche in den Pausen ausgerichtet ist und sie um eine Beschreibung ringt bezogen auf Arbeiten – Pausieren/Stehen – Sitzen, erscheint es Sabine zunächst fraglich, ob das Thema der Steh-/Sitztische etwas mit dem Ausgangsthema der Gruppendiskussion zu tun haben könnte. Sie beantwortet diese Frage wie provisorisch positiv. Die Suche nach einer Definition wird abgebrochen durch eine Refokussierung des Themas Mailing contra persönliches Gespräch, als suchten die TeilnehmerInnen wieder nach festem Boden in der Diskussion.

Die BewohnerInnen beginnen nun, ihr Haus umzuräumen und neu zu möblieren. Existierende Räumlichkeiten werden in ihrer Funktionstüchtigkeit infrage gestellt (insbesondere die Küche), neue Räume sollen erobert werden durch „dynamisches" Mobiliar, wobei zwei Aspekte in den Vordergrund gerückt werden: die „Einfachheit" und „Dynamik" von Kommunikation, die ein kürzeres Verweilen und Wechseln der GesprächspartnerInnen ermögliche und die durch die Idee der Stehtische repräsentiert wird. Zum Zweiten der Eindruck, den die Tätigkeiten nach außen hinterlassen, für imaginierte Beobachter, und die Rückschlüsse erlauben könnten auf das innere Verhältnis zu Arbeit und Pausieren.

Metaphorisch vollziehen die AkteurInnen mit der Abkehr von der Küche als Ort für Kommunikation eine Abkehr von der Dauerhaftigkeit und Nahrhaftigkeit von Beziehungen zugunsten eines flüchtigen Verweilens und Entlangschlenderns, das sich der Dimension Dauer entzieht. Die Suche nach dem passenden Mobiliar für das kommunikative Miteinander führt ins Leere, in die Weite des Raums, wo nur Stehtische noch flüchtigen Halt bieten, die ewige Party der Mitarbeiter-Satelliten – diese Raum-Zeit-Reise ins kalte „Nirgendwo" ist möglicherweise bedrohlich, der Boden unter den Füßen geht verloren, die Diskutanden brechen die Reise ab und suchen wieder Halt im Fokus „das persönliche Gespräch". In den folgenden Passagen fokussieren die TeilnehmerInnen speziellere Kommunikationsangebote im Hause C wie Mitarbeiterversammlung und Klausurtagung. Klaus:

Mitarbeitermotivation

Klaus: * sag mal wie gesagt ich hab am 1.1. angefangen ich habe mich entschieden irgendwann Anfang Oktober letzten Jahres also gut vor einem Jahr hier bei UNTERNEHMEN C anzufangen und in der Zwischenzeit von Oktober bis Dezember war ich schon einige Male bei UNTERNEHMEN C das heißt also zu die dieser Mitarbeiterversammlung war ich glaub ich 1 oder 2 Mal dies jetzt ne eine da zwischendurch war ich mal zur Weihnachtsfeier eingeladen war ein paarmal zu paar anderen Besprechungen eingeladen auch /das/ find ich sehr gut hier das muß man schon
Sabine: ich mußte gleich arbeiten
Klaus: mußtest gleich arbeiten ((leise)) (Z 1843-1852)

Klaus führt den Faden seiner Geschichte fort, an seinen Eintritt in die Firma erinnernd, wobei er die Ebene der „Entscheidung" betont. Seinen Zeitangaben ist zu entnehmen, dass er zum Zeitpunkt der Gruppendiskussion seit neun Monaten im Hause beschäftigt ist. In den drei Monaten zuvor sei er auch schon gelegentlich da gewesen, „eingeladen" zu Mitarbeiterversammlungen und zur Weihnachtsfeier sowie anderen Besprechungen. Erneut belegt er dies mit einer positiven Wertung in Richtung Firmenkultur. Worauf bezieht er seine positive Wertung? Auf das Interaktionsgeschehen, wo Einladungen ausgesprochen werden? Sabine unterbricht ihn mit einer in Gegensatz gestellten Selbstauskunft („ich mußte gleich arbeiten“). Drei Ebenen lassen sich hier unterscheiden: die Zeitperspektive unter dem Gesichtspunkt der Gestaltung des Tätigkeitsbeginns, das Arbeiten im Kontrast zum eher lockeren Anwesendsein, auf Einladung beruhend, das „Müssen“, das auf ein differentes Interaktionsverhältnis zwischen Mitarbeiterin und Arbeitgeber hindeutet. Auf einer anderen Ebene deuten sich hier zwei verschiedene Auffassungen von Arbeit an: die auf Freiwilligkeit und Motivation beruhende gegenüber der auf Zwang beruhenden. Denkbar ist auch, dass dieselben Arbeitsvorgänge eine unterschiedliche Deutung erfahren: Ist die Teilnahme an der Weihnachtsfeier Arbeit oder nicht? Weiterhin taucht ein unterschiedliches Interaktionsverhältnis zwischen Chef und MitarbeiterIn angedeutet auf: der eine wird „eingeladen“ – die andere „muss gleich arbeiten“. Hier sind Weiterungen auf die Ebenen von Neid und Konkurrenz vorstellbar, sowohl auf der persönlichen Ebene von Einstellung als auch auf der organisatorischen Ebene von Beziehung und Interaktion. Caroline und Anne bewegen sich in diesem Kontext weiter:

Caroline: ich #0 auch #1 ((gedehnt, lacht leicht))
Anne: ja bei m bei /mir/ war das so ähnlich war bei einem Volleyballtraining bevor ich angefangen habe und ich war bei diesem Betriebsausflug (Z 1854-1857)

Caroline schließt sich dabei Sabine an, Anne Klaus. Wir erfahren, dass es neben der Weihnachtsfeier weitere firmenbezogene, gleichzeitig freizeitorientierte Angebote gibt: Volleyballtraining und Betriebsausflug, was Klaus und Caroline als positiv bewerten:

Klaus: ja das das ist gut *
Caroline: das ist /gut/ so was (Z 1872-1874)

Klaus schließt eine narrative Sequenz an, das Positive als Aufhänger benutzend:

Klaus: was mir /sehr/ gut aufgefallen ist letztes Jahr war ich auch das erste Mal bei der Weihnachtsfeier dann auch mit meiner Frau und äh da wurde die Auszubildende die dieses Jahr im August angefangen hat war auch mit ihrem Partner eingeladen und das ist mir also /so/ in Erinnerung daß ich das eigentlich jedem erstmal so auf die /Nase/ binde wenn man fragt wie ist es bei UNTERNEHMEN C (Z 1876-1884)

Klaus fokussiert in seinem Turn die Weihnachtsfeier, die vor etwa zehn Monaten stattgefunden hat und, die er „das erste Mal“ miterlebt hat, „mit meiner Frau“. Nach seiner Frau bringt er als Faktor eine Auszubildende auf die Bühne, die – ebenso wie er – erst später (genauer gesagt: acht Monate später) in der Firma angefangen hat zu arbeiten. Diese sei „auch mit ihrem Partner eingeladen“ gewesen. Er und seine Frau, die Auszubildende und ihr Partner auf der

Weihnachtsfeier der Firma, für die sie zukünftig tätig sein werden: das ist das Bild, das er anderen „auf die Nase bindet“, wenn sie ihn fragen, wie es in der neuen Firma sei. Da im Allgemeinen Bären auf Nasen gebunden werden, öffnet sich hier die Frage nach Schein und Sein der Firmenwirklichkeit. Klaus präsentiert sich hier als Person, die die Kultur im Unternehmen einer Prüfung unterzieht. Klaus weiter:

Klaus: ja wie ist es dort machen wir uns nichts vor kommt ne Auszubildende es ist der #0 erste #1 ((lachend)) August ja #0 wer bist du denn ach du bist die Auszubildende ach Gott o Gott was machen jetzt mit dir warum bist du denn jetzt auf einmal da #1 ((spielt die Situation)) ja es weiß /kein/ Mensch Bescheid und ne Auszubildende #0 na ja setz dich erst mal da hin na ja räum mal den Schreibtisch auf oder mach irgend solche Sachen #1 ((spielt die Situation)) und hier sieht man eigentlich schon so n dreiviertel Jahr vorher ne unheimliche Wertschätzung der Person daß man also auch /du/ bist eingeladen obwohl du erstmal in Anführungszeichen /nur/ Auszubildende bist das ist /sehr/ positiv an * Unternehmen auch das ist irgend ne Form von Kommunikation find ich mh (Z 1893-1912)

Während er zuvor davon sprach, Leuten etwas auf die Nase zu binden, appelliert er nun an die Ehrlichkeit („machen wir uns nichts vor“) und schildert den realistischen Umgang mit Auszubildenden, die ins kalte Wasser des Betriebslebens gelassen werden und erstmal möglicherweise sinnlose Aufgaben zugewiesen bekämen. Im Gegensatz dazu steht die geschilderte Einladung der Auszubildenden mit ihrem Partner, noch dazu „nur“ als Auszubildende, worin sich eine „unheimliche Wertschätzung“ zeige. Im Doppelsinn des Ausdrucks „unheimlich“ drückt sich Zweifel aus an der Echtheit des Geschehens, die sich auch in der Widersprüchlichkeit seiner Ausdrucksweise spiegelt. Anne knüpft an:

Anne: ich finde sowieso auch daß Wert drauf gelegt wird oder ich weiß nicht ob Wert drauf gelegt wird aber zumindest erweckt das den Eindruck bei /mir/ daß auch die Familienangehörigen sag ich jetzt mal dabei sind es ist ja nicht immer die Ehefrau #0 oder der Ehemann #1 ((leicht lachend)) sondern auch so die Partner oder was weiß ich das find ich auch gut ist auch nicht bei jedem Unternehmen so üblich und das

Sabine: auf den Einladungen steht immer mit wieviel Personen kommen Sie ne'

Anne: ja

Sabine: und nicht da steht drauf Sie und Ihr Lebenspartner oder so

Anne: mh ja finde ich das finde ich auch gut (Z 1914-1930)

Während Klaus die Skala Status beschrieb, auf der sich Wertschätzung – positiv wie negativ – niederschlagen kann, fügt Anne das Merkmal Lebensstildifferenz hinzu, in der Reihung Ehefrau, Ehemann, Partner, „oder was weiß ich“. Sie verbucht dies positiv, wenn sie den Umstand auch ähnlich wie Klaus mit einem

Fragezeichen versieht und offene Skepsis äußert. Sabine schaltet sich in Annes Turn ein und fährt fort:

Sabine: von daher also könntest auch noch Oma Opa und Onkel und Tante mitbringen wenn du möchtest
Klaus: das werden wir ja /sehn/ am 20. wenn wir mal mit ner Busladung hier ankommen ((Lachen))
Klaus: bring ich auch 20 Kumpels mit ((lacht)) (Z 1932-1939)

Sabine geht über die Ebene des Wertens hinaus, die Anne aufgemacht hat und phantasiert über das Beispiel Einladungen. Der ironische Modus, den sie dafür wählt, weist auf Unsicherheit hin im Umgang mit der unorthodoxen Form von Firmeneinladungen. So taucht die Auflösung fester Bindungsverhältnisse zwar als tendenziell positives unternehmenskulturelles Merkmal auf, kann jedoch noch nicht mit Inhalten besetzt werden: Oma, Opa, Onkel und Tante sowie Kumpel tauchen als Platzhalter für das „Unaussprechliche" auf (Singles? Homosexuelle Lebensgemeinschaften?). Konkret benannt werden dagegen „meine Frau" (Klaus), „mein Freund" (Sabine).

Fünfte zusammenfassende Beschreibung und Interpretation

Größere Teile der Sequenz, von Klaus in den Mittelpunkt gebracht, sind von deutlich werbendem Charakter, die Umgangsformen in der Firma hervorhebend vor anderen Firmen und Außenstehenden. Zugleich wird Werbung in eigener Sache innerhalb der Firma thematisiert. Die reflexive Sicht hat mehrere Perspektiven, in deren Zentrum Wertschätzung und der Grad ihrer Echtheit stehen. Während Klaus sich als Gast und „Eingeladenen" präsentiert, dem passende Wertschätzung zuteil wird/wurde, stellen sich Anne und Sabine dazu in Gegensatz, betonen, dass sie in erster Linie arbeiten müssen, mit ironisierendem Unterton, der darauf hindeutet, dass die Fassaden von Werbung innerhalb der Firmenzusammenkünfte einer kritischen Prüfung unterzogen werden. Klaus' Auskunft unterstreicht die symbolische Ebene von Wertschätzung, die durch das Prädikat „unheimlich" einen doppelbödigen Charakter erhält und nicht bruchlos auf die Ebene von Alltagshandeln fortgeschrieben wird. Ähnlich wird die Toleranz differenten Lebensstilen gegenüber als Botschaft positiv hervorgehoben, während auf der Ebene der Beispiele die heterosexuelle Partnerschaft, verheiratet oder nicht, auftaucht, nichts „Abweichendes".

Die Gruppe „Offenes Haus" diskutiert in dieser Passage Unternehmenskultur, Lebensstile und Toleranz: Wie integrieren wir Lebensstile? Wie verkaufen wir uns Außenstehenden gegenüber? Wie drücken wir intern Wertschätzung aus?

Wie ehrlich ist unser Bestreben dabei? Wie motivieren wir MitarbeiterInnen? Woran messen wir Unternehmenskultur? Die BewohnerInnen beschreiben sich als offen der Nivellierung von Statusunterschieden und differenten Beziehungskonzepten gegenüber, diese haben jedoch noch nicht den Grad betrieblicher Selbstverständlichkeit erreicht. Die Situation in diesem Punkt ist offen.

Mitarbeiterversammlungen, Klausurtagungen, Betriebsausflüge

Sabine: und zu den zu den /Lebenspartnern/ daß die mit eingeladen sind das ist ja oft dadurch /daß/ wir halt nicht hier sind wenn ich mich jetzt also auf der Arbeit ärger und dann nach Hause fahre irgend jemand /muß/ ich's ja erzählen

Klaus: ((lacht leicht))

Sabine: ja o.k. dann bleibt ja nur einer über und wenn ich dann sage #0 eh der Klaus der hat mich heute angemacht #1 ((senkt die Stimme, spielt die Situation)) oder so und er sagt dann du kannst mir das erzählen aber wer ist #0 bitteschön Klaus #1 ((senkt die Stimme)) ne' (Z 2047-2059)

Sabine schließt mit ihrer Passage an die Ausführungen von Klaus an zur Rolle der Lebenspartner im betrieblichen Kommunikationsgeschehen. Sie streift dabei zunächst den Themenkreis An-/Abwesenheit, das häusliche Geschehen ist nicht überlappend mit dem firmenkommunikativen Geschehen, sie drückt also ihren Ärger nicht im Firmenhaus, sondern in ihrem Privathaushalt aus. Sie formuliert das als Zwang, worin die Stärke ihres bisweiligen Ärgers ausgedrückt wird, wobei sie die Trefflichkeit des Adressaten infrage stellt („bleibt ja nur einer über"), dem sie mit einem gewissen Bedauern die Rolle eines „Ventils" für ihren Arbeitsfrust zuschreibt. Die Beispielsequenz, mit der sie belegt, was sie „dem einen" erzählt (wir können vermuten: ihrem Lebenspartner), bezieht sich auf den – anwesenden – Klaus, der sie möglicherweise „angemacht" habe. Ärger, Frust, aber auch erotische Assoziationen tauchen auf. In ihrer Geschichte wehrt der Gesprächspartner ihren Bericht von der Arbeit zunächst ab („wer ist bitteschön Klaus?"), wodurch sie auch selbst die Frage problematisiert, wer denn adäquater Ansprechpartner betrieblicher Emotionen sein könnte. Durch die Einladung zu Betriebsfeiern ändere sich die Reaktion ihres Partners:

Sabine: so und wenn er den aber jetzt einmal gesehen hat und dann #0 wie der nette Kerl der macht so was nicht so #1 ((senkt die Stimme))

((Lachen))

Klaus: * ((lachend))

((Lachen)) (Z 2067-2074)

Sabine lässt ihren Partner einen bestimmten Text sprechen, in dem Klaus als „der nette Kerl" bezeichnet wird, der „so was" nicht mache. Dies könnte als indirekte

Botschaft an Klaus gedeutet werden, wie eine doppelte Absicherung in dieser im Subtext sexuell gefärbten Passage: Ich sage dir nicht direkt, dass ich dich nett finde, sondern lasse meinen Partner den Text aufsagen, wodurch ich dir sagen will, dass von ihm keine Komplikationen ausgehen, wenn ich dich nett finde. Sabine flirtet hier mehr oder minder versteckt mit Klaus, eine Vermutung, die erhärtet wird dadurch, dass sie ihren Lebenspartner bisher nur indirekt ins Gespräch und nicht mit Namen benannt hat. Es handelt sich hier gewissermaßen um ein raffiniert angelegtes Flirtmanöver in einem heiklen Kontext: im öffentlichen Rahmen mit einem verheirateten Mann. Dem trägt Sabine Rechnung, indem sie sich unmittelbar darauf wieder zurückzieht:

Sabine: der der /weiß/ dann also auch also ich wenn ich jetzt so irgendwas habe dann erzähl ich das zu Hause und dann /heißt/ denn auch mal #0 ja wer war das denn die Anne Anne Anne die Lange die Blonde ne die sag ich die andere Anne die mit den kurzen Haaren die uns gegenüber beim Weihnachts ach die nette Dame ja klar jetzt kann ich mich da dran erinnern #1 ((spielt die Dialogsituation)) oder so das ist n ganz anderes Erzählen und auch so Miterleben dann auch ne' und also ich muß ganz ehrlich sagen mein mein Freund er ist vielleicht nicht auf meine meine Arbeitszeit ist er /nicht/ neidisch das will ich jetzt nicht sagen

((leichtes Lachen))

Sabine: aber so wenn wenn wenn er das so mitkriegt hier was so äh außerberuflich in unserer Firma läuft dann sagt er /auch/ also ganz oft und ich oder ich hör das auch das dann wenn er so /seinen/ Arbeitskollegen erzählt bei UNTERNEHMEN C #0 da geht echt was ab #1 ((wiederholt die Aussage des Freundes)) wie die /Hamburgfahrt/ oder so was (Z 2080-2093)

Sabine verdunkelt ihr Flirtmanöver, indem sie eine Frau auf dieselbe Ebene der Erzählung stellt wie zuvor Klaus und sie auch ähnlich als „nette Dame" bezeichnet, der Unterschied in ihrem Verhältnis drückt sich dennoch recht deutlich in der Verschiedenheit der Begriffe „Dame" bzw. „Kerl" aus. Das Zurückweichen von der Flirtebene wird auch dadurch deutlich, dass sie nun explizit „mein Freund" sagt und dessen Existenz in den Vordergrund rückt. Die Worte „Neid", „außerberuflich", „was so läuft" stützen die Annahme einer sexuellen Konnotation bis hin zu „da geht echt was ab". Der sich anschließende Gruppenaustausch dürfte in diesem Zusammenhang für sich sprechen:

Caroline: ja das war doch cool
Sabine: und wenn ich das jemand erzählt habe
Caroline: der Betriebsausflug nach Hamburg
Sabine: ja ((atmet aus))
Caroline: der war Spitze

Sabine: #0 da ham se alle dann immer gesagt #1 ((senkt die Stimme, fast flüsternd)) das /kann's/ nicht sein
Caroline: #0 ja Udo #1 ((mit hoher Stimme, lacht leicht))
Udo: * war auch schön
Caroline: war auch schön ((lacht))
Klaus: ihr beide alleine
Caroline: ((lacht))
Udo: im Speisewagen
Klaus: schön war's
Caroline: im Speisewagen genau
Anne: ((lacht)) (Z 2095-2124)

Sechste beschreibende Zusammenfassung und Interpretation

Sabine macht zu Beginn ihre eigene Hierarchie der Wichtigkeit auf und betont, wie wichtig ihr Pausen seien bei Mitarbeiterversammlungen. Zunächst kann nur spekuliert werden, was denn so wichtig an den Pausen sei, Anne und Caroline machen ihr in diesem Punkt das Rederecht streitig. Sie behauptet dieses, indem sie eine Refokussierung zur Rolle der Lebenspartner vornimmt. Diese Refokussierung dient ihr möglicherweise als Rahmen für ein verdecktes Flirtmanöver in Richtung Klaus. Jedenfalls betritt die Gruppe eine Ebene sexualisierter Kommunikation, wofür das Wort „Hamburgfahrt" kulminativ steht.

Kein Haus ohne erotische Beziehungen: Die BewohnerInnen sind verheiratet, leben in festen Partnerschaften, flirten, amüsieren sich auf Feiern und Ausflügen, werfen ihren Beziehungs-Status in die Waagschale. Homolog erkennen sich die DiskussionsteilnehmerInnen in dieser Passage wechselseitig als sexuelle Wesen an. Dies mag eine Erklärung dafür sein, warum Sabine die Pausen als besonders wichtig erwähnt, beispielsweise bei Mitarbeiterversammlungen: Hier können sich die MitarbeiterInnen privat begegnen, „ungeregelt" kommunizieren, eigene Räume und Beziehungen pflegen. Diese Räume erscheinen als deutlich sexuell konnotiert.

Themenwechsel: Regeln und deren Überschreitung

Später nimmt Udo einen Themenwechsel vor, wobei er sich auf die Klausurtagung bezieht:

Udo: aber ich sag's mal so offen ich trau's mich einfach mal wenn ich die Mitarbeiterentwicklung für das Jahr 2005 präsentiert habe nach meiner /Lebens/erfahrung ist das noch /so/ weit und es ist noch so offen das ist das ist doch das sind ja
Anne: 2005 ((fragend))

Udo: das sind oder 2003 wie auch immer das sind ja Zahlen die * die die mich /unschwer/ erkennen lassen es handelt sich auch zum Teil um irgendwo ne Werbeveranstaltung um einfach dieses Image zu heben und zu sagen da das wird wohl toll weiterlaufen (Z 2246-2255)

Udo wählt einen veränderten Modus zum Vorbringen seines Standpunkts: Er beansprucht Offenheit und Mut für das Vorbringen seiner Argumente, damit die Situation auch als eine qualifizierend, die solche Eigenschaften erfordert, in der es potenziell riskant sein könnte, die von ihm vorgebrachte Ansicht kundzutun, dass es sich bei Treffen wie der Klausurtagung um eine Werbeveranstaltung handele, „um einfach dieses Image zu heben". In seiner Darstellung wirbt die Geschäftsleitung um die MitarbeiterInnen mit Imagekampagnen, die teilweise realer Grundlagen entbehren. Die Rolle, die er sich selbst beimisst, erinnert an das kleine Mädchen in des „Kaisers neuen Kleidern", das Wahrheit spricht, wo alle mühsam darum ringen, den Schein des (nackten) Regenten zu wahren. Sabine unterbricht:

Sabine: ja das ist aber

Udo: #0 das ist ja * #1 ((lauter, spricht weiter))

Sabine: auch in * und und den den Vortrag von letztem Jahr raussuchen kann sein was hatten wir jetzt vor

Caroline: genau

Sabine: und die Zahlen werden die ja bei der nächsten Klausurtagung noch mal wieder bei getan wir hatten vor daß wa in diesem Jahr diese Anzahl von Mitarbeitern haben wollen

Klaus: richtig

Sabine: und wir haben jetzt die und die also es ist ja nicht so

Caroline: kannst ja nachvollziehen

Sabine: daß da dir die Worte einmal vorgeschmissen werden und und danach ver/schwinden/ sondern diese Zahl steht ja und die bleibt ja auch bestehen und wenn man in 2003 da sitzen und von den angestrebten 100 Mitarbeitern nur äh 50 da sind oder womöglich sogar 20 nur dann muß man halt sagen ich hab irgendwas falsch gemacht (...) also es ist es ist ich #0 würd das nicht unbedingt als Werbung ich würde das auch eigentlich * also wie Caroline #1 ((hebt die Stimme, überschlägt sich fast)) das sagte sehen und daß einfach der einzelne Mitarbeiter auch an diesen ja sagen wir eigentlich Geschäftsleitungs äh Sachen integr teilhaben #0 ja sag ich mal so #1 ((leise)) (Z 2256-2288)

Das Gespräch in dieser Phase ist lebhaft, die Stimmen sind lauter, was auf emotionale Dichte hinweist. Die Gegenposition zu Udo übernimmt vor allem Sabine, von affirmativen Äußerungen Klaus' und Carolines begleitet. Während Udo eingangs der Passage die Ich-Form wählt („wenn ich die Mitarbeiterentwicklung für das Jahr 2005 präsentiert habe"), um dann auf die neutrale Ebene umzuschwenken („es ist noch so offen", „das wird wohl toll weiterlaufen"), bringt Sabine eine Wir-Perspektive ins Gespräch („wir hatten vor"). Caroline flankiert ihre Ausführungen mit der direkten Ansprache („kannste ja nachvollziehen"), was Sabine umgehend aufgreift („daß dir die Worte einmal vorgeschmissen werden"). So erhalten sie den Charakter eines Überzeugen-Wollens mit Argumenten. Dem Argument der Lebenserfahrung und der Unbestimmtheit von Zukunft setzen Caroline und Sabine die Faktizität von Zahlen entgegen. Inhaltlich geht es um die Anzahl der (zukünftigen) Mitarbeiter. Während Worte „verschwinden" könnten, blieben Zahlen „bestehen". Sabine greift 2003 als Bezugszeitpunkt auf und nennt die Zahl 100 Mitarbeiter als – fiktive? – Zielgröße. Sie präsentiert als vorstellbar, dass stattdessen „nur" 50 oder nur 20 Mitarbeiter da „sitzen". Die Perspektive Firmenentwicklung nicht als stetig nach oben, sondern auch nach unten zeigende Kurve wird von Sabine ins Gespräch gebracht, verbunden mit einer Ich-Perspektive („ich hab irgendwas falsch gemacht"), sich damit auf die Ebene der Geschäftsleitung begebend, was sie auch expliziert. Anne opponiert gegen die Ansicht, sie hätten an Geschäftsleitungssachen Anteil:

Anne: ich glaube nicht daß das teil ich glaube einfach daß das Information also für /mich/ ist es reine Information weil ich kann da im /Grunde/ genommen nicht wirklich was dran ändern
Sabine: nein nicht dran ändern
Anne: wenn wenn /mir/ * wird wir sind jetzt 35 Mitarbeiter
Sabine: das nicht aber daß man' weiß
Anne: wir wollen im Jahr 2001 40 oder 45 Mitarbeiter aber ich kenn die Zahl nicht ich war auf #0 der letzten #1 ((leicht lachend)) Klausurtagung nicht und ähm gut was soll ich sagen ich kann natürlich äh das Einzige
Caroline: * einschätzen((sagt etwas leise))
Anne: äh tschuldigung ((räuspert)) ja das ((lacht leicht)) aber da kann ich nicht /wirklich/ was dran machen ich stelle hier niemanden ein (Z 2290-2306)

Anne unterscheidet Informationen bzw. reine Informationen von etwas, das sie ändern bzw. beeinflussen könne. Sie bringt neue Zahlen ins Spiel: 35 Mitarbeiter, 40, 45, wobei sie ihren Status des Nicht-Informiertseins betont, den sie mit ihrer Abwesenheit bei der letzten Klausurtagung begründet. Die Zahl könne sie nicht beeinflussen („ich stelle hier niemanden ein"). Damit benennt sie eine Grenze der Zuständigkeit, in der sie Caroline bestätigt, daran anschließend den Charakter des Events negativ umschreibend:

Caroline: nein das kannst du nicht
Anne: und äh insofern
Caroline: das soll es auch nicht sein (Z 2308-2312)

Worauf bezieht sie sich? Was soll „es" nicht sein? Was soll „es" sein? Von Sabine wurde die Ebene der Beteiligung an Geschäftsleitungssachen ins Gespräch gebracht, von „integr teilhaben" sprechend. Worin könnte diese bestehen? Anne definiert Teilhabe an Leitung anhand der Funktion Einstellungen vorzunehmen, damit klar ein Arbeitgeber-Arbeitnehmer-Verhältnis festschreibend, das von Sabine relativiert wurde, die Teilhabe an Information mit Teilhabe an Geschäftsleitungsfunktionen gleichsetzte. Weiterhin grenzt sie sich von Udo ab, der zuvor die Informationen als „interpretierbar" qualifiziert und abgewertet hatte:

Anne: ich interpretier da nichts rein ich interpretier da weder rein daß die da uns da einen wollen wenn sie zu wenig äh Gewinn gemacht haben oder daß sie sich da äh als toll präsentieren wenn wir zuviel Gewinn gemacht haben sag ich jetzt mal ich seh das einfach ganz /trocken/ das sind die Zahlen #0 bums #1 ((senkt die Stimme)) und mehr ist das für mich nicht (Z 2324-2328)

Anne macht eine Differenz auf zwischen „denen" und „uns" und bringt den Faktor Gewinn ins Spiel, nachdem zuvor lediglich von der Anzahl der Mitarbeiter die Rede war. Der Faktor gewinnt Relevanz, indem es „zu wenig" oder „zuviel" davon geben kann in Verbindung mit „uns einen wollen" oder „sich als toll präsentieren" – diesen Themenkomplex sehe sie „ganz trocken". Trocken im Sinne von sachlich? Als Gegensatz von nass, feucht, emotionsgeladen? Die Sequenz insgesamt hat einen emotional aufgeladenen Charakter, Lautstärkenwechsel, häufige Unterbrechungen, Lachen, Räuspern, Lautmalerei, unverständliche Passagen zeigen dies an. Darauf Sabine:

Sabine: aber du das ist ja schon ein Vorteil weil ich find das /gibt's/ nicht in vielen
Anne: ja natürlich
Klaus: das ist *
Sabine: das mein ich jetzt einfach
Anne: genau (Z 2329-2337)

Sabine setzt die Argumentation fort mit der Ebene des Vergleichs zu anderen Unternehmen, Annes Zustimmung provozierend, die sie auch erhält. Klaus hakt hier ein:

Klaus: also dieses /Trockene/ das könnte man natürlich ganz leicht umkehren ne' wir haben hier gesagt * wir sind jetzt keine Ahnung 48 oder 50 Mitarbeiter und nächstes Jahr
Sabine: *
Klaus: sind wir nur noch 30 (Z 2341-2346)

Klaus greift den Begriff des „Trockenen" auf, den Anne benutzt hat. Er verbindet bestimmte Assoziationen damit, die er in der „Umkehrung" beschreibt in Form eines Zukunftsszenarios. Er formuliert eine Aussage, die er einem Wir in den Mund legt. Was er umkehrt, sind die Zahlen, die nun nicht mehr nach oben, sondern nach unten zeigen. Anne stimmt zunächst zu, um dann zu kontern, wobei sie ihre Begriffsdefinition verteidigt:

Anne: ja natürlich
Caroline: das ändert sich stündlich * ((lacht leicht))
Anne: ist auch trocken
Klaus: so ne ist nicht trocken dann müßte eigentlich ne Alarmglocke angehn warum sind wir nächstes Jahr nur noch 30 (Z 2348-2355)

Den Moment, wo die Situation aufhört, „trocken" zu sein, beschreibt er mit dem „angehen" einer „Alarmglocke". Alarm löst die trockenen Zeiten ab, auch in der Gesprächssituation, wie wir noch sehen werden. In seinem Minifilm entsteht Aufruhr („Warum sind wir nächstes Jahr nur noch 30"), Anne will das Drehbuch abändern, beharrt auf ihrer Position:

Anne: ja klar aber es ist auch eigentlich
Klaus: ne' also
Anne: nur ne Information #0 weil kann ich's ändern #1 ((fragend)) (Z 2357-2361)

Anne erneuert ihre Rolle der Arbeitnehmerin, die keinen Einfluss auf die Entscheidungen der Geschäftsleitung habe, zugleich ihre Gesprächsposition behauptend, indem sie mit einer gewissen Distanz von „nur Information" spricht. Dem schließt sie eine rhetorische Frage an, in der ihre eigene Antwort („nein") mitschwingt. Klaus erneuert seine Opposition, auf die Ebene der direkten Ansprache umschwenkend:

Klaus: ne ist mehr als ne Information doch /natürlich/ kannst es auch ändern
Sabine: doch das da kannste noch
Anne: inwiefern denn
Sabine: drauf eingreifen
Caroline: ((lacht leicht))
Anne: ich glaube das nicht /wirklich/
Klaus: doch (Z 2363-2375)

Klaus und Sabine sprechen Anne nun direkt an im Modus des Überzeugen-Wollens. Anne verteidigt ihre Position und schreibt ihr eigenes Minidrehbuch: In ihrem Film spielt ihr irgendwer vor, sie könne etwas ändern, Einfluss nehmen, in Wahrheit ist sie jedoch machtlos:

Anne: vielleicht wird wird mir das dann so vorge mh spielt in dem Moment daß ich das /kann/ aber ich /glaube/ nicht daß ich da /wirklich/ Einfluß drauf habe nicht wirklich ich kann vielleicht sagen #0 wieso denn #1 ((senkt die Stimme)) und dann kann irgendjemand sagen ja deswegen aber
Klaus: du kannst Einfluß da

Anne: ich kann
Klaus: drauf nehmen du könntest einer von diesen 20 sein die nächstes Jahr nicht mehr da sind und darauf hast du Einfluß wenn du nämlich durch deine Arbeit sagst o.k. ich will keiner von den 20 das ist (Z 2377-2388)

Klaus behält den Modus der direkten Ansprache an Anne bei, gibt Anne die Rolle derjenigen, die vielleicht rausfliegt und schreibt ihr ein Einflussinstrument zu: Durch die eigene Arbeit „sagen“: „o.k. ich will keiner von den 20 sein“. Der Einfluss, den Klaus Anne zuschreibt, ist begrenzt, soll sie doch durch ein „o.k.“ zunächst die angekündigte Entlassung unterschreiben, um anschließend durch Arbeitseinsatz in die Konkurrenz zu gehen. Klaus nimmt hier den Blickwinkel einer bestimmten Arbeitgeberperspektive ein, die durch Angst schüren Einsatz fördern will. Indem er dieses Instrument unmittelbar an Anne ausprobiert, bekommt es eine persönliche und bedrohliche Note. Er spricht diese Ebene auch unmittelbar an:

Klaus: das nicht nicht persönlich jetzt nehmen aber
Anne: nein nein natürlich nicht ((lacht trocken)) (Z 2396-2398)

Klaus zwingt Anne gegen Ende der kontroversen Passage mittels einer konditionellen Relevanz zur „Kapitulation“. Sie kapituliert jedoch nicht, das Manöver misslingt. Nachdem er sie direkt persönlich angesprochen und gegen sie opponiert hat, fordert er sie auf, seine Rede „nicht persönlich“ zu nehmen. Anne bewahrt ihre Würde, indem sie zu den Informationen Distanz wahrt, sich ihre Entscheidungsmacht bewusst macht. In ihrem Film sehen wir sie als aufrechte Arbeitnehmerin die Kündigung entgegennehmen, vielleicht sogar Solidarität wagend, keinesfalls jedoch die Rolle akzeptierend, die ihr Klaus in dem Streifen zugedacht hat: sich in die „würdelose“ Konkurrenz zu begeben. Klaus präsentiert sich hier in der Rolle des Regisseurs, beansprucht Führungsmacht, trifft jedoch nicht auf willige AkteurInnen. Er schlägt symbolisch zu und sagt hinterher ‚sei mir nicht böse‘.

Neben dem Blick auf diese Attacken in Richtung Anne, lohnt es sich, die Passage auch unter dem Aspekt der Selbstoffenbarung von Klaus zu lesen. Was bringt ihn so in Aufruhr, dass er sich in Opposition zu Anne und ihr Bild relativer Ohnmacht begibt? Die Distanz und „Coolness“, die Anne gegenüber den Geschäftsverlautbarungen an den Tag legt? Ist es bei ihm vielmehr so, dass er sich tendenziell stetig in Alarmbereitschaft fühlt? Wie groß ist der Einfluss, den er sich auf den Gang der Geschäfte beimisst? Wie viel Angst hat er um die Sicherheit seines eigenen Arbeitsplatzes? Wie sehr glaubt er seinen Arbeitsplatz sicher in Abhängigkeit von seiner eigenen Leistung?

Nach einer Passage, in der Anne und Klaus sich bemühen, die Wogen zwischen sich wieder zu glätten, greift Klaus den Faden wieder auf:

Klaus: ne wie eben äh Sabine und Caroline schon sagten wenn das nächstes Jahr du kannst ja nächstes Jahr hin und sagen so jetzt zeigt mir doch mal die Zahlen von 2000 und die jetzt von 2001 jetzt laßt uns doch mal kucken aha wir wollen wir waren 50 wir wollten 70 werden wir sind jetzt 51
Anne: ja
Klaus: das begründet mir doch mal so das heißt du kannst jemand in die Pflicht nehmen also ich
Anne: ja (Z 2470-2487)

Klaus skizziert hier in der Du-Form eine Verhaltensanweisung, der er die Überschrift „jemand in die Pflicht nehmen" gibt. Wer wird hier in die Pflicht genommen? Wen spricht Klaus an? Anne sieht sich angesprochen, was ihre Reaktionssprengsel zeigen. Denkbar ist auch, dass es sich hier um eine Art innere Selbstansprache handelt. Klaus inszeniert hier ein toughes Verhalten: Zeigt mir die Zahlen! Begründet mir das! Der Idealtyp eines selbstbewussten fordernden Mitarbeiters – eine Rolle, die er sich selbst zumisst. Dieses Bild hebt sich ab von den vorher skizzierten: die Informationen entgegennehmen und kritisch interpretieren (Udo), die Informationen neutral und distanziert betrachten (Anne), Informationsweitergabe als Teilhabe sehen (Caroline, Sabine). Die zentrale Information ist die Zahl der Mitarbeiter/die Sicherheit der Arbeitsplätze, woran sich verschiedene Reaktionsweisen/-typen festmachen lassen: der passive Typ (Anne), der aggressiv-fordernde Typ (Klaus), der verständige Typ (Caroline), der faktenorientierte Typ (Sabine), der kritische Typ (Udo). In dieser Passage inszeniert Klaus den aggressiv-fordernden Typ, was sich homolog in seiner Gesprächsgestaltung gegenüber Anne abbildet. Abschließend, den Modus der Du-Ansprache beibehaltend, gibt er einen Einblick in die innere Erlebenslandschaft des nach außen aggressiv-fordernd auftretenden Mitarbeiters:

Klaus: wenn er dir die Tür wenn er dir nicht gar nichts /mit/gibt an Information tja dann
Caroline: tja
Klaus: fühlst du dich irgendwie so im luftleeren Raum und verläßt dich drauf daß das alles so weitergeht (Z 2490-2495)

Klaus bringt einen „Er" auf die Bühne, der hinter einer Tür verborgen ist und mit der Macht versehen erscheint, gar nichts an Informationen geben zu können. Das Gefühl, das dadurch ausgelöst werde, sei „luftleerer Raum", rationalisiert dadurch, sich darauf zu verlassen, dass alles so weitergeht, ein fragiler Zustand. Die Homologie setzt sich fort, indem Klaus' Ansprache zunächst deutlich an Anne gerichtet schien, gegen Ende einen Ausflug in das emotionale Geschehen macht, wo er von seinen eigenen Gefühlen spricht, die er sich durch ein eingeführtes Du etwas vom Leib hält.

Siebte zusammenfassende Beschreibung und Interpretation

Udo neufokussiert das Thema zukünftige Mitarbeiterentwicklung, vorgetragen in der Pose des agent provocateurs. Durch seine Wortwahl legt er nahe, dass er einen sensiblen Bereich betritt, sich gleichzeitig als mutigen Regelverletzer präsentierend. Möglicherweise bricht er hier die Regel des betrieblichen Wirs, indem er ein kritisches Beobachter-Ich ins Geschehen bringt, das das Gebaren der Geschäftsführung kritisch hinterfragt, insbesondere die stetig nach oben zeigende Kurve der Unternehmensentwicklung. „Lebenserfahrung", und also Vergangenheit dienen ihm als Folie und Legitimation für diese Kritik. An diese Selbstinszenierung schließen sich verschiedene lebhafte Reaktionen an: Sabine argumentiert gegen Udos Ansicht, die Faktizität und Nützlichkeit von Zahlen anführend, gleichzeitig bringt sie die Idee der Teilhabe oder gar Integration in Geschäftsleitungssachen ins Gespräch. Anne opponiert gegen diese Sichtweise, schließt sich der Beobachter-Ich-Perspektive Udos an, formuliert daraus ein Arbeitnehmer-Ich, versagt sich im Gegensatz zu Udo Interpretationen, womit sie auch eine gewisse Abgrenzung zu Udo vornimmt. Bis auf einen Satzpartikel äußert sich Klaus in dieser Passage nicht.

Im Anschluss betritt Klaus um so prägnanter das Gesprächsgeschehen. Er ergreift die Initiative, in deutlicher Opposition zu Anne und ihrem distanzierten Standpunkt. Wir finden ihn, ähnlich wie Udo, in der Rolle des agent provocateur wieder, der die Positivszenarien der künftigen Geschäftsentwicklung anzweifelt und ein Gegenbild entwirft, das zu polaren Reaktionsweisen einlädt. Seine Provokation nimmt den Chefsessel ein: Er phantasiert sich in die Rolle desjenigen, der mögliche Kündigungen im Hause ankündigt.

Die TeilnehmerInnen betreten hier den existenziellen Bereich des Hauses. Wer verdient womit das Geld? Welche Rolle spielen Gewinn und Gewinnerwartung? Welche Perspektiven gibt es in Bezug auf Mitarbeiterentwicklung? Und besonders: Welche realistische Zukunft hat das Unternehmen? Das emotionale Geschehen hierbei umreißt Klaus mit der Formulierung vom „luftleeren Raum", der den Pol maximaler Kälte im Gespräch symbolisiert.

Die Schuldfrage

Klaus nimmt daraufhin eine Neufokussierung vor, die er metakommunikativ ankündigt:

Klaus: aber ich möchte da mal ne ganz andere /Sicht/weise jetzt so da ist mir grad mal so durch den Kopf gegangen diese Informationen die da so fehlen sind das eigentlich immer nur äh Bringschuld oder ist das auch ne Holschuld (Z 2609-2611)

Nach der metakommunikativen Ankündigung einer ganz anderen Sichtweise, die der nachfolgenden Äußerung Gewicht verleiht, schwächt er diese Gewichtung ab, indem er hinweist auf die Beiläufigkeit des Zustandekommens des Gedankens. Dann refokussiert er das Thema Infomanagement, in Verknüpfung mit dem Begriff „Schuld". In Klaus Worten gibt es kein Entrinnen aus der Schuld: Entweder Bringschuld oder Holschuld. Anne reagiert auf den als neu eingeführten Gedanken als Angesprochene:

Anne: natürlich ist das auch ne Holschuld nur die Frage ist äh die Frage sind das die /Zu/ständigkeiten soll ich die Projekte soll ich kucken was mit den Projekten ist oder wie ist das gemeint
Klaus: ne aber du du kannst ja mal deine Kollegen jetzt wieder nicht persönlich ne' aber
Anne: natürlich nicht (Z 2613-2619)

Klaus kündigt seine Attacke diesmal an, indem er Anne auffordert, seine Äußerung „nicht persönlich" zu nehmen. Anne willigt ein, bietet sich damit auch als „Opfer" an. Der Austausch folgt zunächst dem Muster Vorwurf – Rechtfertigung:

Klaus: aber kannst mal dein dein persön Kollegen fragen #0 was machst du eigentlich #1 ((hebt die Stimme))
Anne: natürlich wen soll hier ich denn wie fragen das ist ja deswegen deswegen äh geh /ich/ ja oder ähm hoffe ich ja immer daß /wenn/ man schon sich bei UNTERNEHMEN C zusammentut und dann endlich mal die Mitarbeiter sieht mit denen man sonst wenig zu tut hat daß man /dann/ auch ne Information kriegt von denen und das geht ja nicht weil man dann oft da sitzt und sich was anhört und dann geht man wieder nach Hause und das war's im Grunde genommen für mich ist das natürlich ist das ne Holschuld nur wen soll ich fragen die 3 die mit mir zusammen in einem Projekt sind die /brauch/ ich nicht fragen ähm die 5 anderen Mitarbeiter die ruf ich doch /auch/ nicht alle 3 Wochen an und frage #0 aah biste jetzt noch in deinem Projekt #1 ((überzogen)) das find ich auch äh weiß nicht das würd ich nie so machen (Z 2621-2633)

Anne rechtfertigt sich zunächst argumentativ, dann die persönlich-charakterliche Ebene ansteuernd, indem sie sich in eine fiktive andere Person hineinversetzt, die alle drei Wochen bei anderen anruft und sich nach dem Stand derer Projekte erkundigt. Von diesem Verhalten grenzt sie sich ab. Klaus hakt auf der Verhaltensebene nach:

Klaus: warum nicht warum nicht
Sabine: also

Anne: also ich find das ich weiß nicht das ist so
Klaus: ich sag ganz einfach mal ganz ganz platt
Anne: ja
Klaus: die Information die ich haben will ne' da find ich auch Mittel und Wege die rauszufinden
Anne: ja klar ich könnte natürlich
Klaus: wenn's mich wirklich interessiert
Anne: ich kön ich könnte natürlich jetzt alle 4 Wochen jeden Bereichsleiter anrufen sagen #0 ha was habt ihr denn für Pro #1 ((überzogen)) al s ich finde das ist so n bißchen ich weiß nicht das
Klaus: warum nicht
Anne: das wei ich weiß das würd ich glaub ich nicht bringen (Z 2634-2657)

Klaus präsentiert sich hier erneut als aggressiv-fordernder Mitarbeiter. Er wendet das Muster auch direkt bei Anne an, indem er seine Warum-Fragen und damit eine konditionelle Relevanz mehrfach erneuert. Anne weicht dem Zugzwang mehrfach aus, bis sie schließlich „kapituliert" und zu einem persönlichen Eingeständnis Zuflucht nimmt („das würd ich glaub ich nicht bringen"). Hier schaltet sich Udo ein:

Udo: mir läuft's nur eiskalt den Rücken runter wenn ich das Wort Schuld höre in welchem Zusammenhang auch das ist mit mit /Schuld/ das das Wort Schuld das ist immer schlecht (Z 2659-2661)

Wir finden hier ein Beispiel angewandter Solidarität: Indem Udo das Thema Schuld deklassiert, deklassiert er gleichzeitig Klaus' Manöver. Udo erreicht dies in Form einer emotionalen Selbstoffenbarung, die wieder die Dimension „Kälte" streift (es läuft ihm „eiskalt den Rücken runter"). Anne ergreift den Beistand, um sofort wieder auf die Beine zu kommen, was sie auch metakommunikativ tut:

Anne: ja so deswegen deswegen nochmal drauf zurück zu kommen
Udo: ja *
Anne: deswegen fände ich es /schön/ jetzt von mir persönlich weil /ich/ es nicht bringe #0 jetzt immer #1 ((lachend)) so viele Leute anzurufen und nachzufragen daß man so ne Information vielleicht auf einer #0 Informationsveranstaltung von UNTERNEHMEN C bekommen könnte kann #1 ((Wort für Wort)) (Z 2664-2671)

Wir finden in ihrer Argumentation ein stilistisch elegantes Muster, mit einem persönlichen Angriff umzugehen: Sie wiederholt ihr spontanes Eingeständnis von Schwäche, macht es sich dadurch zu eigen und wendet es zu einer Stärke. Ihre Wendung unterstreicht sie durch Lachen, womit sie zugleich ein Signal von Verlegenheit aussendet, vielleicht auch Freude über die Abwehr der Attacke. Im Anschluss nimmt sie eine Refokussierung vor, hin zu einem eigenen thematischen Anliegen, zugleich den Boden für eine weitere gemeinsame Debatte und das Gespräch bereitend. Die anderen Gruppenmitglieder begeben sich bereitwillig und möglicherweise mit einer gewissen Erleichterung auf diesen Boden:

Sabine: kommst am 20sten
Anne: ja ich bin zwar noch nicht angemeldet
Sabine: ich auch nicht
Anne: weil ich wieder irgendwo was liegen äh das liegt wieder irgendwo aber
Klaus: bin auch noch nicht angemeldet ich komm
((Lachen))
Klaus: auch erst zum gemütlichen Teil
Caroline: ((lacht))
((Lachen))
Anne: ja ich wahrscheinlich auch
Sabine: du ich glaube irgendwie war da nicht was Vortrag oder *
((leichtes Lachen))
Anne: wir sind schon wieder abgeschweift
Klaus: macht Sabine die kann das sowieso besser
Caroline: ((lacht))
Sabine: * mein Name *
ja ((weibl.)) (Z 2673-2706)

In dem Modalitätenwechsel drückt sich Erleichterung, Spannungsabfuhr aus, die gemeinsame leichte Ebene ist wiederhergestellt. Und bevor's nochmal brenzlig werden könnte, leitet Caroline das Ende der Gruppendiskussion ein:

Caroline: ((atmet ein)) also ich würde gerne jetzt noch halt äh ich muß noch n bißchen was tun ((atmet aus beim Sprechen)) also
((Lachen))
Caroline: ((lacht)) #0 ich meine jetzt noch ((lacht)) noch mehr #1 ((lachend)) jetzt äh Kommunikation dies Thema ich glaub da war aber /noch/ n Thema aber ich glaube ich äh bin jetzt soweit daß ich sagen möchte gerne daß ich wieder an meinen Arbeitsplatz möchte
Moderatorin: * auch so ich weiß jetzt nicht möchte noch jemand was sagen
Klaus: ne ich denke *
Anne: ich komm mir jetzt so vor wie so n Buhmann #0 daß ich jetzt * #1 ((lachend))
Klaus: ah ich denke * den ganzen Tag diskutieren
Anne: ja
Moderatorin: o.k. (Z 2712-2726)

3.5.8 Gesamtformung

Mit der Gruppe „Offenes Haus" lernen wir ein Unternehmen kennen, das sich mit modernen Kommunikationstechnologien beschäftigt. Der Stoff, den die Firma verkauft, sind Software und Dienstleistungen rund um SAP. Damit ist das Unternehmen als modern und zukunftsorientiert positioniert, verweist auf ein Morgen von Gesellschaft. Die Betriebsorganisation kann als Form der „Leiharbeit“ bezeichnet werden: Die MitarbeiterInnen werden an externe Firmen vermittelt, arbeiten bei KundInnen, wo sie Software implementieren und entsprechende Projekte durchführen. Die „klassische“ Vorstellung vom Betrieb als konsistentem Arbeitsort ist somit per Organisationsform aufgehoben. Entsprechend taucht bereits während der Vorstellungsrunde die Frage auf, ob die Gruppe überhaupt „richtig“ sei im Sinne des Untersuchungsrahmens, der Arbeitsauftrag Gruppendiskussion wird zur Disposition gestellt und von der Moderatorin durch ihr O.K. wieder in Kraft gesetzt.

Die Metapher vom „offenen Haus“ als Ersatz für einen realen Arbeitsort

Im Verlauf der Diskussion lässt sich verfolgen, wie die Gruppenmitglieder – ohne gemeinsamen Ort – die Räume mit ihrer Kommunikation, ihren Vorstellungen und Phantasien füllen. Als subtextuelle Leitmetapher fungiert hierbei „das offene Haus“, das sie sich Stück für Stück „einrichten“ und an dem sie sich räumlich-kommunikativ orientieren. Als zentralen Handlungshorizont entwerfen die AkteurInnen eine kommunikative Achse zwischen „Warm“ und „Kalt“.

Zunächst etablieren die AkteurInnen ihr Kommunikationsmedium: Sie widmen sich intensiv und ausführlich dem Mailing als täglichem Arbeitsmittel. Die Dauer des Austauschs über dieses Thema (es ist der deutlich längste geschlossene Themenblock in der Diskussion) korrespondiert mit der quantitativen Bedeutung elektronischer Kommunikation im Arbeitsalltag der Betroffenen. Dass das Medium für die Beteiligten relativ neu ist, zeigt sich an der unterschiedlichen Benutzung des Geschlechts: Einige sprechen von „die Mail“ (Sabine, Anne, Udo) andere von „das Mail“ (Caroline, Klaus). Die MitarbeiterInnen blicken offenbar dennoch bereits auf eine geraume Erfahrung mit dem Medium zurück, sie haben versucht, es sich in der täglichen Arbeit anzueignen, was sie in der Diskussion homolog inszenieren, indem sie narrativ ihre Erfahrungen mit dem Medium darlegen.

Mailing und persönliches Gespräch: Neue Positionierungen

Mehrere der TeilnehmerInnen „verteidigen“ das Thema Mailing gegen Klaus' Versuch der Neufokussierung „das persönliche Gespräch“. Dabei kommt es zu einer paradoxen Erscheinung: Während der Austausch über Mailing lebhaft, differenziert und komplex erscheint und an Face-to-Face-Kommunikation erinnert

(Produktion von Missverständnissen, Hierarchie über E-Mail-Codes, Einsatz als Druckmittel, Beweismittel, Herstellen von Nähe und Distanz, Bedeutung von Spaß und Zeitvertreib), kommt Klaus' Themenfokus zwar bedeutungsvoll, jedoch zunächst inhaltsleer auf die Bühne („was ich euch sagen will eigentlich * irgendwo das persönliche Gespräch darf auf keinen Fall vergessen werden ne' (...) und da liegt eigentlich die Schwierigkeit"). Klaus führt nicht aus, was denn in seinen Augen die „eigentliche Schwierigkeit" beim Gespräch ist und warum er es vor dem „Vergessen" retten will. Wir können Klaus' wiederholte Fokussierung auf das persönliche Gespräch als nicht abgeschlossene Gestalt in der Gruppendiskussion verfolgen. Klaus selbst scheint sich mit der Frage veränderter Bedeutung von Kommunikation in seinen beruflichen Zusammenhängen zu beschäftigen, auf die er noch keine Antwort hat. Entsprechend provisorisch wirft er immer wieder das Thema in die Debatte, versucht, zu einem sinnvollen Schluss zu gelangen.

Der weitere Diskussionsverlauf legt eine spezielle Verknüpfung von Bedeutungen nahe, die Klaus eher ahnend als wissend anspricht: die „Oberen" beanspruchen das persönliche Gespräch als Handlungsraum für sich, während die „Unteren" mit der virtuellen Welt des Mailens verbunden werden, die als Kommunikationswelt einen niedrigeren Status erhält. Klaus knüpft seinen „gehobenen" Status an das Thema persönliches Gespräch. Damit konstruiert er kommunikative Statusunterschiede im Hause: die „Oberen" widmen sich dem „schwierigen wichtigen" Gespräch, während die „Unteren" sich mit dem Medium E-Mail herumplagen, vergnügen, es im Alltag nutzen (müssen). Das persönliche Gespräch beginnt nun als Phantom durch die Diskussion zu geistern: Es erscheint fern, selten, latent bedrohlich, mit den Mächtigen assoziiert – und so wird dann auch verständlich, warum Klaus vom Gespräch als der „eigentlichen Schwierigkeit" spricht.

Reale und virtuelle Teamarbeit

Der nächste Themenfokus betrifft Teamarbeit. Anne führt das Thema ein, indem sie von ihrem „tollen Team" beim Kunden, der Firma X, erzählt („... bei uns ist die persönliche Kommunikation noch sehr groß ... das ist im Grunde schon auch so n bißchen ne Familie weil man kennt wirklich jeden und man hat mit jedem schon mal gequatscht"). Es folgen zwei Beispiele von Sabine, die ebenfalls ihre Arbeit im Team beim Kunden betreffen und eine schattiertere Darstellung zwischen positiv und negativ enthalten. Zunächst ein Beispiel zum Thema „Auftauen" im Teamzusammenhang, was sie an der Möglichkeit festmacht, auch über

„frauliche Themen“ sprechen zu können und der höheren Anzahl von Frauen im Team. Dann berichtet sie von einem aktuellen Erlebnis vom Tag zuvor: „(...) neben mir stand die Kaffeemaschine um halb 12 oder so da hatt ich wirklich dann so n Schmacht auf n Kaffee es hatte mir aber noch keiner einen angeboten also es ist kein guten morgen so von den Sachbearbeitern rüber gekommen also ich hab da einfach wirklich isoliert in in diesem Raum drinne gesessen obwohl das n Großraumbüro war und dann hab ich den um halb 12 dann mal ganz freundlich gefragt wie das denn mit dem Kaffee wäre ob ich denn einen kriegen könnte“. Die Realitäten von Teamarbeit betreffen in allen drei Fällen nicht die Stammfirma, sondern die Erfahrungen als externe Mitarbeiterinnen in anderen Firmen und behandeln alle die latent problematische Rolle als externes und damit nicht „volles“ Mitglied im fremden Team. Anne berichtet von ihrem schwierigen Status als „Auszubildende“ – ein deutlicher Kontrast zu ihrer Ausbildung als Wirtschaftsmathematikerin. Sabine erzählt das Beispiel vollkommener Verlorenheit in der (Betriebs-)Welt: Sie allein am Rechner, um sie herum MitarbeiterInnen, die sie nicht ansprechen, eine Chefin/Kundin, die sie den anderen nicht vorstellt, nach langem Warten eine Art Auflösung, als sie um eine Tasse Kaffee bittet. Sie beschreibt hier eine kommunikative Notsituation und die „Rettung“ daraus: der ergriffene Anker einer Tasse Kaffee.

So ist die Perspektive, in der Teamarbeit ausgeleuchtet wird, die einer zweifachen Distanz: zum einen als „außer Haus“ stattfindendes Geschehen – die Arbeit „im Haus“ ist damit negativ als nicht-teamorientiert definiert; zweitens mit dem Blickwinkel einer Außenseiterin auf das „echte“ Teamgeschehen in den Kundenfirmen. Und es lässt etwas von den emotionalen Leistungen erahnen, mit denen sich die MitarbeiterInnen in fremden (Firmen-)Welten und immer neuen kommunikativen Situationen zurechtfinden müssen. Dies mag die idealisierende Note erklären, mit der Anne „ihr“ Team beschreibt: familiär, persönlich, lebendig. Auf der Beziehungsebene zwischen Anne und Sabine geraten die Beispiele in Konkurrenz zueinander und es wird sichtbar, wie zentral persönlichkeitsorientierte Faktoren im kommunikativen Miteinander werden, damit auch zum möglichen persönlichen Wettbewerbsvorteil/-nachteil.

Die Merkmale gelingender Teamarbeit sind an Privatheit orientiert: „ein bißchen wie Familie“ (Anne), „das tägliche Zusammenleben“ (Udo), „frauliche Themen“ erörtern (Sabine) und erscheinen so insgesamt als „weibliche“ Domäne. Vielleicht erklärt dies Klaus’ weitgehende Abstinenz in dieser Diskussionsphase – lediglich einmal meldet er sich mit einem Turn zu Wort, im Zusammenhang mit den von Sabine angesprochenen „fraulichen Themen“ („das Problem der Hausarbeit“), und steuert ein eigenes Beispiel (wieder „von früher“, diesmal in Italien) bei, das eher der Untermauerung seines professionellen Status' aufgrund von Auslandserfahrung dient als der Erörterung aktueller Erfordernisse von Teamarbeit, womöglich in ihrer Verknüpfung mit privaten Herausforderungen. Hier lässt sich auch die Achse zwischen „wärmender" und „kalter" Kommunikation verfolgen, die Sabine an den „fraulichen Themen" festmacht, dem „Auftauen" und dem heißen Kaffee; Klaus sucht sich das warme Italien aus für sein gedankliches Verreisen.

Machtkonstruktionen

In der nächsten Sequenz wird das Thema Macht auf die Bühne gebracht, verkörpert durch den abwesenden „Richtigen" (Caroline an Anne: „da mußt du dich an den Richtigen wenden"). Mehr oder minder offen wird in dieser Sequenz der mangelhafte Informationsfluss im Hause kritisiert. Trotz einer Vielzahl von Treffen und halbprivaten Veranstaltungen wie Volleyballspielen, Betriebsausflug und Weihnachtsfeier sehen sich die MitarbeiterInnen nicht ausreichend informiert. Caroline übernimmt in dieser Passage den Part, das Vorgehen der Geschäftsleitung zu erläutern und zu rechtfertigen. Sie bemächtigt sich des Themas und sorgt dafür, dass es abgebrochen wird, indem sie zum Thema Rauchen überleitet („jetzt mal ein ganz einfaches Thema"). Das weist auf eine gewisse Tabuisierung des Themas Macht und Leitung im Unternehmen hin. Der „Richtige" tritt als (abwesende) Figur in Erscheinung, an der sich die MitarbeiterInnen auf verschiedene Art und Weise abarbeiten: Caroline fungiert als Stellvertreterin der Leitung, die Entscheidungen transportiert und rechtfertigt, Anne und Sabine setzen sich rebellisch zur Leitung in Beziehung, Udo klagend und Klaus überlegen-distanziert. Klaus festigt seine Autonomie, indem er keine Leitungsrolle in der Diskussion übernimmt – er wird auch nicht in einer solchen angefordert –, obwohl er Mitglied der Geschäftsleitung ist. Dies deutet auf eine zentralistische Organisationsform im Unternehmen hin, in der Klaus keine exponierte Rolle zukommt. Dies erklärt, über die Art der Unternehmung hinaus, das Fehlen einer Teamkultur unter den MitarbeiterInnen.

Der Umgang mit Macht scheint für dieses Team aus der Perspektive relativ isolierter Einzelpersonen interessant. Obwohl wir keine (erklärte oder heimliche) Leitung in der Gruppe ausmachen können, erscheint Macht nicht als Vakuum. Die MitarbeiterInnen positionieren sich zur entfernten Leitungsfigur alle mit relativ großer Distanz, die ihnen Autonomie gewährt. Als entsprechend mächtige EinzelakteurInnen begegnen sie einander in der Diskussion: Sie streiten und flirten miteinander, sie setzen souverän Themen, stellen offene Fragen in den Raum und scheuen keine Kritik nach oben. Die Figur der Konkurrenz dominiert das Beziehungsgeschehen eindeutig im Vergleich zur Ressource eines egalitären Wirs.

Kommunikation im informationellen Zeitalter

Eine der lebhaftesten Sequenzen der Diskussion dreht sich um das Thema Stehtische, die als Lösung für das Kommunikationsproblem des persönlichen Gesprächs unter den MitarbeiterInnen imaginiert werden – die Küche als hierfür vorgesehener Raum wird als ungeeignet verworfen. Diese Passage beschreibt im Subtext das Herantasten, provisorische Einrichten kommunikativer Räume in (post)modernen Zeiten. Metaphorisch wird mit der Abkehr von der Küche als Ort für Kommunikation auch eine Abkehr von Dauerhaftigkeit und Nahrhaftigkeit von Beziehungen vollzogen zugunsten eines flüchtigen Verweilens und Entlangschlenderns, das sich der Dimension Dauer entzieht. Die Suche nach dem passenden Mobiliar für das kommunikative Miteinander führt ins Leere, in die Weite des Raums, wo nur Stehtische noch flüchtigen Halt bieten, die ewige Party der Mitarbeiter-Satelliten – diese Raum-Zeit-Reise ins „Nirgendwo" ist möglicherweise beängstigend, „kalt", der Boden unter den Füßen geht verloren, die Diskutanden brechen die Reise ab und suchen wieder Halt im Fokus „das persönliche Gespräch". Dies korrespondiert mit dem Inhalt ihrer Arbeit: Die „stoffliche" Qualität ihrer Tätigkeit ist schwer zu „greifen", im Kontrast tauchen „altmodische" Themen wie „das persönliche Gespräch", familiäre Atmosphären und „fraulicher" Austausch auf.

Sabine gibt narrativ einen Einblick in das Arbeiten im informationellen Zeitalter. Sie fährt von ihrem Wohnort in der Nähe des Firmengebäudes zum Unternehmen Y, das 50 Kilometer entfernt liegt und arbeitet sich zunächst einige Stunden lang durch die aufgelaufenen E-Mails ihrer in der Welt verstreuten KollegInnen, sichtet, was wichtig sein könnte, und staunt, zu was allem das Medium genutzt wird. Kein Wunder, dass sie die „Informationsflut" kritisch sieht und sich fragt, wie diese sinnvoll zu bewältigen sei; die elektronischen Medien sind zugleich schon unumgängliche Realität geworden. Im Vergleich dazu droht das persönliche Gespräch in Vergessenheit zu geraten, jedenfalls nach Ansicht von Klaus, der es vor diesem Schicksal bewahren will und hartnäckig darauf fokussiert. In diesem Gegensatz erscheint das „persönliche Gespräch" als Quelle gesellschaftlicher Macht, wohingegen die „Informationsflut" tendenziell desorganisierend wirkt und damit zu Ohnmacht führt.

Narrativ tasten sich die DiskussionsteilnehmerInnen im folgenden Gesprächsverlauf an einen zentralen Bereich der Unternehmensentwicklung heran: Existenzsicherung und Zukunftsfähigkeit. Im Subtext tauchen existenzielle Unsicherheiten auf, die sich auf der Beziehungsebene konflikthaft äußern, besonders zwischen Anne und Klaus, die eine Stellvertreterauseinandersetzung führen im Hinblick auf neue Arbeitnehmerstrategien in Zeiten von Unsicherheit: Klaus argumentiert mit Autonomie und Verantwortlichkeit („(...) du kannst Einfluß da ... drauf nehmen du könntest einer von diesen 20 sein die nächstes Jahr nicht mehr da sind und darauf hast du Einfluß wenn du nämlich durch deine Arbeit sagst o.k. ich will keiner von den 20 ..."), Anne beharrt dagegen auf ihrem Arbeitnehmerinnenstatus und ihren begrenzten Möglichkeiten der Einflussnahme („... aber da kann ich nicht wirklich was dran machen ich stelle hier niemanden ein"), womit sie zugleich die Geschäftsleitung in die Verantwortung nimmt und ihre „Würde wahrt". Ein Zeichen für den emotionalen Gehalt und die „Tiefe" dieses letzten angesprochenen Themas ist in der nachfolgenden Sequenz das Aufwerfen der „Schuldfrage", die – in die Metapher des Hauses gefügt – letztlich auf Glaubensfragen bezug nimmt, als Quelle von Zukunftsfähigkeit.

In dieser längeren kontroversen Passage zwischen Anne und Klaus lassen sich neue Verortungen von Arbeitnehmerkonstruktionen und -strategien verfolgen, die zusätzlich relevant sein dürften im Kontext eines Unternehmens der neuen Art. Es geht dabei um das Konzept von Selbstständigkeit versus Abhängigkeit, wobei Klaus den neuen Arbeitnehmertypus des Unternehmers in eigener Sache verkörpert, während Anne auf dem Status der abhängig Angestellten beharrt, auf Wahrheit statt Schein. In der Diskussion handelt es sich um die emotional dichteste Passage, die mehrfach zu entgleisen droht. Udo übernimmt die Aufgabe, die Wogen zu glätten und springt Anne bei. Damit wird ihr Status womöglich noch prekärer (Udo weist ihr die Rolle einer Frau zu, die Hilfe braucht), denn in der Kontroverse selbst hat sie sich selbstbewusst behauptet, ihren Standpunkt nicht preisgegeben, was Klaus von ihr verlangt hat, analog zu dem von ihm vorgetragenen Gedanken, dass in Krisenzeiten nur die ihren Job behalten werden, die bereit sind, sich entsprechend zu vermarkten. Mit dieser existenziellen Seite der Unternehmensentwicklung wird in der Diskussion das Thema Zukunft im informationellen Zeitalter akut gemacht, Ängste werden sichtbar und Zukunft von Gesellschaft als Unsicherheitsmodell entworfen. Von Bringschuld und Holschuld ist die Rede und davon, dass niemand Schuld habe.

Wer ist verantwortlich für das (post)moderne Dilemma? Jedenfalls nicht (mehr) die Gesellschaft, sondern das Individuum. Es gibt keine Versorgungsstelle mehr, an die sich Verantwortung delegieren ließe, jedeR ist auf sich gestellt. Anne steht dieser Figur neuer Verantwortlichkeiten kritisch gegenüber, mit dieser Ansicht steht sie am Ende als Verliererin („Buhmann") da. Hier lassen sich gesellschaftliche Kämpfe verfolgen um Arbeitnehmerrechte, neue Pflichten und Abseitsregelungen.

Es gibt auch noch einen anderen Bezug in der Diskussion für das „Schuldthema", nämlich den zur (kurzen) Geschichte des Unternehmens: Glasummantelter Raum, runde sich nach oben reckende Form, die entfernt an einen Turm erinnert, moderne Architektur, die so oder ähnlich inzwischen häufiger anzutreffen ist, präsentiert sich die Firma C als kleine Ikone des Informationszeitalters am Rande des Ruhrgebiets. Jedoch: man hat den alten Dorfplatz in Besitz genommen, sich über die Proteste der Ortsansässigen hinweggesetzt, einen kapitalistischen Sieg errungen. Die Landnahme ist nicht geräuschlos erfolgt und sie klingt im Vorgespräch der Diskussion nach und vielleicht auch als Gefühl von Schuld im Unbewussten der Organisation.

Der Betrieb als gesellschaftlicher Raum: Erotische Konzepte

Bei der Firma C gibt es natürlich auch direkte Begegnungen, Treffen, Kontakt. Diese sind besonders exponiert und werden – in dieser Gruppendiskussion, parallel wahrscheinlich auch im Unternehmen – betont öffentlich inszeniert. Es werden Gelegenheiten zum Austausch geboten und diese bekommen gesellschaftlichen Charakter. Das Außen (Gesellschaft) wird im Innen (Betrieb) inszeniert und kommentiert, wie beispielsweise bei der Weihnachtsfeier. Dabei trägt die Geschäftsleitung offenbar gesellschaftlichem Wandel Rechnung, Lebenskonzepten, die sich nicht mehr allein an heterosexuellen ehelichen Verhältnissen orientieren, sondern die Raum bieten für Partner, Personen, Lebenspartner. Die Ordnungen lockern sich, beinahe scheint eine Sehnsucht danach spürbar, die Unternehmensbühne für Singles, Homosexuelle, unklare Beziehungskonzepte zu öffnen, zumindest wird vorab schon mal ein Toleranzstempel vergeben (s. Abschnitt *Mitarbeitermotivation*), auch wenn in der Diskussion bis dato die Heterosexuellen mit ihren Erotikkonzepten dominieren.

Erotik scheint keine unbedeutende Rolle im betrieblichen Miteinander zu spielen, wie wir in dieser Diskussion verschiedentlich verfolgen können, besonders in der Passage „Verdecktes Handlungsschema: Flirt mit einem Kollegen", wo Sabine, vordergründig von Gesprächen mit ihrem Partner zu Hause berichtend, zugleich mit Klaus flirtet. Sexualität erhält die Funktion der Verortung für die AkteurInnen, die sich – eines gemeinsamen Arbeitsorts „beraubt" – heimisch machen in sexualisierter Körperlichkeit. Vor diesem Hintergrund erhalten auch die halbprivaten Betriebsaktivitäten wie Volleyball und Weihnachtsfeier eine neue Bedeutung: Sie dienen nicht mehr nur dem entspannenden Vergnügen nach gemeinsam erlebtem Arbeitsalltag, sondern der Inszenierung von Person, Status und Sexualität auf einer separierten Bühne. Udo beklagt daher auch, dass die Mitarbeiterversammlungen den Charakter von Werbeveranstaltungen hätten, wo unrealistische Erfolgsgeschichten dargeboten würden, kaum Gelegenheit zu „zwanglosem" Miteinander, das sich so in einem extremen Bedürfnis nach Pausen zu äußern scheint und in Carolines Kommentar Niederschlag findet, Kommunikation solle nicht nur „gefördert" werden, sondern auch „einfach so" stattfinden.

Perspektiven

Die Diskussion verdeutlicht die kommunikativen Herausforderungen, die an MitarbeiterInnen im informationellen Zeitalter gestellt werden. Es zeigt sich dabei, dass – entgegen einer denkbaren Erwartung – die entsprechenden Kompetenzen der AkteurInnen nicht verkümmert sind, sondern im Gegenteil hoch entwickelt, auch im direkten Gespräch, was sich an der Fähigkeit zu Metakommunikation, der Bereitschaft, Konflikte zu riskieren und Kontroversen auszutragen, festmachen lässt. Ebenso nehmen narrative Passagen einen breiten Raum ein. Auch Teamarbeit findet statt: die Beteiligten formieren sich ad hoc zum Team, um den Arbeitsauftrag Gruppendiskussion zu erfüllen. Die mangelnde Verortung an einem gemeinsamen Arbeitsplatz und der Zwang zu elektronischer Kommunikation führen zu neuen symbolischen Räumen, die ein Gefühl von Miteinander ermöglichen. Andererseits scheint die Realität kommunikativer Not in den narrativen Sequenzen durch, wo keine festen Bezugspersonen auftreten und selbst das Angebot einer Tasse Kaffee nicht garantiert ist. Während die AkteurInnen aufgrund ihrer spezifischen Herausforderungen mit einem hohen Maß an kommunikativem Können „belohnt" werden, mangelt es ihnen auf der anderen Seite am Erlebnis menschlicher Wärme, die nicht ad hoc abrufbar ist. Sexualität erscheint hier auch als Fluchtdimension auf der Suche nach Kontakt und Begegnung. Die Balance zwischen individueller Kompetenz und Autonomie einerseits sowie einem „wärmenden" Unternehmensrahmen andererseits, der auch das Erlebnis von Teamarbeit beinhaltet, dürfte die zentrale Spannungs- und Entwicklungsachse für die Gruppe/Firma sein.

Umgang mit dem Handlungsschema Gruppendiskussion

Von Autonomie der AkteurInnen dieser Gruppe zeugt homolog der Umgang mit dem Handlungsschema Gruppendiskussion: Zunächst klärt Udo nachfragend den Kontext der Handlung und stellt eine neue Gesprächsbasis her. Reflexivität als Mittel der Gesprächsführung taucht auf, ebenso wie Metakommunikation, direkte Ansprachen und Bezüge zu nonverbalen Äußerungen. Eine zentrale Passage hat den Charakter eines „Brainstormings“, die Gedanken fließen in neue Richtungen, die AkteurInnen werden sich dieser Modalität auch bewusst. Kernaktivitäten wie die Ratifikation des Stimulus und das Beenden der Diskussion werden von verschiedenen Personen wahrgenommen, es gibt also eine Rollenoffenheit gegenüber unterschiedlichen Funktionen im Team. Möglicherweise begünstigt die Distanz der MitarbeiterInnen im beruflichen Alltag die Entfaltung von Autonomie im Gespräch sowie in der betrieblichen Kommunikation. Der tägliche Zwang zu flexiblen Kommunikationsanforderungen und häufigen Wechseln in den Arbeitsbezügen spiegelt sich auch in der schnellen und flexiblen Aneignungsweise des Handlungsschemas Gruppendiskussion wider.

— Feedback

Meine mehrfachen Mails an die Firma, um den TeilnehmerInnen das Feedback anzubieten, bleiben zunächst monatelang unbeantwortet. Schließlich meldet sich Caroline im Auftrag des Geschäftsführers telefonisch bei mir, um mir mitzuteilen, dass sie das Gespräch nicht führen wollten. Der Geschäftsführer meine, es sei zu aufwändig und bringe nicht genug. Sie und die anderen TeilnehmerInnen hätten die Gruppendiskussion als sehr gutes Gespräch in Erinnerung behalten, aber die Details hätte sie jetzt auch nicht mehr parat. Auf meine Nachfrage, ob denn noch alle Beteiligten in der Firma seien, erfahre ich, dass Klaus aus „persönlichen Gründen“ die Firma mittlerweile verlassen hätte, er habe sich verbessern können, alle andern seien noch mit dabei.

3.6 Gruppe D: „Sinnsuche“

– Sitzordnung

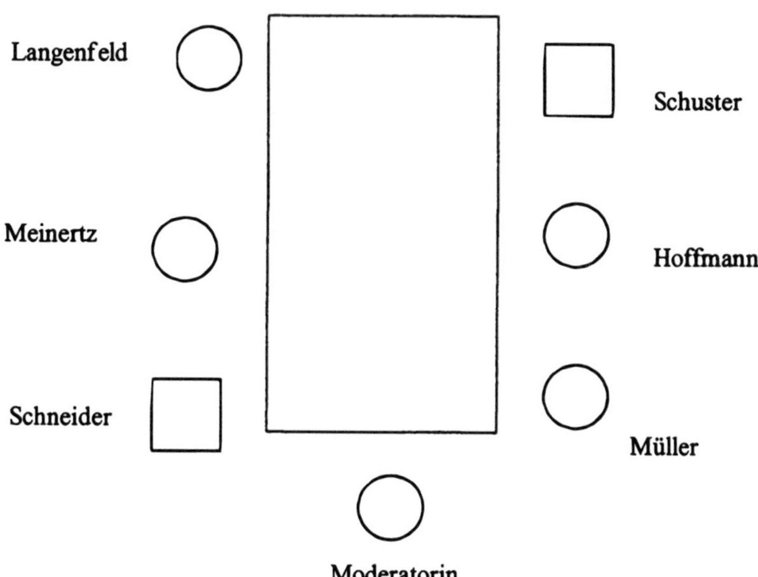

– Die TeilnehmerInnen in der Reihenfolge ihrer Vorstellung

Müller: Diplom-Ingenieurin (FH), Fachrichtung Innenarchitektur, tätig im Export im Bereich Planung und Koordination größerer Projekte

Hoffmann: Industriekauffrau, Assistentin der Geschäftsleitung für den Bereich Technik, Auditorin für den Bereich Qualitätswesen

Schuster: Elektriker, tätig im Marketing

Langenfeld: tätig in der Produktion (Vorfertigung)

Meinertz: Industriekauffrau, tätig im Vertrieb.

Schneider: Diplom-Ingenieur (Uni), tätig im Qualitätsmanagement.

— Vorbemerkung zum Unternehmen

Bei dem Unternehmen handelt es sich um ein Familienunternehmen der Elektrobranche mit weltweit ca. 1200 Beschäftigten. Produziert werden hochwertige Leuchten. Das Unternehmen befindet sich in Umstrukturierung, Abteilungen werden neu gebildet und zusammengefasst, das Auslandsgeschäft intensiviert, insbesondere der us-amerikanische Markt soll ausgebaut werden, auch als Ausgleich zum derzeit abnehmenden Geschäft in Deutschland aufgrund der »Bauflaute".

Als Unternehmen mit internationaler Ausrichtung hat Kommunikation in der Firma einen hohen Stellenwert. Wert gelegt wird vor allem auf Corporate Identity, was sich u.a. in einheitlichen Präsentationsformen niederschlägt, in „angemessener" Kleidung und auch in der Architektur: Modernes Design ist bestimmend, eine lichtdurchflutete Eingangshalle empfängt die BesucherInnen, Kaffee wird serviert und für das Mittagessen ist ein Platz im Bistro reserviert, wo die KundInnen mit dem Management speisen.

— Setting

Der Kontakt zum Unternehmen kam über die FH Lippe zustande, eine Teilnehmerin der Gruppendiskussion ist Absolventin der Hochschule.

Die TeilnehmerInnen der Gruppendiskussion sind Mitglieder des „Q-Teams" des Unternehmens – „Q" steht für Qualität. Von den insgesamt neun Mitgliedern des Teams waren an diesem Vormittag sechs versammelt. Es fehlten zwei Frauen aus der Produktion sowie ein kaufmännischer Angestellter aus dem Vertrieb. Aufgabe des Q-Teams sind „alle Fragen rund um die Qualität und Zufriedenheit im Hause E" (Z 54f). Die Diskussion fand in einem Besprechungsraum des Unternehmens in ausgesprochen entspannter, lockerer Atmosphäre statt.

Ursprünglich wollte auch der Personalleiter an der Diskussion teilnehmen, ich hatte mehrfach mit ihm telefoniert, um das „passende" Team auszuwählen und er hatte sich in diesen Gesprächen als sehr kooperativ gezeigt und äußerte auch deutlich inhaltliches Interesse. Zum entsprechenden Termin erschien er dann ohne Abmeldung nicht, war auch telefonisch nicht erreichbar, was zu Irritation bei mir und den TeilnehmerInnen führte. Wir starteten die Diskussion dann ohne ihn, er tauchte auch nicht mehr auf; ebenso wenig klärte sich seine Abwesenheit im nachhinein.

– Zum Gesamtverlauf der Gruppendiskussion

Für die Analyse ausgewählt wurden Teile der Vorstellungsrunde, in denen Selbstdefinitionen des Teams deutlich werden, dann die erste Runde von Stellungnahmen nach dem Stimulus, in der sich die TeilnehmerInnen dem zentralen Thema der Diskussion nähern. Die Gruppe wechselt nach etwa zwei Dritteln der Zeit das Handlungsschema und geht in eine „normale" Teambesprechung über. Dieser auffällige Wechsel steht in engem Zusammenhang mit dem Kernthema der Diskussion, wie wir in der Gesamtinterpretation sehen werden. Aus dem ersten Teil der Diskussion wurden für die Analyse die Themen Motivation, Strukturierung, betriebliche Hierarchie ausgewählt, aus dem letzten Teil Passagen zu Organisation und Terminabsprache.

Die Gruppendiskussion ist von zahlreichen Sprecherwechseln und einer relativen Ausgewogenheit der Redebeiträge gekennzeichnet. Den größten Wortanteil hat Hoffmann mit ca. 25%, gefolgt von Müller (20%), Schuster (16%), Schneider (15%), Meinertz (13%) und Langenfeld (11%). Während der ersten zwei Drittel der Gruppendiskussion sind die Redebeiträge von Hoffmann, Müller und Meinertz am häufigsten und von etwa gleichem Umfang, im letzten Drittel beteiligt sich Meinertz kaum noch, Hoffmann und Schuster haben den Löwenanteil am Gespräch. Langenfeld hat den niedrigsten Anteil am Gespräch, sie beteiligt sich zunächst kaum, wird dann von Hoffmann mittels einer konditionellen Relevanz ins Gespräch gebracht (Z. 1083f), woraufhin sie sich wenig, aber kontinuierlich an der Diskussion beteiligt. Hoffmann hält während der gesamten Zeit ihren relativ hohen Gesprächsanteil.

Die Atmosphäre war lebhaft und freundschaftlich. Häufige zustimmende „mh"s prägen das Gespräch, die TeilnehmerInnen ermuntern sich gegenseitig zum Weitersprechen, hören zu, lassen zu, dass sich Turns entfalten, folgen bereitwillig auch Abschweifungen vom Thema, bestätigen so die Eingangsbeschreibung einer „lockeren Runde". Im Kontrast hierzu standen beobachtete Phänomene der Gegenübertragung bei der Textanalyse: Über weite Strecken war dieser Prozess anstrengend, löste Langeweile aus, viele Redebeiträge wirkten beim erneuten Lesen zunächst wie „Zeit totschlagen".

– Diskutierte Handlungshorizonte in der Reihenfolge ihres Auftauchens

- Selbstbeschreibungen: Qualität, Corporate Identity, Bohren-Schweißen-Montieren, Geschichte des Teams

- Selbstdefinition: Lockerheit, Gleichberechtigung, Demokratie
- Eine alternative Selbstbeschreibung: Schlaf, Schrift, Sprache
- Motivationsstrategien: Einladen, Appellieren, Selbstauskunft
- Verantwortung, Aufgaben, Zielsetzung
- Ein Leitungsprob lem: Umgang mit Motivation
- Interaktion zwischen „oben" und „unten"
- Resonanz von oben: Strategie und Reaktion
- Eine verdeckte Kontroverse: Bezahlung des Betriebsrundgangs
- Teambesprechung lif e: Organisieren, Entscheiden, Vertagen, Abschweifen
- Suche nach einem gemeinsamen Termin

— Strukturelle Beschreibung der ausgewählten Textabschnitte

Selbstbeschreibungen: Qualität, Corporate Identity, Bohren-Schweißen-Montieren, Geschichte des Teams

Müller: ich heiße Elke Müller #1 ((leicht lachend)) wir kennen uns ja bereits alle anderen kennen mich auch ehm ich bin seit 3 Jahren bei UNTERNEHMEN D hab Innenarchitektur studiert und jetzt eben diese Zusatzausbildung Prozeßmanagement noch gemacht und ehm bin im Vertrieb tätig im Export das heißt zum Großteil im Bereich der Planung Koordination von größeren Projekten technische Anfragen all solchen Dingen tätig

Moderatorin: mh und in diesem Team

Müller: ähm das Team setzt sich eigentlich zusammen aus dem Q-Team dem dem Qualitätsteam also wir beschäftigen uns eigentlich mit allen Fragen äh rund um die Qualität und die Zufriedenheit im Hause UNTERNEHMEN D und das sind halt einige der Mitglieder ehm aus dem Team (Z 45-55)

Müller eröffnet die Runde der Vorstellungen mit ihrem Namen und bereitet die Gesprächsbasis über die Betonung gegenseitiger Bekanntheit. Dem lässt sie Angaben zu Ausbildung und Fortbildung und ihrem Arbeitsgebiet folgen. Die Nachfrage der Moderatorin zielt auf mögliche spezifische Aufgaben im Team. Müller beantwortet die Frage nicht, sondern fügt eine allgemeine Aufgabenbeschreibung des Q-Teams an. Sie öffnet die Bedeutungshorizonte Qualität und Zufriedenheit, wehrt möglicherweise eine individuelle Aufgabenzuschreibung ab. Hoffmann setzt ein:

Hoffmann: wobei wir da aber keine bestimmten Funktionen ähm innehaben also wir setzen das Team setzt sich zusammen aus verschiedenen Mitarbeitern

ja ((männl. Stimme im Hintergrund, leise))

Hoffmann: aus den verschiedenen Bereichen Vertrieb äh Technikbereich ähm aus dem Marketingbereich und auch aus der #0 Produktion #1 ((fragend)) und insofern haben wir da versucht einfach ein ausgewogenes Team aus den verschiedensten Bereichen zusammenzustellen (...) also insofern hat keiner eine bestimmte Funktion gut dann stelle ich mich auch mal gleich vor mein Name ist Tanja Hoffmann ich bin seit äh gut acht Jahren hier im Hause beschäftigt hab hier meine Ausbildung gemacht zur Industriekauffrau ehm bin Assistentin der Geschäftsleitung für den Bereich Technik und somit ja in vielen Abteilungen eigentlich zu finden mach verschiedene Projekte meistens bereichsübergreifend und bin im für's Qualitätswesen auch als Auditorin tätig #0 ja das sind so meine Tätigkeitsbereiche #1 ((senkt die Stimme)) (Z 59-91)

Anders als Müller antwortet Hoffmann auf die Nachfrage der Moderatorin mit einer Negativdefinition („keine besonderen Funktionen"). Positiv hebt sie davon die Verschiedenheit der Mitglieder ab, die sich an den Bereichen Technik, Marketing, Vertrieb, Produktion festmachen lasse, aus denen die Einzelnen kämen. Dem fügt sie ihre persönliche Vorstellung an, wobei sie zwar nicht ihre Funktion im Q-Team, jedoch in der Firma beschreibt, ihre umfassenden Tätigkeitsbereiche und ihre Position als Assistentin der Geschäftsleitung. Schuster folgt:

Schuster: gut dann stell ich mich jetzt kurz vor mein Name ist Lothar Schuster ich bin seit 1986 im Unternehmen habe früher im Messe- und Ausstellungsbau gearbeitet bin Elektriker und habe vor einem Jahr gewechselt in die Marketingabteilung mach jetzt eine Weiterbildung zum Fach für Direktmarketing und habe /doch/ ne Aufgabe in dem Q-Team weil ich mache die CI

((Lachen, weibl.))

Schuster: die Corporate Identity ist sehr groß geschrieben in unserm Haus und da wach ich so n bißchen drüber

((leichtes Lachen in der Runde)) (Z 93-104)

Schuster hebt sich in seiner Vorstellung von seiner Vorrednerin ab, indem er bekundet, doch eine Funktion im Q-Team zu haben, er mache die „CI", die Abkürzung umgehend erläuternd und deren besondere Bedeutung im Hause hervorhebend. Es folgt

Langenfeld: Ja mein Name ist Helga Langenfeld ich bin seit 8 Jahren in der Vorfertigung mehr kann ich nicht dazu sagen #0 halt #1 ((lachend)) eben was anfällt bohren schweißen montieren und so #0 weiter #1 ((lachend)) was so dazu gehörtbitteschön ((nicht gut verständlich, leise)) (Z 105-111)

Langenfeld nennt keinen Beruf, sondern die Dauer ihrer Tätigkeit in der Produktion, genauer Vorfertigung. Sie kommentiert ihre eigenen Worte damit, nicht mehr dazu sagen zu können, als wäre dies nichts, worüber man mehr/länger reden könnte, fügt dann doch einige Worte an, ihre Tätigkeit näher zu beschreiben (Bohren,

Schweißen, Montieren usw.), der sie eine Rahmung gibt („was anfällt", „was dazugehört"). Sie gibt das Rederecht ab, indem sie die nächste Sprecherin auswählt:

Meinertz: Ähm mein Name ist Anja Meinertz ich hab hier bei UNTERNEHMEN D ähm die Ausbildung gemacht als Industriekauffrau ähm ich bin schon seit 13 Jahren hier ((lacht))
((in der Runde lachen weibl. leicht mit))
Meinertz: schon ein bißchen länger ähm ich arbeite im Vertrieb Deutschland als Kaufmännische Angestellte und ähm hier äh im Bereich ähm dieser Runde ähm versuch ich halt mitzuwirken und ähm halt die Probleme oder Ideen die wir dann entwickeln dann auch in unserem also in meinem Bereich dann auch fortzuführen oder fortzusetzen (Z 113-121)

Auch Meinertz beginnt ihre Vorstellung mit der Dauer ihrer Betriebszugehörigkeit. Sie beantwortet die Frage der Moderatorin nach möglichen speziellen Funktionen im Team damit, dass sie „versuche mitzuwirken". Die Formulierung eines „Versuchs" der Mitwirkung lässt ihren Arbeitsbeitrag schwach erscheinen. Es folgt Schneider:

Schneider: Ja mein Name ist Udo Schneider bin seit 14 Jahren im Unternehmen also auch schon etwas länger und äh von Anfang an im Qualitätsmanagement tätig von Beruf bin ich Diplomingenieur (...) meine Schwerpunkte liegen im Bereich Auditierung und Zertifizierung von unserem Qualitätsmanagementsystem doch aber auch in unserer Abteilung Schulungen und äh hab noch so ne kleine kleinere Gruppe in unserer Abteilung *Kalibrieren und Meßmaschinen sind so meine Haupttätigkeiten und in diesem Team bin ich von /Anfang/ an dabei wir ham das Team zum ersten Mal 1996 ins Leben gerufen is #0 soll ich so nen kleinen chronologischen Aufbau kurz geben oder ist es wie sehn Sie's was wir bisher gemacht haben #1 ((fragend))
Moderatorin: wie Sie meinen
Schneider: wir haben 96 mit ner sogenannten Qualitäts/woche/ begonnen äh wo wir einzelne Aufgaben in einzelne Abteilungen reingegeben haben die auszu* hatten in Gruppenarbeiten 97 hatten wir das Thema Unzufriedenheit intern extern und haben dort allen Abteilungen die gleiche Aufgabe gestellt was kann ihre Abteilung dazu beitragen Kunden intern extern zufrieden zu stellen war eine Aktion wie äh 52 eingereichten Vorschlägen * was ein sehr schönes Feedback war auch aus den Abteilungen heraus dann 98 99 haben wir ne Fragebogenaktion ständige Verbesserung des Qualitätsmanagementsystems mit 50 % Rückmeldung der Fragebögen sind 4 Kernprobleme daraus entstanden nämlich Informationsfluß Zusammenarbeit Arbeitsplatzgestaltung Schulungen und Seminare und in diesem Jahr beschäftigen wir uns da mit diesem Hauptpunkt Informationsfluß entsprechend umzusetzen und wollen das damit erreichen daß wir /intern/ die Mitarbeit auch etwas höher bewerten das ist vielleicht so was bisher gelaufen ist (Z 125-155)

Auch Schneider beginnt mit der Dauer seiner Betriebszugehörigkeit, er ist am längsten von allen Anwesenden im Unternehmen beschäftigt, von Anfang an im Qualitätsmanagement, damit eine hervorgehobene Position im Themenfeld „Qualität" betonend, sein Tätigkeitsbereich ist mit dem Hoffmanns identisch, die ebenfalls als Auditorin im Bereich Qualitätswesen tätig ist, möglicherweise kollidierende Zuständigkeiten. Er fügt eine Chronologie des Q-Teams an, das seit 1996 besteht und sorgt so für Transparenz der Tätigkeit nach außen hin, seine Position bekräftigend. Im Gegensatz zu der Beschreibung der Aktivitäten früherer Jahre erscheint der gegenwärtige Themenschwerpunkt etwas unklar, nicht konkret gefasst. Es folgt der Stimulus.

Selbstdefinition: Lockerheit, Gleichberechtigung, Demokratie

Nach dem Stimulus wählt sich Schneider als erster Redner aus:

Schneider: ja es ist äh eine sehr lockere Runde zunächst einmal es gibt immer einen Themenschwerpunkt wie ich vorhin schon sagte im Moment liegt er da in der im Informationsfluß * Hauptthema und /jeder/ kann eigentlich aus aus aus seinem Aufgabengebiet entsprechend hier was einbringen ist also nicht so daß daß äh daß wir vor irgendwelchen Abteilungen halt machen und sagen die klammern wir aus sondern jeder hat zu /gleichen/ Anteilen das Recht hier seine Meinung vorzubringen und wir versuchen dann das ganz ausschließend äh zu einem Gesamtergebnis zusammenzufassen und das dann auch den andern Mitarbeitern auf den Informationstafeln zu präsentieren (Z 166-174)

Schneider ratifiziert das Handlungsschema Gruppendiskussion und eröffnet damit, dass es sich um eine „sehr lockere Runde" handele. Er spannt damit einen Gegenhorizont, den er zunächst nicht näher ausführt, das Gegenteil könnte „förmlich" sein, vielleicht auch „steif". Er betont durch die Formulierung „zunächst einmal" die oberste Bedeutung, die die Selbstbeschreibung als „lockere Runde" möglicherweise für das Team hat, eventuell auch im Unterschied zu anderen Runden im Unternehmen. Jeder könne „eigentlich aus seinem Aufgabengebiet entsprechend hier was einbringen" und es würden keine Abteilungen „ausgeklammert". Nach der Charakterisierung der wesentlichen Umgangsform miteinander, der Benennung des Hauptthemas folgt, dass jeder was einbringen könne. Denkbar ist also auch – am Gegenhorizont – dass nicht jeder etwas einbringt und Abteilungen ausgeklammert werden. Weitergehend hat jeder „zu gleichen Anteilen" das „Recht", „hier seine Meinung vorzubringen". Diese Formulierung erinnert an demokratische Gepflogenheiten, Meinungsfreiheit. Aufgabe der Gruppe sei es in diesem quasi demokratischen Prozess ein „Gesamtergebnis" zu produzieren, das dann auf Informationstafeln präsentiert werde.

Eine alternative Selbstbeschreibung: Schlaf, Schrift, Sprache

Hoffmann: wobei wir da in der Vergangenheit auch äh #0 ja #1 ((lachend)) etwas #0 geschlafen #1 ((gedehnt)) haben diese Präsentation auf den Tafeln wir haben also die Aushänge relativ ja also wir haben die nicht richtig /gestaltet/ wir haben die nicht richtig präsentiert weil ((atmet ein)) man hier im Haus ein recht äh ja eigentlich ein Erscheinungsbild an das wir uns halten /müssen/ oder an das wir uns auch gerne natürlich halten ähm ham aber da in der Vergangenheit immer nur schriftliche Ausarbeitung ausgehängt und wie das halt immer so ist mit Schrift von Weitem sieht das alles immer gleich aus und es hat die Leute nicht direkt angesprochen und da ham wir jetzt mit dem letzten Aushang so so ne kleine Verbesserung oder wie ich meine schon ne recht tiefgreifende Verbesserung schon erzielt weil wir da jetzt schon auf Piktogramme zurückgegriffen haben also auf bildliche Unterstützung und das hat man in der Vergangenheit eben /nicht/ gemacht (Z 175-185)

Hoffmann schließt an ihren Vorredner mit einer Relativierung an: Sie hätten in der Vergangenheit „etwas geschlafen" und sie hätten die Aushänge „nicht richtig" gestaltet, „nicht richtig" präsentiert. Heißt „nicht richtig" hier falsch? Macht die Gruppe etwas falsch in punkto Präsentation, Aushänge? Der Handlungsrahmen richtig – falsch erscheint weniger „locker" als Schneiders anfängliche Charakterisierung der Gruppe. Sie fährt fort, dass es im Haus ein Erscheinungsbild gebe, an das „wir uns halten müssen oder an das wir uns auch gerne natürlich halten". Sich an etwas halten müssen und sich gerne an etwas halten sind Gegensätze, die nicht widerspruchslos miteinander vereinbar sind. Die Außenpräsentation habe bisher die Leute „nicht direkt angesprochen", durch bildliche Unterstützung, sprich Piktogramme, sei jetzt etwas „tiefgreifend" verbessert worden. Bisher hat die Aktivität der Gruppe also die Leute nicht direkt angesprochen, mit Bildern soll mehr Aufmerksamkeit erregt werden, Werbung in eigener Sache gemacht werden. Sie stellt das Q-Team als eine Gruppe im Unternehmen vor, die sich selbst vermarktet, dies möglicherweise nötig hat, nicht von sich aus Gehör, Aufmerksamkeit findet. Müller schließt hier an:

Müller: ja und was wir uns vorgenommen haben ist auch die Treffen bißchen regelmäßiger durchzuführen also das war so ne Sache die auch anfing zu schludern jeder ist dann auch wieder in anderen Dingen involviert daß wir jetzt auch sagen zu regelmäßigen Terminen werden Besprechungen einberufen werden die Aushänge aktualisiert so daß auch das /Interesse/ des einzelnen Mitarbeiter am Q-Team auch immer da ist daß (Z 187-195)

Die Formulierung „was wir uns vorgenommen haben" klingt wie ein guter Vorsatz. Dieser mündet darin, „die Treffen bisschen regelmäßiger" durchzuführen. Der Vorsatz beinhaltet nicht Regelmäßigkeit, sondern ein „bisschen mehr" Regelmäßigkeit. Regelmäßigkeit wird nicht als realistisches Ziel begriffen. Gegengesetzt zu Regelmäßigkeit wird das „Schludern". Erneut taucht ein Gegensatzpaar Ordnung – Unordnung auf.

Müller: also auch jeder regelmäßig kuckt ändert sich was an den Aushängetafeln daß auch einfach das gewisse Interesse bestehen bleibt ich denk da müssen wir auch immer hinterher sein daß das daß wir die Termine einhalten

Schuster: was ich noch gut finde ist daß die die Kommunikationswege sehr viel kürzer sind wenn die Abteilungen hier zusammen /sitzen/ daß es da immer einen Repräsentant oder eine Repräsentantin aus einer Abteilung (Z 199-214)

Bestehen bleiben soll ein „gewisses Interesse'". Interesse taucht hier, ähnlich wie vorher die Regelmäßigkeit, als relativ auf. Dieses relative, damit schwach erscheinende Interesse muss durch „immer hinterher sein" erhalten bleiben. Ein (relativ) großer Energieaufwand tritt hier einem (relativ) kleinen Resultat gegenüber. Zum Messfaktor für Interesse von innen wie außen wird das Einhalten der Termine ernannt. Im Anschluss an diesen Turn wählt sich Schuster als nächster Sprecher aus.

Er nimmt eine Neufokussierung des Themas vor. Während zunächst das Thema Verbindlichkeit und Effektivität der Teamarbeit im Mittelpunkt stand, leitet er nun zum Inhalt und Auftrag der Arbeit über. Auftakt seiner Neufokussierung ist eine Wertung („Was ich noch gut finde..."), von der zunächst nicht ersichtlich ist, worauf sie sich bezieht, hatte die vorhergehende Sequenz mit ihrer Betonung von Unregelmäßigkeit bis hin zu Schludrigkeit und dem Andeuten von Schwierigkeiten, überhaupt ein gewisses Interesse wach zu halten, eher einen kritischen, negativen Unterton. Die deutliche Betonung von etwas Positivem erhält so kontrastierenden Charakter, dient möglicherweise auch dem Abbruch tendenziell kritischer Ausführungen zu Arbeitsstil und Ansehen des Teams im Unternehmen. Schuster sagt, er finde die sehr viel kürzeren Kommunikationswege gut, und dass die Abteilungen „zusammensitzen". Zusammen sitzen die „RepräsentantInnen" aus den Abteilungen. Die Wortwahl „RepräsentantIn" erinnert eher an politisch als betrieblich verfasste Zusammenhänge. Schuster lässt, wie schon in seinem Eingangsstatement, Anklänge von Demokratie erklingen, wobei es sich um eine Form der Demokratie handelt, in der Frauen und Männer sprachlich markiert werden. Schuster weiter:

Schuster: die die /Bedürfnisse/ der einzelnen Abteilung vorbringen kann die auf dem /Kanal/ dann nicht /ungehört/ bleiben das heißt also irgendwo ähm kommen die Sachen dann auch an den /Empfänger/ das heißt wenn irgendwo im Vertrieb was nicht funktioniert dann ist die Kommunikation hier auf einem sehr engen Raum ähm /doch/ gegeben das heißt man spricht irgendwelche Punkte an die /vielleicht/ in einer anderen Abteilung gelöst werden kann oder wo die Probleme auch vom andern erkannt sind und man erkennt daß man die /gleichen/ Probleme hat oder irgendwas in dieser Form also man man tauscht sich schon sehr aus (Z 218-228)

Die Repräsentantin kann die Bedürfnisse der einzelnen Abteilung vorbringen, die „auf dem Kanal nicht ungehört bleiben" und weitergeleitet werden an den „Empfänger". Innerbetriebliche Kommunikation wird als organisiert in „Kanälen" beschrieben, ein System, wo Nachrichten ausgetauscht werden, die auf indirektem, unsichtbaren Weg ihren Empfänger erreichen. Dieser Empfänger befindet sich außerhalb des Teams, wobei diese Art des Kommunizierens und Austauschs als Weg zur Problemlösung beschrieben wird. Hier wird eine komplexe Vorstellung betrieblicher Kommunikation dargelegt, ein wechselseitiger Austausch über Kanäle, ein funktionierendes fließendes System. Es könnte sich auch um eine Beschreibung des – internen – Arbeitsauftrags des Q-Teams handeln, die hier positiv vorgebracht wird: Ein produktiver Austausch. Die Elemente, die er dafür anführt: Punkte ansprechen – auf sehr engem Raum kommunizieren – Probleme lösen – Probleme wechselseitig erkennen, auch als eigene Probleme identifizieren. Müller schließt hier an:

Müller: daß man eigentlich sagt im Grunde es gibt eben Kernpunkte wie eben der Informationsfluß und die Kommunikation im allgemeinen wie gehe ich mit meinen Kollegen um wie informier ich die was teil ich wem wie mit das sind eigentlich so die /Grund/problematik ehm die jeder in gewisser Form in der Abteilung hat und das ist eigentlich ganz schön wenn man etwas anspricht daß von anderer Seite her dann die /Bestätigung/ im Grunde kommt daß man irgendwo hier also schon versucht an einem Strang zu ziehen (Z 235-243)

Müller bestätigt Schusters Sichtweise, ebenso seine positive Wertung. Sie benennt „Kernpunkte": Informationsfluss und Kommunikation im allgemeinen, spezifiziert durch Umgangsweisen mit Kollegen, Arten der Information, näher charakterisiert als „Grundproblematik". Die wechselseitige Bestätigung in dieser Grundproblematik qualifiziert sie als „ganz schön" und wählt als beschreibende Metapher für die Teamarbeit das „Ziehen an einem Strang". Ein Bild vom Tauziehen taucht auf, die Vorstellung von sportlichem Tun im Team. Meinertz schließt sich an:

Meinertz: ja deshalb ist es auch wichtig daß in der jeweiligen Abteilung dann ähm jeder halt weiß ähm die Person ist halt auch ne Ansprechperson und zu der kann ich dann auch hingehn und ähm ähm halt die Probleme oder das was einen beschäftigt dann halt /mit/zuteilen ähm wobei ich das äh glaub ich da ähm finde daß es /da/ nicht so /ausgeprägt/ ist also ich merke zum Beispiel jetzt ähm bei mir also daß äh keiner oder #0 nicht so oft halt #1 ((betont)) einer auf mich zu kommt und /das/ dann halt /an/spricht vielleicht ma sollten wir dann auch /mehr/ daran arbeiten daß es mehr äh /bekannt/ wird auch in den jeweiligen Abteilungen daß die Personen dann auch diese /Hemmungen/ dann auch nicht mehr haben und dann halt auch auf einen auch zukommen (Z 245-258)

Während Schuster und Müller den Fokus auf den Umgangsweisen im Q-Team hatten, schwenkt Meinertz nun auf die Abteilungen über. Sie kontrastiert das interne Programm des Q-Teams, wie von Schuster und Müller entworfen, mit der Erfahrung in ihrer Abteilung. Sie denkt das Programm sozusagen weiter, wenn es auch bisher eher etwas von einer Phantasie zu haben scheint: es gibt in dieser Phantasie Ansprechpersonen, zu denen man hingehen kann, denen man Probleme mitteilen kann, die einen beschäftigen. Als Vertreterin ihrer Abteilung phantasiert sie sich selbst in die Rolle einer solchen Ansprechperson, misst sich die entsprechenden Kompetenzen zu, wobei sie feststellt, dass ihr in dieser Rolle nicht reziprok begegnet wird: Es käme nicht so oft jemand auf sie zu und spreche sie an. Als Gruppenprogramm entwirft sie, dass man daran arbeiten könnte, dass sich dies ändert (durch „bekannt machen“, Öffentlichkeitsarbeit), wodurch „Hemmungen“ abgebaut werden könnten. Ihr Turn hat eine psychotherapeutische Konnotation – was sie ausmalt, wirkt zunächst fremd im betrieblichen Kontext. Zugleich verweist der Turn auf einen realen Erfahrungsraum, der hier als Ressource für betriebliche Prozesse angesprochen wird und der sich möglicherweise – zumindest in Teilen – mit der Erfahrung im Q-Team deckt.

Motivationsstrategien: Einladen, Appellieren, Von-Sich-Erzählen

Nach einem Austausch zum Themenkomplex Lösungsideen angesichts mangelnder Resonanz auf die Arbeit des Teams beginnt Hoffmann eine neue Sequenz:

Hoffmann: ja mit der Regelmäßigkeit der Aushänge das das hängt ja auch ja klar das hängt aber auch an uns /allen/

Meinertz: ja

Hoffmann: also in der Vergangenheit hat man mal alle na ja das der letzte war vom #0 Februar den wir jetzt ausgetauscht haben #1 ((leicht lachend)) aber das ist auch immer Initiative von /wenigen/ also es gibt das muß ich auch mal ganz offen ansprechen in dieser Gruppe auch immer /wenige/ die dann halt was /machen/ die sich halt bereit erklären auch irgend ne Aufgabe zu /übernehmen/ und das dann auch /machen/ und es gibt dann andere die relativ sich also die sich sehr stark zurückhalten und die ich auch ganz gerne mehr mit /integrieren/ würde (Z 567-584)

Hoffmann defokussiert das Thema Ansprechpartner und kehrt zum Thema kontinuierliches Engagement versus Passivität zurück. Gleichzeitig nimmt sie nun das Team selbst ins Visier, zunächst ein Wir formend, über das sie lacht, als sie rekapituliert, dass es sechs Monate gedauert habe, den letzten Aushang zu erneuern. Dann spaltet sie das Wir auf: Aktiv seien nur wenige, die andern dementsprechend passiv. Mag zuvor noch ein Moment von Peinlichkeit mitgeschwungen sein, die Ineffektivität der Gruppe einer Öffentlichkeit zu präsentieren, worauf ihr kurzes Lachen hindeutet, nutzt sie im Anschluss aktiv das sich ihr bietende Forum, um die mangelnde Initiative der meisten „ganz offen anzusprechen". Wie ist der Vorgang, aktiv zu werden in dieser Gruppe? Man muss sich „bereit erklären", eine „Aufgabe zu übernehmen" und – „das dann auch machen". Es gibt also Aufgaben, um deren Erledigung nicht gerade gewetteifert wird, zudem eine Unklarheit, ob die übernommenen Aufträge auch wirklich erledigt werden. Dies beschreibt den aktiveren Teil der Gruppe. Der passivere hält sich „sehr sehr stark" zurück. Der letzte Satz in ihrem Turn verdeutlicht, dass sie sich eine Führungsrolle in diesem Geschehen beimisst: Sie selbst würde die Zurückhaltenden gerne „mehr integrieren". Nur: Wie? Sie beginnt nun ihre bisherigen Strategien zu beschreiben:

Hoffmann: natürlich immer nur die Sache man kann Leute halt immer nur einladen #0 macht mit macht über übernehmt ne Aufgabe setzt etwas um #1 ((motivierender Tonfall)) aber wenn derjenige oder diejenige das dann nicht /machen/ möchte dann kommt man halt auch nicht weiter also ich würd mir halt mehr wünschen daß halt mehr Enga also von allen halt in dieser Gruppe das gleiche Engagement #0 gezeigt wird also auch bei der Umsetzung #1 ((senkt leicht die Stimme)) es geht immer darumalso es geht zum Beispiel um solche Dinge wie #0 wer schreibt mal n Protokoll wer macht mal n Aushang wer kümmert sich mal #1 ((aufzählend)) ja es sind einfach so Dinge wo ich denke daß es ist halt /jeder/ angesprochen jeder im Team
Schneider: ja (Z 586-603)

Die erste Strategie, die sie benennt, ist das „Aussprechen einer Einladung". Sie kommentiert die Strategie mit einem Bedauern, beklagt möglicherweise, dass ihr keine „härteren" Führungsinstrumente zur Verfügung stehen, was ein Hinweis auf die Struktur der Gruppe und ihre Einordnung ins Unternehmen sein könnte. „Einladen" ist ein softes, jedoch souveränes Führungsinstrument, das auf der Basis einer starken Position und/oder Persönlichkeit basiert. Die Form ihrer Einladung hat recht unverbindlichen Charakter („Macht mit!"), ähnlich wie Ferienspiele, wer Lust hat, kommt. Die Folge in ihrem Fall: Derjenige oder diejenige macht nicht mit, es kommt kaum eineR auf ihre Party. Möglicherweise ist ihre Position/Persönlichkeit zu schwach, um auf diesem Wege etwas zu erreichen. Dazu könnte ihre Reaktion passen, die sie beschreibt: Sie gibt auf, beschließt, so nicht weiterzukommen. An die Stelle des aktiven Bemühens („Leute einladen") setzt sie den noch unverbindlicheren „Wunsch" nach mehr Engagement aus der Gruppe. So erreicht sie, dass sie der Kränkung einer unerfüllten Einladung entgeht, denn ein „Wunsch" kann unerfüllt im Raum stehen bleiben, eine Einladung kaum, ohne Kränkung nach sich zu ziehen. Was findet auf der „Party" statt?

Protokoll schreiben, Aushang machen sind die Beispiele, die sie anführt, und von denen sich offenbar wenige angesprochen fühlen. Hoffmann fährt fort:

Hoffmann: wir sind ja hier kein hierarchisch aufgegliedertes Team wo man sagt so #0 der ist jetzt unser Protokollführer und der macht die Aushänge und der macht das #1 ((aufzählend)) sondern wir sind /alle/ gleichberechtigt jeder kann den gleichen Gesprächsanteil haben und jeder kann auch die gleichen Aufgaben übernehmen und ich finde das sollte dann auch mal /auch/ hier im Team mehr Eigeninitiative gezeigt werden (Z 605-613)

Sie erneuert in dieser Passage ihre Einladung ans Team, indem sie den besonderen Charakter der Gruppe hervorhebt: Keine Hierarchien, keine Führungsperson, die Aufgaben verteilt, stattdessen gleiche Rechte und Pflichten für alle. Ihre Einladung kommt im Gewand eines Teamverständnisses daher, das auf Gleichberechtigung und Eigenmotivation setzt. Sie argumentiert, appelliert an die Einsichtigkeit der KollegInnen, eine erwachsene, auf der kognitiven Ebene angesiedelte Gesprächshaltung. Müller pflichtet ihr bei:

Müller: ja ich denke es ist /wichtig/ äh was du da grade angesprochen hast und ich denke auch jeder ist ja /irgendwo/ ein bißchen Repräsentant für sich selber für seine Abteilung für die ganze Umgebung und ich seh das auch als /Chance/ also ich denke je mehr ich hier auch n bißchen /kritisiere/ und Dinge anspreche
Hoffmann: ja
Müller: desto mehr werden sie vielleicht auch durch andere übertragen gelebt nach außen hin vermittelt und das seh ich eben jeder hat so mit die Chance die Möglichkeit hier auch n bißchen was anzusprechen und Dinge weiter zu bringen deswegen denke ich auch es ist wichtig daß jeder sich aktiv ((atmet ein)) #0 am Geschehen beteiligt #1 ((atmet aus während des Sprechens)) auf jeden Fall (Z 615-630)

Auffällig ist das Wort „Repräsentant", dem sie drei Bedeutungsebenen zuordnet: die Ebene der eigenen Person, die Abteilung, die ganze Umgebung (mit letzterem meint sie möglicherweise das Gesamtunternehmen). Wir bekommen hier einen Einblick in den Klang der geltenden Firmenphilosophie, denn Müllers Turn scheint brav etwas nachzuplappern. Die Anforderungen an die MitarbeiterInnen, die sie hier plakativ entfaltet und denen sie die Überschrift „Repräsentieren" gibt, sind umfassend, möglicherweise auch widersprüchlich: Wie soll es möglich sein, gleichzeitig sich selbst, die Abteilung, das Unternehmen zu „repräsentieren". Das Ergebnis einer solchen Anstrengung ist vermutlich steif, angepasst, wenig lebendig. In ihrem Bild wirkt die Firmenphilosophie bis auf die Ebene der Person, die sich nicht mehr abgegrenzt vom schönen Schein erlebt, als Hülle oder eben RepräsentantIn agiert. Sie bezeichnet dies als „Chance" – wofür? „Dinge weiterbringen". Wie bringt sie die „Dinge weiter"? Durch „kritisieren" und „Dinge ansprechen". Ein „Ding" ist unspezifisch und allgemein, Worthülle.

Kritik ist eine spezifischere Handlung. Mittels Kritik werden „Dinge“ „auch durch andere übertragen gelebt nach außen hin vermittelt“ – wie bitte? Und „deswegen“ denkt sie ist es „wichtig dass jeder sich aktiv am Geschehen beteiligt“. Aha? Ihr Turn bleibt bis zum Ende programmatisch, inhaltsleer. Möglicherweise dient ihr das „Herunterleiern“ dieser Programmatik zur Abwehr der von Hoffmann vorgebrachten Kritik, die sie hier nicht in den Bereich der Handlung, sondern der Verlautbarung verschiebt. Schuster schließt mit einem Widerspruch an:

Schuster: aber man merkt trotzdem wo die einzelnen Leute herkommen das heißt also irgendwo äh sind unsere Abteilungen eh immer dran ähm n Referat zu halten oder mal irgendwo n Meeting
Hoffmann: ja
Schuster: ähm das heißt also man bringt sich schon anders /ein/ und ich denke daß in andern Abteilung eher mehr /Scheu/ ist die Leute kennen's nicht so
Hoffmann: ja
Schuster: und äh Protokoll schreiben das macht oben im P2 wer soll da n Protokoll schreiben die Damen arbeiten ihre Arbeit
Langenfeld: * ((im Hintergrund, nicht verständlich))
Schuster: äh fertig und dann ist /gut/ also irgendwo sag ich mal sind /wir/ auch viel kommen da viel eher in /Kontakt/ mit diesen ganzen Aufgaben (Z 632-649)

„Man merkt wo die Leute herkommen“ – Schuster bringt die Idee des Habitus ins Spiel: Herkunft lässt sich nicht verbergen. Welche verschiedenen sozialen Welten macht er in diesem Zusammenhang auf? Da sind zunächst „unsere Abteilungen“, ein Wir, dem er sich zuordnet, vertraut mit dem Halten von Referaten und Abhalten von Meetings. Davon grenzt er „andere Abteilungen“ ab, wo er mehr „Scheu“ vermutet diesen Aufgaben gegenüber. Dann wird er konkreter: Er spricht von der Welt namens „P2“, wo „die Damen ihre Arbeit arbeiten“, wo an Protokoll-Schreiben nicht zu denken sei. Verschiedene innerbetriebliche Kulturen deuten sich an. In der Welt „P2“ arbeiten die Damen ihre Arbeit fertig und dann ist gut. Davon grenzt er seine eigene Welt ab, die vom „Kontakt mit diesen ganzen Aufgaben“ geprägt ist. Er äußert Verständnis für die Verschiedenheit der Welten. Schuster greift die konkrete Aufgabe des Protokoll-Schreibens auf, die von Hoffmann als verdeckter Vorwurf eingeführt wurde. Er bringt einen möglichen Adressaten dieses Vorwurfs auf die Bühne (die Damen aus dem „P2“, situativ kann hier eigentlich nur Frau Langenfeld angesprochen sein) und übernimmt stellvertretend die Rechtfertigung für diese Gruppe. So schiebt er sich und seine Abteilung als denkbare Adressaten des Vorwurfs in den Hintergrund, sich gleichzeitig mit den erforderlichen Kompetenzen ausstattend. Indem er sich zum „Fürsprecher“ der Produktionsarbeiterinnen macht, wehrt er Kritik und mögliche

Arbeitsaufträge (womöglich die des Protokoll-Schreibens) ab. Abschließend begibt er sich auf die allgemeine Ebene des Wünschens und damit in die Gesellschaft von Hoffmann. Diese reagiert reziprok mit Zustimmung:

Hoffmann: #0 ja also ich ja ich denke auch #1 ((will sich durchsetzen)) noch noch vor 2 Jahren oder so hab ich auch noch kein Protokoll geschrieben und noch vor 2 Jahren hab ich auch /niemals/ ne Schulung abgehalten geschweige denn n Referat gehalten und ich muß ganz ehrlich sagen als ich das erste Mal ne Schulung gemacht hab und dann auch noch auf Englisch also
((leichtes Lachen in der Runde))
Hoffmann: da schlotterten mir ganz schön die Knie und das fand ich /auch/ nicht einfachund ich denke halt man wächst also das ist vielleicht n blöder Spruch aber ich denke man wächst auch mit seinen Aufgaben und /warum/ nicht auch mal n Protokoll schreiben
Meinertz: ja da muß man schon * ((leise))
Hoffmann: /warum/ nicht mal ne Schulung machen (Z 664-687)

Hoffmann wählt eine neue Strategie, um ihre Einladung zu erneuern: sie enterzählt eine persönliche Geschichte. Ihre Erzählung handelt von einem „ersten Mal", wo sie eine Schulung gemacht habe „und dann auch noch auf Englisch" –, Lachen drückt die emotionale Beteiligung der andern TeilnehmerInnen aus und sie kleidet selbst ihre Emotion in Worte (Angst/Knie schlottern). Es ist eine emotional gefärbte Geschichte mit einer Moral und sie antizipiert die mögliche Wirkung als Belehrung ab, indem sie selbst das folgende Fazit als „blöden Spruch" qualifiziert, bevor sie es ausspricht („man wächst auch mit seinen Aufgaben"). Ihre Narration führt zu einem aufgeregteren Gesprächsmodus, schnelleren Sprecherwechseln:

Müller: ich denke wir /sind/ ein offenes Team also selbst wenn da was nicht richtig ist oder falsch formuliert würde keiner sagen
Hoffmann: ach ((zustimmend abwehrend))
Schuster: #0 nein nein darum ging's ja nicht #1 ((leiser, beschwichtigend)) das ist jetzt einfach nur für mich von mir
Hoffmann: ja ich ich kann das /auch/ nachvollziehen
Schuster: /festgestellt/ daß es so ist
Müller: ja ja
Schuster: nur wünschenswert ist es /natürlich/
Müller: ja
Schuster: daß daß wir /alle/ uns dementsprechend einbringen
Schneider: ja
Schuster: #0 ja ist ja nich #1 ((leise))
((kurzes Schweigen)) (Z 689-717)

Müller schließt mit der Selbstbeschreibung des Teams als „offen" an. Sie bezieht die Offenheit auf den Umgang mit möglichen Fehlern (beim Protokoll schreiben?). Hoffmann unterbricht ihren Turn, so dass sie ihre Phantasie zur Reaktion auf „Fehler“ nicht weiter ausmalen kann. Schuster bezieht die Äußerung auf sich und seinen Turn, wehrt eine Unterstellung ab, die er vielleicht heraushört, zieht sein Statement zurück, eventuell auch seinen indirekten Appell in Richtung Produktionsdamen, Protokolle zu schreiben, formuliert ihn in einen Appell an sich selbst um. Möglicherweise sieht er sich hier „ertappt“ bei seinem Manöver, die Verantwortung abzuschieben. Hoffmann greift die Verbindung zu seinem Turn auf, schließt sich seinem „Verständnis“ an und richtet so den Scheinwerfer wieder auf die Welt des Produktionsbereichs. Schuster erneuert daraufhin noch einmal das „Wünschen“ als Form der Motivation und verallgemeinert seinen Appell in Richtung Gruppen-Wir.

Es lassen sich in dieser Passage verschiedene Zuspitzungen der Verantwortlichkeitszuweisung/-abweisung beobachten. Insbesondere die Zuspitzung auf den Produktionsbereich, dort die „Schuldigen“ zu suchen, erwies sich als kritisch, führte zu Rückzugsmanövern. Entsprechend schließt sich eine dreisekündige Pause an. Danach wählt sich Schuster als Sprecher aus:

Schuster: ja was zum Intra-Net könnt ich natürlich noch sagen ich sitz da ja auch wieder an der Quelle ((lacht))
((Lachen in der Runde))
mh klar ((weibl.)) (Z 718-723)

Schuster defokussiert das Thema Verantwortlichkeit mit einem Schwenk Intra-Net, seinem erklärten Spezialgebiet. Sein Lachen, das von der Gruppe aufgegriffen wird, drückt möglicherweise die Freude darüber aus, den heißen Themenbereich verlassen zu haben. Es folgt ein Austausch zur Präsentation im Intra-Net, wobei deutlich wird, dass das Q-Team eine Sonderstellung im Unternehmen hat, da es keine Abteilung darstellt und so entsprechend auch nicht präsent ist in der Außendarstellung. Dem schließt sich die Überlegung an, sie müssten sich mal „ihre Aufgabenstellung und Gewichtung dieser Aufgabenstellung“ überlegen (Schuster, Z751-752). Das verdeutlicht den Mangel an klaren Aufgabenstellungen in der Gruppe.

Ein Leitungsproblem: Umgang mit Motivation

Meinertz: und vielleicht kann man das ja auch wirklich erreichen äh daß man dann wirklich ne jeweilige Funktion für /den/jenigen auch auswählt daß man zum Beispiel das auch /trotzdem/ festsetzt zum Beispiel wer Protokolle schreibt oder
Müller: ah da wär ich vorsichtig
Meinertz: wer was macht weil
((männl. Gemurmel))

Meinertz: ja o.k. das wär das war jetzt n schlechtes Beispiel mit den Protokollen o.k.
((Lachen in der Runde))
Müller: mh ne aber auch so einzelne Funktionen
((Lachen in der Runde)) (Z 905-926)

Meinertz spricht von der Auswahl einer „Funktion" für die einzelne Person, einen weiteren ordnunggebenden Faktor hinzufügend und verdeutlicht das an einem Beispiel, dem Protokoll Schreiben. Müller weist prompt das Ansinnen der Festlegung einer Protokollschreiberin/eines Protokollschreibers zurück („da wär ich vorsichtig"), formuliert in Form einer Warnung. Murmeln setzt ein. Meinertz reagiert auf die Warnung mit einem Rückzieher und bezeichnet ihr eigenes Beispiel als „schlecht". Das Protokoll Schreiben scheint eine heikle Angelegenheit. Der Rückzieher wird akzeptiert, Lachen in der Runde, Müller fügt nicht näher spezifizierte „einzelne Funktionen" hinzu. Meinertz:

Meinertz: aber zum Beispiel jetzt andere Aufgaben daß man ähm wirklich das äh so n bißchen her/vor/hebt und äh sagt so Leute dazu bist du zum Beispiel verpflichtet oder das dazu dafür bist du zuständig und daß man dann auch dieses /Bewußtsein/ äh erreicht weil ähm ich merk das zum Beispiel bei /mir/ ist das so äh ich * auch manchmal so ich /möchte/ äh teilnehmen ich möchte wirken und ich möchte auch was machen nur ähm ich ähm kann das irgendwie nicht so /erfassen/ also ich ähm sag mir dann äh o.k. ich kann ja mal n Protokoll schreiben aber ich würde mir dann doch /wünschen/ äh mal n bißchen /mehr/ zu machen (Z 927-938)

Meinertz erneuert ihre Idee, Aufgaben zu definieren und wählt sich selbst als Beispiel aus: Sie möchte wirken, sie möchte etwas machen, nur, sie kann das nicht „so erfassen". Die Möglichkeiten, sich in ihrem Kontext als wirksam zu erleben, erahnt sie nur, sie sieht keine konkreten Möglichkeiten dazu, Protokoll schreiben genüge ihr nicht, sie will „mehr machen". Motivation erscheint hier als Rohstoff, der sich anbietet, geformt zu werden, ihr Turn hat appellativen und selbstoffenbarenden Charakter, sie sucht ein Gegenüber für ihre Einsatzbereitschaft, bietet sich einem Gegenüber an. Dieses tritt prompt auf die Bühne:

Hoffmann: kannste gerne #0 haben #1 ((lachend, lacht))
((Lachen in der Runde))
Meinertz: zum Beispiel #0 ja #1 ((motiviert))
((Lachen in der Runde))
Meinertz: das ist ja dann auch so *
Schuster: das halten wir jetzt fest *
((Lachen in der Runde))
Hoffmann: nein Quatsch so war das nicht gemeint (Z 939-953)

Indem sich Hoffmann als Adressatin für das Verteilen von Aufträgen anbietet, kennzeichnet sie ihre Führungsrolle. Sie konterkariert diese gleichzeitig, den Modus der Ironie wählend, den die Gruppe durch Lachen aufgreift. Sie reagiert auf eine Selbstoffenbarung mit Ironie, was bloßstellend wirken kann. Meinertz greift den ironischen Modus nicht auf, sondern bleibt sachlich und ernsthaft, damit zugleich die Bloßstellung abwehrend und umkehrend: Sie setzt eine konditionelle Relevanz, erkennt die Führungsrolle Hoffmanns reziprok an, bringt diese gleichzeitig in Zugzwang, sich offensiv zu ihrer Rolle zu bekennen, was im Teamkontext nach dem bisherigen Stand riskant wäre. Bloßstellung folgt hier auf Bloßstellung – jedoch freundlich-kollegial konnotiert. Sie erntet nun gleichfalls Lachen für ihre Parade. Schuster bleibt im Modus der Ironie, Lachen folgt, wodurch Hoffmann sich zu einem expliziten Rückzieher aufgefordert sieht und wieder „ernst" wird. Damit reicht sie symbolisch Meinertz die Hand, entschuldigt sich für ihr Manöver. Meinertz nimmt an:

Meinertz: #0 das ist ja auch hinbezogen in der Richtung daß man auch wirklich mit den Abteilungen äh #1 ((spricht trotz Belustigung der anderen normal weiter)) vielleicht auch mal sich zusammensetzt und ähm das mal auch /vorträgt/
Hoffmann: dir fehlt so n bißchen
Meinertz: was man hier bespricht
Hoffmann: was was /Greif/bares
Meinertz: ja genau was du jetzt halt mal so umsetzen kannst
Hoffmann: in dem Bereich (Z 955-979)

Hoffmann nutzt hier die Gesprächshaltung des aktiven Zuhörens und fasst den Turn von Meinertz in ihren eigenen Worten zusammen, wobei sie auch den emotionalen Gehalt anklingen lässt. Meinertz bestätigt ihre Paraphrase, der gemeinsame Verstehensraum bildet sich zugleich durch die ineinandergreifenden Redebeiträge und Zustimmungsäußerungen der anderen Teammitglieder. Meinertz präsentiert sich als Akteurin, die hilflos agiert, ohne machtvolles Gegenüber, sie verlangt quasi nach „Führung". Die Führungsrolle in diesem Team ist bis dato weder formell noch informell besetzt, es existiert ein Machtvakuum, zu dessen Aufrechterhaltung die AkteurInnen stetig beitragen. Worte wie Greifen, Machen, Fassen, drücken Aktivität aus, einen möglichen Handlungshorizont, der als bedingt präsentiert wird.

Interaktion zwischen „Oben" und „Unten"

Hoffmann: wie sieht das denn aus im im Fertigungsbereich sprechen Sie die Leute denn /an/ oder ist das nicht so ich weiß halt gar nicht ist das so bekannt daß Sie

Langenfeld: nein nein nicht es ist gar nicht bekannt vor allen Dingen haben wir ja auch nicht die Zeit oder wir /dürfen's/ auch nicht
Hoffmann: ja gut
Langenfeld: daß man ewig zusammensteht
Hoffmann: ah ja (Z 1083-1096)

Hoffmann stellt eine offene Frage, die sie in eine geschlossene überführt und setzt eine konditionelle Relevanz. Sie bringt mit diesem Manöver erstmals Langenfeld ins Gespräch, die sich bisher praktisch nicht an der Diskussion beteiligt hat. Damit markiert Hoffmann wie schon zuvor eine potenzielle Führungsrolle. Langenfeld reagiert und erfüllt die konditionelle Relevanz. Sie reagiert auf die Frage mit einer Rechtfertigung, reziprok zur Gesprächshaltung Hoffmanns, deren Turn einen verschleierten Vorwurf enthält. Ihre Frage dient zugleich dem Zweck, Langenfeld ins Gespräch zu bringen.

Langenfeld: dann heißt's wieder es wird nur privat oder so gesprochen es ist halt eben /nicht/ so locker nehm ich mal an wie jetzt halt oben
Hoffmann: ah ja
Langenfeld: im Bürobereich dann irgendwie ne' das is man hat seinen Ablauf man bekommt seine Arbeit die hat man zu machen oder teilweise ist auch überall Akkord die Frauen
Hoffmann: ja
Langenfeld: oder Jungen haben keine Zeit sich irgendwo hinzustellen und zu diskutieren und so weiter (Z 1098-1114)

Der Inhalt ihrer Rechtfertigung bringt einen neuen Tenor ins Gespräch: Sie beschreibt die Welt im Fertigungsbereich „P2" näher, die Welt, wo die Frauen nicht „ewig" zusammenstehen dürfen und die „eben nicht so locker" ist „wie jetzt halt oben", wo „Akkord" gearbeitet wird und nicht „privat" gesprochen werden darf. Explizit setzt sie diese Welt gegen den „Bürobereich", der somit aus ihrer Perspektive als „locker" erscheint, wo man „privat" zusammensitzt, diskutiert ohne Zeitbegrenzung und Beobachtung. Langenfeld nutzt hier das In-Szene-Setzen einer betrieblichen Kultur, die sich von einer anderen unterscheidet als Argumentationsfeld zur Abwehr von Mehrarbeit und Aufträgen. Sie benennt sehr prägnant die Unterschiede zwischen den innerbetrieblichen Welten, führt so die Themen Macht und Hierarchie ein. Die Rechtfertigung führt sie weiter in einen Gegenvorwurf. Hoffmann:

Hoffmann: aber es kommt halt sicherlich auch mal so grade in den Pausen auch hie und da
Langenfeld: ja aber sitzen immer dieselben Gruppen zusammen
Hoffmann: sind immer die selben Gruppen sozusagen
Langenfeld: ja und man ist doch weil es auch ein großer Bereich ist ((atmet ein)) weiter ganz hinten sitzen vielleicht mal 2 drei Mann in dem andern Raum mal also ich mein man

Hoffmann: ja gut es gibt ja
Langenfeld: ist zu weit auseinander ich meine wenn man
Hoffmann: mh (Z 1116-1129)

Hoffmann widerspricht in dieser Passage konsequent den verschiedenen Rechtfertigungen von Langenfeld mit dem Resultat, dass diese die Ebene der Rechtfertigung verlässt:

Langenfeld: wenn jemand das /wollte/ der /könnte/ dann kommen und ich meine ne Möglichkeit bietet s würde sich immer ergeben
Hoffmann: ja
Langenfeld: oder würde sich finden ne' aber da unten ist es entweder ist kein Interesse es wie man sieht auch kaum daß einer mal ne Information liest ich /weiß/ es nicht aber
Meinertz: * (Z 1131-1142)

Während Langenfeld zunächst ihre Arbeitswelt als eng und reglementiert skizziert hat, wo es quasi objektiv unmöglich sei, kommunikativen Kontakt zu pflegen, lässt sie, beeinflusst durch die Hartnäckigkeit Hoffmanns, diesen Argumentationsstrang fallen und begibt sich auf die Ebene des Wollens bzw. Nicht-Wollens: Möglichkeiten gibt's immer, aber die Leute wollen nicht, haben kein Interesse.

Resonanz von Oben: Strategien, Reaktionen

Müller: gut und von uns aus was /ich/ jetzt gemerkt habe als die neuen Aushänge hingen hab ich die Leute auch direkt drauf angesprochen also ich hab da ne ging zufällig mit Herrn Obermeier über die Brücke und hab gesagt #0 ham sie den Aushang schon gelesen welcher Aushang #1 ((wiederholt den Dialog))
((leichtes Lachen))
Müller: da blieb ich natürlich daneben stehn
Meinertz: mh mh
Müller: während er das las und hab dann gesagt #0 und wie finden Sie das #1 ((hebt die Stimme, wiederholt die Situation)) und dann hab ich gleich schon mal so n bißchen halt gefühlt wie #0 so #1 ((gedehnt)) wie das ankommt und das war dann eigentlich schon ganz positiv und ich denk das ist vielleicht auch ein bißchen unsere Aufgabe die Leute so n bißchen zu locken (Z 1454-1476)

Müller stellt uns hier ihre Tätigkeit als firmeninterne Vermarktung des Produkts Q-Team vor. Ihre Werbestrategie: die Leute „locken". Sie definiert dies als Aufgabe der Mitglieder des Q-Teams und fügt eine szenische Illustration an, was sie damit meint: Die neuen Aushänge des Teams hängen, sie ist anscheinend gespannt, wie's ankommt, ob's bemerkt wird. Sie entscheidet sich, nicht zu warten, bis ein Kommentar zu den Aushängen kommt, sondern aktiv zu werden. Sie bringt Herrn Obermeier auf die Bühne, der so zu einer wichtigen Figur der Anerkennung für das Team wird. Sie beschreibt die Situation als eine, die es ihr ermöglicht zu „fühlen“, wie die Aushänge und damit ihr Wirken ankomme, also auch als emotionales Geschehen, seine Reaktion mit den Worten „eigentlich schon ganz positiv“. Indem sie ihr eigenes Verhalten als „lockend“ qualifiziert, betritt sie den Bedeutungshof von Erotik und Verführung. In ihren nicht eindeutigen Worten „eigentlich schon ganz positiv“ drückt sich möglicherweise etwas von der Zwiespältigkeit der erfolgten Reaktion aus – sie hat Herrn Obermeier ziemlich unter Zugzwang gesetzt, eher eine aggressive Variante der Werbung gewählt mit erotischen Anklängen, die in ihrem Bild vom Unternehmen erforderlich erscheint, „weil vielleicht jeder von sich aus gar nicht so was dazu sagt“.

Schneider: mh Herr Obermeier interessiert es auch von der Betriebsführung her war /sehr/ angetan

Müller: ja ja

Schneider: also das hatte er schon lange irgendwo vor aber im Moment * schon mal geplant aber da wir's jetzt aus der Gruppe heraus auch gesagt haben war er schon für den Vorschlag begeistert #0 das Problem das wieder auftaucht #1 ((hebt die Stimme)) ist wird's bezahlt wird's nicht bezahlt

Langenfeld: * na ja ne

Schneider: daran haperts und

Müller: ja

Schneider: es sollte /eigentlich/ erstmal generell so sein daß es /nicht/ bezahlt wird so so wär's zumindest äh im Sinne der der Betriebsleitung (Z 1495-1514)

Schneider hakt ein bei der Person Herrn Obermeiers und neufokussiert das Thema Betriebsführung. In seiner Beschreibung lernen wir einen „interessierten“, „begeisterten“ Herrn Obermeier kennen, der „sehr angetan“ ist von den Ideen der Gruppe – dies kontrastiert mit Müllers Beschreibung eines eher mäßig interessierten Herrn Obermeier. In Schneiders Kurzfilm entsteht die Begeisterung und das Interesse durch das Aufeinandertreffen gemeinsamer Interessen: Das Q-Team präsentiert eine Idee, die auch Herr Obermeier „schon lange“ hatte und greift daher mit Begeisterung die Idee aus der Gruppe auf: Er muss nicht „gelockt“ werden, sondern die Idee fällt auf fruchtbaren Boden. Deutlich kontrastiert Schneiders Story mit der Müllers: Während sie sich und Herrn Obermeier in einer einseitigen Situation des „Lockens“ beschreibt mit entsprechend zwiespältigen Reaktionen, beschreibt Schneider die Gruppe/sich in einem Raum von Kollegialität und gemeinsamen Ideen und „Begeisterung“. Er nimmt sein Ich dabei teamorientiert mit hinein in die Gruppe (denkbar wäre hier eine viel ichbezogenere Darstellung gewesen), dennoch entstehen Bilder „weiblicher“ und „männlicher“ Herangehensweisen in betrieblicher Kommunikation, das Q-Team eher als „weibliche“ Gruppe, die Aufmerksamkeit allenfalls erhält, wenn ihre

Ideen „zufällig“ mit denen des vorgesetzten Mannes übereinstimmen. Die gemeinsame Begeisterung endet bei dem „Problem das wieder auftaucht“, „wird's bezahlt wird's nicht bezahlt“. Dieses Problem ist anscheinend mit Herrn Obermeier verknüpft, die Vorstellung einer Meinungsdifferenz zwischen Q-Team und Betriebsleitung entsteht, wobei es um das Thema Bezahlung geht und die Frage, wer entscheidet, ob's bezahlt wird oder nicht. Die Frage taucht auf, welche Funktion Herr Obermeier für das Q-Team hat und welche sie ihm zuschreibt. Schneiders Neufokussierung leitet zugleich eine Umformulierung des Handlungsschemas Gruppendiskussion ein. Die Gruppe beginnt nun, sich über anstehende Aufgaben auszutauschen und führt die Diskussion in Richtung Teambesprechung weiter. Anschließend setzt er eine konditionelle Relevanz:

Interaktion mit den Mächtigen: wo ist unten, wo ist oben?

Schneider: ich weiß nicht Sie sagen aus Ihren Reihen wär ja letztesmal schon gekommen dann werns wahrscheinlich nur wieder sehr wenige sein die dran teilnehmen ne' ((atmet ein))

Langenfeld: na ich sag ja aber wenn schon mal was erst sind se alle am schimpfen und wenn was

Schneider: ja

Langenfeld: geboten wird dann gibt's wieder ne das wolln se dann auch wieder nicht * (Z 1532-1544)

Die konditionelle Relevanz kleidet er nicht in die Form einer Frage, sondern in eine Aussage, den möglichen Einwand Langenfelds vorwegnehmend. Er bezieht sich auf Langenfeld als Ansprechperson, deren Einwände von einem „letzten Mal“ wiederholend, präsentiert sich als Mittler zwischen Betriebsleitung: die Einwände Langenfelds sind nicht entsprechend aufgegriffen worden. Schneider bekräftigt die Einwände Langenfelds, belässt ihnen ihr Gewicht, wodurch er seine Position als Vermittler markiert, Glaubwürdigkeit darlegt und Langenfeld ihren Argumentationsraum belässt. Langenfeld reagiert auf dieses vorsichtige Vorgehen reziprok mit Verhandlungsbereitschaft, präsentiert sich selbst in der Rolle der Mittlerin, deren Position auf der Kenntnis der Unternehmenskultur in ihrem Bereich basiert, sie präsentiert sich als Kennerin, die die Reaktionen der MitarbeiterInnen vorhersehen kann, dabei selbst eine übergeordnete Position einnehmend. In Richtung Schneider reagiert sie sozusagen „milde“, nachgiebig, vielleicht begünstigt dadurch, dass er sie als gleichberechtigte Verhandlungsführerin anerkennt. Das ermöglicht ihr den Rückzug von ihrer Position ohne Gesichtsverlust.

Der Betriebsrundgang: Meinungsverschiedenheit, Lösungsversuche

In der folgenden Passage äußert Hoffmann ihr Bedauern über die Entscheidung in puncto Bezahlung der Betriebsrundgänge. Schneider und Müller argumentieren, man solle es eben mal ausprobieren, auch ohne Bezahlung. Daraufhin schaltet sich Meinertz ein:

Meinertz: vielleicht sollte sich die Betriebsleitung Gedanken machen weil in Zukunft wird ja mehr äh Service ja auch /gefordert/ sag ich mal und ähm Service und diese Service/leistungen/ oder diese ähm ähm wie gesagt das muß ja auch äh von von jedem Menschen /selber/ kommen der auch /motiviert/ ist und ähm vielleicht ist das ja auch äh wichtig für den jeweiligen Betrieb sag ich mal ähm daß man das äh dann neu überdenkt und ja das ist auch was gutes für den für den Betrieb /selber/ und ähm ich weiß nicht das äh es geht ja immer jetzt in dieser Richtung daß mehr äh Service gefordert wird und notwendig wird und auch ähm was weiß ich die Freundlichkeit oder /überhaupt/ also ähm diese Gebiet das ähm also nach diesem /Amerika/ sag ich mal Vorbild und äh also für solche Sachen sollte glaub ich die Betriebsleitung dann schon mal Gedanken verschwenden
((Hoffmann setzt an zum Gespräch, bricht ab))
Meinertz: ob das dann doch nicht irgendwie wichtig ist
Hoffmann: ich weiß nicht ob ich ich meine einerseits fordert man fordert man von den Mitarbeitern ähm halt diese dieses Interesse und andererseits ähm ist da auch /kein/ Entgegenkommen also das find ich dann so n bißchen /fraglich/ dann ne' (Z 1592-1618)

Meinertz hält hier ein schon beinahe leidenschaftlich zu nennendes Plädoyer, eine Unternehmenskultur beschwörend, die Service, Mitarbeitermotivation groß schreibt und das auch entsprechend wichtig nimmt und umsetzt. Der Turn hat deutlich kritische Züge in Richtung Betriebsleitung und sie fährt ein ganzes Bündel an Überlegungen zu moderner Unternehmenskultur auf (Motivation, Service, Freundlichkeit, Amerika als Vorbild...). Hoffmann versucht, sich Gehör zu verschaffen, Meinertz setzt ihren Redezug fort und pointiert den Widerspruch zwischen der „Forderung“ an die MitarbeiterInnen und dem „Entgegenkommen der Betriebsleitung“, was sie hier als Missverhältnis beschreibt. Hoffmann setzt daraufhin eine konditionelle Relevanz:

Hoffmann: ich weiß jetzt nicht hatten Sie noch mal mit dem Herrn Obermeier gesprochen
Schneider: ich hab mit Herrn Obermeier nochmal darüber gesprochen *
Hoffmann: hat jetzt
Schneider: er ist weiterhin der Meinung das wird also nicht bezahlt weil er sieht das Ganze als äh ja wir wir stellen /Möglichkeiten/ diesen Betriebsrundgang zu machen wir stellen die Mitarbeiter zur Verfügung /die's/ machen und das Ganze sieht er mehr als wie so ne Art Tag der offenen Tür
Langenfeld: * ((leises Lachen))

Schneider: er sagt n Tag der offenen Tür wird auch nicht bezahlt das ist seine Meinung jetztund sieht es zwar generell sehr /vorteilhaft/ wenn so was gemacht würde aber wie gesagt unter diesen unter diesen /Bedingungen/ (Z 1620-1648)

Hoffmann unterbricht Meinertzs Plädoyer in Richtung Obermeier/Betriebsleitung und drängt sie samt ihrer Kritik aus dem Gespräch. Zugleich wechselt sie das Handlungsschema, indem sie die Gesprächsebene wechselt: Sie wendet sich an Schneider und fragt, ob er „nochmal" mit Herrn Obermeier gesprochen habe. Damit schreibt sie Schneider die Rolle eines Sprachrohrs zu. Meinertz entwertet sie zugleich als Sprecherin, da sie sich aktiv von ihrer Person und ihrem Beitrag abwendet. Stattdessen holt sie Herrn Obermeier zurück ins Gespräch und lässt Schneider dessen Text wiederholen, so dass dessen Meinung bekräftigt wird, auch im Gegensatz zu Meinertz' Position. Schneider erfüllt den Auftrag und rekapituliert Obermeiers Argumentation. Müller defokussiert an dieser Stelle und beginnt, die Modalitäten des Rundgangs zu rekapitulieren. Ab diesem Moment (Z 1854) hat die Gruppe endgültig das Handlungsschema gewechselt und beginnt eine Teambesprechung:

Teambesprechung life: Organisieren, Entscheiden, Abschweifen

Schneider: dann sollten wir jetzt am besten mal beschließen wie die endgültigen Touren aussehen
Hoffmann: Touren aussehen und wann die stattfinden
Schneider: und auch die ersten Termine anbieten
Hoffmann: genau
Müller: und wer's macht (Z 1764-1773)

Schneider wählt einen appellativen Modus, um einen neuen Vorgang einzuleiten: Etwas beschließen. Die Passage ist lebhaft, Schneider, Hoffmann, Müller, Langenfeld greifen wechselseitig Worte und Formulierungen auf, bestätigen sich, stimmen einander zu; Schneider präsentiert eine Kette von Einzelhandlungen, die aufeinander folgen müssen für das Gesamtvorhaben Betriebsführung: die Touren festlegen, Termine anbieten, Personen, die die Führung durchführen, bestimmen, Anmeldeformulare ausarbeiten, sich festlegen, Verbindlichkeit, auch an Personen gebunden. Ein gemeinsamer Raum zum Ausspinnen von Ideen entsteht, es sprudelt nur so aus den GesprächsteilnehmerInnen heraus. In dieser Phase findet keine Beschlussfassung, nichts Verbindliches statt, dennoch wirken die TeilnehmerInnen wie gelöst. Hoffmann präsentiert Obermeier nun definitiv als Entscheidungsträger, auf den gewartet wird vor Inangriffnahme von Aktivitäten. (Fehlende) Entscheidungsmacht erscheint wieder als Bremse von Aktivitäten (Antrieb?). Dies ist der Punkt, der mehrfach auftaucht, während alles andere problemlos zu bewältigen scheint und auch schon eingestielt ist (so Schuster, der jemanden angesprochen hat, der die Rundgänge durchführen würde, Z1941-1962). Während der Diskussion gibt es zunächst keine Festlegungen, Entscheidungen werden verschoben. Daraufhin Hoffmann:

Das Problem der Legitimation: „Dann heisst es wieder Q-Team bringt nix"

Hoffmann: dann fangen wir wieder an mit den #0 Terminen #1 ((gedehnt)) und machen dann noch mal nen Fragebogen also ich glaub irgendwann also wir müssen jetzt was #0 da steht ja jetzt #1 ((hebt die Stimme)) in der nächsten Sitzung entscheiden wir da müssen wir auch entscheiden und Termine angeben weil sonst werden wir wieder schleppt sich das wieder /hin/ und dann fangen wir im nächsten

Müller: ja ja nächstes Jahr

Langenfeld: im nächsten Jahr mh ((leise))

Hoffmann: Jahr nochmal an und dann sagt man wieder ja Q-Team bringt nix die brauchen so lange bis sie mal irgendwas auf die Reihe bringen (Z 2489-2524)

Hoffmann weist einen Vorschlag mit dem Zeitargument zurück, gleichzeitig verschiebt sie selbst die Entscheidung in die nächste Sitzung und malt mahnend an die Unternehmenswand: „Q-Team bringt nix", „die brauchen so lange bis sie mal irgendwas auf die Reihe kriegen" – womit sie möglicherweise die inoffizielle Selbstbeschreibung des Teams in Worte fasst. Und genau das ist es auch, was in der Gruppendiskussion passiert. Müller unternimmt später nochmals einen Vorstoß in Richtung Festlegung/Verbindlichkeit:

Müller: wollen wir denn jetzt schon Aufgaben verteilen wer das macht diese Anmeldungsformulare schreiben den Aushang

Hoffmann: ich mag den Aushang machen ((leise))

Müller: verfassen

Meinertz: kann ich machen ((leise, lacht))

Hoffmann: ((lacht)) wir können das ja zusammen machen (Z 2620-2629)

Müller erreicht, dass sich Hoffmann und Meinertz für dieselbe Aufgabe melden: den Aushang zu machen. Hoffmann bildet daraufhin ein Zweier-Wir, in dem sie bestimmt, schränkt die angebotene Bereitschaft von Meinertz ein. Die Gruppe geht über zu den Piktogrammen (Z 2637-2832). Schneider refokussiert das Thema Aufgabenverteilung:

Schneider: #0 haben wir die Aufgaben soweit schon verteilt wer macht was #1 ((fragend))

Müller: nö

Hoffmann: ja wir hatten jetzt eigentlich nur gesagt daß ähm wir können uns ja da mal kurz zusammen setzen mal eben Stichpunkte aufschreiben oder so und die Inhalte

Schuster: krieg ich wieder

Hoffmann: gehen dann an Herrn Schuster und der
Schuster: setze sie um
Hoffmann: setze es dann um
Schneider: * bräuchten wir beim nächsten Mal nur entsprechend die Termine dann noch reinzuflicken
Hoffmann: ach so ja (Z 2855-2877)

Die Passage gibt einen gemeinsamen „demokratischen" Entscheidungsprozess zwischen Schneider, Hoffmann, Schuster wieder: Stichpunkte aufschreiben (wer?), die gehen an Schuster und der setzt sie (graphisch?) um. Wirkt problemlos, erprobt. Dann geht's wieder um die Anzahl der Termine für die Betriebsrundgänge, eine Einigung scheint erzielt zu werden (Z 2956, Schneider: „jeweils 2 Termine erstmal"). Schneider nimmt daraufhin eine Neufokussierung vor, die zugleich einen Abschluss markieren könnte:

Schneider: ja o.k. ja wann wollen wir den nächsten Termin machen Sie sind in Urlaub Sie sind in Urlaub
Müller: ich bin jetzt ab Montag 2 Wochen * dann bin ich anderthalb Wochen hier und dann bin ich weg

Die folgende Passage (Z 2974-3074) kreist darum, einen gemeinsamen Termin für das nächste Treffen zu finden. Verschiedene Daten werden „gehandelt", keins festgelegt, mit der Begründung anderweitiger Beschäftigungen. Daraus der letzte Abschnitt:

Müller: wollen wir's nicht Mittwoch machen
Schuster: zwanzigster ((fragend))
Müller: Mittwoch 13.00 Uhr #0 hatten wir nicht n paarmal Mittwoch als der #1 ((fragend))
Hoffmann: ja
Müller: bist du nicht da ((fragend))
Hoffmann: da bin ich noch nicht da
Schuster: * ((leise))
Langenfeld: ich bin auch nicht da ((leise))
Hoffmann: aber ich hab den Terminkalender eigentlich auch #0 schon relativ dicht #1 ((leicht lachend))
Müller: ja das ist bei mir nicht anders aber
Hoffmann: und ich weiß das auch nicht auswendig
Müller: ich kann's auch nicht sagen
Hoffmann: ich kann das nicht so sagen ((leiser))
Schneider: den Donnerstag 21. *
Schuster: ich meine das das schaun Sie doch mal /rein/
Schneider: ja ich wollt nur mal n Vorschlag machen
Schuster: dann richten wir uns n bißchen so nach Ihnen
Hoffmann: ((lacht)) #0 sie solln sich ja nicht alle nach mir richten #1 ((lachend))

((Lachen))
Schuster: ja warum denn /nicht/ wo ist das Problem ((leise, fragend))
Hoffmann: ja Sie können das eintragen
Müller: ((gleichzeitig mit Hoffmann)) also wir können wir können uns ja die Woche mal überlegen muß ich auch noch mal kucken weil ich da die in den letzten Zügen bei mir ist es auch ziemlich dicht
Schuster: ((lacht leicht))
Müller: daß wir da halt noch mal einen einen gemeinsamen Termin wird man da noch finden
Schneider: ja
Hoffmann: mh
((kleine Pause)) (3017-3074)

Diese Passage handelt vom Umgang mit der Zeit im Team. Termine festlegen erscheint als Balancieren mit Abwesenheiten, die sich die AkteurInnen wechselseitig zusichern, ebenso wie die gegenseitige Bestätigung, viel zu tun zu haben, die die Abwesenheit legitimiert. Hoffmann lehnt die exponierte Position ab, die ihr Schuster „zuschustern" will. Sie sagt, sie wolle nicht, dass sich die andern nach ihr richten. Möglicherweise wehrt sie mit der Rollenzuweisung selbst Verpflichtungen ab, die aus der Gruppe an sie herangetragen werden könnten. Was durch Schusters Nachhaken („ja, warum denn nicht") wie ein Herausstehlen aus Verantwortung wirkt, kann auch als Kampf um eigene Freiräume gedeutet werden. Wir sehen jedenfalls die Aushandlung des nächsten Termins als Spiel um Freiheit und (Selbst)Verantwortung, an dem sich Meinertz und Langenfeld nicht beteiligen, möglicherweise sind sie aus Hierarchiegründen nicht an dem Spiel beteiligt. Trotz relativ langwieriger Bemühungen, hinter denen sich „freiheitliche" Interessen verbergen, finden die Teammitglieder hier keinen nächsten Termin. Möglicherweise ist dieser Misserfolg Teil des Spiels: Festlegungen vermeiden durch Aufschieben, anderweitige Arbeitsbelastungen demonstrieren. Eine kleine Pause markiert das Spielende. Darauf Müller:

Am Ende doch noch eine Erfolgsmeldung

Müller: mir fällt grad ein ich hab noch eine Sache zu vermerken es ist mir tatsächlich gelungen #0 regelmäßige Besprechung in meiner näheren Umgebung durchzusetzen #1 ((hebt die Stimme, lacht leicht))
Hoffmann: heiii
Schneider: ja das ist doch ein Erfolg
Schuster: ja das ist doch ein Erfolg ((lacht leicht))
((Lachen))
Schuster: schön
Hoffmann: ja ist doch ein /Erfolg/
Müller: ja (Z 3239-3264)

Müller hat mit ihrem „übrigens da fällt mir noch ein" das Thema Terminfindung defokussiert, zugleich setzt sie nach den bisherigen, tendenziell frustgeladenen Passagen einen Akzent in Richtung Erfolg der Arbeit, was von Schneider und Schuster entsprechend gewertet wird. Hoffmann gibt ihre Wertung mit Verzögerung, indem sie zunächst auf die Langsamkeit und Zähigkeit von Veränderungen anspielt, schließt sich dann der positiven Wertung an. Schneider nutzt den Moment, um das Gesprächsende einzuleiten:

Schneider: mh . ja dann mein ich sind wir durch
Müller: wir sind am Ende ((lacht leicht))
Hoffmann: wir sind ein bißchen vom Thema abgewichen
((leichtes Lachen))
Hoffmann: eigentlich sollte das Thema ja so grundsätzlich Information sein wie setzen wir das hier um und sind dann nachher in unsere tägliche Arbeit
Langenfeld: * ((leise im Hintergrund))
Hoffmann: um ((lacht leicht)) umgestiegen (Z 3266-3279)

Ratifiziert wird das Ende der Gruppendiskussion durch Hoffmann, die damit ihren Führungsanspruch auch in dieser Gesprächsphase markiert. Sie gibt zugleich einen Metakommentar ab zum Prozessverlauf der Diskussion: Sie seien vom grundsätzlichen Thema abgewichen und in die tägliche Arbeit umgestiegen. Damit kommentiert sie den Wechsel des Handlungsschemas durch die Gruppe, womit sie ihre kommunikative Kompetenz unter Beweis stellt. Durch das Beenden der Diskussion in einem der wenigen Momente, wo die Gruppe bzw. ein Gruppenmitglied sich selbst ein positives Zeugnis von Wirksamkeit ausstellt, gelingt es dem Team am Ende doch noch, das Gespräch abzurunden und es beweist sich hier die „Tendenz zur guten Gestalt", auch in einem im Ganzen gesehen krisenhaften Handlungsverlauf.

3.6.8 Gesamtformung

Mit der Gruppe „Sinnsuche" lernen wir ein Team kennen, das Wert auf Interdisziplinarität und Chancengleichheit legt. Die Zusammensetzung des Teams spiegelt diesen demokratischen Anspruch wider: Drei Mitarbeiterinnen aus der Produktion, eine Ingenieurin im Export, die Assistentin der Geschäftsleitung, ein Mitarbeiter der Marketingabteilung sowie ein Ingenieur aus dem Qualitätsmanagement. Im Fokus der Diskussion stehen die Themen Macht und (fehlende) Wirksamkeit im Unternehmenskontext, festgemacht insbesondere an mangelnder

Resonanz auf die Aktivitäten, im Verbund mit einem niedrigen Aktivitäts- und Motivationsgrad der MitarbeiterInnen. Die „life“-Organisation von Betriebsrundgängen für die MitarbeiterInnen der Produktion wird zur stellvertretenden Debatte für die Verknüpfung der Themen Macht, Organisation, Positionierung im Unternehmen.

Interaktion im Team: Frühe Positionierungen

Müller eröffnet die Vorstellungsrunde, wobei sie eine Kurzbeschreibung der Aufgabenstellung des „Q-Teams“ liefert, worin sie umgehend von Hoffmann korrigiert wird. Die Definitionsmacht, die Hoffmann hier beansprucht und die auf einen Leitungsanspruch ihrerseits hindeutet, bestätigt sich im Verlauf der Diskussion. Schneider bietet einen Abriss der bisherigen Entwicklung des Q-Teams während dieser Runde, erscheint aufgrund seiner Funktion als mögliche Leitungsfigur im Team, tritt jedoch in dieser Rolle zurückhaltend in Erscheinung. Inhaltlich betont Hoffmann die „Verschiedenheit“ und den bereichsübergreifenden Charakter des Q-Teams, das sich durch eine Nicht-Festlegung von Funktionen im Team auszeichne.

Selbstbeschreibungen, Selbstdefinitionen: Die Suche nach Identität

Schneider ratifiziert das Handlungsschema Gruppendiskussion im Anschluss an den Stimulus, indem er eine eigene Selbstbeschreibung des Teams darlegt („ja es ist äh eine sehr lockere Runde ... jeder hat zu /gleichen/ Anteilen das Recht hier seine Meinung vorzubringen ...“, Z 166ff). Der Begriff „locker“ verweist auf ein jugendliches, freies, beinahe hippiehaftes Milieu. Von der politischen Verfasstheit her finden wir Anklänge an eine basisdemokratische Organisationsauffassung, für die die Gruppe den Spiegel bietet. Hoffmann opponiert gegen Schneider durch eine kritischere Darstellung des Q-Teams, deren Tätigkeit sie als wenig wirksam präsentiert („wobei wir da in der Vergangenheit auch ... geschlafen haben“). Hoffmanns Selbstcharakterisierung des Teams ist die einer schlafenden Gruppe, die sich während seltenerer Wachzustände mit der Problematik von Richtig und Falsch sowie einem „Erscheinungsbild“ befasst, an das sie sich „halten müssen oder an das wir uns auch gerne natürlich halten“. Schuster setzt dagegen die „Bedürfnisse“ der einzelnen Abteilungen und entfaltet ein komplexes informelles, kanalartig organisiertes Informationsnetz, dessen Teil das Team sei (Z 218ff). Die unternehmenskulturellen Merkmale, die hier zusammengetragen werden, sind verschieden, widersprüchlich, vielleicht sogar unvereinbar: Demokratie, Meinungsfreude, Lockerheit, Vorgaben durch ein festgelegtes Erscheinungsbild.

Die Frage der Selbstbeschreibung (was tun wir eigentlich genau?) sowie die der Selbstdefinition (was bestimmt unserer Gruppenidentität im Unternehmen?) nimmt den meisten Raum zu Beginn der Diskussion ein. Auffällig ist zunächst, dass diese identitätsorientierten Fragen überhaupt auftauchen, zumal zu Beginn des Gesprächs, zudem die Ausführlichkeit der Erörterung, von der ich die zentralen Passagen zitiert habe. Die Gruppe ringt hier um ihre „Gestalt", Sinn und Bedeutung im Unternehmen, sucht in unterschiedliche Richtungen und kehrt stets mit leeren Händen zurück. Diese Suche beschreibt die Organisation als komplexen Raum von Informationsströmen, bereitliegenden Bedeutungen, möglichen Identitäten. Locker ummantelt wird diese Suche von der „Corporate Identity", von deren hohem Stellenwert immer wieder die Rede ist. Identität erscheint so auch als Rahmenfrage des Unternehmens. Bereits die Dauer der Erörterung beschreibt die Schwierigkeit der Identitätsbestimmung und die Suche erweist sich als weitgehend vergeblich. Die Organisation, die so sehr den Wert einer rahmenden Identität betont, erscheint hier als Flut strömender Identitäten, aus der man/frau sich das Passende auswählen kann, ohne dass diese Wahl konturiert.

Machtkonstruktionen

Sehr früh in der Diskussion taucht das Thema (fehlende) Macht der Gruppe im Unternehmen auf. Die MitarbeiterInnen scheinen sich abzuarbeiten an äußeren Vorgaben über das richtige bzw. falsche Vorgehen und Erscheinungsbild und überspielen möglicherweise diese fehlende Macht mit „Lockerheit", Meinungsfreiheit, vorgeblichen „Rechten" und dem gnädigen Zustand des Schlafens als Rückzug aus diesem insgesamt unbefriedigenden Zustand. Im Team selbst taucht Macht als Vakuum auf: Es gibt weder explizit noch informell eine echte Führungsfigur. Am ehesten hat Hoffmann diese Rolle inne. Das Vakuum füllt sich im Verlauf der Diskussion durch das In-Szene-Setzen von Herrn Obermeier, Mitglied der Geschäftsleitung, als „realem" Machthaber, der Meinungen äußert und durchsetzt, an die sich das Team hält – trotz abweichender Positionen. Es kommt jedoch kaum zur Formulierung dieser abweichenden Positionen, das Gesprächsverhalten ist an Harmonie orientiert. Nur Meinertz setzt der Figur/Position des (abwesenden) Geschäftsleiters in einem beinah leidenschaftlichen Plädoyer etwas entgegen, wo sie indirekt kritisiert, dass die ProduktionsmitarbeiterInnen für die Teilnahme an den Betriebsrundgängen nicht „bezahlt" würden („ähm dieses Gebiet das ähm also ... für solche Sachen sollte glaub ich die Betriebsleitung dann schon mal Gedanken verschwenden ob das dann doch nicht irgendwie wichtig ist ich meine einerseits fordert man fordert man von den

Mitarbeitern ähm halt diese dieses Interesse und andererseits ähm ist da auch /kein/ Entgegenkommen also das find ... ich dann so n bißchen /fraglich/ dann ne"", Z 1601ff). Sie wird jedoch von Hoffmann mittels einer Themendefokussierung gebremst, ihr Engagement erfährt keine Erwiderung, gegen Ende der Diskussion ist sie immer weniger am Gespräch beteiligt. Hoffmann beendet damit auch eine Passage deutlicher Kritik an der Geschäftsleitung, hält sich wie erwünscht an ein „Erscheinungsbild", das hier ins Wanken zu geraten droht.

Das Problem mangelnder Bedeutung und Wirksamkeit

Das zentrale Thema ist also die mangelnde Bedeutung und Wirksamkeit des Teams. Es taucht zunächst in Form einer Klage auf, dass die Aktivitäten des Teams wenig bekannt seien und die Mitglieder kaum auf ihre Tätigkeiten angesprochen würden. Als Lösung dieses übereinstimmend festgestellten Ist-Zustands werden verschiedene Ideen diskutiert (Intra-Net, Vorstellung einzelner Mitglieder in Abteilungsversammlungen...), die auf der technischen Ebene angesiedelt sind und als Werbung in eigener Sache bezeichnet werden können. Hoffmann nimmt eine Neufokussierung vor in Richtung der mangelnden Aktivität der Teammitglieder, die sich als Vorwurf lesen lassen, was reziprok auch von Schuster so aufgefasst wird. Eine andere Lesart dieser Passage ist die Frage der Motivation, die Hoffmann aufwirft und die sie an sich und das Team richtet („man kann die Leute nur einladen", Z 586). Diese zunächst floskelhaft anmutende Formulierung weist auf ihre Rolle als „Königin ohne Land" hin: Ihre relative Ohnmacht als Leitungsperson ohne Befugnisse (?), die sich zugleich in einer Legitimationsposition der Leitung gegenüber zu befinden scheint – eine überaus schwierige Rolle. Sie „löst" diesen Konflikt, indem sie die ihr zugewiesene Verantwortung zurückweist und mehrfach auf den gleichberechtigten Kontext der Teamorganisation verweist, wo alle prinzipiell jede Aufgabe übernehmen könnten. Die vorhandenen Aufgaben scheinen unbeliebt („dirty work"?), es fehlt die „Belohnung". Als Ersatz bietet Hoffmann persönlichkeitsorientierten Gewinn an, den sie an einem eigenen Beispiel illustriert: dem Zuwachs an Kompetenz durch Übernahme von Präsentationen (s. Motivationsstrategien: einladen, appellieren, von sich erzählen).

Die Macht derer „da unten": die Rolle von Frau Langenfeld im Team

Während Hoffmann die Leitungsrolle wahrnimmt, ohne sich explizit dazu zu „bekennen" – eine solche Funktion ist in dem sich „demokratisch" definierenden Milieu vielleicht nicht vorgesehen –, die anderen Aufgaben tendenziell zurückweisen, sich jedenfalls nicht darauf „festlegen" lassen, erscheint Langenfeld als

Figur mit „realer“ Macht ausgestattet: Langenfeld liefert eine eigene Definition betrieblicher Organisation und Kommunikation: Sie unterscheidet klar zwischen „oben“ und „unten“, beschreibt verschiedene betriebliche Welten und Kulturen, die sich fremd gegenüberstehen und mit unterschiedlichen Mitteln kommunizieren. Sie grenzt „ihre“ Welt mit deutlichen Worten von der „oberen“ ab: („vor allen Dingen haben wir ja auch nicht die Zeit oder wir dürfen's auch nicht ... daß man ewig zusammensteht ... es ist halt eben nicht so locker nehm ich mal an wie jetzt halt oben im Bürobereich“). Hiermit liefert sie nicht nur die Diagnose realer Beschränkung, die Beschreibung der Produktionswelt, wo Stempeluhren, Arbeitsvorgaben und Maschinen den Ton und Takt abgeben, sondern auch eine Beschreibung der Welt derer „da oben“: Sie stehen zusammen, sind „locker“. Kommunikation in ihrem Bild erscheint als Merkmal von Freiheit, jedoch auch als Selbstzweck, beliebig veräußerte Ressource ohne Boden. Paradoxerweise ist sie es, die in der Diskussion als einzige machtvolle Akteurin in Erscheinung tritt: Sie ist die Verbindung zur Produktion, wo beispielsweise die Betriebsrundgänge stattfinden sollen, kann Mitarbeit und Zustimmung gewähren und verweigern. Reziprok fasst Schneider sie geradezu mit „Samthandschuhen“ an, begegnet ihr wie einer „Königin“, als er ihr die Nachricht überbringt, dass die Betriebsrundgänge nicht bezahlt würden. Ihrer Rolle gerecht werdend, erweist sie ihm die „Gnade“ ihrer Zustimmung, die sie in die Worte kleidet, dass wohl doch welche mitkämen, „wenn sie mal etwas geboten kriegten“. Wohlgemerkt: Sie ruckt sich und die Welt der Produktion in die Rolle derer, die unterhalten werden wollen und können, jongliert mit Hierarchie.

Macht und Identität

Die Frage von Identitätsbildung in diesem Team weiterverfolgend, beschreibt auch die Thematisierung von Macht die weitere Suche nach einer Selbstdefinition als Gruppe. Macht könnte vielleicht den Raum formen, der sich als endloses Strömen von Informationen darbietet. Daher sind die Betriebsrundgänge und die Frage ihrer Bezahlung von Interesse, denn hier stehen „harte“ ökonomische Fakten zur Verhandlung an. Das Team formt keine explizite Meinung zu dieser Frage – die Meinungen der AkteurInnen rumoren im Untergrund – sondern schließt sich zögernd der Vorgabe Herrn Obermeiers an, der hierzu einen festen Standpunkt hat und diesen auch (stellvertreten durch Schneider) behauptet. Die Auflösung eigener Meinungen und Standpunkte trägt hier zum Gefühl von Ohnmacht und Identitätsverlust bei, das Team bietet ein Bild des Zögerns und Zauderns. Anders Frau Langenfeld und das Auftreten „ihrer“ Welt P2. Frau

Langenfeld inszeniert sich als mächtige Akteurin mit einer großen Gruppe, einem großen Wir im Rücken und wird reziprok von den anderen in dieser Rolle anerkannt. Sie bewahrt ihre Macht auch im Moment der Niederlage, was ihr gelingt aufgrund einer starken (Gruppen)Identität, die im „P2" wurzelt, eine Gemeinschaft, die sich abgrenzt, sich ihrer Beschränkung von außen bewusst ist, durch gemeinsame Arbeit und Zusammenhalt Identität herstellt, die hier deutlich kontrastiert mit der „lockeren", in Auflösung befindlichen Identitätswelt derer „da oben". Als Metapher von unten und oben lässt hier Bilder von Bodenständigkeit, Verortung in Miteinander und Abgrenzung auf der einen sowie Abheben und Auflösung auf der anderen Seite entstehen.

Teamentwicklung

Die Perspektive der Teamentwicklung wird bereits in der Vorstellungsrunde von Schneider ins Gespräch gebracht: Er gibt einen Abriss der bisherigen Arbeit seit Entstehen des Teams im Jahr 1996. Die Mitglieder können also bereits auf einige Jahre gemeinsamer Arbeit zurückblicken. Hieraus erklärt sich der vertraute Umgangston miteinander. Im Vergleich zu der dargebotenen Problematik, die sich auch in der Analyse wiederfindet, wirken die Aufgaben klar, an Ergebnissen und Zielen orientiert, es sind Erfolge vorhanden – zumindest auf der Ebene von Selbstdarstellung. Jedenfalls klafft eine Diskrepanz zwischen der in der Rückschau greifbaren und erfolgreichen Arbeit und der gegenwärtigen Teamverfassung. Eine denkbare Erklärung ist die Dauer der Zusammenarbeit, Ziele und Motive könnten im Laufe der Entwicklung „verlorengegangen" sein, die Zeit einer Neudefinition wäre gekommen, wie die Gruppendiskussion sie „erzwingt".

Perspektiven der Teamentwicklung

Meines Erachtens legt die Diskussion jedoch eine Sichtweise nahe, die über diese eher traditionelle Sicht von Teamentwicklung hinausgeht, die die Zeitachse des Teams selbst zum Maßstab nimmt. Das Q-Team nämlich hat mit komplexeren Auflösungserscheinungen zu tun als „nur" dem Verlust klar umrissener Aufgaben, Funktionszuschreibungen und Zielen. In der Organisation selbst sind die Verhältnisse in Unordnung geraten, Teams und Gruppen überschneiden sich in ihren Aufgaben und Funktionen, Abteilungen werden aufgelöst und neu zusammengestellt, Zusammenhalt wird zunehmend virtuell über Corporate Identity hergestellt, entsteht nicht mehr in gemeinsamer langfristiger Zusammenarbeit.

Hiermit korrespondiert, dass es keine erklärte Leitungsfunktion gibt, sondern auf den Rohstoff Motivation gesetzt wird, um die Mitarbeit im Team zu gewährleisten. Damit kontrastiert ein Mangel an realer wie symbolischer Macht des Teams im Unternehmen, wie er durch die Gruppendiskussion deutlich wird und wie er sich auch im Feedback bestätigt. Der Umgang mit dieser Herausforderung bleibt eine offene Gestalt in der Diskussion, auch der Versuch, sich auf die konkrete Arbeit zu besinnen, scheitert. Die Frage wäre, ob eine alternative Aufgabenbeschreibung aus diesem Dilemma führen könnte, die das Team in seiner „schwebenden Identität" bestätigen würde und den AkteurInnen motivierende Handlungsräume eröffnete, wie sie ansatzweise diskutiert werden (etwas präsentieren, Intranet, Aufgaben erhalten).

Umgang mit dem Handlungsschema Gruppendiskussion

Wie „lösen" die AkteurInnen das Problem der Wirkungslosigkeit und Ohnmacht in der Gruppendiskussion? Sie suchen die Verantwortung bei sich selbst. Dies erhält zunehmend autoaggressive Tendenzen, womit erklärbar wird, dass das Abhören und Wiederlesen der Transkription sehr anstrengend war. Schließlich wechseln die TeilnehmerInnen das Handlungsschema und gehen von der Gruppendiskussion in eine „normale" Teambesprechung über. Effizienz und Handlungsfähigkeit werden so als Kontrastprogramm zur diagnostizierten Ineffektivität und Schlafmützigkeit dargeboten: Das Team inszeniert sich als arbeitsam und zielorientiert, womit homolog tiefere Einblicke in die eigene Wirkungslosigkeit abgewehrt werden. Im Mittelpunkt der „normalen" Teambesprechung steht die Organisation eines Betriebsrundgangs steht. Auffällig ist in diesem Teil der Diskussion, dass trotz mehrer Anläufe keine Entscheidungen und Verbindlichkeiten getroffen werden. Vor dem Hintergrund des Settings Gruppendiskussion kann kaum von einer „echten" Teambesprechung ausgegangen werden, es ist davon auszugehen, dass das Team hier eine Besprechung für ein Außen, hier repräsentiert durch die Moderatorin, inszeniert. Die Beteiligten inszenieren damit auch noch einmal ihre Ineffektivität und Unfähigkeit zu Entscheidung, verhalten sich homolog mit dem Kernthema der Diskussion, worin ein appellativer Anteil mitschwingen mag nach Rat und Hilfe von außen zur Lösung der internen Problematik. Meinertz und Langenfeld beteiligen sich an dieser Gesprächsphase nicht, verweigern die Teilnahme an der „Außenwerbung". Ein zusätzlicher „Beweis" für die Bedeutungslosigkeit des Q-Teams im Unternehmenszusammenhang liefert das Nichterscheinen des Personalleiters zum verabredeten Termin (ohne Entschuldigung): Ohne ein Wort rückt er das Team ins Nichts seiner Hierarchie von Wichtigkeit.

– Feedback

Im August 2001 versammelte sich das Team zum Feedbackgespräch, es fehlten dabei Schuster und Meinertz, ein anderer Mitarbeiter aus dem Vertrieb war anwesend, der nicht bei der Gruppendiskussion dabei gewesen war. Schnell bestätigte sich die Bedeutung des Themas „Mangel an Effizienz und Wirksamkeit“ für das Team. Es hätte in den vergangenen Monaten immer wieder Debatten zum Selbstverständnis gegeben bis hin zur Frage, ob das Q-Team überhaupt noch eine Existenzberechtigung habe. Zur Zeit würden nämlich KVP-Gruppen eingerichtet mit ModeratorInnen und parallelen Schulungen, es sei gar nicht klar, welche Aufgaben dann das Q-Team noch haben könnte.

Meine positiven Rückmeldungen zum Team (Fähigkeit, in komplexen Informationsnetzen zu handeln, Gesprächskultur von zuhören, ausreden lassen, Spaß haben) registrierten die MitarbeiterInnen ohne weitere Diskussion. Bemerkungen zur Teamentwicklung (das Potenzial, das eine länger zusammenarbeitende Gruppe birgt aufgrund von Vertrauen und Wissen) begegneten sie dagegen eher reserviert, um nicht zu sagen „allergisch“. Insbesondere Hoffmann wies die Chancen der Zusammenarbeit vehement zurück, äußerte Zweifel an den Perspektiven und betonte, dass es „ohne Macht“ im Unternehmen kaum eine Möglichkeit der Verbesserung gebe. Auf meine Rückfrage, ob die Betriebsrundgänge stattgefunden hätten, hörte ich ja, mit großem Erfolg – Hoffmann ließ es sich allerdings nicht nehmen zu betonen, dass sie die Organisation praktisch alleine in insgesamt zwei Stunden bewerkstelligt habe.

Vieles spricht dafür, dass es das Q-Team heute nicht mehr gibt. Auf einer existenzielleren Ebene werden die MitarbeiterInnen wie die Forscherin hier mit dem Thema Absterben im Unternehmensmilieu konfrontiert. Möglicherweise hat die Gruppendiskussion sogar dazu beigetragen, diesen Prozess zu beschleunigen, indem die „Sinnfrage“ in den Mittelpunkt der Teamarbeit rückte. Als Thema wäre hier auch die Gestaltung eines solchen Endes mehrjähriger Zusammenarbeit interessant.

4. Präsentation der Ergebnisse

4.1 Kommentar zu den Ergebnissen

Bei der Analyse der Gespräche hatten wir es beständig mit Mehrdeutigkeiten zu tun, die temporär in gemeinsame Verstehensräume fließen und sich danach wieder autonomere Bahnen suchen. Paradoxerweise ist es die maximale Verlangsamung während der Analyse, die die Rasanz und die beeindruckende Komplexität der Fertigkeiten verdeutlicht, mit der *alle* AkteurInnen das Geschehen bestimmen. An diesem Fließen, Deuten, den wechselnden Gefühlen, Lösungen und Zweifeln hat die Moderatorin während der Diskussion, bei der Analyse und Interpretation ebenso Anteil wie die direkt Beteiligten. Dies war die *Kernaufgabe* dieser Dissertation. Wie Kommunikation selbst lebt ein solches Interpretationsabenteuer zum großen Teil durch seine *Einmaligkeit* und das *reflexive Potenzial*, das den Beteiligten im *Prozess* zugänglich werden kann.

Eines der Ziele der Arbeit war, ein Analyseinstrumentarium in seiner Anwendung zu präsentieren, das der Komplexität des „Gegenstandes“ berufliche Kommunikation angenähert ist, also den Menschen, die diese verkörpern, ihrer Unterschiedlichkeit und der Verschiedenheit der Kontexte, in denen sie wirken. Der Hinweis auf die Komplexität und Einmaligkeit von Situationen und Kontexten, die immer wieder neue Herausforderungen bergen, ist bekanntlich für viele Menschen frustrierend. Die TeilnehmerInnen meiner Kommunikationstrainings haben mich jedoch immer wieder ermutigt, sie nicht mit einfachen Lösungen und Ratschlägen abzuspeisen. Auch in diese Sichtweise der „Trainierbarkeit“ kommunikativen Miteinanders sollten die Gruppendiskussionen einen Einblick geben.

Wenn ich im folgenden ein Kondensat bilde aus der Fragestellung und den in der Untersuchung gewonnen Daten, möchte ich darum nicht die Gültigkeit der in sich abgeschlossenen Interpretationen im Rahmen der strukturellen Beschreibungen der Gruppendiskussionen beschneiden, sondern weiterführende Überlegungen anknüpfen, die sich im Laufe der Arbeit entwickelt haben.

4.2 Zentrale Ergebnisse

Wie sich die unterschiedlichen Rahmungen für die Analyse der Gruppendiskussionen fruchtbar machen lassen, dazu möchte ich an ein Beispiel erinnern. Hier meldet sich der Mitarbeiter Althoff eines großen Telekommunikationsunternehmens in der Anfangsphase des Gesprächs zu Wort, er beschreibt seine Aufgabe als Disponent in Bezug auf die Außendienstmitarbeiter. Die Teamleiterin Neuhoff reagiert auf seinen Turn:

Althoff: (...) also muß man sie (die Außendienstmitarbeiter, S.M.) ständig an der Arbeit halten ist natürlich schwierig dann auch weil es sieht einfach so aus irgendwann ist der Kommunikationsmarkt ausgereizt dann hat jeder ein ISDN Telefon und jeder hat n Faxgerät und dann kann man halt nur noch hochrüsten und dafür sind die Leute dann halt ich weiß nicht wie das so weitergeht dann halt im Außendienst
Neuhoff: gibt es neue Produkte ((leise)) (GD 1, Z 246-261)

Inhaltliche Ebene

Althoff beschreibt seine Tätigkeit als Disponent in der Rolle einer Führungskraft gegenüber den Außendienstmitarbeitern, die er „an der Arbeit halten“ muss. Diesen Job qualifiziert er als „schwierig“, da er auf unklaren Zukunftsperspektiven beruhe, dem irgendwann womöglich „ausgereizten“ Kommunikationsmarkt, der es unsicher erscheinen lasse, wie es weitergehen wird. Die Teamleiterin entgegnet ihm auf der inhaltlichen Ebene mit dem Argument, dass es dann eben neue Produkte geben werde, baut ein alternatives Zukunftsszenario auf.

Beziehungsebene

Was geschieht gleichzeitig an Interaktion zwischen den beiden Personen? Der Mitarbeiter Althoff wendet sich mit seinen Sorgen an die Chefin, er sucht sozusagen Anlehnung. Dies birgt ein emotional verunsichertes und auch regressives Potenzial. Auf der Beziehungsebene begegnet Neuhoff Althoff nicht reziprok „umarmend“, sondern mit Widerspruch, sie weist den Mitarbeiter zurück.

Ebene von Teamarbeit

Althoff präsentiert sich in diesem Ausschnitt als Führungskraft mit Verantwortung den Mitarbeitern gegenüber. Er kleidet diese Rolle mit Fürsorglichkeit aus.

Im weiteren Gesprächsverlauf wird dieses noch deutlicher, ebenso wie seine Rolle als „heimlicher Leiter“ im Team. Indem die Teamleiterin eine Tendenz zeigt, Althoff zu widersprechen – ein Muster, das im Gespräch wiederholt auftaucht – unterläuft sie diese Funktion, die ihn als Mitarbeiter besonders wichtig erscheinen lässt. Hier spielt auch der Aspekt Geschlecht eine Rolle. Während Althoff durch seine Selbstinszenierung als Leitungsperson mit Fürsorgeanspruch eher den stereotyp „weiblichen“ Part übernimmt, präsentiert sich Neuhoff eher als dem „männlichen“ Führungs-Stereotyp entsprechend und übergeht den emotionalen Gehalt der Äußerung. Im Feedbackgespräch bekundet sie später, dass sie mehr oder minder bewusst versucht, das Stereotyp der „weiblichen“ Führungskraft zu vermeiden. Hier sind also Kollisionen zwischen Stereotypen, Vermeidungsstrategien und situativen Anforderungen zu beobachten, die zur Verhinderung einer produktiveren Beziehung zwischen Mitarbeiter und Leitung beitragen.

Ebene von Organisation

Auf dieser Ebene betätigt sich Althoff als Sprachrohr von Zukunftsängsten im Unternehmen. Er gibt die Sorgen von unten nach oben weiter, schreibt auch eigene Verunsicherung den Außendienstlern zu, nutzt diese als Vehikel, um unklare Perspektiven zur Sprache zu bringen. Die Analyse der Gruppendiskussion verdeutlicht, dass dieses Thema – Zukunftsängste, Verunsicherung – im Unternehmen virulent ist. Neuhoff antwortet hier auch stellvertretend für die Unternehmensleitung, gibt das Programm der Unternehmensentwicklung vor, das sie als auf Innovation und Expansion hin orientiert darlegt. Zwar birgt diese Strategie ein Potenzial von Beruhigung – die Leitung werde sich schon darum kümmern, dass die Leute immer genug zu tun haben – doch sie wirkt nicht überzeugend, zumindest nicht in der Diskussion, wo das Thema brisant bleibt. Hinzu kommt, dass Neuhoff von ihrem Argument selbst nicht ganz überzeugt ist, wofür Hinweise an anderer Stelle sprechen, in der konkreten Situation weist das Absenken der Stimme darauf hin, dass sie vielleicht selbst Zweifel am durch sie repräsentierten Unternehmensprogramm hegt. Hier wird die Zukunft der Organisation verhandelt, wobei überzeugende Antworten fehlen.

Ebene von Gesellschaft

Was die AkteurInnen in dem Gesprächsausschnitt verhandeln, sind weitergehend die Zukunft von Arbeitsverhältnissen und die Maßstäbe ihrer Gestaltung. Hier interagieren die Unternehmen mit dem unberechenbar scheinenden Markt, den

KundInnen und ihrem (zweifelhaften) Bedarf an technischen Kommunikationsgerätschaften. Eine Grenze dieses Marktes scheint denkbar, das Handeln in diesem Geschehen wird mit einer dem Krieg entlehnten Vokabel beschrieben („hochrüsten"), was die ängstliche Färbung verstärkt. Am Gegenhorizont dieses Bildes vom Wirtschaften als kriegerischem Akt, taucht die Frage auf, wie Arbeit als Beziehung von Produkten, HerstellerInnen, VertreiberInnen und KäuferInnen auf friedliche, dauerhafte Art und Weise organisiert werden könnte. Es entsteht die Vision von ManagerInnen, die auf solche Fragen Antworten suchen und glaubwürdig verkörpern, die Vision von MitarbeiterInnen, deren Handeln nicht von Angst, sondern von Freude an Zukunft gelenkt würde.

Das Beispiel illustriert, wie sich die Teamgespräche durch verschiedene Rahmungen und auf verschiedenen Ebenen analysieren lassen. Die Ausschnitte aus der Analyse bebildern zugleich einen Teil meines Forschungsprozesses. Ich bin zu Beginn dieser Arbeit mit einer großen Neugier und Offenheit „ins Feld" gegangen. Was bestimmt den Kommunikationsalltag von IngenieurInnen? Was bewegt die AkteurInnen? Worüber werden sie überhaupt miteinander reden? So oder ähnlich lauteten meine situativen Forschungsfragen. Dabei hatte ich eine recht konkrete Vorstellung von gelingender Kommunikation und Teamarbeit, von der produktiven Wirkung offener Fragen beispielsweise oder dem Einsatz von Metakommunikation, der Qualität zuzuhören und neue Gedanken zu erlauben. Auf das entsprechende Potenzial habe ich in den Analysen hingewiesen, so auch in dem obigen Beispiel, das Interaktionsmuster zwischen Althoff und Neuhoff aufdeckt. Mir eine Verallgemeinerung erlaubend, behaupte ich, dass dieses Potenzial der AkteurInnen noch bei weitem nicht ausgeschöpft und entwickelt ist und dass es lohnenswert wäre, hier mehr zu „investieren". Dieses Ergebnis hat mich nicht wirklich überrascht, denn es korrespondiert mit den Erfahrungen, die ich in der Beratungsarbeit mit Führungskräften immer wieder mache.

Überrascht hat mich etwas anderes: Festzustellen, dass die AkteurInnen in ihrer täglichen beruflichen Kommunikation in hohem Maße mit *existenziellen* Fragen befasst sind, mit Fragen nach *Identität, Selbstwert* und *Zukunft.* Althoff wie Neuhoff sind mit Identitätsbildung, Selbstwertzuschreibungen und Zukunftsfragen befasst, wie das Beispiel zeigt. Dadurch hat sich der Suchprozess verändert, die Richtung meines Nachdenkens über menschliche Kommunikation im Arbeitsfeld Technik, weg von einer Betrachtung der Oberfläche (Frageformen, Wechsel von Gesprächsebenen u.a.m.) hin zu einer „tieferen" umfassenderen Sichtweise. Das führte zur Formulierung meiner zentralen Fragestellung. Hatte ich zu Beginn den Betrieb als begrenzenden Kontext gewählt, wurde mir immer klarer, dass dies eine Einschränkung war, die den Gesprächen nicht gerecht wurde. Denn in den Diskussionen wird „neben" der täglichen Zusammenarbeit Zukunft von Gesellschaft verhandelt auf der Bühne von Teamarbeit und Organisation. Durch diese veränderte Kontextualisierung konnte ich meine Fragestellung erweitern und folgendermaßen formulieren:

- Wie managen die AkteurInnen gesellschaftlich-organisatorische Umstrukturierungsprozesse in ihren betrieblichen Arbeitsfeldern?

Im Anschluss veränderte sich die Perspektive auf das Gesprächs- und Handlungsgeschehen, je mehr mir klar wurde, dass die AkteurInnen mit Fragen befasst sind, die im Spektrum beruflicher Kommunikation sonst eher wenig Beachtung finden, eben Fragen nach Identität, Selbstwert und Zukunft. So brachten mich die AkteurInnen dazu, „hinter die Kulissen" zu schauen und die „richtigen" Fragen zu stellen. Unter diesem Blickwinkel stellte ich bald fest, dass die *Auflösung wesentlicher ordnunggebender Figuren* das zentrale Thema ist, mit dem die EinzelakteurInnen wie Teams in ihrer täglichen Arbeit befasst sind. Diese Auflösungserscheinungen sind begleitet von vielschichtigen Emotionen, die in den Handlungen der AkteurInnen sichtbar werden: Angst, Unsicherheit, Neugier, Lust auf Veränderung, Resignation u.v.m. Das Management dieser Realitäten, Gefühle und Bedeutungen dürfte eine zentrale Herausforderung sein, die IngenieurInnen in Gegenwart wie Zukunft zu leisten haben.

Auflösungserscheinungen im Untersuchungsfeld

Wie die Gruppendiskussionen zeigen, bieten wesentliche Begriffe und Konzepte wie Identität, Geschlecht, Team, (Unternehmens-)Zukunft keinen selbstverständlichen Halt (mehr), sie scheinen sich zu verflüchtigen und verflüssigen, hinterlassen Brüche, Diskontinuitäten und Unsicherheit.

Diese Auflösungserscheinungen lassen sich in den Gruppen entlang charakteristischer Themen/Handlungshorizonte verfolgen:

In *Gruppe A („Kindergarten")* ist es die Auflösung von Tradition, bürokratischen Organisationsformen (entlang des Übergangs vom Beamten- zum Nach-Beamtentum), die sich als Linie durch die Diskussion verfolgen lässt. Wir sehen dabei, wie Anerkennung einer gewachsenen Unternehmenskultur gegenüber zum Schlüssel für die Bewältigung von Veränderungsprozessen werden kann und welche inneren wie äußeren Verwerfungen (hier z.B. regressive Tendenzen) das mögliche Misslingen dieses Veränderungsprozesses mit sich bringt.

Die Auflösungserscheinung, der wir in *Gruppe B („Schwarzer Peter")* begegnen, sind Aufgabenverteilung und Verantwortlichkeiten. Als Reaktion hierauf können Strategien Fehler zu vermeiden und Verantwortung zu verschieben gesehen werden, die mit Angst und Verunsicherung einhergehen. Starke Kontrollversuche begleiten diesen Prozess, in dem „alles“ außer Kontrolle zu geraten scheint.

In *Gruppe C („Das offene Haus“)* ist der gemeinsame Arbeitsort in Auflösung begriffen. Ebenso lösen sich eine gemeinsame Unternehmensgeschichte und gemeinsame Arbeitszeiten auf. Die AkteurInnen verarbeiten dies in Form von hoher Selbstständigkeit sowie sexualisierter Individualität. Dies bildet sich in einer Reihe von Narrationen über Kommunikation in wechselnden Umgebungen ab sowie im Stil des Miteinanders in der Diskussion.

Im Zentrum des Geschehens in *Gruppe C* („Sinnsuche“) lösen sich Funktion und Inhalt der Arbeit auf, gepaart mit den Diskussionen um (mangelnde) Anerkennung und Wirksamkeit im Unternehmenskontext. In der näheren Analyse wird hier eine Identitätsproblematik der Gruppe deutlich, die sich nicht konturieren und abgrenzen kann. Das Erfordernis einer virtuellen Identität, das sich auch auf der Unternehmensebene nachvollziehen lässt (Corporate Identity), taugt nicht als gültiger Ersatz für Sinnerleben und Selbstwertschöpfung als Gruppe.

Die Erlebensqualität, die diese Auflösungserscheinungen für die AkteurInnen hat, lässt sich mit dem Begriff der Desorganisierung fassen, als Begleiterin im Prozess von Reorganisation. Die AkteurInnen haben in ihren Arbeitszusammenhängen somit das Grundproblem von Orientierung zu bewältigen, und zwar eingespannt zwischen den Polen Flexibilität und Erstarrung.

Diese Polarität lässt sich durch alle Diskussionen verfolgen und es lassen sich verschiedene Lösungsstrategien im Umgang mit ihr beobachten, dies um so besser, als der gewählte Stimulus selbst als entsprechende Herausforderung in Form des Arbeitsauftrags Gruppendiskussion fungierte und sich so auch die gewählten Umgangsweisen mit diesem Auftrag homolog zum Thema verfolgen lassen.

Die Gruppe A sucht weiter nach Orientierung in Form von Sicherheit, nach Anlehnung und Anleitung. Diese ist in Form einer Teamleiterin präsent, die auch explizit Anleitung gibt, jedoch verbunden mit Abwertung gegenüber früheren Formen der Zusammenarbeit. Die Achse Früher – Heute – (Morgen) ist in diesem Team deutlich ausgeprägt und wird zur Ressource der Teamentwicklung. Weitere Unsicherheit löst die Frage nach Zukunft und Perspektiven aus, „der Markt“ erscheint dabei als wenig Orientierung bietender Akteur, daher ist das (Morgen) für dieses Team auch in Klammern gesetzt. Als emotionale Achse des Geschehens ist ein Pendeln zwischen Hilflosigkeit und (Verlangen nach) Fürsorglichkeit festzustellen. Der Begriff vom „Kindergarten“ verklammert diese Handlungshorizonte.

Die Gruppe B sucht Orientierung in Form von Risikominimierung und Schadensbegrenzung. Die Mitglieder suchen Sicherheit über vielfältige Versuche der Kontrolle. Diese Suche ist exponiert in der Rolle eines stark kontrollierenden Teamleiters. Die AkteurInnen folgen dem (offiziellen) Programm, Fehler zu vermeiden, das sie in Form eines „Schwarzer-Peter“-Spielens perfektioniert haben: dem Verschieben von Verantwortung. Als unsichere Mitspielerin tritt auch in diesem Team die Zukunft in Erscheinung („der schwankende Markt“). Das emotionale Geschehen im Interaktionszusammenhang pendelt vor allem zwischen Aggression und Unterwürfigkeit.

Die Gruppe C sucht Orientierung vor allem in symbolischen Räumen („das offene Haus“), strebt nach Familie, Heimat, Zugehörigkeit, Wärme. Damit kontrastiert das Erleben von Kälte in realen und virtuellen Welten. Interaktionell lässt sich ein hoher Grad von Autonomie und Selbstständigkeit der AkteurInnen beobachten, die mit einer sexualisierten Individualität einhergehen. Auch hier sind die Perspektiven wenig gewiss, werden von Launen der Leitung („Füße in die Sonne hängen“) und Warnsignalen („rote Lampe“) begleitet. Als Handlungshorizont taucht das Persönliche (Wärme) im Gegensatz zu Virtualität (Kälte) in der Diskussion auf.

Die Gruppe D sucht Orientierung in Macht, Funktion und Inhalt. Hinter dieser Oberfläche verbirgt sich eine Suche nach Sinn und Identität („Sinnsuche“). Auch in diesem Team taucht der Horizont der Hilflosigkeit auf, als Gegenhorizont Macht. Diese wird diskursiv von abwesenden Männern verkörpert. Das emotionale Geschehen im Team ist dagegen von Autoaggression, Schlafmützigkeit, Selbstanklage geprägt. Während Vergangenheit als Ressource der Teamentwicklung erscheint, wird Zukunft als ein Verhandeln um Zeitbruchstücke inszeniert, das die AkteurInnen mühsam, wenn nicht erfolglos zusammenflicken.

Die Übersicht auf der nächsten Seite fasst diese Bestrebungen und Handlungshorizonte zusammen.

	A („Kindergarten“)	B („Schwarzer Peter“)	C („Offenes Haus“)	D („Sinnsuche“)
Auflösungen	• Bürokratische Organisationsformen • Berufsidentitäten • Sicherheit des Arbeitsplatzes	• Bekannte Organisationsformen • Klare Aufgabenverteilung • Unternehmensexistenz	• Gemeinsamer Arbeitsort • Gruppe als „Wir-Identität“	• Funktion • Macht • Inhalt • Leitung
Handlungshorizont	regressiv – fürsorglich (rückwärtsgewandt – experimentell)	aggressiv – unterwürfig	persönlich – virtuell (warm – kalt)	demokratisch – hierarchisch
Spielfelder	• das Team • die Vergangenheit • der Markt • Arbeitsmengen • Freizeitregelungen • Abwertung von Frauenarbeit	• Lösungsvorschläge • Fehlersuche • Opfer-Täter-Schema • Top-Dog – Under-Dog • andere Abteilungen • der Kunde	• Individualität • Körper/Sexualität • Betriebliche Veranstaltungen • Virtualität • Mailing	• Umgangsformen • Erscheinungsbild • Intra-Net • Werbung • Selbstverständnis • Terminkalender • Info-Tafeln
Metaphern der Des/Orientierung	• „Kindergarten“ • „Krankheit/Faulheit“ • „Guter Weg“ • „alt – neu“ • „Frauendienststellen“ • „wie verrückt“	• „Vergewaltigung“ • „Schwarzer Peter“ • „Mädchen für alles“ • „Stücklistenfehler“ • „Hauen und Stechen“ • „Verfahrensanweisungen“	• „das persönliche Gespräch“ • „das Haus“ • „Stehtische“ • „Werbeveranstaltungen“ • „Italien“	• „Corporate Identity“ • „Infotafeln“ • „locker“ „nicht so locker“ • „Schlaf“ • „Zielsetzung“ • „Kaffee trinken“
Perspektiven	• Wertschätzung des „Alten“ • Fürsorgliche Leitung	• Verantwortung übernehmen • Anerkennung von Verantwortlichkeit	• Informelle Begegnungen	• Feedback

Übersicht der Gruppendiskussionen: Handlungshorizonte, Metaphern, Orientierungen

4.3 Die Ergebnisse im Einzelnen

Ich werde die Ergebnisse im Detail in der Reihenfolge präsentieren, die der Verlauf der Untersuchung sowie die theoretischen Erörterungen nahe legen. Das heißt, ich beginne mit basalen Faktoren der Kommunikation (Anwesenheit und Abwesenheit) und gehe von dort zu komplexen Interaktionen und Bedeutungsschöpfungen über. Die Darstellung orientiert sich an den zu Beginn aufgestellten Fragen zu den Bereichen Kommunikation, Teamarbeit, Geschlecht.

4.3.1 Präsenz zeigen und wahrnehmen

Die Präsentation des eigenen Selbst sowie das Wahrnehmen des anderen mit seinem Selbst sind grundlegende Figuren kommunikativer Prozesse. Sie sind der Schlüssel zu Identitätsbildung und der Entwicklung von Selbstwert. Dies habe ich im theoretischen Teil auf Grundlage des Symbolischen Interaktionismus dargelegt. Die eigene Präsenz entsteht zusammen mit der Registrierung der anderen in ihrer Gegenwart. Das erklärt, warum Begrüßungsrituale einen so hohen Stellenwert für Kommunikation haben: die AkteurInnen vergewissern sich ihrer Gegenwart füreinander und verankern sich in gemeinsamer Interaktion.

In der Anfangsphase von Gesprächen finden also wesentliche Weichenstellungen statt, die das weitere Geschehen beeinflussen. Verletzungen auf dieser Ebene können existenziellen Charakter haben, da sie das Seinsrecht der Beteiligten berühren. Die Mitarbeiterin Sabine im Softwareunternehmen C berichtet in der Gruppendiskussion von einem solchen Ereignis, als sie in einer externen Firma zum Arbeiten platziert wird, jedoch keineR der Anwesenden sie begrüßt. Sie erobert sich ihr Recht auf Da-Sein daraufhin selbst. Auf einer erweiterten Ebene spricht das Beispiel die Form heutiger Arbeitsverhältnisse und -orte an, die nicht mehr identisch sein müssen mit Orten, wo man verbindliche Kontakte pflegt, sich begrüßt, sich einander körperlich wahrnehmend versichert. Der Mitarbeiterin blieb in der Situation der PC als Arbeitsmittel, über den sie sich mit ihren KollegInnen verbinden konnte, die physisch weit entfernt waren. Hier skizzieren sich neue Formen von Präsenz: enträumlichte Re-Präsentanzen, die spezifische Kompetenzen und Ich-Leistungen erfordern. Diese Leistungen sind jedoch nicht rein virtuell, sondern bleiben körperlich gebunden. Auch das illustriert das Beispiel, in dem die Mitarbeiterin schließlich um eine Tasse Kaffee bittet und diese auch erhält. Erst diese Einverleibung, verbunden mit dem Mini-Zeremoniell gemeinsamer Nahrungsaufnahme, schafft situativ kommunikative Verortung, führt die Episode zum „Happyend".

Ein anderes Beispiel für die Bedeutung von Präsenz als Grundlage von Kommunikation findet sich in Team A. Der Mitarbeiter Althoff dieses großen Telekommunikationsunternehmens unterbricht seinen Urlaub aufgrund von Krankheit, um an der Gruppendiskussion teilnehmen zu können. Damit betont er die Wichtigkeit seiner Person im Arbeitszusammenhang und drückt Wertschätzung den „Extra"-Angeboten der Teamleiterin gegenüber aus. Dass er sein Da-Sein glaubt, unterstreichen zu müssen, drückt aus, dass er seine Existenz in diesem Zusammenhang irgendwie gefährdet sieht. (Es handelt sich um den Mitarbeiter, der bereits im einleitenden Beispiel dieses Abschnitts zu Wort kam.) Die *Mitgliedschaft*, die Weber als zentrales Merkmal von Organisation herausstrich, zeigt sich hier in ihrer Dimension, die über die Befriedigung materieller Bedürfnisse hinausgehend, ein Recht auf Da-Sein begründet. Organisation selbst fungiert als Mittel von Ein- und Ausgrenzung, womit sie sich von familiär-gemeinschaftlichen Zusammenhängen unterscheidet, wo man/frau nicht „einfach" die Mitgliedschaft verwehrt oder entzogen werden kann, sondern diese Aus- und Eingrenzungen auf anderen Wegen erfolgen. Für die „Ausgeschlossenen" bedeutet dies eine entsprechende existenzielle Ausgrenzung. Das Gespenst des Ausschlusses geistert in der einen oder anderen Form durch alle Gespräche: sei es in Gruppe A, wo Sander direkt von den „Leuten ohne Arbeit" spricht, die ein Problem für die „Gesamtwirtschaft" seien; ebenso direkt spricht der Teamleiter in Gruppe B von „Konsequenzen", die Fehler nach sich ziehen müssen; oder es taucht in bildlicher Form auf (die „rote Lampe" in Gruppe C).

Ein umgekehrtes Beispiel findet sich in Gruppe D: hier hebt die Abwesenheit des Personalleiters, der unabgemeldet nicht zur Diskussion erscheint, seine Bedeutung hervor. Dieser nimmt sich die Freiheit des Nicht-Erscheinens, die als Wertzuschreibung (Entwertung) deutbar ist. Registriert wird von den Anwesenden vor allem das Fehlen einer Entschuldigung, eine solche hätte die Selbst-Wertigkeiten vielleicht wieder ausbalancieren können. Die Wertzuschreibungen, die allein durch Präsenz bzw. Fernbleiben und ihre Bedeutungen erfolgen, sind ein Spiel, das nicht nur bei Geburtstagen, Hochzeiten und Beerdigungen gespielt wird, sondern auch in betrieblichen Zusammenhängen. Die Freiheit bzw. der Zwang des Erscheinens/Fernbleibens ist hier zentral für die Festlegung von Hierarchie. Umfangreiche Kontrollsysteme existieren, um zunächst nur die Anwesenheit der MitarbeiterInnen zu gewährleisten. Mit dem Satz „Hauptsache, dass man auf seine Zeit kommt" findet ein Mitarbeiter in Team A Worte für das mögliche Arbeitsgeschehen hinter der Kulisse purer Anwesenheit. Der Satz drückt gleichzeitig das Bestreben aus, sich dem Unternehmen nicht „ganz“ zur Verfügung zu stellen, sondern „Teile“ dem Zugriff zu entziehen. Das kann eine oppositionelle Strategie von Selbstwertproduktion sein, die sich in Abgrenzung zu unternehmenskulturellen Normierungen entfaltet. In Team B ist die Teilnahme an der Gruppendiskussion Pflicht, ein Großteil der Anwesenden äußert sich durch verbale Abstinenz im Gespräch, jongliert mit der Grenze An-Abwesenheit in dieser Situation. Die Anwesenheit der Oberen wird gesondert registriert (wie im Beispiel des Personalleiters), sie erscheinen privilegiert durch das Belieben ihrer Präsenz. Umgekehrt haben sie auch die Möglichkeit, durch Präsenz Wertigkeit zu definieren und zu vergeben.

Das Spiel um An- und Abwesenheiten ist noch auf einer erweiterten Ebene von Bedeutung: Trennungen werden markiert, indem bestimmte Personengruppen nicht, marginal oder in segregierten Räumen auf der Organisationsbühne erscheinen. So lässt sich zum Beispiel das Fehlen von Frauen in technischen Arbeitszusammenhängen und Leitungspositionen als Abwesenheit deuten, die Legitimationsbedarf hat. Das gilt auch für andere persönliche Merkmale wie Ethnizität, sexuelle Orientierung, Alter. In der Diskussion C wird die Anwesenheit von Anne explizit mit ihrem Geschlecht begründet – die Forscherin hatte um eine „gemischte“ Teamzusammensetzung gebeten. Das Beispiel illustriert, dass die Anwesenheiten nicht „zufällig“ sind, sondern bereits Ergebnis von Entscheidungen und historischen Entwicklungen weit im Vorfeld des Diskussionsgeschehens. Es illustriert weiter, dass durch eine spezifisch begründete Anwesenheit Irritationen entstehen können, das Stillschweigen über den „natürlichen“ Prozess der Aushandlung von An- und Abwesenheiten durchbrochen wird.

Kommunikation entfaltet sich im Zusammenspiel mit diesen grundlegenden Elementen von Präsenz. Wie die AkteurInnen in der Untersuchung darauf aufbauend Kommunikation, Teamarbeit und Geschlechterverhältnisse (neu) verhandeln, soll in drei Abschnitten dargelegt werden.

4.3.2 Kommunikation: Das neue kulturelle Kapital

In allen befragten Unternehmen gilt Kommunikation als bedeutsam für Erfolg und Gestaltung organisatorischen Wirkens und betrieblicher Veränderung. In Kommunikation wird investiert, sei es in Maßnahmen zur Corporate Identity, Führungskräftetrainings, Betriebsrundgänge für die MitarbeiterInnen oder die Proklamation von Teamarbeit.

Im theoretischen Teil habe ich verschiedene Vorstellungen von Kommunikation erörtert, wobei von einer eher funktionalen Betrachtungsweise kommunikativen Wirkens in Organisationen zu einer Sicht übergeleitet wurde, die Kommunikation selbst als konstituierend für Organisation begreift, zusammengesetzt aus Vorstellungen, Metaphern, Interaktionen. Daraus folgt für personale kommunikative Kompetenz, dass Organisationen in doppelter Sicht erscheinen: als Bühne zur Darstellung und Entfaltung von Identität, während die AkteurInnen zugleich kommunizierend den Rahmen der Handlung re-konstruieren, sprechend stets auch den Kontext Betrieb als Element von Gesellschaft reproduzieren und verändern. Aus dieser Sicht ergab sich folgende Fragestellung an betriebliche Kommunikation am Beispiel der untersuchten Teams:

- Welche Bedeutungszuschreibungen nehmen die AkteurInnen in Bezug auf (betriebliche) Kommunikation vor?
- Wie entfalten die AkteurInnen kommunikative Kompetenz im Umgang mit dem Arbeitsauftrag Gruppendiskussion?

Gruppe A („Kindergarten“)

Konstruktion von Bedeutungen um Kommunikation

In der Gruppe lassen sich entlang der Achse Alt – Neu Neukonstruktionen im Bedeutungshof von Kommunikation verfolgen. Der „gute Draht“ zwischen den MitarbeiterInnen steht dabei als Überschrift über den traditionellen Organisationsformen von Kommunikation dieses großen Telekommunikationsunternehmens und steht bereits sprachlich im Gegensatz zur drahtlosen Kommunikation des informationellen Zeitalters. In der Diskussion wird dieser Horizont durch Althoff verkörpert. Die Teamleiterin Neuhoff, die frühere Formen interner Organisation ablösen und verbessern soll, verkörpert als Teamleiterin selbst das Neue, das in den Kontext gebracht werden soll. Sie schreibt sich überlegene kommunikative Kompetenz aufgrund ihrer Weiterbildungen zu, wobei sie das entsprechende Können der anderen abwertet – kommunikative Kompetenz erhält so den Charakter von kulturellem Kapital, das sich sozial abgrenzt, wodurch die entsprechenden exklusiven Werkzeuge zum Inventar von Führungskräften werden. Die Teammitglieder positionieren sich zu dieser neuen Art von Kommunikation unterschiedlich, wobei die Bandbreite reicht von der Aufgeschlossenheit Althoffs, der das Alte in neuem Gewand zu sichern sucht, bis zu Sander, die Unverständnis und Skepsis zeigt. Die MitarbeiterInnen lehnen sich (passiv) gegen die Abwertung auf, indem sie nicht auf Neuhoffs Fragen und Themensetzungen reagieren. Ihr Verhalten drückt Abwarten aus, ein Ausloten, welchen

Gewinn es für sie haben könnte, bei dem neuen Spiel „Teamarbeit" mitzumachen.

Entfaltung kommunikativer Kompetenz

Hier ist ein Kontrast zu beobachten zwischen der dienenden produktiven kommunikativen Kompetenz im Unterschied zur technizistisch-funktional verausgabten. Neuhoff verweist auf den eher technizistischen Charakter neuer Kommunikationsweisen (Einsatz von Feedbackregeln, Flipchart, Pinnwänden), neben dem ein verschwommenes organisches Verständnis von Kommunikation existiert. Kulturelles Kapital korrespondiert nicht direkt mit kommunikativer Kompetenz. Diese legt Althoff an den Tag: Er ratifiziert den Arbeitsauftrag Gruppendiskussion, übersetzt den Stimulus in die Betriebssprache, setzt Themen, übernimmt mehrfach metakommunikative Aufgaben und zweimal den schwierigen Part des Beginns. In diesen Aktivitäten wird er von den anderen reziprok anerkannt, damit auch in seiner Rolle als heimliche Leitungsfigur. Homolog zu ihrer Funktion ist Neuhoff eher damit beschäftigt, Themen zu fokussieren, zu provozieren und zu belehren. Das heißt: sie ist damit befasst, ihre Position zu festigen. Während Althoff seine Rolle gefunden hat (er tritt als informeller Leiter und Pfleger des „guten Drahts" in Erscheinung), haben sich die anderen in ihren Kompetenzen noch nicht positioniert. Sie halten noch am alten Rahmen fest („hauptsache dass man auf seine Zeit kommt"), zeigen Tendenzen zu Klagen und Beschwerden. Hier ist eine Rollenunsicherheit festzustellen: die (äußeren) Dinge ändern und modernisieren sich, die neu entstehenden Erwartungen sind jedoch unklar, worin sie sich von den früheren unterscheiden. Es fehlt die Anerkennung von Unternehmenstradition und individueller Geschichte damit. Hier müsste sich die kommunikative Kompetenz der Teamleiterin stärker entfalten.

Gruppe B („Schwarzer Peter")

Konstruktion von Bedeutungen um Kommunikation

Zu Beginn macht einer der Mitarbeiter den Horizont zwischen schriftlicher und mündlicher Kommunikation auf und erklärt den Ablauf der Arbeitsorganisation aufgrund von niedergelegten schriftlichen Anweisungen, ganz im Sinne einer traditionellen Organisationsauffassung. Dass diese Zeiten offiziell vorbei sind, zeigt sich an der Zurechtweisung des Mitarbeiters, zugleich wird immer noch damit „gespielt", der Horizont von schriftlichen Anweisungen, formaler Rationalität ist nach wie vor aktiv, jedoch nicht mehr im Vordergrund als oberstes, sichtbar anerkanntes Prinzip. Diesen Platz erobern mündlicher Austausch und das Wissen um die Wichtigkeit der Produktivkraft Kommunikation, wie sie von Obermann, die Geschäftsleitung zitierend, ins Spiel gebracht wird. Kommunikation wird zum neuen Label, Qualitätsmerkmal der Unternehmenskultur, zum neuen kulturellen Kapital der Vorgesetzten. Entsprechend betont Obermann, dass er an Schulungen teilgenommen hat, exponiert sich mit diesem erworbenen Wissen. Damit wird Kommunikation zu einem Merkmal von Hierarchie, exklusivem Raum. Diese Hierarchisierung ist nicht widerspruchslos, denn auch die "Unteren“ beanspruchen kommunikative Räume, die Franke in Worte kleidet („Ja, also wir sitzen eng zusammen und wenn was ist geh ich zum Schuster hin und sprech mit dem“). Franke benennt damit alle (ehedem) selbstverständlichen Merkmale gelingender Kommunikation: zusammensitzen, aufeinander zugehen, miteinander sprechen. Im Kontrast zu den neuen kommunikativen Fertigkeiten, die als kulturelles Kapital inszeniert werden und deren Stofflichkeit nebulös bleibt, werden die unmittelbaren Kompetenzen der AkteurInnen auf diesem Weg abgewertet.

Entfaltung kommunikativer Kompetenz

Die AkteurInnen aus dem Produktionsbereich demonstrieren in der Gruppendiskussion life ihre Gesprächskompetenz und relativieren den Führungsanspruch Obermeiers auf diesem Gebiet: Sie metakommunizieren, stellen „gemeine“ Fragen und übersetzen den Arbeitsauftrag der Wissenschaftlerin in ihre betriebliche Sprache. Die Transferleistung ist hier eher bei den „Minderbemittelten“ anzutreffen als bei den „Mehrbemittelten“, besser Ausgebildeten. Kommunikation ist dabei auch Kampfzone, Mittel zu Zurechtweisung, Kontrolle, Bloßstellung. Wir können ähnlich wie in Gruppe A unterscheiden zwischen *expliziter* und *implizit* verausgabter kommunikativer Kompetenz. So berichtet Obermann ausführlich davon, dass er als Führungskraft an Workshops der koordinierenden Ebene teilnimmt. Kommunikation als Schlüsselqualifikation gewinnt den Charakter eines kulturellen Kapitals, das den Unteren vorenthalten bleibt. Obermann nutzt Kommunikation vor allem als Mittel von Kontrolle. Er versucht, die Situation zu kontrollieren, indem er sehr viel redet, Ansprachen hält, weiter kontrolliert er durch Themenfokussierungen und versteckte Drohungen. Er dient dabei auch seinem Team, das verunsichert scheint in der Situation einer offenen Gesprächsrunde, die das Risiko der Bloßstellung birgt, kontrolliert also auch stellvertretend für die MitarbeiterInnen das Geschehen.

Mehrere der Anwesenden beteiligen sich nicht verbal am Gespräch, was unterschiedliche Deutungen zulässt. Es lässt sich zum einen als Verweigerung dem Arbeitsauftrag gegenüber deuten, ebenso als Reaktion auf eine Zwangssituation (die Teilnahme an der Diskussion war verpflichtend). Einer weiteren Deutung folgend, macht sich kommunikative Kompetenz im Team nicht in erster Linie am Reden fest, sondern am Tun. Vielleicht stört es die Genannten gar nicht, nichts zu sagen? Vielleicht fühlen sie sich damit relativ wohl? So tritt das Reden als Kommunizieren eher von außen und eher als Zwang auf, weniger als Notwendigkeit und Zweck des Beisammenseins, das sich in eigenen Formen und an eigenen Orten finden lässt. Die Nicht-RednerInnen sind körperlich jedenfalls durchaus präsent, einige husten beispielsweise viel. Inhaltlich bestimmen konkrete Abläufe in der Produktion stark das Gespräch, was auch einen Hinweis auf die Verknüpfung von Kompetenz mit Können, Erfahrung, körperlicher Leistung gibt. Dass diese Kompetenz auch mit sprachlichem Können verbunden sein kann, demonstriert exemplarisch Franke in der Gruppendiskussion.

Gruppe C („Das Offene Haus")

Konstruktion von Bedeutungen um Kommunikation

Besonderen Stellenwert in der Gruppendiskussion wie im Unternehmen hat elektronische Kommunikation. Es verdeutlicht sich, dass es hier um eine Hierarchisierung von Kommunikation entlang der Achse elektronische-direkte Kommunikation geht: das persönliche Gespräch wird von den Herrschenden besetzt und neu konnotiert als „männliches" Medium, während die Beherrschten mit Mailing abgespeist und beschäftigt werden. Die elektronischen Medien erscheinen dabei auf der Inhaltsebene eher als „weiblich": als Instrument von Klatsch und Tratsch, Vergnügung. Zu unterscheiden ist dabei die stoffliche Ebene des Austauschs: das Medium ist eines Ortes beraubt, Kommunikation wird umgeformt zum Austausch virtueller Informationen, als endloses Rauschen ohne Anfang und Ende, lose verbunden nur noch mit der nach Kaffee dürstenden Person. Als Ersatz für einen solchen wirklichen Ort richten sich die Diskutanden ein virtuelles Haus ein, in dem sie alle Formen der Kommunikation pflegen, die sie sich wünschen. Versuche, diese Virtualität in Wirklichkeit zu überführen scheitern – jedenfalls in der Phantasie der Gruppen, die von einer visionären Reise zu den „Stehtischen" als kommunikativer neuer Möbel im Firmengebäude frustriert und mit „leeren Händen" zurückkehrt.

Als weitere Bühnen von Kommunikation werden Mitarbeiterversammlungen, Klausurtagungen, Volleyballtraining, Betriebsausflug und Weihnachtsfeier angesprochen. Von der Geschäftsleitung installiert, dienen diese Veranstaltungen der Förderung innerbetrieblicher Kommunikation, sind Ersatz für das tägliche Arbeitsmiteinander. Mindestens Sabine schildert ihren Arbeitsalltag beim Kunden als kommunikativ prekär: sie ist praktisch allein dort mit ihrem Rechner. Klaus beschreibt den Wechsel von natürlicher zu elektronischer Kommunikation mit einem nostalgischen Unterton. Es lohnt sich, dabei den Kontext zu beachten, ist Klaus doch ein hauptberuflich Tätiger im Bereich elektronische Kommunikation, sein Job ist es, Menschen diese „Dienstleistung" zu verkaufen, von der er sich zugleich distanziert.

Entfaltung kommunikativer Kompetenz

Die AkteurInnen zeichnen sich durch einen hohen Grad an (Gesprächs)Autonomie aus. Zu Beginn wird metakommunikativ der Arbeitsauftrag geklärt, weitere metakommunikative Passagen folgen. Es gibt eine Kontroverse zwischen Anne und Klaus, in deren Verlauf Rollenzuschreibungen zuungunsten von Anne gemacht werden, Anne ist am Ende die „Verliererin" des Gesprächs, was sie ebenfalls metakommunikativ anspricht („ich komm mir jetzt so vor wie so n Buhmann"). Die AkteurInnen entfalten einen hohen Grad an kommunikativer Kompetenz, wenn die Bereitschaft zu Kontroverse, direkte Ansprache, Metakommunikation, Auftragsklärung, Spaß am Miteinander, als Kennzeichen hierfür gelten können. Dies korrespondiert vermutlich mit Anforderungen im Berufsalltag, den ein hohes Maß an Flexibilität, immer neuen Kontaktaufnahmen, Umgang mit verschiedenen Menschen kennzeichnet, wie die Geschichten in der Diskussion deutlich machen. Hinzu kommt der professionelle Umgang mit elektronischen Medien, die die Beteiligten werkzeughaft und kommunikativ nutzen und deren Einsatz sie sortierend kritisch gegenüberstehen.

Gruppe D („Sinnsuche")

Konstruktion von Bedeutungen um Kommunikation

Betont wird in der Diskussion als Erstes der egalitäre Charakter der Kommunikation, die Beteiligung verschiedener Abteilungen sowie der „lockere" Umgangston. Als Kernthema schält sich im Verlauf des Gesprächs die mangelnde Wirksamkeit des Teams im Unternehmen heraus, die sich bei den MitarbeiterInnen in Form von Motivationsmangel und Orientierungslosigkeit niederschlägt. Abhilfe schaffen soll die „Werbung in eigener Sache" als Ziel der Kommunikation. Es wird diskutiert, wo und wie auf die Existenz und Bedeutung des *Q-Teams* hingewiesen werden könnte, hierfür kommen Informationstafeln, Intranet und Mitarbeiterbesprechungen in Betracht.

Kommunikation erscheint hier in verschiedenen Dimensionen: als komplexer Vorgang um das Leitbild Corporate Identity; als Werbemaßnahme zur Darstellung des eigenen Tuns (wichtige Leute direkt ansprechen, Intranet-Präsentation, Fotos der Mitglieder des Teams veröffentlichen); als Mittel, persönliche Stärke zu gewinnen (Marianne berichtet von ihrer ersten Präsentation, „und dann auch noch auf Englisch").

Eine hierarchische Sicht von Kommunikation entfaltet Langenfeld, Produktionsmitarbeiterin, aus Sicht derer, denen sie vorenthalten wird („dann heißt's wieder es wird nur privat oder so gesprochen es ist halt eben nicht so locker nehm ich mal an wie jetzt halt oben"). Akkord und Kontrolle verhindern den freien Austausch, schränken Kommunikation in diesem Bild ein. Im Unterschied dazu ist es „Oben" „locker" – auch die Eingangsbezeichnung des Q-Teams als „lockere Runde" wird hier noch einmal als privilegiert qualifiziert, Frau Langenfeld bezweifelt indirekt, dass die „Oberen" richtig arbeiten, definiert ihren eigenen und den Wert der Kolleginnen über die Leistung, von der Reden nur ablenken kann. Kommunikation ist hier ungleich verteilte und bewertete Ressource, *Kopf* und *Körper*. Exemplarisch wird der Wert bemessen bei der Debatte um die Bezahlung der Betriebsrundgänge: Zwar ist dies ein scheinbar wichtiges Vorhaben zur Qualitätssicherung, um das sich das Q-Team zu kümmern hat, aus dem es seinen Wert und seine Existenzberechtigung bezieht. Den Mitarbeiterinnen sollen die Rundgänge jedoch nicht bezahlt werden, d.h. sie sollen außerhalb ihrer Arbeitszeit daran teilnehmen. Die Abwertung von seiten der Geschäftsleitung erfolgt damit sowohl in Richtung Produktionsbereich als auch in Richtung Q-Team. Langenfeld gelingt es, diese Ungerechtigkeit, die von einer der Beteiligten direkt als solche moniert wird, in relative Stärke umzudeuten (die Betriebsrundgänge als Veranstaltung, wo die Leute „mal was geboten kriegen"); das Q-Team selbst verfehlt dagegen eine gemeinsame Wertung der Aktion, bildet keinen eigenen Standpunkt und entwertet damit die eigene Leistung, die Gruppenidentität schaffen könnte.

Entfaltung kommunikativer Kompetenz

Wert legen die TeilnehmerInnen darauf, alle zu Wort kommen zu lassen und sich zuzuhören, dies wird kurz vor Start der Gruppendiskussion angesprochen, als die TeilnehmerInnen nach den möglichen „heimlichen Regeln" des Experiments forschen: sie nehmen sich extra vor, sich ausreden zu lassen. Anscheinend haben sie miteinander wirklich eine solche Gesprächskultur entwickelt, es gibt viele Wortwechsel, Geschichten, oft wird gelacht, abgewichen vom Thema, man spricht sich an, bezieht sich aufeinander. Diese Kultur steht dem Kernthema der mangelnden Wirksamkeit im Weg, die „lockere" Art der Kommunikation miteinander hat so den Beigeschmack von „Zeit totschlagen", es wird anscheinend viel *gelabert*. Die Leute sprechen das „heiße Eisen" an, begeben sich in der Gruppendiskussion zunächst tiefer in die eigene Thematik, lassen das Thema dann hinter sich, indem sie das Handlungsschema wechseln, die weitere Auseinandersetzung damit würde wahrscheinlich zu „schmerzhaft". Homolog inszenieren die Teammitglieder die eigene Wirkungslosigkeit, indem sie keine konkreten Vereinbarungen in diesem zweiten Teil der Diskussion treffen, dem sie den Charakter einer „echten" Teamsitzung geben.

Gruppe D führt, oberflächlich betrachtet, eine ähnlich beliebte wie gehasste Variante menschlicher Kommunikation vor: das Labern, endloses Reden ohne etwas zu sagen. Bei der Bearbeitung war ich zunächst versucht, diese Diskussion „rauszuschmeißen", da ich sie für nichtssagend und banal hielt. Erst als mir klar wurde, dass dies genau das „heiße Eisen" des Teams war, konnte ich mich für eine genauere Analyse erwärmen. Dabei wurde deutlich, dass die Diskutanden sehr existenzielle Bereiche menschlicher Kommunikation berühren: die Fragen nach dem Sinn des eigenen Tuns, nach der Gruppenidentität und dem Umgang mit Zeit. Interessant ist die Rahmung im Unternehmenskontext, für den Werbung und Corporate Identity einen hohen Stellenwert haben, also eher Verpackung als Inhalt kennzeichnend sind.

Zusammenfassung: Kommunikation als neues kulturelles Kapital

In den untersuchten Kontexten gilt Kommunikation als wichtig für betriebliche Reorganisation, das gilt besonders für die Managementebene. Kommunikation wird in den Diskussionen als Ressource konstruiert, die den Beteiligten in unterschiedlicher Form zugebilligt wird, sowohl was die Quantität, als auch die Qualität des „Stoffes" anbelangt. Entsprechende Trainingsmaßnahmen gerinnen zum kulturellen Kapital der AkteurInnen, wie wir bei Neuhoff (Gruppe A) und Obermann (Gruppe B) sehen, die ihre höhere Positionierung in der Diskussion an ihrem privilegierten Zugang zu Fortbildungen festmachen. So spricht Neuhoff davon, dass die Teammitglieder, anders als, sie noch nicht „richtig" kommunizieren gelernt hätten und Obermann berichtet von Führungskräftetrainings, in denen er überlegenes Wissen erworben hat. In beiden Diskussionsverläufen deckt sich das kulturelle Kapital nicht durchgängig mit einer echten produktiven

Gesprächskompetenz, diese Aufgabe übernehmen jeweils „einfache“ Leute (Männer), die nicht über die besagten Qualifikationen verfügen. Beide Führungskräfte zeigen nur ansatzweise Sensibilität für diese Kompetenzen ihrer Mitarbeiter. Hier zeichnet sich eine Enteignung im Prozess der Reorganisation im betrieblichen Kontext ab, indem den „niederen“ Gruppen die Verfügung über entsprechende Kompetenzen abgesprochen wird, die sie vorher „von Hause aus“ besaßen. Der Einsatz kommunikativer Mittel ist in dieser Ausprägung weiterhin zu großen Teilen technizistisch orientiert, weniger an Qualität von kommunikativem Austausch, wie er sich in einer wechselseitigen Anerkennung differenter (kommunikativer) Kompetenzen äußern könnte.

Auffällig ist eine weitere Variante der Hierarchisierung kommunikativen Austauschs entlang der Linie elektronische-direkte Kommunikation, wie sie in Gruppe C deutlich wird. Klaus erklärt hier das „persönliche Gespräch“ zum exklusiven Ort, während den unteren Ebenen elektronische Kommunikation als Medium zugewiesen wird. Auch dies ist der Versuch einer Enteignung: Es gibt ja kein billigeres und einfacheres Mittel zu kommunizieren, als das persönliche Gespräch. Es handelt sich also um eine inszenierte Überhöhung, wenn dieses nun den Privilegierten zugeordnet wird. In der betrieblichen Praxis ist genau dies der Fall: ManagerInnen verbringen die meiste Zeit in Meetings und anderen gesprächsintensiven Formen des Austauschs, während den unteren Ebenen dies großenteils verwehrt wird. Die ArbeiterInnen sollen nicht „schwätzen“.

Eine ähnliche Form der Kontrolle stellt der Rechner als zentrales Arbeitsmittel dar: Er beschränkt den direkten Kontakt und schließt die MitarbeiterInnen zugleich an die Zentrale an. Sabine beschreibt in der Gruppendiskussion C, was das im Arbeitsalltag heißt: stundenlanges e-mail-Lesen und kommunikative Not, weil in ihrer Umgebung nur fremde MitarbeiterInnen tätig sind, die ihr nicht einmal einen Kaffee anbieten. Udo stellt fest, dass es der „Mischmasch“ von Kommunikation ist, der in seiner Firma nicht mehr gepflegt werde: das Ineinanderfließen von persönlichem und beruflichem Austausch, wie er die meisten Arbeitsbeziehungen prägt. Dies ist ein eindringlicher Blick ins heraufziehende „Kommunikationszeitalter“: Immer mehr technische Kanäle der Übermittlung werden bereitgestellt, aus denen immer mehr Informationsmüll quillt, während besagter „Mischmasch“ sich neue Orte des Miteinander-Seins suchen muss. Wer diese Herausforderungen meistert und nicht in ihnen untergeht, so lässt sich nach Analyse der Gruppe C schlussfolgern, wird mit einem Zuwachs an kommunikativer Kompetenz „belohnt“. Denn entgegen einer möglichen Erwartung, dass, beeinflusst durch ein hohes Maß an elektronischer Kommunikation, die Fähigkeit zum direkten Austausch verkümmern könnte, zeichnen sich die TeilnehmerInnen durch eine auffällig hohe Kompetenz im Gespräch miteinander aus. Quasi im Kontrast zur virtuellen Welt des Kommunizierens, mit der die MitarbeiterInnen jeden Tag befasst sind, bauen sie sich ein „Haus", in dem sie miteinander leben und arbeiten. Dieses wird zur Metapher und Orientierungslinie ihres (Diskussions)Handelns. Die Möblierung, die sie für ihr Haus wählen, sind Stehtische als Symbol für Flexibilität, Flüchtigkeit, aber auch Souveränität, Autonomie und (zeitweisen) Austausch miteinander.

4.3.3 Teamarbeit als Spiel mit Heterogenität

Bis auf Gruppe C gilt Teamarbeit in allen untersuchten Unternehmen als bedeutsame Form der Zusammenarbeit. Bei Gruppe A handelt es sich um Mitglieder eines Servicemanagementteams in einem Großunternehmen, das seit neuerem eine Teamleiterin hat. Hintergrund sind Reorganisationen des Unternehmens, wozu Teamarbeit als Leitbild gehört, als Kennzeichen von Unternehmenskultur, Modernität, Effizienzstreben. Gruppe B ist ebenfalls im Servicemanagement eines relativ großen Unternehmens mit etwa tausend MitarbeiterInnen tätig. Kontextualisiert ist Teamarbeit im Unternehmen als Instrument von Reorganisation, es geht um die „Bereinigung von Schnittstellen", um die Einführung teilautonomer Organisationseinheiten, die Effektivierung der Zusammenarbeit. Bei Gruppe C handelt es sich „eigentlich" gar nicht um ein Team, die Beteiligten sind sich in dieser Selbstdefinition uneinig. Das wird jedoch erst in der Diskussion deutlich, als die TeilnehmerInnen die Fragestellung der Moderatorin untersuchen und auf sich beziehen. Die Unklarheit verweist auf die Unternehmensform: die MitarbeiterInnen arbeiten einzeln in verschiedenen Unternehmen, warten und implementieren dort Softwarelösungen, sind dort mehr oder minder auf sich gestellt. Gruppe D ist ein interdisziplinär arbeitendes Team, dessen Aufgabe die Bearbeitung des Themas Qualität im Unternehmen ist.

- Welche Bedeutungszuschreibungen nehmen die AkteurInnen in Bezug auf Teamarbeit vor? Wie kontextualisieren sie Teamarbeit?
- Welche Formen der Zusammenarbeit und Lösung von Leitungsaufgaben lassen sich identifizieren?
- Wie konstruieren die AkteurInnen Macht im Teamkontext?
- Woran orientiert sich die Teamentwicklung?

Konstruktion von Bedeutungen von Teamarbeit

In *Gruppe A („Kindergarten")* tritt Teamarbeit – entsprechend zur Definition im Rahmen der Unternehmensneuorganisation – als etwas Neues auf, das zur Identifikation eines Zeitabschnitts dienen kann, der traditionelle Formen der Zusammenarbeit ablöst. Das wird von den Diskutanden auch so kontextualisiert. Es gibt keinen Namen für das Team, die MitarbeiterInnen beschreiben sich als einzeln tätig im Auftragsservicemanagement, eine Frau als Teamleiterin der „anwesenden Personen". Teamarbeit ist also auch auf dieser sprachlichen Ebene noch neu. Die Teamleiterin selbst verkörpert dieses Neue. Kernthema der Diskussion ist Motivation, die Verteilung von Arbeit, Faulheit und Fleiß als Horizonte für das Teamhandeln. Als weiterer Handlungshorizont bringt Althoff den „Telekommunikationsmarkt" ins Gespräch, der für unsichere Zukunftsperspektiven steht. Diese Unsicherheit ist ein neues Element im betrieblichen Kontext, der traditionell von Beständigkeit und Sicherheit definiert wurde, verkörpert im Beamtentum. Die Konfrontation mit Unsicherheit und Neuem steht hier im Kontrast zu Tradition und einer sich überholenden Organisationsform. Teamarbeit wird zum Label für diesen Wandel und seine spezifischen Herausforderungen. Die Mitglieder verhalten sich hierzu unterschiedlich: Klein problematisiert den Widerspruch zwischen Egoismus und Kooperation in der Teamarbeit, wobei er einen vermeintlichen Trend in der Gesellschaft hin zum Einzelkämpfer zugrundelegt, in dem ihn einige der Anwesenden bestätigen; Althoff bemüht sich um Kontinuität, den er in Vokabeln des steten Wandels kleidet; Hartmann wählt die (traditionelle?) Strategie, Arbeit zu begrenzen („Hauptsache ist doch, dass man auf seine Zeit kommt"), verweist damit auf das Thema Motivation, das als Kernthema die Diskussion prägt; eine Mitarbeiterin stellt die Neuerung indirekt infrage („früher haben wir doch auch ganz gut zusammengearbeitet"); eine andere Mitarbeiterin verhält sich neutral und nach Verständigung suchend. Das Team ist hier eine Bühne für unterschiedliche Strategien, *Neues zu verhandeln* und Altes zu bewahren und verankert sich deutlich in allgemeinen gesellschaftlichen Debatten.

In *Gruppe B („Schwarzer Peter")*, das sich Servicemanagementteam nennt, erscheint Teamarbeit selbstverständlich, nicht „der Rede wert", betont wird die gute Zusammenarbeit in der Gruppe, problematisch ist dagegen eher der Kontakt mit „außen". Diskutiert wird Teamarbeit vor allem als notwendige Zusammenarbeit, weniger als symbolisches Konstrukt. Lediglich von Obermann wird die „Teamorientierung" als Ziel der Geschäftsleitung ins Gespräch gebracht, während die übrigen Mitglieder die konkreten Probleme in der Arbeitsorganisation beschäftigen. Für die AkteurInnen ist Teamarbeit *Schicksalsgemeinschaft* nicht

Leitbild. Es findet sich ein prägnantes Wir in diesem Team, das sich nach außen abgrenzt und klare Feindbilder (die Führungskräfte, die Gewerkschaften, die Sonderkonstrukteure) sowie eine deutliche Hierarchie untereinander pflegt. Dies wirkt zugleich familiär, eingespielt, miteinander erfahren. Neuerungen, Eingriffen von außen wird vorsichtig begegnet, wie auch im Umgang mit dem Handlungsschema Gruppendiskussion, das tastend, übersetzend, mit den bewährten Personen im Team bearbeitet wird.

In *Gruppe C („Das offene Haus")* existiert gewissermaßen gar keine Teamarbeit aufgrund der Organisationsprinzipien. Dies erklärt teilweise, warum sie sich nicht als Team verstehen. Aus der Abgrenzung werden umgekehrt positive Teamdefinitionen abgeleitet. Vordenkerin dabei ist Anne, die Teamarbeit bei einem externen Kunden erlebt. Teamarbeit in ihrer Schilderung ist lebendig, familiär, persönlich, von täglichem Austausch und Kontakten geprägt. Dass sie die Selbstbeschreibung als Team ablehnen, verweist andererseits auf die Unternehmensorganisation, die wenig teamorientiert erscheint – denkbar wäre ja beispielsweise auch, Teamarbeit als Leitbegriff für das Unternehmen zu nutzen, etwa in der Art eines „big teams". Das deutet auf einen niedrigen Identifikationsgrad mit dem Unternehmen hin. Die Unternehmensform scheint eher für „Einzelkämpfer" geeignet, die weniger Wert auf einen engen Teamkontext in der täglichen Arbeit legen. Die Gruppendiskussion zeigt bei den praktisch allen ein großes Bedürfnis nach engerer Zusammenarbeit als Team (allenfalls Klaus zeigt hier eine gewisse Distanz, tritt solitär in Erscheinung). Dass das Potenzial zur Teamarbeit vorhanden ist, verdeutlicht die Bearbeitung der Gruppendiskussion: Die TeilnehmerInnen finden sich sozusagen zu einem *Ad-Hoc-Team* zusammen, das sich schnell aufbaut und durchaus kompetent in der Lage ist, den Auftrag zu bearbeiten. Die Fähigkeit, von Einzel- auf Teamarbeit umzuschalten, scheint hier eine besondere Kompetenz.

Im Unterschied zu den anderen Gruppen hat das Team von *Gruppe D („Sinnsuche")* einen prägnanten Namen: es heißt das „Q-Team" und befasst sich mit „allen Fragen rund um die Qualität im Hause". Teamarbeit ist hier also eine deutlich formulierte Realität mit hohem Symbolwert. Die Mitglieder haben einen klaren Identifikationsgrad mit „ihrem" Team, was sich in der Kerndebatte der Gruppendiskussion um die eigene (mangelnde) Bedeutung im Unternehmen niederschlägt. Ihre derzeitige Arbeitsaufgabe ist die Organisation von Betriebsrundgängen für die Produktionsmitarbeiterinnen, wofür sie eine Arbeitsprobe in der Diskussion abliefern, die das Thema mangelnder interner Wirksamkeit und Motivation zutage fördert. Damit wird in Gruppe D das Thema der Rahmung von Teamarbeit zentral: Welche Aufgaben, Ziele und Wertigkeiten (in Form von

Befugnissen) hat das Team? Wer legt diese fest? Was geschieht mit Unklarheiten? Was geschieht mit Diskrepanzen zwischen Rahmen und Inhalt der Teamarbeit? Der Verlauf der Diskussion legt nahe, dass das „lockere" Beieinandersitzen das heimliche Ziel des Teams ist, das sich hinter Formeln und Ansprüchen verbirgt, keinen eigenen öffentlichen Platz beanspruchen darf. Nach außen entstehen Rechtfertigungszwänge, aber auch Unzufriedenheit, so dass durch die Konzentration im Gespräch, die durch die Gruppendiskussion begünstigt wurde, die Frage nach dem Sinn des eigenen Tuns virulent wird.

Formen der Zusammenarbeit und Ausprägung von Leitung

Insofern Teamarbeit in *Gruppe A („Kindergarten")* vorgestellt wird als notwendige Erneuerung in Richtung modernes Unternehmen, enthält sie indirekt die Abwertung der bisherigen Formen der Zusammenarbeit. Das Neue tritt doppelt auf, indem die Teamleiterin als Führungskraft in ihrer Funktion selbst Berufsanfängerin ist, sie erscheint also zweifach neu: als Neuling in der Tätigkeit und als Verkörperung des Neuen. Dadurch entsteht ein Modernitätszwang, Tradition wird abgewertet. Hierauf reagieren die MitarbeiterInnen (unbewusst) mit einer verstärkten Abwehr des Neuen. Die deutlich sichtbare Strategie zur Arbeitsvermeidung in der Gruppe ist eine solche Abwehr, die Produktion von Stresssymptomen ein äußerlich sichtbares Zeichen hierfür (ein Mitarbeiter erscheint zur Gruppendiskussion mit Gipsbein, eine andere Teilnehmerin ist krank, die Teamleiterin klagt im Anschluss über einen hohen Krankenstand und wenig Bereitschaft zu Extraleistungen; eine der Mitarbeiterinnen „droht" indirekt mit der Taktik des Krankwerdens). Stress wird dabei als ein Symptom mit unterschiedlichen Bedeutungen sichtbar. Die Teamleiterin beweist diesem Aktionsfeld gegenüber Souveränität, indem sie den Stress sortiert: den durch Personalmangel verursachten („hier haben wir Abhilfe geschaffen") trennt sie von selbst produziertem Stress. In anderen Bereichen wirkt sie in ihrer Rolle unsicher, probiert (sich) aus. So entsteht die gemeinsame Schöpfung der Kindergarten-Metapher zur Bewältigung der verschiedenen Anforderungen: Es ermöglicht der Leiterin eine Rollendefinition, in der sie sowohl Frau als auch Autorität sein kann. Die Teammitglieder können sich als Lernende definieren und sie dürfen „ungezogen" sein, also Ausweichstrategien entwickeln. Zugleich ist dies regressiv, also nicht unproblematisch, denn die Anforderungen in der Arbeit sind erwachsener Natur. Auch dies erklärt das Ausweichen in Krankheit, offiziell bescheinigtem Abwesenheitszwang. Die Leiterin neigt dazu, die Teammitglieder zu überfordern: sie sollen die Arbeit selbst verteilen, sich selbst beurteilen, öffentlich Kritik üben, zudem noch die (geheimnisvollen) Feedbackregeln beherrschen, Metaplan und Flipchart bedienen. Diese Ideen fallen daher auch nicht auf fruchtbaren Boden. Das Teammilieu behindert das Entstehen von Autonomie und Selbstständigkeit. Den Personen und ihrer Unternehmensgeschichte angepasstere Strategien könnten vermutlich motivationsfördernd wirken, insbesondere die stärkere Anerkennung der bisherigen Leistungen als Unternehmen sowie die sichtbare Anerkennung der kommunikativen Kompetenzen der Beteiligten.

In *Gruppe B („Schwarzer Peter")* ist das Teammilieu geprägt von Angst, es gibt eine Tendenz zur Abwehr von Arbeitsaufträgen, Verweigerung, die sich in der Gruppendiskussion darin äußert, dass sich die meisten gar nicht am Gespräch beteiligen, dies ist auch sonst ein Merkmal der Gesprächskultur, mehrere Frauen und Männer reden im Teamzusammenhang wenig, wie die Feedbackrunde ergibt, der Teamleiter strebt dies auch explizit nicht an, beteiligte die Einzelnen bisher im Zweierkontakt am Gespräch. Das Setting Gruppendiskussion mit seiner offenen egalitären Gesprächsorganisation, ist für die Beteiligten also ungewohnt. Wenn wir weniger die Angst (vor Blamage, Bloßstellung, dazu life ein Beispiel in der Diskussion) in den Mittelpunkt rücken, ist dies Ausdruck einer Kultur, die von Ansprache, Unterweisung und Unterrichtung geprägt ist, weniger von freiem Austausch. Die, die sich beteiligen, zeigen ihre Kompetenz. Franke verweist auf seine Berufserfahrung, ebenso Schuster, und Hammer erprobt sich als (Gesprächs-)Führungskraft; eine Frau ist Stichwortgeberin im Hintergrund, potenzielle Führungsfigur. Die Gruppe hat eine starke Hierarchie ausgebildet, womöglich sogar eine Hackordnung, wie sich in der Diskussion zeigt. Zugleich haben sie einen festen Kreis um sich als Gruppe gezogen, die „Bösen" sind außen, mit ihnen spielen sie „Schwarzer Peter".

Der Leiter Obermann beansprucht viel Redezeit in Form von Bericht und Unterweisung, handelt selten dialogorientiert. Sein zentrales Führungsinstrument ist Kontrolle. Nur ansatzweise ist er bereit, Verantwortung zu übernehmen. Er arbeitet in der Diskussion gelegentlich mit den Mitteln der Drohung, Bloßstellung, Ironie, was ihm teilweise auch bewusst ist, nutzt weniger die bereitliegenden kommunikativen Kompetenzen der Mitglieder. Dies entspricht auf Rückfrage hin dem bisher entwickelten Stil der Zusammenarbeit und vermutlich einer in industriellen Zusammenhängen bis heute weit verbreiteten kommunikativen Kultur, die auf eine möglichst reibungslose Organisation der Produktion abzielt und hierzu Hierarchie und umfassende Kontrollen einsetzt. Andererseits ändern sich die Umgebungsfaktoren zur Zeit, neue kommunikative Führungsstile sind gefragt. Obermann ist Ziel solcher Veränderungsbemühungen, lernt in Fortbildungen neue Managementmethoden kennen, hat mit seinen Kollegen auch schon einmal ein Wochenende beim „Feuerlauf" verbracht. Zur Zeit nimmt er an einem Programm teil, das „360°-Feedback" heißt und wo er von allen, mit denen er beruflich zu tun hat, mittels Fragebögen strukturierte Rückmeldungen erhält.

In *Gruppe C („Das offene Haus")* hat elektronische Kommunikation einen hohen Stellenwert, teilweise gibt es ein Bedauern, dass die persönliche Zusammenarbeit in der Firma kaum noch stattfindet, Face-to-Face-Begegnung wird in Form von Mitarbeiterversammlungen, Klausurtagungen, Weihnachtsfeiern, Betriebsausflügen organisiert. Diese Veranstaltungen werden als wenig ergiebig dargestellt, kritisiert wird, dass es eher um Außendarstellung von Projekten, nicht um die wirkliche Diskussion von Inhalten geht; entsprechend wichtig scheinen die Pausen dabei. Die Form der Zusammenarbeit ist auf die zentrale Figur des Geschäftsführers ausgerichtet. Seine Mails werden analysiert und persönliche Gespräche mit ihm spielen eine herausragende Rolle. Dies erschwert die Entwicklung eines Klimas von Teamarbeit – so überhaupt erwünscht. Die Entfernung sowohl zum Zentrum des Unternehmens als auch zu einem Firmenteam, erschwert Zuordnungen und Einordnungen des eigenen Könnens und der eigenen Position. Das wird besonders deutlich bei Anne, die unsicher wirkt in ihrer Position und Fremdheit in der Stammfirma beklagt, ersatzweise ordnet sie sich emotional dem externen Team zu, in dem sie zur Zeit tätig ist.

Wo kein Team ist, kann es auch keine offizielle Teamleitung geben. Im Gesprächsverlauf bildet sich homolog ebenfalls keine solche Leitung heraus. Marianne kann hier nicht reüssieren, versucht sich zwar als Leitungsfigur, die ein Zentrum besetzt, doch die anderen nehmen ihr die Rolle aus der Hand, insbesondere Klaus, gefolgt von Sabine und Udo. Die Gruppenmitglieder weisen einen hohen Grad von Selbstführung auf, sie agieren autonom, beziehen sich aufeinander, pflegen Kontroversen und erotische Anklänge.

In *Gruppe D („Sinnsuche")* wird die Form der Zusammenarbeit zunächst am Klima festgemacht, dem „lockeren" Umgangston. Am Gegenhorizont erscheint die Arbeit des Teams als unverbindlich, wenig ergiebig und zäh. Was zu fehlen scheint, sind klar konturierte Aufgaben, Funktionen und Ziele. So wird die Suche nach solchen Aufgaben, nach dem Sinn des gemeinsamen Tuns, zur Aufgabe in der Gruppendiskussion, die um Selbstbeschreibungen und Selbstdefinitionen kreist. Das Team sucht den Sinn des Tuns in der Wahrnehmung durch ein Außen (die Belegschaft, die Geschäftsleitung, Zeichen von Anerkennung), entwirft Werbestrategien in eigener Sache. Hier klafft eine Diskrepanz zwischen dem stofflichen und symbolischen Gehalt des Tuns.

Die Leitungsrolle ist in diesem Team vakant, sowohl in der offiziellen als auch inoffiziellen Lesart. Hoffmann erscheint am ehesten in der Rolle einer Leiterin, sie lehnt den „Posten" jedoch ab, den ihr die anderen zuordnen wollen. Sie präsentiert sich als die aktivste Person im Team, strebt danach, die anderen zu aktivieren, ihre Strategien dabei schlagen weitgehend fehl. Eine davon ist, dass sie Leitung zur Disposition stellt und auf den Rohstoff Motivation setzt, eine realitätsadäquate Herangehensweise, insofern es keine offizielle Leitung und keine Sanktionsmöglichkeiten den Teammitgliedern gegenüber gibt. Dieser Gruppencharakter wird in demokratisch gefärbte Vokabeln von gleichen Funktionen und gleichen Rechten gekleidet, der die Selbstverantwortung und Eigenmotivation der Beteiligten hervorstreicht. Dies bleibt eine Hülle für die mangelnde Wirksamkeit des Teams, wo sich keine Rollen differenzieren, sondern die AkteurInnen gleichermaßen ohnmächtig bleiben.

Machtkonstruktionen

In den untersuchten Teams begegnet uns Macht in vielfältigen Formen: Macht in Form von Präsenz, in Form von Erfahrung, Wissen um Können; Macht in Form von kulturellem Kapital; Macht in Form von Verweigerung/Kooperation; Macht aufgrund von Funktion; verbale Macht (Bloßstellung, Ironie); Macht qua Gruppenbildung (soziales Kapital); Ökonomische Macht (Drohung mit Versetzung, Arbeitsplatzverlust, „der Markt"). Im Folgenden werden ich Bereiche von Machtkonstruktionen herausarbeiten, die für die jeweilige Gruppe kennzeichnend sind.

In *Gruppe A („Kindergarten")* erscheint besonders der Diskurs über *Gesellschaft* als Quelle von Macht der AkteurInnen. Sei es die Debatte um einen allgemeiner werdenden Egoismus, die Frage nach der Zukunft auf dem Telekommunikationsmarkt oder das Ansprechen von Geschlechtervorurteilen während der Diskussion: alle diese Themen legen sich quer zur „reinen" Betriebswirtschaft, sind auch im Gespräch Quelle von Störung, Irritation. In diesem Unternehmen verhandeln die AkteurInnen explizit Zukunft von Gesellschaft, samt der Identitätsverwirrungen, die damit verknüpft sind (z.B. Althoff als „Kostenfaktor", Neuhoff als Teamleiterin, ohne zu wissen „ob das ein Beruf ist"). Die entsprechenden Themenfokussierungen laufen in der Diskussion ins Leere, die „passenden" AnsprechpartnerInnen scheinen zu fehlen. Dennoch ist Gesellschaft hier mächtige Akteurin, die sich ihren Platz auf der Bühne sucht.

In *Gruppe B („Schwarzer Peter")* treten mächtige AkteurInnen auf, die sich handelnd entfalten. Die AkteurInnen aus der Produktion rekurrieren auf Macht aufgrund von Erfahrung, Wissen um Können. Verweigerung erscheint als Machtoption ebenso wie Kooperation. Daneben treten Hierarchie und Kontrolle als Mittel der Machtausübung in Erscheinung in einem eng umsteckten Raum. Macht basiert vor allem auf alltäglicher, tätiger Zusammenarbeit, *Körper*.

Gruppe C („Das offene Haus") zeigt uns vor allem *Individualität* als Quelle von Macht: die Fähigkeit, in kommunikativen Notstandsgebieten strukturiert zu handeln; die Flexibilität des Handeln-Könnens in unterschiedlichen Situationen, virtuell und real. Während der Diskussion entsteht zunächst ein Machtvakuum, das die AkteurInnen danach wechselnd in Anspruch nehmen. Als weiterer mächtiger Akteur wird der Geschäftsführer genannt, er bildet das Zentrum, darum gruppiert die MitarbeiterInnen als souveräne Satelliten. Auch ökonomische Macht tritt auf, gebunden an einen einzelnen Akteur, den Geschäftsführer, von dem die Existenz des Gesamtunternehmens abhängig gemacht wird, ob er genug Geld verdient hat und irgendwo die „Füße in die Sonne hängt" oder nicht. Diese ökonomische Macht erscheint ähnlich flüchtig und unberechenbar wie die geforderten Fertigkeiten, sich dazu zu positionieren und mächtig zu wirken.

Team D („Sinnsuche") erscheint vergleichsweise *ohnmächtig*, hat keine Aufgabe, schwimmt im Nirgendwo der Organisation herum, Versuche der Strukturierung scheitern: sowohl durch Leitung (die entsprechende Person verweigert sich der Rollenzuschreibung), durch Ziele, Aufgaben, Werbemaßnahmen in eigener Sache. Während in Gruppe C das Machtvakuum von den Akteuren abwechselnd ausgefüllt wird, inszenieren die Mitglieder im Team D einen mächtigen externen Akteur, von dem sie ihr Tun als abhängig definieren (Herr Obermeier, Mitglied der Geschäftsleitung). In der Diskussion selbst erscheint Frau Langenfeld aus der Produktion als mächtigste Akteurin, ihr wird die Macht zugeschrieben, Entscheidungen zuzustimmen bzw. diese zu verweigern und sie setzt sich auch selbst als eine solche Figur.

Woran orientiert sich die Teamentwicklung?

Team A („Kindergarten") erscheint als das prägnanteste und dynamischste Team entlang einer Entwicklungslinie. Es gibt eine Geburtsstunde des Teams, eine entsprechende Sitzung vor etwa einem halben Jahr, um die sich verschiedene Narrationen ranken, in der die Leiterin sich in ihrer Funktion exponierte und von den anderen inthronisiert wurde. Der „Blick zurück" stärkt die Sicht auf ein gemeinsames Wir, wie sich hier deutlich zeigt und begünstigt so auch die Sicht nach vorn. Auch können Fortschritte auf diese Weise benannt und „gemessen" werden. Von zwei TeilnehmerInnen wird – besonders im anschließenden Feedback – die Sorge geäußert, die Entwicklung von Teamarbeit im Unternehmen sei hauptsächlich von strategischen Überlegungen bestimmt und diene nicht der

Festigung von Zusammenarbeit; die beiden fürchten vor allem, als Team nicht für längere Zeit bestehen bleiben zu können, sondern wieder auseinandergerissen zu werden, um den Zusammenhalt nicht zu eng werden zu lassen. Hier werden Interessenskollisionen von Teamarbeit aus Sicht verschiedener Akteursgruppen sichtbar: Die Gruppe als emotionalem Wir, das auf privater Nähe basiert, im Gegensatz zu einem strategischen Wir als profitorientiertem Instrument der Unternehmensentwicklung.

In *Team B („Schwarzer Peter")* fehlt eine näher dargelegte Perspektive von Teamentwicklung. Dies ist um so interessanter, als die Gruppe auch den Status Quo zu beschwören scheint, Änderungen gegenüber – ob nach vorn oder wieder zurück – eher skeptisch ist. Auch hier ist es jedoch der Blick zurück, der am ehesten als Orientierungspunkt von (Vorwärts)Entwicklung in Erscheinung tritt (s. die Passage „Sonder hatte immer Vorrang"). Bilder „von früher" tauchen auf mit ihren spezifischen Machtreservoirs (handwerklich orientiertes Produzieren), die auch für die gegenwärtige Produktion von Bedeutung sein könnten, jedoch nicht als solche thematisiert werden. Dagegen ist der Blick nach vorn, vor allem von Obermann ins Gespräch gebracht, eher angstbesetzt, von Unsicherheiten bestimmt wie dem „schwankenden Markt" und dem unberechenbaren Kunden.

In *Gruppe C („Das offene Haus")* stellt sich aufgrund ihres Nicht-Team-Charakters die Frage der Teamentwicklung anders. Gerade das Fehlen von Historie, einem markanten Punkt gemeinsamen Beginns erscheint interessant, denn auch dieses Team kommt nicht ohne zeitliche Einordnungen entlang der Linie früher-heute aus, und wie in den anderen Gruppen hat der Blick zurück formenden, identitätsstiftenden Charakter. Als Bezugsereignis taucht eine bestimmte Mitarbeiterversammlung auf, von der alle etwas zu berichten haben. Dabei setzt jedeR hier eine andere zeitliche Marke, ordnet dasselbe Ereignis in die persönliche Zeitrechnung mit dem Unternehmen völlig unterschiedlich ein. Hierzu passt, dass sie zu dem Event auch nicht gleichzeitig kommen und gehen, sich mühsam versuchen zu erinnern, wer wann da war, wer nicht, und welche Personen zusammen anwesend waren, als wären sie dort gar nicht zusammengetroffen. Unternehmensgeschichte wird patchworkartig geschrieben, es gibt keine Kontinuität und völlig variable Zukunftsszenarien. Persönliche und Unternehmensentwicklung erscheinen als disparat, lediglich Caroline kann eine Überschneidung feststellen, da sie gleich „von den Kinderschuhen" an im Unternehmen ist.

Gruppe D („Sinnsuche") hat dagegen schon eine längere Geschichte, die der Aussage von Schneider folgend auch von Erfolgen geprägt ist. Er liefert in der Vorstellungsrunde einen Abriss der Teamgeschichte, in der er diese Erfolge auflistet. Um so auffälliger ist die momentane Lage, die mehr oder minder krisenhaft erscheint und in der das Team nicht in der Lage ist, Aufgaben zu verteilen, zu bewältigen, ja nicht einmal zu definieren. Das Team ist ins Abseits der Organisation gestellt, eine Zukunft wahrscheinlich nicht vorhanden. Teamentwicklung zeigt sich damit als etwas, das einen Anfang *und* ein Ende hat, denn üblicherweise dominiert in Team- und Organisationsentwicklung die Sicht auf Wachstum, Entwicklung und Zuwachs an Wirksamkeit. Niedergang und Versanden von Energie dürften dagegen ebenso häufig anzutreffende Entwicklungsstufen von Zusammenarbeit sein, die nur weniger beachtet und begleitet werden. Hier bietet sich dem Team – vielleicht auch begünstigt durch die Dynamik der Gruppendiskussion – die Chance einer realistischen Akzentverschiebung, die auch das Ende einer Teamarbeit zu würdigen hätte.

Zusammenfassung: Teamarbeit als Spiel mit Heterogenität

In meiner Untersuchung hat Teamarbeit sehr unterschiedliche Formen. Sie ist sowohl nach innen wie außen heterogen bestimmt. Das ist vor allem insofern bemerkenswert, als die vorgestellten Teams kaum in ein Lehrbuch zum Thema Teamentwicklung passen dürften. Ich habe daher auch weitgehend darauf verzichtet, das entsprechende Know-how der Gruppendynamik heranzuziehen, das ich in Teilen im theoretischen Teil dargelegt habe (z. B. Phasenmodelle von Teamentwicklung). Dagegen haben sich meine Leitsätze zur Teamentwicklung als nützlich erwiesen, indem ich singuläre Modelle erarbeitet habe anhand der Interaktionen und Bedeutungszuschreibungen aus den Gruppendiskussionen. So konnte ich unterschiedliche Kontexte berücksichtigen und das interaktive Potenzial der jeweiligen Teams für ihre Weiterentwicklung betonen.

Für die Zukunft dürfte diese Art der Teamentwicklung an Bedeutung gewinnen, denn es ist abzusehen, dass *Heterogenität* sehr viel mehr als Homogenität den Arbeitsalltag von Gruppen in Betrieben bestimmen wird. Das widerspricht nur scheinbar einer Vision vom teambasierten Unternehmen. Die Teams von morgen – so legt meine Untersuchung nahe – haben als Aufgabe, Verschiedenheit und Heterogenität auszubalancieren, sich in diversen Kontexten flexibel bilden und verändern zu können. Einen Vorgeschmack dieser Entwicklung liefern alle untersuchten Gruppen: Sei es in Gruppe A Teamarbeit als Label für Modernität und Erneuerung, die die interne Neuverhandlung von Verantwortung und Motivation erfordert; sei es in Gruppe B das enge traditionelle Wir eines Teams, das Identität über die Abgrenzung nach außen herstellt und dadurch wenig beweglich wirkt angesichts der anstehenden Aufgaben, mit Schnittstellen und Kunden zu kooperieren; sei es, dass der Teamgedanke gar nicht erst formuliert wird und Teamarbeit dennoch zum Erfordernis wird (Gruppe C), die AkteurInnen sich beispielsweise in wechselnden externen Teamwelten zu orientieren haben, zugleich virtuell Teamarbeit betreiben; oder in Gruppe D bereits die selbstdefinitorische Heterogenität. Die immanente Herausforderung bleibt jedoch auch in diesen heterogenen Kontexten eine gemeinsame Wir-Bildung in veränderlicher Gestalt, wie ich hoffe, in diesem Abschnitt gezeigt zu haben.

4.3.4 Schlüsselqualifikation Geschlechterkompetenz

Wie ich oben bemerkt habe, berücksichtigt Organisationstheorie im Allgemeinen nicht die Ebene von Körper und Sexualität. Dies bleibt der feministischen Forschung vorbehalten, die sich zudem mit den Ungleichheit produzierenden Geschlechterverhältnissen in Organisationen auseinandersetzt. Geschlecht wird dabei nicht als (biologische) Gegebenheit gesehen, sondern als Prozess interaktiver Konstruktionen.

Als Ergebnis der Textanalyse ist zunächst festzuhalten, dass Geschlecht häufig *nicht* in den Mittelpunkt tritt, *keine* Bedeutung hat, *nicht* thematisiert wird. Anders gesagt: die AkteurInnen sind die meiste Zeit damit befasst, andere Themen als Geschlecht zu verhandeln. Dies mag banal erscheinen, rückt jedoch Realitäten von Zusammenarbeit in den Mittelpunkt, in denen die AkteurInnen – wie die Untersucherin – das Thema Geschlecht „vergessen“, wo es nicht relevant gemacht wird und sie Erfahrungsräume als Gleiche teilen: als gleich potente, gleich konkurrente, gleich kompetente, gleich schwache, gleich starke InteraktionspartnerInnen. Natürlich möchte ich mit diesen Bemerkungen nicht die Realität von Geschlechterungerechtigkeit in Organisationen in Abrede stellen; ich möchte jedoch auf die unterschiedlich konnotierten Erfahrungsräume hinweisen, die Frauen als omnipotente Akteurinnen in Organisationen nicht nur schwächen, sondern auch stärken (können). Im Stimulus taucht entsprechend das Thema Geschlecht nicht auf. Damit wollte ich ermöglichen, dass die AkteurInnen es selbst auf ihre Art als relevant setzen konnten. Ein Ergebnis dieser Vorgehensweise war, dass Geschlecht als Thema eher selten expliziert wurde. Es tauchte jedoch in allen Gesprächen auf und ich werde im Folgenden darlegen, wie die AkteurInnen das Thema (subtextuell) ins Spiel bringen.

Team A („Kindergarten)

An der Diskussion sind drei Frauen und drei Männer beteiligt, wobei eine der Frauen die Teamleiterin ist. Es gibt es eine längere Passage, in der das Thema Frauen-Männer direkt angesprochen wird („reine Frauendienststellen“). Im Vergleich zu den anderen Gruppen, ist dies eine Besonderheit. Althoffs Redezug in diesem Zusammenhang, den er zögerlich auf die Gesprächsbühne bringt, trifft auf kein starkes Gegenüber, es taucht kein Widerspruch auf, eher ein schwaches Beipflichten und ein Themenabbruch mittels Löschung durch die Beteiligten (Frauen). Althoff bringt mit seinem Themenfokus die bereitliegende „Keule" des Machos zum Einsatz und opponiert damit gegen eine Frau in der Leitungsfunktion. Die anwesenden Frauen organisieren ihre Reaktionen auf dieses Verhalten derart, dass sie einen Themenabbruch erreichen. So wird (öffentlich) nicht mehr über Frauen gesprochen, was als Erfolg der Frauenbewegung gewertet werden kann. Sie dienen in dieser Situation auch ihrem Team, indem sie Althoff, samt seinem grenzwertigen Verhalten, wieder integrieren. Die Folge ist jedoch in der Diskussion, dass gar nicht mehr über das Frau-Mann-Thema gesprochen wird. Die Frauen demonstrieren ihre Stärke, indem sie einen Themenabbruch erreichen, allerdings weichen sie damit der öffentlichen Verhandlung des Themas auch aus, ein Hinweis, dass das Thema dem privaten Bereich innerhalb der Organisation zugeordnet und damit politischen Veränderungen schlechter zugänglich ist, woran sich die Akteurinnen beteiligen.

Die „reinen Frauendienststellen" sind in der Diskussion dem Horizont eines „Früher" zugeordnet, zu dem es heute keine Entsprechung mehr gibt, selbst die entsprechenden Vorurteile („unter Frauen geht es schlimm zur Sache") können nicht mehr einfach aktualisiert werden, taugen nicht mehr als Ordnungsinstrument. Geschlecht, so scheint es damit, taugt auch nicht mehr als Ordnungsfaktor. Die „reinen Frauendienststellen" stehen für ein versunkenes, versinkendes Reich – vermeintlich – geordneter Verhältnisse. Vorurteile schaffen schließlich auch Ordnung, die Abkehr von ihnen, neben Entlastung und Befreiung, auch Verwirrung und Unsicherheit. Diees Unordnung setzt sich auf der Ebene von Identität fort. Althoff präsentiert sich uneindeutig, jedoch auch flexibel in seiner Geschlechtsrolle: einmal als Frau behandelt, dann wieder zum Mann geworden und misst sich „weibliche" (Führungs-)Qualitäten zu.

Das Thema Geschlecht wird von der Teamleiterin in den Rahmengesprächen angesprochen: Neuhoff berichtet von ihrem Eindruck, als Frau nicht in gleicher Weise Aufstiegschancen zu haben wie ähnlich positionierte Männer; sie wittert Konkurrenz und Intrige gegen sie als Frau und Führungskraft, wobei sie im Team vor allem Hartmann als Opponenten im Auge hat. Dieser habe sich nämlich bereits einmal bei ihrem Vorgesetzten über sie beschwert, allerdings ohne Erfolg. Die Analyse der Gruppendiskussion fördert zutage, dass Hartmann nicht mehr gegen sie Stellung bezieht, vielleicht hat seine Beschwerde samt der Reaktion des Vorgesetzten ihre Rolle im Team gefestigt, Hartmann erkennt sie mittlerweile offen als Leitungsperson an. Das ist ein Beispiel für die Möglichkeiten übergeordneter Leitungspersonen, Autorität besonders auch von Frauen in Führungspositionen zu festigen – denkbar wäre hier auch eine „Solidarität unter Männern“ gewesen, von der Frauen immer wieder berichten. Die Sensibilität für das Thema Benachteiligung qua Geschlecht gleicht Neuhoff mit einem Bestreben aus, einen „weiblichen“ Führungsstil zu vermeiden. Sie tritt eher provozierend und streng auf. Über die „Kindergarten“-Metapher, die sich das Team selbstbeschreibend gibt, gerät sie in eine „weiblich“ konnotierte Führungsrolle: die der Erzieherin, also eine „erlaubte“ Frauen-Führungsfigur. Dies ermöglicht ihr zwar, ihre Position zu festigen, allerdings um den Preis einer nicht voll entwickelten „erwachsenen“ Teamkultur. Sich als Frau in der Leitungsrolle auch „weibliche“ Qualitäten beizumessen, könnte für wachsende Souveränität in ihrer Position stehen. Hier sind jedoch Kollisionen mit dem Programm der Organisation absehbar, die ihre Identität bezüglich Fürsorglichkeit bzw. Härte/Kostendenken selbst nicht geklärt hat.

In ihrer Funktion bestärkt wird sie vor allem von Althoff und Hartmann, weniger von den anwesenden Frauen. Reziprok reagiert Neuhoff auf Meier und Sander mit niedrigerer Beachtung. Wahrscheinlich ist Konkurrenz eine Erklärung für diese Dynamik. Meier spricht dies direkt an, als sie über den Umgang von Frauen unter sich in den „reinen Frauendienststellen“ spekuliert. Dies erschwert wahrscheinlich die wechselseitige Anerkennung von Frauen in Führungspositionen. Besonders Sander wird von Neuhoff in erster Linie über ihre mangelhafte Leistung identifiziert. Damit verschafft Sander sich die Anerkennung, die ihr auf anderen Wegen versperrt scheint. Anerkennung kann daher der Schlüssel für Frauenförderung und Motivation sein, wie sich auch im Feedback zur Gruppendiskussion zeigte: Sander war bereit, einen besonderen Auftrag (Präsentation der Ergebnisse in der Großgruppe) zu übernehmen, wurde von den anderen in ihrem Engagement ausgebremst, überholt. Eine Sensibilisierung für Geschlecht als Element von Interaktion kann also Quelle von Macht und Motivation sein, wie sie mehrfach aufleuchtet, aber noch nicht voll entfaltet ist.

Gruppe B („Schwarzer Peter“)

An der Diskussion sind drei Frauen und sieben Männer beteiligt. Im Text finden wir in diesem Team einige Geschlechter-Bezüge. Den ersten bereits ganz zu Beginn mit Frankes Selbstbeschreibung als „Mädchen für alles“. Er drückt damit ein „weibliches“ Selbstverständnis aus. An anderer Stelle spricht Schuster davon, sie (das Team) würden manches Mal „wirklich vergewaltigt“ (von der Geschäftsleitung). Hier sind also männlich und weiblich konnotierte Akteursgruppen miteinander in Handlung verstrickt, die zudem von mindestens einem Akteur als Gewaltverhältnis definiert wird. Die Beschreibung ist zunächst verwirrend, sind es doch Männer, die hier als „Mädchen" und Opfer geschlechterkonnotierter Gewalt auftreten. Betrachten wir die beiden unterschiedlichen Konzepte im Einsatz der Frau-Mann-Konstruktion: Franke umschreibt mit seiner Wortwahl seine professionelle Kompetenz. Der Geschlechterbezug ist also durchaus „positiv" gefärbt, er erkennt die Leistungen der „Mädchen für alles" an und damit indirekt auch Frauenarbeitsräume. Diese Definition ist „durchlässig", was die Frau-Mann-Grenzen anbelangt und orientiert am professionellen Gehalt der Tätigkeit. Anders dagegen Schuster: Seine Definition enthält eine starke Opfer-/Täterperspektive, tritt kämpferisch und aggressiv auf. Schuster benutzt das starke Wort „Vergewaltigung" eher strategisch für seine Position, besetzt das Opferfeld und diskreditiert zugleich geschlechterdemokratische Anliegen. Hier werden „klassische" Mann-Frau-Grenzen/Kampfzonen errichtet und zementiert.

Im Team gibt es auf diesem Wege geschlechtskonnotierte Bezüge, die nicht entlang der Frau-Mann-Linien verlaufen. Es sind vielmehr Männer der unteren Ebene, die weibliche Geschlechterdomänen für sich beanspruchen. Dies kann als Versuch der Beschreibung innerbetrieblicher Machtverhältnisse gesehen werden, die ein tradiertes Bild hierarchischer Ordnung benutzt: der zwischen Frauen und Männern. Indem Männer dieses Feld besetzen, drängen sie die real existierenden Frauen weiter an den Rand des Geschehens, ein Dialog über „Frauenthemen" wird erschwert. Wie in Team A werden Geschlechterbezüge von Männern aufgeworfen, die Frauen halten sich mit entsprechenden Färbungen im Gespräch zurück. Soweit Geschlecht als Quelle von Machtentfaltung gesehen werden kann, steht es Frauen hier nicht zur Verfügung wie Männern, bzw. sie nutzen es nicht in gleichem Maße. Dies weist auf die Problematik für Frauen hin, Geschlecht in Organisationszusammenhängen zu thematisieren, gerade auch im Anschluss an Frauenbewegungen. Offiziell ist Gleichstellung erreicht, Ungleichheit qua Geschlecht zu thematisieren, käme einem Tabubruch gleich. Dass in diesem Team/Unternehmen Männer das Feld der Ungleichheit „besetzen", erschwert für Frauen die „Eroberung" des Themenfeldes. Zugleich hat dies zur Folge, dass sich das (kommunikative) Potenzial von Frauen und Männern in einem solchen Umfeld nur mangelhaft entfalten kann.

Obermann tritt als Führungspersönlichkeit als strenge, strafende Figur auf, entsprechend viel Raum haben die „ungezogenen" Untergebenen, die als zu disziplinierende Gruppe inszeniert werden. Dies entspricht dem Klischee vom traditionellen „männlichen" Manager. Eine „weiblichere" Figur als Gegenpart bietet am ehesten Franke, auch explizit gemacht in seiner Selbstbeschreibung als „Mädchen für alles". Obermann wirkt in seinen „weiblichen", fürsorglichen Führungsaspekten schwach bis nicht-existent. Dies könnte mit der Unternehmenskultur korrespondieren, die – auch aufgrund existenzieller Marktbedingungen – ihren MitarbeiterInnen keinen schützenden Rahmen bietet. Zu berücksichtigen ist die Rolle Meier-Heinrichs: Die stärkste Frau in der Diskussion (auch die einzige, die sich überhaupt beteiligt). Sie verfügt über deutliche kommunikative Kompetenzen, auch im Unterschied zu anderen Anwesenden und fungiert als Stichwortgeberin im Hintergrund, sie wird von den Teammitgliedern gehört und könnte eine Schlüsselrolle im Veränderungsprozess übernehmen.

Das Führungsgeschehen im Team ist eher „klassisch": Ein kontrollierender Mann an der Spitze, die meisten Männer und fast alle Frauen mehr oder minder mundtot, haben nichts zu sagen, ein aggressiv-unterwürfiges Klima, das von einem Akteur als sexualisiert gewalttätig beschrieben wird. Insgesamt bietet sich damit das Bild eines in vielerlei Hinsichten beschränkten Potenzials, vor allem was „weibliche" Qualitäten anbelangt, die in diesem Rahmen weder von Frauen noch Männern weiter entwickelt werden können. Entsprechend ungünstig erscheinen auch die Bedingungen für die Frauen und auch eine Reihe von Männern, sich „männlicher" in Szene zu setzen und erweiterte Aufgaben zu erfüllen. Das erscheint um so problematischer, als das Unternehmen vor großen Herausforderungen der Reorganisation steht, die nur durch eine deutliche Weiterentwicklung kommunikativer Kompetenzen zu bewältigen sein werden. Hier lässt sich nachzeichnen, wie Geschlecht als professionelles Potenzial zur Schlüsselqualifikation für Reorganisationsprozesse werden könnte.

Gruppe C („Das offene Haus")

Eine erste explizite Thematisierung von Geschlecht gibt es während der Vorstellungsrunde, als Annes Anwesenheit bei der Diskussion von Sabine damit begründet wird, dass sie eine Frau sei („Anne ist dadurch reingekommen, dass Sie gerne auch Damen dabei haben wollten"). Zum Hintergrund: Bei der Vorbesprechung mit meinem Kontaktmann im Unternehmen hatte ich, wie bei den anderen Firmen auch, darum gebeten, ein gemischtes Team auszuwählen, kein reines Männerteam. Diese Bedingung von mir war offenbar unternehmensintern kommuniziert worden. Anne wurde also aufgrund ihres Geschlechts für die Teilnahme an der Untersuchung ausgewählt, was ihr spätestens in der Vorstellungsrunde durch eine Kollegin deutlich vor Augen geführt wird, die damit interessanterweise von ihrer eigenen Geschlechtszugehörigkeit „ablenkt" (Warum wurde sie,

Sabine, ausgewählt?). So hat Anne, „vorgeführt" durch die Kollegin, eine schwierige Rolle zu erfüllen: die einer „Vorzeigefrau", wo nicht fachliches Können oder eigenes Interesse im Vordergrund stehen, sondern Geschlecht. Diese Deutung hat zugleich abwertende Züge Anne und Sabine gegenüber. Eine alternative Sichtweise sieht Sabines Bemerkung zunächst als Informationsbeitrag zur Klärung der Gesprächssituation. Das wäre ein Hinweis auf einen relativ offenen Umgang mit dem Thema Geschlecht im Team- und Firmenkontext und auch darauf, dass Geschlecht offensiv als kommunikatives Potenzial genutzt wird. Die Analyse legt einen solchen Akzent durchaus nahe, die Offenheit gegenüber Individualität und Lebensstilen tritt auch an anderen Stellen zutage. Es bestätigt sich allerdings auch die Hypothese einer konkurrenten Beziehung zwischen Anne und Sabine, die auf der Ebene persönlicher kommunikativer Kompetenz angesiedelt ist.

Caroline positioniert sich in der Nähe des Geschäftsführers, übernimmt im Gespräch stellenweise die Rolle, sein Sprachrohr zu sein, nutzt damit die „Nähe zur Macht" als Ressource. Ein Leitungsanspruch von ihr in der Diskussion wird von den anderen reziprok nicht erwidert. Sie scheint eher die „Hausfrau", während die anderen „draußen" arbeiten gehen. Jedoch ist Caroline sich der Macht aufgrund ihrer zentralen „häuslichen" Stellung bewusst, sie ist beispielsweise die Schaltstelle für Informationen und handelt damit souverän, das heißt z.B. in klarer Unterscheidung zu dem, was sie nicht bewirken kann (so zu Anne auf eine Nachfrage: „da musst du dich an den Richtigen wenden").

Sabine bringt das Frau-Mann-Thema noch einmal in einer anderen Passage zur Sprache, wo sie von ihrer Arbeit in einem externen Team berichtet, dessen Klima am „auftauen" sei, es werde auch schon mal über das Problem Hausarbeit nach der Arbeit und andere „frauliche Themen" gesprochen. Dies ist das einzige Mal in den Gruppendiskussionen, dass das Thema Hausarbeit angesprochen wird. Sabine bringt dieses Thema auf die Unternehmensbühne – wenn auch etwas entfernt in einem externen Team. Von den anwesenden Gruppenmitgliedern wird es nicht aufgegriffen, Klaus defokussiert das Thema, indem er es in den Bereich interkultureller Mentalität verschiebt und von seiner Arbeit „damals" in Italien berichtet, wo man ihn in Bars zum Espressotrinken mitgenommen habe. Während dies auf der Mann-Frau-Ebene zunächst als Distanzierung von Klaus erscheint, nähert er sich Sabine thematisch an, indem er auf die gleiche Bedürfnisqualität verweist, die für ihn gelingende Kommunikation haben muss: die „Wärme" (bei ihm ausgedrückt im Espressotrinken in Italien).

Sabine und Klaus entfalten oberflächlich betrachtet zwei völlig verschiedene kommunikative Räume, die entlang der Linie Frauen-Männer geordnet sind.

Frauen (im Team) tauen auf, werden privat und reden über Probleme (hier: Hausarbeit); Männer (im internationalen Raum) trinken Kaffee, rauchen, nehmen sich mit in Bars. Das Thema Hausarbeit, so legt dieser Diskussionsabschnitt nahe, taugt im Unternehmen nicht für geschlechterdemokratischen Austausch. Es ist jedoch auffällig, dass das Thema überhaupt angesprochen wird, und zwar nicht nur in dieser Passage, sondern metaphorisch auch während der Überlegungen zum passenden Mobiliar im Hause, wo die Küche als probater Raum verworfen und stattdessen Stehtische als geeignet imaginiert werden. Das Thema Versorgung im und ums „offene Haus" herum hat damit eine relativ hohe Bedeutung in der Diskussion, es gibt auch im Privaten keine Sicherheit der Reproduktion mehr und dadurch eine Diskursbereitschaft, die „vor der Tür" steht.

Gruppe D („Sinnsuche")

An der Diskussion sind drei Frauen und drei Männer beteiligt. Das Frau-Mann-Thema wird nicht direkt angesprochen. Indirekt taucht das Thema auf, indem zwei Männer Wichtigkeit erhalten, die zugleich abwesend sind: der Personalleiter, der eigentlich hatte kommen wollen, dann unentschuldigt fernbleibt sowie Herr Obermeier, Mitglied der Geschäftsleitung, der die Macht hat, Entscheidungen zu treffen, was das Team sich selbst nicht zuspricht. Durch diese Konstruktion von Macht in Verknüpfung mit abwesenden Männern, erhält das Team umgekehrt einen ohnmächtigen Charakter, der „weiblich" erscheint. Dies korrespondiert mit dem Inhalt der Teamarbeit: die Sicherung der Qualität im Hause, die damit indirekt zur „weiblichen" Domäne erklärt und degradiert wird. Diese Deutung folgt zunächst einer Achse von Macht = Männlichkeit sowie Ohnmacht = Weiblichkeit, die von außen durch die Untersucherin ins Feld gebracht wird. Ob sich diese Achse auch als Handlungshorizont durch die Diskussion verfolgen lässt, soll daher näher betrachtet werden.

Die Leitungsrolle im Team hat am ehesten eine Frau, der Mann, der von seiner Funktion her dafür infrage käme, erhebt keinen Anspruch darauf. Die größte Macht zugesprochen bekommt Frau Langenfeld aus der Produktion. Diese Macht ist an ihre Tätigkeit, ihr Können gebunden, was sie bereits in der Vorstellungsrunde deutlich macht, wo sie sich mit ihren Tätigkeiten des Bohrens, Schweißens, Montierens präsentiert. Dies sind eher „männlich" konnotierte Tätigkeiten, sie verweisen auf den klassischen Industriearbeiter. Indem Frau Langenfeld diese als charakterisierend für sich beschreibt, bedient sie sich eines eher für Männer vorgesehenen Identitätsinventars, überschreitet eine Geschlechtergrenze. Sie betont ihre Differenz zu den anderen doppelt: Sie ordnet sich der

„fremden" Welt der Fabrik zu, die über Körperarbeit definiert werden, hebt sich damit deutlich von den „soften" Tätigkeitsmerkmalen der anderen Teammitglieder ab, präsentiert sich zudem als „Mann", des Bohrens und Schweißens mächtig. Das sie kennzeichnende Klassenmerkmal ist das des Arbeiters, sie betont die Differenz zwischen sich und den anderen Teammitgliedern. Hieraus erwächst keine relative Ohnmacht, sondern relative Macht: Differenz ist das von ihr eingesetzte Mittel, Macht zu betonen. Diese Position räumen ihr auch die anderen ein: Frau Langenfeld erscheint als einzig mächtige Akteurin in der Gruppendiskussion. Sie erreicht dies durch eine doppelte Differenzierung: in Abgrenzung zur Büro-Kultur des mittleren Managements, die sich über Corporate Identity und andere „weiche" Formen der (Selbst)Präsentation definieren; zweitens in Abgrenzung zu geschlechtertypisierenden Tätigkeiten, indem sie eher „männlich" definiertes Tun als das ihre reklamiert. Langenfeld entspricht dem feministischen Machttypus aus Phase zwei, den ich oben vorgestellt habe: Macht zu entwickeln aus der Betonung von Ohnmacht, der Benennung von Ungleichheit (qua Geschlecht). Sie setzt auch Verhandlungsmacht ein als Stellvertreterin ihrer Gruppe. Dass sie im Team als mächtige Akteurin reüssieren kann, fußt auf einer virtuosen Nutzung von Machtquellen: Geschlecht, Hierarchie, Grenzüberschreitung. Das zeugt zudem von einer hohen kommunikativen Kompetenz.

Betrachten wir im Anschluss Frau Müller, von Beruf Innenarchitektin. In einer narrativen Passage schildert sie, wie sie gegenüber dem erwähnten Herrn Obermeier ein werbendes, in ihren Worten „lockendes" Verhalten an den Tag legte, um das Q-Team ins Gespräch zu bringen. Sie bedient sich hier „weiblich" konnotierter Verhaltensweisen, agiert mit Sexualität und Verführung. Dazu passt ihr Auftreten: Sie ist jung und attraktiv, kleidet sich wie ein Model, demonstriert Coolness und Selbstbewusstsein. Ihr Verhalten lässt sich als Ehrgeiz u.a. in Form sexualisierter Aggressivität beschreiben, als Einsatz ihres vollen Potenzials, ihrer ganzen Kraft für das Team, die Arbeitsaufgabe und ihr berufliches Fortkommen.

Als (informelle) Leitungsfigur fungiert in diesem Team Frau Hoffmann. Sie ist beständig bemüht, die anderen zur Mitarbeit zu motivieren und betont die Gleichberechtigung der Teammitglieder. Besonders Meinertz trägt die Führungsrolle an sie heran, bittet direkt um Aufträge, Arbeitszuweisung. Hier liegt eine traditionellere feministische Deutung bereit: dass Hoffmann vor der „männlichen" Führungsrolle als Frau zurückweicht, sich das entsprechende Potenzial nicht zutraut. Die Analyse der Diskussion legt jedoch eine andere Sichtweise nahe: Hoffmann schätzt ihre Rolle im Team ganz realistisch ein und ist sich der begrenzten Macht der Gruppe bewusst (keine Entscheidungsmacht z. B.). Vor diesem Hintergrund beschließt sie, eine auf Motivation und Gleichberechtigung setzende Teamkultur zu etablieren, die einzige Erfolgschance unter den existierenden Bedingungen. Dass dies nicht gelingt, muss nicht als Beweis für ihre „Führungsschwäche“ gesehen werden. Einen Beweis für ihre „Führungsstärke“ liefert sie im Feedbackgespräch ab, als sie auf die Auflösung des Teams drängt, das unter den gegebenen Bedingungen keine Perspektive hat.

Lässt sich also das Q-Team als Ort „weiblicher“ Ohnmacht beschreiben? Ich hoffe gezeigt zu haben, dass die Geschlechterverhältnisse im Team und um das Team herum sehr viel komplexer sind, als es die Achse Mann/Macht – Frau/Ohnmacht nahe legen würde, die zwar aufzeigbar wäre, jedoch nur unter Vernachlässigung zahlreicher machtschaffender Faktoren, mit denen die AkteurInnen jonglieren. Die Mitglieder des Teams nutzen eine Vielzahl von Schlüsselqualifikationen für ihre Arbeit, die erst sichtbar werden, wenn gängige Geschlechterstereotype außer Kraft gesetzt werden.

Zusammenfassung: Schlüsselqualifikation Geschlechterkompetenz

Wie ich in diesem Abschnitt gezeigt habe, verhandeln die AkteurInnen in nicht unwesentlichem Maße Geschlecht, Geschlechterrollen und -stereotypen, auch wenn diese nicht expliziter Bestandteil ihrer narrativen Turns und Diskussionen sind. Es lassen sich dabei sowohl Linien von Geschlechterhierarchie und fortgesetzter hegemonialer Männlichkeit nachzeichnen (zum Beispiel gibt es in jeder der Diskussionen als mächtig in Szene gesetzte übergeordnete Personen, diese sind allesamt Männer), als auch in Unordnung geratene Geschlechterverhältnisse beobachten: Frauen und Männer tauchen in unterschiedlichen Funktionen und Positionen auf, entsprechen selten Geschlechterstereotypen und messen sich souverän Grenzgänge zu. Es gibt Hinweise, dass das Thema Geschlecht in den Unternehmenskulturen versenkt wurde – vielleicht auch als Reaktion auf neue Frauenbewegungen – und schwierig zu thematisieren ist. Andererseits wird auch deutlich, dass das Thema bereitliegt, „vor der Tür“ steht und nach Beachtung verlangt. Jenseits vorhandener Typisierungen und Schwierigkeiten erscheint Geschlecht damit in allen Diskussionen als kommunikatives Potenzial, als Schlüsselqualifikation, das die AkteurInnen mit unterschiedlicher Vehemenz und Virtuosität zu nutzen wissen.

Wenig hilfreich dürfte es sein, wenn die bekannten Geschlechterstereotype herangezogen und die „weiblichen“ kommunikativen Stärken von Frauen in den Vordergrund gerückt würden. Die Untersuchung der Gruppendiskussionen liefert jedenfalls keine Hinweise auf eine solche Verteilung von Kompetenz qua Geschlecht. Es treten sowohl auffällig kompetente Männer als auch Frauen in diesem Punkt in Erscheinung. Ihre Leistungen sind jedoch im Gesprächsgeschehen weitgehend „unsichtbar“ und werden von den Anwesenden nicht entsprechend gewürdigt/bewertet. Damit treten Schlüsselqualifikationen in den Diskussionen im Wortsinn als „softe“ Qualitäten in Erscheinung, die „weiblich“ konnotiert sind. Das korrespondiert mit ihrer ökonomischen Bewertung in Form von Investitionen in das entsprechende Know-how der MitarbeiterInnen. Umgekehrt ist festzustellen, dass gerade in diesen Bereichen sehr viele Ressourcen der Organisation brachliegen, die sich positiv für Erfolg, Motivation und Unternehmensentwicklung nutzen ließen. Für Frauen kommt es darauf an, an dieser Entwicklung maßgeblich beteiligt zu werden, also auch von entscheidenden Machtpunkten aus Einfluss auf die Organisation als Beziehungshandeln nehmen zu können. Diese Forderung ist untrennbar verbunden mit der Vision von Organisationen, die Beziehungshandeln als Primat ihrer Entwicklung betrachten.

5. Schluss: Neues Managementhandeln – Das Verhandeln von Selbstwert, Identität, Zukunft

Als Resümee möchte ich die Gedankengänge und Forschungsergebnisse meiner Arbeit hier noch einmal kurz Revue passieren lassen.

Theoretisch besteht kein Zweifel am Wert von „Soft Skills" für das erfolgreiche Unternehmen. Gefordert sind „emotionale Intelligenz", effektive Kommunikation, Sozialkompetenz, Wissensmanagement, „barrierefreie" Kommunikation, das Zusammenspiel im Team aller AkteurInnen. Diese Ideen sind nicht in der Retorte entstanden, sondern basieren auf konkreten Erfahrungen, sei es im Berufs- oder Privatleben. In der Praxis scheinen die Verhältnisse komplizierter, berichten MitarbeiterInnen häufig von schlechter Zusammenarbeit, mangelnder Kommunikation und dem Scheitern von Veränderungsbemühungen. Das Management von Veränderung wird so zum Schlüsselbegriff der praktischen Herausforderungen.

Die Gespräche mit IngenieurInnen in ihren betrieblichen Arbeitsteams, die ich zur Skizzierung dieser Herausforderungen untersucht habe, werfen einen Blick auf betriebliches Miteinander im Alltag. Sie zeigen, wie die AkteurInnen sich und ihre Kompetenzen zueinander in Beziehung setzen, Kommunikation fördern und behindern. Hier konnten vielfältige Beobachtungen zu Gesprächsführung, Ideenproduktion, Arbeitsbeziehungen, Effektivität, Teamentwicklung gemacht werden. Es zeigte sich dabei, dass Visionen kommunikativer Produktivität im Unternehmensalltag vorhanden sind, jedoch häufig im Hintergrund des Geschehens wirken, den Beteiligten nicht bewusst zur Verfügung stehen. Menschen wissen, wann ein gutes Gespräch stattgefunden hat, wann eine Sitzung produktiv verlaufen ist, wann sie mit einem guten Ergebnis ihrer Zusammenarbeit belohnt wurden. Dieses Wissen ist jedoch eher praktisch verankert, gute Kommunikation scheint eher „zufällig" zu entstehen; die meisten sind weniger darin geübt, bewusst Wege einzuschlagen, um diese Qualität zu erreichen; sie wissen weniger, wie sie diese Qualität behindern und wie sie sie wieder beleben können. Zudem sehen sie sich mit dem Problem konfrontiert, dass die entsprechenden Kompetenzen im betrieblichen Milieu weitgehend abgewertet werden. Einer der Akteure versinnbildlichte seine entsprechende Rolle mit der Formulierung vom „Mädchen für alles", in dem Potenzial wie Begrenzung professionellen, kommunikativen Wirkens geronnen sind, auch in geschlechterdemokratischer Perspektive.

Wie können wir ertragreiche Kommunikation, produktive Arbeitsbeziehungen gestalten? Mit Bezügen zu Symbolischem Interaktionismus, Gestalttherapie und einem Verweis auf die *guten Orte*, die unerlässlich sind für gelingende Kommunikation, habe ich im ersten Teil dieser Arbeit meine Antworten hierzu dargelegt. Um das ganze Potenzial in den Blick nehmen zu können, das menschliche Kommunikation im Kontext beruflicher Arbeit hat, ist es notwendig, „hinter die Kulissen" von Organisation und Management zu schauen, dorthin, wo Macht, Beziehung, Zukunft verhandelt werden. Hierzu habe ich mich mit den Strukturen, den symbolischen Mustern beschäftigt, die dem Bedeutungsfeld Organisationshandeln zugrunde liegen.

Die traditionelle Organisation, vermittelt über Hierarchie, Ausleseverfahren, den Mythos vom rationalen Handeln, habe ich als ein System zur Verhinderung guter Kommunikation vorgestellt. Wo Menschen in erster Linie nach Anweisungen handeln sollen, zu Befehlsempfängern degradiert werden, können sich keine produktiven Arbeitsbeziehungen entfalten; echte Teamarbeit beispielsweise ist diesem System fremd. Stattdessen ist die Grundfigur der Organisation Hierarchie, die auf allen Ebenen reproduziert wird. Hierzu gehört die Vorstellung vom Manager als durchsetzungsstarkem Alpha-Tier, das sich durchbeißt und auch harte Entscheidungen nicht scheut. Bis heute ist ein solches Bild von erfolgreichem Managementhandeln weit verbreitet, orientiert am männlichen, weißen, heterosexuellen, emotional kontrollierten, rational handelnden Akteur. Dieser Entwurf verweist auf sein Gegenteil und entwirft in deutlicher Trennung zur Berufssphäre ein Reich des Privaten, das – dichothom zum „Männlichen" – an Werten von „Weiblichkeit", Emotionalität und selbstlos verausgabten Beziehungen („Liebe") orientiert ist. Die neuere Variante von Organisation betont auch ihre soziale Seite, billigt Menschen Emotionen zu, den Wert informeller Beziehungen. Weiterhin vorherrschend bleibt jedoch ein instrumentelles Verständnis von Kommunikation, die nun dazu dienen soll, betriebliches Handeln noch effektiver zu gestalten. Die Personen sollen mittels (mehr oder minder subtiler) Beeinflussung angepasst werden an diese Prozesse. Der Prototyp des Managers nach diesem Modell „vervollständigt" sich nun, erweitert sein Handlungsrepertoire um emotionale Intelligenz und soziale Kompetenz. Das Managementbild bleibt weiterhin am „männlichen Mann" orientiert, doch dieser ist um einige

„weibliche" Qualitäten reicher geworden und am Rande erscheint auch die eine oder andere reale Frau im Führungsgeschehen. Die Grenze zwischen Privatem und Öffentlichem ist durchlässiger geworden, wird jedoch noch nicht überschritten, über die Vereinbarkeit von Familie und Beruf kann gelegentlich einmal gesprochen werden, wobei Frauen die Problemträgerinnen bleiben.

Poststrukturalistische Ansätze hinterfragen Organisation als Konstruktionshandeln. Menschen erscheinen als verschiedenartige Individuen, mit ihrer persönlichen Geschichte, unterschiedlich gelagerten Stärken und Schwächen, an Situation und Prozess ebenso gekoppelt wie an geforderte Handlungsroutinen. Homogenitäten alle Art – entlang von Geschlecht, Ethnizität, Klasse, Befähigung, Sexualität – werden als Konstrukte beschrieben und der Akzent auf die Verschiedenheiten der Beteiligten gelegt. Damit verändern sich die Bilder von Managementhandeln, wo Frauen, Menschen mit unterschiedlichen Herkünften und Potenzialen denkbar werden als AkteurInnen. Betont wird dabei, dass eine solche Herangehensweise auch für die Unternehmen von Gewinn ist. Die Grenzen zwischen privaten und öffentlichen Räumen verschwimmen, Beziehungsarbeit kann im Kontext von Organisation thematisiert werden, Managementhandeln im Kontext von Privatheit. Zugleich lösen sich ordnunggebende Strukturen auf, wie sie auch von Hierarchie und identifizierbaren Machtressourcen repräsentiert werden, das Problem der Orientierung wird virulent.

Die skizzierten Vorstellungen über Organisation beeinflussen als Hintergrund das Handeln der AkteurInnen und ihre Bedeutungsschöpfung bezüglich sogenannter „Soft Skills", wie die Analysen der Gruppendiskussionen gezeigt haben. Hierarchie und Kontrolle, Abwertung von Kompetenz, Kämpfe um Status und Macht in Form einer Neuinszenierung von Kommunikation als kulturellem Kapital der betrieblichen Eliten lassen sich in allen Gruppendiskussionen verfolgen. Ebenso sind neue Unordnungen entstanden, Tradition und Hierarchie taugen nicht mehr als alleinige Ordnungsfiguren, an ihre Seite sind verwirrende Geschlechterverhältnisse, Auflösungen von Arbeitszeiten und -orten, differente Lebensstile und Versorgungsquellen getreten. Selbstwertschöpfung und Identitätsbildung zeigen sich dabei als wesentliche, jedoch mit komplexen Herausforderungen konfrontierte Prozesse. Sowohl auf individueller Ebene, als auch auf der Gruppen- und Unternehmensebene wurden Unsicherheiten von Identitätsbildungen deutlich. Teamarbeit habe ich in diesem Zusammenhang als eine Bühne präsentiert, auf der ständige Neuverhandlungen dieser Ressourcen stattfinden und sich die AkteurInnen als potente, kompetente, um gute Arbeit und gute Zusammenarbeit ringende Personen zeigen. Sie begegnen sich hier „auf gleicher Augenhöhe" und zeigen vielfältige Machtpotenziale und Beziehungsstrategien.

Hier sind Schlüsselqualifikationen skizzierbar als vermittelndes Beziehungshandeln zwischen Aufgabe, Gruppe, Individuum, Organisation.

Auf einer erweiterten Ebene geht es noch um mehr: die Zukunft der Arbeit, die Teilung von Aufgaben und die Gestaltung von Arbeitsbeziehungen, die Produktion von Sinn. In allen Gruppendiskussionen wird Zukunft verhandelt: Sei es die Frage nach dem „ausgereizten" Telekommunikationsmarkt, die die Perspektive des Unternehmens infrage stellt; das „schwankende Geschäft", das für Unsicherheit und Desorganisation im Betrieb verantwortlich gemacht wird; die Phantasie vom Chef, der die „Füße in die Sonne hält", anstatt den Betrieb weiterzuführen; oder die Suche nach Sinn und Identität als Team im Unternehmen. Die Analyse der Diskussionen, betreffend die Perspektiven, weisen so alle auf eine tiefe Verunsicherung der AkteurInnen bezogen auf Zukunft, auf das Management von Veränderung hin. Diese Verunsicherung präsentiert sich als Bereitschaft zu Flexibilität, in Form von Mut und Neugier, Neues zu wagen, zeigt sich jedoch auch in Form von Ängsten und Widerstand gegen Veränderung. Die AkteurInnen stellen Fragen nach der Zukunft des Wirtschaftens, der Zukunft von Arbeit, der täglichen Gestaltung von Miteinander, auf die das Echo einer Antwort fehlt. Für die Zukunft von Managementhandeln erscheinen sie dadurch um so zwingender.

Damit am Ende meiner Arbeit angekommen, möchte ich noch einmal den Mitarbeiter Althoff zu Wort kommen lassen, mit seinem Kommentar zum Abschluss der Gruppendiskussion, der hoffentlich auch diese Dissertation betrifft:

Althoff: Nja ich denke mal das war ganz sinnvoll ne'
((aus)) (GD A, Z 3056)

Literatur

Acker, Joan, 1991, Hierarchies, Jobs, Bodies: A Theory of Gendered Organizations, in: Lorber, Judith/Farell, Susan A. (Eds.), The Social Construction of Gender, Newbury Park/London/New Delhi, 162-179

Altenkirch, Brigitte, 1989, Die Moral des Nicht-Verletzens in Arbeitsbeziehungen von Frauen, in: Christina Thürmer-Rohr (Hg.), Mittäterschaft und Entdeckungslust, Berlin, S. 104-115

Appadurai, Arjun, 1998, Globale Ethnische Räume, in: Beck, Ulrich (Hg.), Perspektive der Weltgesellschaft, Frankfurt/M.

Arbeitsgemeinschaft Qualifikations-Entwicklungs-Management (Hg.), 2001, Flexibilität und Kompetenz: Schaffen flexible Unternehmen kompetente und flexible Mitarbeiter? Münster

Arbeitsgruppe Bielefelder Soziologen, 1976, Alltagswissen, Interaktion und gesellschaftliche Wirklichkeit, Bd.1: Symbolischer Interaktionismus und Ethnomethodologie, Reinbek

Arendt, Hannah, 1970, Macht und Gewalt, Frankfurt/M.

Argyris, Chris, 1996, Wenn gute Kommunikation das Lernen verhindert, in Fatzer, G. (Hg.), Organisationsentwicklung und Supervision, Köln, S. 109-126

Bandler, R./Grinder, J., 1981, Metasprache und Psychotherapie. Struktur der Magie I, Paderborn

Baron, Bettina, 2001, Sprache und Geschlecht, in: Müller-Franke, W. (Hg.), Berufswelt im Wandel – Frauen in Männerberufen am Beispiel der Frauen in der Polizei. Schrift zum Symposium an der Fachhochschule Villingen-Schwenningen, Hochschule für Polizei

Bateson, Gregory, 1983, Ökologie des Geistes. Anthropologische, psychologische und epistemologische Perspektiven, Frankfurt/M.

Becker-Schmidt, Regina et al., 1983, Arbeitsleben – Lebensarbeit. Konflikte und Erfahrungen von Fabrikarbeiterinnen, Bonn-Bad Godesberg

Behnke, Cornelia/Meuser, Michael, 1999, Geschlechterforschung und qualitative Methoden, Opladen

Bentner, A./Petersen, S.J. (Hg.), 1996, Neue Lernkultur in Organisationen. Personalentwicklung und Organisationsberatung mit Frauen, München

Berger, P./Luckmann, L., 1969, Die gesellschaftliche Konstruktion der Wirklichkeit. Eine Theorie der Wissenssoziologie, Frankfurt/M.

Bion, Wilfried R., 1974, Erfahrungen in Gruppen und andere Schriften, Stuttgart

Birkenbihl, Vera, 1987, Kommunikationstraining, Landsberg

Blumer, Herbert, 1973, Der methodologische Standort des Symbolischen Interaktionismus, in: Matthes et al. (Hg.), Alltagswissen, Interaktion und gesellschaftliche Wirklichkeit, Bd. 1, Reinbek

Bohnsack, Ralf, 1992, Interaktion und Kommunikation, Berlin, Ms.

Bohnsack, Ralf, 1997, Gruppendiskussionsverfahren und Milieuforschung, in: Friebertshäuser, B./Prengel, A. (Hg.), Handbuch Qualitiative Sozialforschung, München, S. 492-502

Bohnsack, Ralf, 1989, Generation, Milieu, Geschlecht. Ergebnisse aus Gruppendiskussionen mit Jugendlichen, Opladen

Bollinger, Heinrich/Nothdurft, Werner, 1998, Schlüsselqualifikationen in der Ingenieurausbildung, Ms.

Bourdieu, Pierre, 1982, Die feinen Unterschiede. Kritik der gesellschaftlichen Urteilskraft, Frankfurt/M.

Bourdieu, Pierre, 1983, Ökonomisches Kapital, kulturelles Kapital, soziales Kapital, in; Kreckel, R. (Hg.), soziale Ungleichheiten (Soziale Welt, Sonderband 2), Göttingen, S. 183-198

Bourdieu, Pierre, 1992, Rede und Antwort, Frankfurt/M.

Braun, Friederike,1997, Kommunikation von Geschlecht, Pfaffenweiler

Brislin, R.W./Yoshida, T., 1994, Intercultural Communication Training. An Introduction, Beverly Hills

Buber, Martin, 1973, Das dialogische Prinzip, Heidelberg

Castells, Manuel, 2001, Das Informationszeitalter, Teil 1, Der Aufstieg der Netzwerkgesellschaft, Opladen

Cockburn, Cynthia, 1988, Die Herrschaftsmaschine, Hamburg

Cockburn, Cynthia, 1991, In the Way of Women. Men's Resistance to Sex Equality in Organizations, Basingstoke/London

Diezinger, Angelika et al. (Hg.), 1994, Erfahrung mit Methode, Freiburg

Epstein, E. K., 1996, Der narrative Turn, in: Schlippe, A. v./Kriz, J. (Hg.), Kontexte für Veränderung schaffen, Forschungsbericht 111, FB 8, Uni Osnabrück, 81-95

Fatzer, Gerhard, (Hg.), 1996, Organisationsentwicklung und Supervision. Erfolgsfaktoren bei Veränderungsprozessen, Köln

Fletcher, Joyce K., 1999, Disappearing Acts. Gender, Power, and Relational Practice, Boston

Garfinkel, Harold, 1968, Studies in Ethnomethodology, Englewood Cliffs/New Jersey

Garfinkel, Harold, 1973, Studien über die Routinegrundlagen von Alltagshandeln, in: Steinert, Heinz (Hg.), Symbolische Interaktion. Arbeiten zu einer reflexiven Soziologie, Stuttgart

Garfinkel, Harold/Sacks, Harvey, 1970, „Über formale Strukturen praktischer Handlungen", in: Weingarten, P./Sacks, H./Schenkein, P. (Hg.), Ethnomethodologie, Frankfurt/M., S. 130-176

Gehm, Theo, 1999, Kommunikation im Beruf, Weinheim/Basel

Giebeler, Cornelia, 1997, Sattelberger, T. (Hg.), Die lernende Organisation. Konzepte für eine neue Qualität der Unternehmensentwicklung (Rezensionsaufsatz), in: DGSv aktuell

Giebeler, Cornelia, 1999, Spiritualität und Frauenmacht. Die Heilerinnen von Juchitán, in: Krasberg, U. (Hg.), Religion und weibliche Identität, Tagungsband der Deutschen gesellschaft für Völkerkunde/Institut für europäidsche Ethnologie, Marburg, S. 176-195

Giebeler, Cornelia/Baier, Andrea/Wäcken, Martina, 1993, Der Frauenstudiengang – ein feministisches Experiment. Evaluation und Evaluationsergebnisse, Bielefeld

Giesecke, Michael/Rappe-Giesecke, Kornelia, 1997, Supervision als Medium kommunikativer Sozialforschung, Frankfurt/M.

Goffman, Erving, 1969, Wir alle spielen Theater. Selbstdarstellungen im Alltag, München

Goffman, Erving, 1971, Verhalten in sozialen Situationen. Strukturen und Regeln der Interaktion im öffentlichen Raum, Gütersloh

Goffman, Erving, 1980, Rahmenanalyse, Frankfurt/M.

Goleman, Daniel, 1996, Emotionale Intelligenz, München

Gottschall, Karin, 1998, Doing Gender While Doing Work? Erkenntnispotentiale konstruktivistischer Perspektiven für eine Analyse des Zusammenhangs von Arbeitsmarkt, Beruf und Geschlecht, in: Geissler, Birgit/Maier, Friederike, Pfau-Effinger, Birgit (Hg.), FrauenArbeitsMarkt, Berlin

Gremmler-Fuhr, Martina, 1999, Grundkonzepte und Modelle der Gestalttherapie, in: Gremmler-Fuhr, M./Fuhr, R./Sreckovic, M., Handbuch der Gestalttherapie, Göttingen/Bern/Toronto/Seattle, S. 345-392.

Hadler, Antje/Domsch, Michael E., 1994, Frauen auf dem Weg in Spitzenpositionen der Wirtschaft? Eine Bestandsaufnahme für die Bundesrepublik Deutschland, in: Aus Politik und Zeitgeschichte. Beilage zur Wochenzeitung Das Parlament, B 6, S. 11-21

Halford, Susan/Savage, Mike/Witz, Anne, 1997, Gender, Careers and Organizations. Current Developments in Banking, Nursing and Local Government, London

Hammer, Michael, 1997, Das prozessorientierte Unternehmen: die Arbeitswelt nach dem Reengineering, Frankfurt/M./New York

Heintz, Bettina/Nadai, Eva/Fischer, Regula/Ummel, Hannes, 1997, Ungleich unter Gleichen. Studien zur geschlechtsspezifischen Segregation des Arbeitsmarktes, Frankfurt/M./New York

HIS (Hochschul-Informations-System) (Hg.), 1998, Ingenieurstudium. Daten, Fakten, Meinungen, Hannover

Hofstede, G., 1994, Interkulturelle Zusammenarbeit. Kulturen, Organisationen, Management, Wiesbaden

Homanns, George Caspar, 1960, Theorie von der sozialen Gruppe, Köln/Opladen

International Forum Women in Engineering and Science, 2000, Professional Congress Women in Engineering and Science, Tagungsmaterialien des Internationalen Weltingenieurkongresses während der Expo in Hannover, Hannover

Isaacs, William N., 1996, Dialog, kollektives Denken und Organisationslernen, in: Fatzer, G. (Hg.), Organisationsentwicklung und Supervision, Köln, S. 181-228

Janshen, Doris, 1990, Hat die Technik ein Geschlecht? Berlin

Jungkind, Wilfried, 1997, Reif zur Überprüfung. Das Berufsbild des Ingenieurs, Vortragsmanuskript zum Festvortrag anlässlich der Verleihung des Weidmüller-Preises, Lemgo

Kallmeyer, Werner/Schütze, Fritz, 1976, Konversationsanalyse, in: Studium Linguistik, Kronberg

Kanigel, Robert, 1997, The One Best Way. Frederick Winslow Taylor, New York

Kieser, Alfred (Hg.), 1998, Organisationstheorien, Stuttgart/Berlin, Köln

Kieser, Alfred/Hegele, Cornelia/Klimmer, Matthias, 1998, Kommunikation im organisatorischen Wandel, Stuttgart

Kieserling, André, 1999, Kommunikation unter Anwesenden, Frankfurt/M.

Klaus, Elisabeth, 1998, Kommunikationswissenschaftliche Geschlechterforschung, Opladen

Kofman, Fred/Senge, Peter, 1996, Gemeinschaften voller Engagement. Das Herz der lernenden Organisation, in: Fatzer, G. (Hg) aaO, S. 149-179

König, Oliver, 1998, Macht in Gruppen. Gruppendynamische Prozesse und Interventionen, München

König, Oliver, 2000, Die Zwänge der Gruppe und die Grenzen professionellen Handelns, in: Gruppendynamik und Organisationsberatung, S. 13-30

Koordinierungsstelle Frauen geben Technik neue Impulse (Hg,), 1999a, Strategien des beruflichen Neueinstiegs von Ingenieurinnen in den neuen Bundesländern, Bielefeld
Koordinierungsstelle Frauen geben Technik neue Impulse (Hg,), 1999b, Strategien des beruflichen Aufstiegs von Frauen in Technik und Wirtschaft, Bielefeld
Kossek, Brigitte, 1997, Überschneidungen, Zwischenräume und Grenzziehungen, in: Schein, Gerlinde/Strasser, Sabine (Hg.), Intersexions, feministische Anthropologie zu Geschlecht, Kultur und Sexualität, Wien, S. 177-230
Kotthoff, Helga, 1992, Die Geschlechter im Gespräch. Kommunikation in Institutionen, Stuttgart
Krell, Gertraude, 1997, „Vorteile eines neuen, weiblichen Führungsstils" – zur Fragwürdigkeit einer derzeit vielstrapazierten Behauptung, in: Dies. (Hg.), Chancengleichheit durch Personalpolitik. Gleichstellung von Frauen und Männern in Unternehmen und Verwaltungen, Wiesbaden, S. 299-307
Kriz, Jürgen, 1999, Systemtheorie für Psychotherapeuten, Psychologen und Mediziner, Wien
Krumpholz, Doris, 1999, Frauen in Arbeitsgruppen und Organisationen, in: Gruppendynamik, S. 415-426
Lamnek, Siegfried, 1998, Gruppendiskussion. Theorie und Praxis, Weinheim
Lewin, Kurt,1952, Field Theory in Social Science, London
Libreria delle donne di Milano, 1989, Wie weibliche Freiheit entsteht. Eine neue politische Praxis, Berlin
Luhmann, Niklas, 1964, Funktionen und Folgen formaler Organisationen, Berlin
Luhmann, Niklas, 1969, Legitimation durch Verfahren, Neuwied
Luhmann, Niklas, 1984, Soziale Systeme. Grundriß einer allgemeinen Theorie, Frankfurt/M.
Mangold, W., 1973, Gruppendiskussion, in: König, R. (Hg.), Handbuch der empirischen Sozialforschung. Erster Teil, Stuttgart, S. 228-259
Mannheim, Karl, 1925, Das Problem einer Soziologie des Wissens, in: Archiv für Sozialwissenschaft und Sozialpolitik, Bd. 53, Tübingen, S. 577-652
Manthey, Helga, 1993, Verordnetes Wohlbefinden oder: Der neue Man(n)ager auf der Suche nach Authentizität, in: zeitschrift für frauenforschung, 11, 4, S. 33-46
Marx, Sabine, 1988, Thesen zu einem feministischen Politikverständnis, Bielefeld
Marx, Sabine, 1991, Frauen im Ingenieurstudium, Abschlussbericht des gleichnamigen Forschungsprojekts am Bielefelder Oberstufenkolleg, Bielefeld (Ms.)
Marx, Sabine, 1999, Ergebnisse aus den Befragungen der Pilotgruppe der Weiterbildung „Prozessmanagement", FH Lippe, Lemgo (Ms.)
Marx, Sabine, 2001, Coaching, Skript zur gleichnamigen Veranstaltung der Weiterbildung „Prozessmanagement" der FH Lippe, Lemgo
Marx, Sabine, 2001, Kleines Gesprächsführungs-ABC, in: Coaching, Skript zur gleichnamigen Veranstaltung der Weiterbildung „Prozessmanagement", FH Lippe, Lemgo
Marx, Sabine, 2001, Kommunikations- und Prozesstraining, Unterrichtsmaterialien der Weiterbildung „Prozessmanagement", FH Lippe, (CD-Rom), Lemgo
Maturana, Humberto/Varela, Francisco, 1987, Der Baum der Erkenntnis. Die biologischen Wurzeln des menschlichen Erkennens, Bern
Mead, George Herbert, 1934, Mind, Self and Society, Chicago und London (deutsch: Geist, Identität und Gesellschaf, Frankfurt/M. 1968)
Merten, Klaus, 1977, Kommunikation. Eine Begriffs- und Prozeßanalyse, Opladen

Mertens, Dieter, 1974, Schlüsselqualifikationen – Überlegungen zu ihrer Identifizierung im Erst- und Weiterbildungssystem, in: Faltin, G./Herz, O., Berufsforschung und Hochschuldidaktik 1, Hamburg, S. 205-230

Mohr, Niko, 1998, Kommunikation und organisatorischer Wandel. Ein Ansatz für ein effizientes Kommunikationsmanagement im Veränderungsprozess, Wiesbaden

Müller, Ursula, 1993, Sexualität, Organisation, Kontrolle, in: Aulenbacher, B./Goldmann, M. (Hg.), Transformationen im Geschlechterverhältnis, Frankfurt/M./New York, S. 97-114

Müller, Ursula, 1998, Asymmetrische Geschlechterkultur in Organisationen und Frauenförderung als Prozeß – mit Beispielen aus Betrieben und Universität, in: Rastetter, D. (Hg.), Geschlechterdifferenzen und Personalmanagement. Zeitschrift für Personalforschung, Schwerpunktheft, S. 123-142

Müller, Ursula, 1999, Geschlecht und Organisation. Traditionsreiche Debatten – aktuelle Tendenzen, in: Nickel, H.M./Völker, S./Hüning, H. (Hg.), Transformation – Unternehmensreorganisation – Geschlechterforschung, Opladen, S. 53-75

Müller, Ursula, 1999, Zwischen Licht und Grauzone: Frauen in Führungspositionen, in: Arbeit, S. 137-161

Müller, Ursula, 2000, Macht und Geschlecht. Traditionsreiche Debatten – aktuelle Tendenzen, in: Godenzi, A. (Hg.), Frieden, Kultur, Geschlecht, Freiburg/Schweiz

Neef, W./Pelz, T., 1997, Innovative Studienmodelle in den Ingenieurwissenschaften, Abschlussbericht, Berlin (Ms.)

Negt, Oskar, 1997, Kindheit und Schule in einer Welt der Umbrüche, Göttingen

Neuberger, Oswald, 1988, Spiele in Organisationen, Organisationen als Spiele, in: Küpper, W./Ortmann, G. (Hg.), Mikropolitik. Rationalität, Macht und Spiele in Organisationen, Wiesbaden, S. 53-86

Oevermann, Ulrich/Allert, T./Konau, E./Krambeck, J., 1979, Die Methodologie einer „objektiven Hermeneutik“ und ihre allgemeine forschungslogische Bedeutung in den Sozialwissenschaften; in: Soeffner, Hans-Georg (Hg.), Interpretative Verfahren in den Sozial- und Textwissenschaften, Stuttgart

Opp, Karl-Dieter, 1971, Verhaltenstheoretische Soziologie. Eine neue soziologische Forschungsrichtung, Reinbek

Orth, Helen, 1999, Schlüsselqualifikationen an deutschen Hochschulen. Konzepte, Standpunkte und Perspektiven, Neuwied/Kriftel/Berlin

Ortmann, Günther/Sydow, Jörg/Türk, Klaus (Hg,), 2000, Theorien der Organisation. Die Rückkehr der Gesellschaft, Opladen

Parlett, Michel, 1991, Reflections on field theory, British Gestalt Journal, Bd. 1, S. 69-81

Pauer-Studer, H., 1997, Ethik und die Macht symbolischer Geschlechterkonstruktionen, in: Völger, Gisela (Hg.), Sie und Er. Frauenmacht und Männerherrschaft im Kulturvergleich, Köln, S. 35-40

Peinl, Iris/Völker, Susanne, 2001, Arbeit und Geschlechterverhältnisse im Umbruch. (Des)Integration der Lebenssphären, in: Berliner Journal für Soziologie, Bd. 11, S. 63-76

Petzold, Hilarion, 1986, Integrative Bewegungs- und Leibtherapie, Paderborn

Pringle, R., 1988, Secretaries talk: Sexuality, Power and Work, London/New York

Professional Congress The Future of Work, 2000, Tagungsmaterialien des Internationalen Weltingenieurkongresses während der Expo in Hannover, Hannover

Rechtien, Wolfgang, 1992, Angewandte Gruppendynamik. Ein Lehrbuch für Studierende und Praktiker, München

Riegraf, Birgit, 2000, Organisationswandel, Organisationslernen und das Geschlechterverhältnis, in: Lenz, I./Nickel, H.M./Riegraf, B. (Hg.), Geschlecht, Arbeit, Zukunft, Münster

Rogge, Julia, 2000, Den Alltag in den Griff bekommen. Familienmanagement, München

Rosenthal, Gabriele, 1995, Erlebte und erzählte Lebensgeschichte. Gestalt und Struktur biographischer Selbstbeschreibungen, New York/Frankfurt/M.

Rudolph, Hedwig, 2000, Designing the Future of Work. Challenges for Women Engineers – Women Engineers as Challengers, in: International Forum Women in Engineering and Science, Hannover

Sader, Manfred, 1991, Psychologie der Gruppe, München

Satir, Virginia, 1993, Selbstwert und Kommunikation. Familientherapie für Berater und zur Selbsthilfe, München

Schmidt-Grunert, Marianne, 1997, Soziale Arbeit mit Gruppen. Eine Einführung, Freiburg

Schneider, Helmut, 1995, Team und Teambeurteilung. Neue Trends in der Arbeitsorganisation, Köln

Schulz von Thun, Friedemann, 1985, Miteinander reden. Störungen und Klärungen (3 Bände), Reinbek

Schulz von Thun/Ruppel, Johannes/Stratmann, Roswitha, 2001, Miteinander reden. Kommunikationspsychologie für Führungskräfte, Reinbek

Schütz, Alfred, 1981, Der sinnhafte Aufbau der sozialen Welt. Eine Einleitung in die verstehende Soziologie., Frankfurt/M. (amerikanisches Original von 1932)

Schütze, Fritz, 1978a, Strategische Interaktion im Verwaltungsgericht. Eine soziolinguistische Analyse zum Kommunikationsverlauf im Verfahren zur Anerkennung als Wehrdienstverweigerer, in: Hassemer, W./Hoffmann-Riem, W./Weiss, M. (Hg.), Schriften der Vereinigung für Rechtssoziologie, Bd. 2, Interaktion vor Gericht, Baden-Baden, S. 19-100

Schütze, Fritz, 1978b, Zur Konstitution sprachlicher Bedeutungen in Interaktionszusammenhängen, in: Quasthoff, Uta (Hg.), Sprachstruktur – Sozialstruktur, Kronberg/Ts., S. 98-113

Schwarze, Barbara (Hg.), 1998a, Frauen im Ingenieurstudium an Fachhochschulen. Geschlechtsspezifische Aspekte in Lehre und Studium, Fachhochschule Bielefeld. BLK Modellversuch Abschlussbericht, Bielefeld

Schwarze, Barbara (Hg.), 1998b, Lernen in Europa. Neue Anforderungen an die Ausbildung von Ingenieurinnen und Ingenieuren, Weinheim

Schwarze, Barbara, 2000, Women's Course of Studies in Engineering and Computer Science, in: International Forum „Women in Engineering and Science", Düsseldorf

Senge, Peter, 1998, Die fünfte Disziplin. Kunst und Praxis der lernenden Organisation, Freiburg i. Br.

Stevens, John O., 1993, Die Kunst der Wahrnehmung. Übungen der Gestalttherapie, Gütersloh

Strauss, Anselm, 1996, Grounded Theory. Grundlagen qualitativer Sozialforschung, Weinheim

Thomas, William Isaac, 1965, Person und Sozialverhalten, Berlin

Treibel, Annette, 2000, Einführung in soziologische Theorien der Gegenwart, Opladen

UNESCO (Hg.), 1997, Lernfähigkeit. Unser verborgener Reichtum. UNESCO-Bericht zur Bildung für das 21. Jahrhundert, Neuwied

Wagner-Link, 1998, Kommunikation als Verhaltenstraining. Arbeitsbuch für Therapeuten, Trainer und zum Selbsttraining, München

Wahren, Heinz-Kurt E., 1987, Zwischenmenschliche Kommunikation und Interaktion in Unternehmen, Berlin

Wahren, Heinz-Kurt E., 1994, Gruppen- und Teamarbeit in Unternehmen, Berlin/New York

Walter, Christel, 1998, Technik Studium und Geschlecht: was verändert sich im Technik- und Selbstkonzept der Geschlechter?, Opladen

Watzlawick, Paul/Beavin, Janet H./Jackson, Don D., 1990, Menschliche Kommunikation, Bern

Weisbach, Christian-Rainer, 1999, Professionelle Gesprächsführung, München

Weißbach, H.-J./Poy, A., 1997, Strukturwandel im Unternehmen. Konsequenzen für Ingenieure, in: Neef aaO

Weyer, Johannes (Hg.), 2000, Soziale Netzwerke. Konzepte und Methoden der sozialwissenschaftlichen Netzwerkforschung, München/Wien

Wheeler, Gordon, 1993, Kontakt und Widerstand, Köln

Wilz, Sylvia M., 2001, „Gendered Organizations“: Neuere Beiträge zum Verhältnis von Organisationen und Geschlecht, in: Berliner Journal für Soziologie, Bd. 11, S. 97-107

Wilz, Sylvia, 2002, Geschlecht und Organisation: zwischen Differenz, Hierarchie und Kontingenz, Opladen

Yontef, 1993, Awareness, Dialogue and Process, Highland, New York, The Gestalt Journal Press

Zinker, J.C., 1994, In Search of Good Form, San Francisco